普通高等教育材料科学与工程专业规划教材

表面科学与技术

姚寿山　李戈扬　胡文彬　编
钱苗根　审阅

机械工业出版社

本书体现了现代科学技术学科间的交叉和学科整合的需要，首先阐述了与材料表面科学技术密切相关的基本概念和基本理论，然后分类讨论分析了应用广泛的有发展前景的各类现代表面技术的特点、适用范围、典型设备、工艺措施和应用实例，并论述了当今最新的表面分析和检测技术的内容和功能。本书共分12章，主要内容有：表面技术的意义、目的与应用；表面科学的某些基本概念和基本理论，包括固体表面的物理化学特征、表面摩擦与磨损和表面腐蚀基本理论；电镀与化学镀，化学转化膜，表面涂敷技术；表面改性技术，气相沉积技术，表面微细加工技术，表面复合处理技术；表面分析与测试技术。

本书涉及多学科领域，专业知识面宽广，内容丰富，既可作为材料科学与工程专业及相关专业本科生和研究生的专业课程的教材，又可作为从事各类表面技术的科学研究、设计、生产和应用的各类科研人员和工程技术人员的学习参考书。

图书在版编目（CIP）数据

表面科学与技术/姚寿山等编. —北京：机械工业出版社，2005.1（2022.7 重印）普通高等教育材料科学与工程专业规划教材
ISBN 978-7-111-15564-5

Ⅰ. 表… Ⅱ. 姚… Ⅲ. 金属表面保护—高等学校—教材
Ⅳ. TG174.4

中国版本图书馆 CIP 数据核字（2004）第 114368 号

机械工业出版社（北京市百万庄大街 22 号 邮政编码 100037）
策划编辑：张祖凤 责任编辑：冯春生 董连仁 版式设计：冉晓华
责任校对：罗莉华 封面设计：张 静 责任印制：郜 敏
北京富资园科技发展有限公司印刷
2022 年 7 月第 1 版第 10 次印刷
169mm×239mm · 21.5 印张 · 414 千字
标准书号：ISBN 978-7-111-15564-5
定价：49.00 元

电话服务
客服电话：010-88361066
010-88379833
010-68326294

网络服务
机 工 官 网：www.cmpbook.com
机 工 官 博：weibo.com/cmp1952
金 书 网：www.golden-book.com
机工教育服务网：www.cmpedu.com

前　　言

表面、表面现象和表面过程是自然界中普遍存在的，也是人们日常生活时时刻刻直接面对的。广义地说，表面科学与技术是研究表面现象和表面过程并为人类造福或被人们利用的科学技术。人们研究、探索和利用表面科学与技术已有几千年的历史，但是，表面科学与技术的迅速发展还是从19世纪工业革命开始的，最近30多年发展更为迅速。多年来，人们不断对传统表面科学与技术进行深入的科学研究、改进和创新，不断探索新的表面技术领域，使得表面科学与技术变成为国际性的热门学科，为新材料、光电子、微电子等许多先进产业的迅速发展奠定了科学技术基础。大力加强表面科学与技术这门新学科的建设，是教育改革的需要，也是科技发展和经济建设的需要。

表面科学与技术涉及的学科领域广，专业知识面宽，内容丰富。它不仅是一门具有广博精深知识面和极高实用价值的基础技术，也是一门新兴的边缘性学科。表面科学与技术的发展，在学术上丰富了材料科学、冶金学、机械学、电子学、物理学和化学等学科，为此开辟了一系列新的研究领域。

本书是在我们编写《表面技术概论》讲义和出版《现代表面技术》一书的基础上，经过多年的教学实践后重新组织编写的。本书不仅适合各大专院校有关专业师生作为教材使用，也适合有关科研机构、工业、农业、生物、医药工程等领域中从事管理、研究、设计和制造方面的人员阅读。

本书共分12章，其中第1、2、3、8、11章由姚寿山教授编写，第9、10、12章由李戈扬教授编写，第4、5、6、7章由胡文彬教授编写。全书由姚寿山教授统稿；由钱苗根研究员审稿。上海交通大学材料科学与工程学院的部分研究生也给予了许多具体的帮助，在此，我们谨向他们表示衷心的感谢。

本书在编写过程中，征求了有关教师、学生以及从事表面科学与技术工作的科技人员和工程技术人员的意见和建议，并参阅和引录了许多文献资料，努力使本书成为精品；但由于我们学识水平有限，本书必然存在不少问题，我们殷切希望各位专家和读者批评指正。

编　者

2004年9月

目　录

第1章　绪　　论

1.1　表面技术的意义、目的、途径与应用

1.1.1　表面技术的意义

人们使用表面技术已有悠久的历史。我国早在战国时代已进行钢的淬火，使钢的表面获得坚硬层。欧洲使用类似的技术也有很长的历史。但是，表面技术的迅速发展还是从19世纪工业革命开始的，尤其是近几十年发展更为迅速，特别在以下方面显示出巨大的生命力。

1）材料的疲劳断裂、磨损、腐蚀、氧化、烧损以及辐照损伤等，一般都是从表面开始的，而它们带来的破坏和损失是十分惊人的。例如仅腐蚀一项，全世界每年损耗金属达一亿吨以上。1975年美国一年的腐蚀损失达820亿美元，占国民总产值的4.9%；1995年，美国因腐蚀造成的损失上升到3 000亿美元。1983年，我国因腐蚀造成的损失至少400亿元人民币。统计表明，工业发达国家因腐蚀破坏造成的经济损失约占国民经济总产值的2%～4%，超过水灾、火灾、地震和飓风等造成经济损失的总和。由于摩擦磨损，美国每年材料损失高达200亿美元；英国每年摩擦磨损造成的经济损失超过51 500万英镑；1986年我国摩擦磨损造成的经济损失也超过国民总产值的1.8%。据资料报道，在各种机电产品的过早失效破坏中约有70%是由腐蚀和磨损造成的。因此，采用各种表面技术，改善材料表面性能，加强材料表面防护具有十分重要的意义。

2）随着经济和科学技术的迅速发展，人们对各种产品抵御环境作用能力和长期运行的可靠性、稳定性等提出了越来越高的要求。要求产品能在高温、高压、高速、高度自动化和恶劣的工况条件下长期稳定运转。例如，飞船或洲际导弹的头部锥体和翼前沿，在几十倍音速下与大气层摩擦产生巨大热量，使头部的表面温度升高到4 000～5 000℃，如果表面没有氧化铝、氧化锆、氧化钍、石英纤维、陶瓷纤维或碳纤维等隔热涂层、防火涂层和烧蚀涂层来保护基体金属，其结果是不可想像的。再如，人造卫星在宇宙中的温度控制也是靠表面涂层来实现的。太阳照射面温度可达+200℃，而太阳未照射面的温度可低到-200℃，只有采用温控涂层才能保证卫星中电子仪器的正常工作。

在许多情况下，构件、零部件和元器件的性能和质量，主要取决于材料表面的性能和质量。例如采用先进的表面技术，严格控制材料表面成分和结构，同时

进行高精度的微细加工，使许多电子元器件如电阻器、电容器、电感器、传感器、记忆元件、超导元件，微波声学器件、薄膜晶体管、集成电路基片等，不仅可做得越来越小，大大缩小了产品的体积和减轻了质量，而且生产的重复性、成品率和产品的可靠性、稳定性都获得显著提高。

3）许多产品的性能主要取决于表面的特性和状态，而表面（层）很薄，用材十分少，因此表面技术可节约材料、节约能源等，以最低的经济成本来生产优质产品。同时，许多产品要求材料表面和内部具有不同的性能或者对材料提出其他一些棘手的难题，如“材料硬而不脆”、“耐磨而易切削”、“体积小而功能多”等，此时表面技术就成了必不可少或惟一的途径。

4）使用表面技术有可能在更广阔的领域中制备各种新材料和新器件。目前表面技术已在制备高临界温度超导膜、金刚石膜、纳米多层膜、纳米粉末、纳米晶体材料、多孔硅、碳60等新型材料中起关键作用，同时又是在许多光学、光电子、微电子、磁性、量子、热工、声学、化学、生物等功能器件的研究和生产上的最重要的基础之一。表面技术的应用使材料表面具有原来没有的性能，大幅度拓宽了材料的应用领域，充分发挥材料的潜力。

1.1.2 表面技术的目的与途径

1. 对于固体材料来说，使用表面技术的主要目的

1）提高材料抵御环境作用的能力。

2）赋予材料表面某种功能特性，包括光、电、磁、热、声、吸附、分离等各种物理和化学性能。

3）实施特定的表面加工来制造构件、零部件和元器件等。

2. 表面技术赋予材料表面某种功能特性的主要途径

1）施加各种覆盖层，主要采用各种涂层技术，包括电镀、电刷镀、化学镀、涂装、粘结、堆焊、熔结、热喷涂、塑料粉末涂敷、热浸涂、搪瓷涂敷、陶瓷涂敷、真空蒸镀、溅射镀、离子镀、化学气相沉积、分子束外延制膜、离子束合成薄膜技术等。此外，还有其他形式的覆盖层，例如各种金属经氧化和磷化处理后的膜层、包箔，贴片的整体覆盖层，缓蚀剂的暂时覆盖层等。

2）用机械、物理、化学等方法，改变材料表面的形貌、化学成分、相组成、微观结构、缺陷状态或应力状态，即采用各种表面改性技术。主要有喷丸强化、表面热处理、化学热处理、等离子扩渗处理、激光表面处理、电子束表面处理、太阳能表面处理、离子注入表面改性等。

1.1.3 表面技术的应用

表面技术的应用遍及各行各业，包含的内容十分广泛，可以用于耐蚀、耐磨、修复、强化、装饰等，也可以是光、电、磁、声、热、化学、生物等方面的应用。表面技术所涉及的基体材料不仅有金属材料，也包括无机非金属材料、有

机高分子材料及复合材料。把这些技术恰当地应用于构件、零部件和元器件，可以获得巨大的经济和社会效益。

1. 表面技术在结构材料以及工程构件和机械零部件上的应用

结构材料主要用来制造工程建筑中的构件、机械装备中的零部件以及工模具等，在性能上以力学性能为主，同时在许多场合又要求兼有良好的耐蚀性和装饰性。表面技术在这方面主要起着表面防护、耐磨、强化、修复、装饰等重要作用。

表面防护主要指材料表面防止化学腐蚀和电化学腐蚀等能力。工程上常用价廉的构件定期更换旧的腐蚀件，但在许多情况下必须采用一些措施来防止或控制腐蚀。如一方面改进工程构件的设计、改变构件的成分、减小或消除材料中的电化学不均匀因素、控制环境、采用阴极保护法等；另一方面，采用表面技术改变材料表面的成分和结构以及施加覆盖层等，能显著提高材料或制件的防护能力。

耐磨是指材料在一定摩擦条件下抵抗磨损（磨料磨损、粘着磨损、疲劳腐蚀、冲蚀、气蚀等）的能力。它与材料特性以及载荷、速度、温度等磨损条件有关。采用适当的表面技术是提高材料或制件耐磨性的有效途径之一。

强化与防护一样，这里主要指通过各种表面强化处理来提高材料表面抵御除腐蚀和磨损之外的环境作用的能力。例如疲劳破坏，它也是从材料表面开始的，通过表面处理，如化学热处理、喷丸、滚压、激光表面处理等可以显著提高材料疲劳强度。又如许多制品要求表面强度和硬度高，而心部韧性好，以提高使用寿命，通过合理的选择材料和表面强化处理，就能满足这个要求。不少表面技术如堆焊、电镀与电刷镀、热喷涂、粘结等，不仅可修复尺寸精度，而且往往还可提高表面性能，延长使用寿命。

表面装饰主要包括光亮（镜面、全光亮、亚光、光亮缎状，无光亮缎状等）、色泽、花纹（各种平面花纹，刻花和浮雕等）、仿照（仿贵金属，仿大理石，仿花岗石等）多方面特性。用恰当的表面技术，可对各种材料表面进行装饰，不仅方便、高效，而且美观、经济，因此应用广泛。

2. 表面技术在功能材料和元器件上的应用

材料根据所起的作用大致可以分为结构材料和功能材料两大类。功能材料主要指那些具有优良的物理、化学和生物等功能及相互转化功能的材料。被用于非结构目的之高技术材料的功能材料，常用来制造各种装备中具有独特功能的核心部件，起着十分重要的作用。

功能材料与结构材料相比较，除了两者性能上的差异和用途不同之外，另一个重要特点是材料通常与元器件“一体化”，即功能材料常以元器件形式对其性能进行评价。

材料的许多性质和功能与表面组织结构密切相关，因而通过各种表面技术可制备或改进一系列功能材料及其元器件。表 1-1 是表面技术在功能材料和元器件上的部分应用概况。

表1-1 表面技术在功能材料和器件上的部分应用概况

作　用	简要说明	常用技术	应用举材
光学特性	反射性、防反射性	电镀、化学转化处理、涂装、气相沉积	反射镜、防眩零件
	增透性		激光材料增透膜
	光选择透过		反射红外线、透过可见光的隔热膜
	分光性、偏光性		用多层介质膜组成的分光镜、起偏器
	光选择吸收		太阳能选择吸收膜
	发光、光记忆		光致发光材料、薄膜光致变色材料
电学特性	导电性	涂装、化学镀、气相沉积等	表面导电玻璃
	超导性		用表面扩散制成的Nb–Sn线材
	约瑟夫逊效应		约瑟夫逊器件
	各种电阻特性		膜电阻材料
	绝缘性		绝缘涂层
	半导性		半导体材料（膜）
	波导性		波导管
	低接触电阻特性		开关
磁学特性	存储记忆、磁记录	气相沉积、涂装等	磁泡材料、磁记录介质
	电磁屏蔽		电磁屏蔽材料
声学特性	声反射和声吸收	涂装、气相沉积等	吸声涂层
	声表面波		声表面波器件
热学特性	导热性	电镀、涂装、气相沉积等	散热材料
	热反射性		热反射镀膜玻璃
	耐热性、蓄热性		耐热涂层、集热板
	热膨胀性		双金属温度计
	保温性、绝热性		保温材料
	吸热性		吸热材料
化学特性	选择过滤性	大多数表面技术	分离膜材料
	活性		活性剂
	耐蚀		防护涂层
	防沾污性		医疗器件
	杀菌性		餐具镀银
功能转换	光↔电转换	涂装、气相沉积、粘结、等离子喷涂	薄膜太阳能电池、电致发光器件
	热↔电转换		电阻式温度传感器、薄膜加热器
	光—热转换		选择性涂层
	力—热转换		减振膜
	力—电转换		电容式压力传感器
	磁↔光转换		磁光存贮器、光磁记录材料

3. 表面技术在人类适应、保护和优化环境方面的一些应用

表面技术在人类适应、保护和优化环境方面有着一系列应用，并且其重要性日益突出。这里举例如下：

(1) 净化大气　人类在生产和生活中使用了各种燃料、原料，产生大量的

CO_2、NO_2、SO_2 等有害气体，引起温室效应和酸雨，严重危害了地球环境，因此要设法回收、分解和替代它们。用涂覆和气相沉积等表面技术制成的触媒载体等是其有效途径之一。

（2）净化水质　膜材料是重要的净化水质的材料，可用来处理污水、化学提纯、水质软化、海水淡化等，这方面的表面技术正在迅速发展。

（3）抗菌灭菌　有些材料具有净化环境的功能，其中二氧化钛光催化剂很引人注目。它可以将一些污染的物质分解掉，使之无害，同时又因有粉状、粒状和薄膜等形状而便于利用。研究发现，过渡金属 Ag、Pt、Cu、Zn 等元素能增强 TiO_2 的光催化作用，而且具有抗菌、灭菌作用（特别是 Ag 和 Cu）。据报导，日本已利用这种表面技术开发出一种把具有吸附蛋白质能力的磷灰石生长在二氧化钛表面而制成高功能二氧化钛复合材料。它能够完全分解吸附的菌类物质，不仅可以半永久性使用，而且还可以制成纤维和纸，广泛用于抗菌材料。

（4）吸附杂质　表面技术制成的吸附剂，可以除去空气、水、溶液中的有害成分，具有除臭、吸湿等作用。例如在氨基甲酸乙酰泡沫上涂覆铁粉，经烧结后成为除臭剂，用于冰箱、厨房、厕所、汽车内。

（5）去除藻类污垢　运用表面化学原理制成特定的组合电极，例如 Cl-Cu 组合电极，用来去除发电厂沉淀池、热交换器、管道等内部的藻类污垢。

（6）活化功能　远红外光具有活化空气和水的功能，而活化的空气和水有利于人的健康。例如在水净化器中加上能活化水的远红外陶瓷涂层装置，取得很好的效果，已经投入实际应用。

（7）生物医学　具有一定的理化性质和生物相容性的生物医学材料已受到人们的高度重视。使用医用涂层可在保持基体材料特性的基础上，增进基体表面的生物学性质，或阻隔基材离子向周围组织溶出扩散，或提高基体表面的耐磨性、绝缘性等，推动生物医学材料的发展。例如在金属材料上涂以生物陶瓷，用作人造骨、人造牙、植入装置导线的绝缘层等。目前，制备医用涂层的表面技术有等离子喷涂、气相沉积、离子注入、电泳等。

（8）治疗疾病　用表面技术和其他技术制成的磁性涂层敷在人体的一定穴位，有治疗疼痛、高血压等功能。涂敷驻极体膜，具有促进骨裂愈合等功能。有人认为，频谱仪、远红外仪等设备能发出一定的波与生物体细胞发生共振，促进血液循环，活化细胞，治疗某些疾病。

（9）绿色能源　大量能源的使用往往产生严重污染，因此应大力推广绿色能源，如太阳能电池、磁流体发电、热电半导体、海浪发电、风能发电等，以保护人类环境。表面技术是许多绿色能源装置如太阳能电池、太阳能集热管、半导体制冷器等制造的重要技术之一。

（10）优化环境　表面技术将在人类控制自然、优化环境上起很大的作用。

例如人们正在积极研究能调光、调温的“智慧窗”，即通过涂敷或镀膜等方法，使窗可按人的意愿来调节光的透过率和光照温度。

4. 表面技术在研究和生产新型材料中的应用

各种表面技术可以适当地复合起来，发挥更大的作用。材料经表面处理或加工后可以获得许多不寻常（远离平衡态）的结构形式，因此表面技术在研制和生产新型材料方面是十分重要的。表1-2列出了这方面的一些重要应用。

表1-2 表面技术在研制和生产新型材料中的应用举例

序号	新型材料	简要说明	表面技术及其所起作用
1	金刚石薄膜（Diamond Film）	金刚石结构，硬度80～100GPa；室温热导率达11W/（cm·K），是铜的2.7倍；绝缘性和化学稳定性较好；在很宽的光波段范围内透明；禁带宽度比Si、CaAs等半导体材料宽。它在微电子技术、超大规模集成电路、光学、光电子等领域有良好的应用前景	过去金刚石材料制备是在高温高压条件进行的，现在利用热化学气相沉积（TCVD）和等离子体化学气相沉积（PCVD）等表面技术在低压或常压条件就可以制得
2	类金刚石碳膜（Diaraond Like Carbon Film）	非晶态和微晶结构的含氢碳化膜，又名i-C膜、a-C: H膜等，其原子结构为sp^3和sp^2。类金刚石碳膜的一些性能接近金刚石膜，如高硬度，高热导率，高绝缘性，良好的化学稳定性，从红外到紫外的高光学透过率等。它可用作光学器件保护膜和增透膜、工具的耐磨层、真空润滑层等	所用的表面技术与制备金刚石薄膜相似，通常用低能量的碳氢化合物的等离子体分解或碳离子束沉积技术来制得，因而设备较简单，成本较低，容易实现工业生产；主要缺点是结构为亚稳态等
3	立方氮化硼薄膜（Cubic Boron Nitride Film）	具有立方结构，硬度仅次于金刚石，耐热性和化学稳定性比金刚石更好；具有高电阻率、高热导率；掺入某些杂质可成为半导体。它用于半导体、电路基板、光电开关以及耐磨、耐热、耐蚀涂层	不仅能在高压下合成，也可在低压下合成，具体方法很多，主要有化学气相沉积（CVD）和物理气相沉积（PVD）两类
4	超导薄膜（Superconducting Film）	用YBaCuO等高温超导薄膜可望制成微波调制、检测器件、超高灵敏的电磁场探测器件，超高速开关存贮器件，用于超高速计算机等	采用真空蒸发、溅射、分子束外延等方法制备。沉积膜为非晶态，经高温氧化后转变为具有较高转变温度的晶态薄膜
5	LB薄膜（Langmuir Blodgett Film）	LB膜是有机分子器件的主要材料。它是由羧酸及其盐、脂肪酸烷基族以及染料、蛋白质等有机物构成的分子薄膜。LB膜在分子聚合、光合作用、磁学、微电子、光电器件、激光、声表面波、红外检测、光学等领域中有广泛的应用	将有机高分子材料溶于某挥发性有机溶剂中，然后滴在水或其他溶液表面，待溶剂挥发后，液面保持恒温和被施加一定的压力，沿液面形成致密单分子膜，接着将膜层转移、组装到固体载片，可制备几层到数百层LB膜
6	超微颗粒型材料（Ultramicro-grained Materials）	超微颗粒尺寸为1～10nm。由于超细颗粒的表面效应、小尺寸效应和量子效应，使超微颗粒在光学、热学、电学、磁学、力学、化学等方面有着许多奇异的特性。例如能显著提高许多颗粒型材料的活性和催化率，增大磁性颗粒的磁记录密度，提高化学电池和燃料电池的效率，增大对电磁波的吸收能力等；也可作为添加剂，制成导电的合成纤维、橡胶、塑料或者成为药剂的载体，提高药效等	通常用机械粉碎的方法，很难得到颗粒下限尺寸为1μm，所以超微颗粒要用表面技术来制备。例如用气相沉积的方法，即在低压惰性气体中加热金属或化合物，使其蒸发后冷凝，而控制惰性气体的种类与气压就可以得到不同粒径的颗粒

（续）

序号	新型材料	简要说明	表面技术及其所起作用
7	纳米固体材料（Nanosized Materials）	指尺寸小于15nm的超微颗粒，其力学、热学、磁学等性能与同成分普通固体材料有很大的差异。例如纳米陶瓷有一定的塑性，可进行挤压和轧制，然后退火使晶粒长大到微米量级，再变成普通陶瓷。又如纳米陶瓷导热性优良；纳米金属强度更高等	通常是用气相沉积等方法制备纳米粉粒，然后在高压下压制成型，或再经一定热处理制成纳米固体材料
8	超微颗粒膜材料（Ultramicrograined Film Materials）	是将超微颗粒嵌于薄膜中构成的复合薄膜、在电子、能源、检测、传感器等许多方面有良好的应用前景	用两种在高温下互不相溶的组元制成复合靶，然后在基片上生成复合膜。改变靶膜中组分的比例，可改变膜中颗粒大小和形态
9	非晶硅薄膜（Ammphous Silicon Film）	带宽为1.7～1.8eV，太阳辐射峰附近的光吸收系数比晶态硅大一个数量级。制备工艺简便，成本低廉，可制成摄像管的靶、位敏检测器件和复印鼓等	等离子体化学气相沉积等
10	微米硅（Microcrystalline Silicon；μc-Si）	又称纳米晶，晶粒尺寸约10nm。带宽2.4eV，电子与空穴迁移率都高于非晶硅两个数量级，光吸收系数介于晶体硅与非晶硅之间。可取代掺氢的SiC作非晶硅太阳能电池的窗口材料，以提高其转换效率，也可制作异质结双极型晶体管、薄膜晶体管等	等离子体化学气相沉积、磁控溅射等
11	多孔硅（Porous Silicon）	多孔硅的孔隙度为60%～90%。室温下受蓝光激发出可见光，也能电致发光。它可制成频带宽、量子效率高的光检测器，其禁带宽度明显超过晶体硅	以硅为原料在以氢氟酸为基的电解液中阳极氧化而制得
12	碳60（Buckminster：Fullerene）	由60个碳原子组成空心圆球状分子。它的四周由12个正五边形碳环（碳-碳单键结构）和20个正六边形碳环（苯环式）构成。C_{60}物理性质相对稳定，化学性质相对活泼。这类材料的Tc已超过40K	碳60是Rohlfing等人在1984年将碳蒸气骤冷淬火时通过质谱图发现的
13	纤维补强陶瓷基复合材料（Fiber Reinforced Ceramic Matrix Composite）	是以各种金属纤维、玻璃纤维、陶瓷纤维为增强体，以水泥、玻璃陶瓷等为基体，通过一定的复合工艺结合在一起所构成的复合材料。这类材料具有高强度、高韧性和优异的热学、化学稳定性，是一类新型结构材料。目前，除了纤维增强水泥基复合材料、碳-碳复合材料等已获得实际应用外，还有许多重要的纤维补强陶瓷仍处于实验室阶段，但在一系列高新技术领域中有着良好的应用前景	复合材料在力场中，只有通过界面才能使增强剂和基体二者起到协同作用。界面是影响复合材料性能的关键之一。在一些重要的复合材料中，例如碳纤维补强陶瓷基复合材料等，纤维必须通过一定的表面处理，使纤维与基体“相容”
14	梯度功能材料（Functionally Gradient Materials）	连续地改变两种不同性质材料的组成和结构，使其结合部位的界面消失，得到组织连续变化、功能连续平稳变化的非均质材料。它提高耐热性与力学强度，有效地解决热应力问题，可望用于航空、航天、核工业、生物、传感器、发动机等许多领域	许多表面技术如等离子喷涂、离子镀、离子束合成薄膜技术、化学气相沉积、电镀、电刷镀等，都是制备梯度功能材料的重要方法

5. 其他表面技术

（1）表面湿润和反湿润技术　湿润是一种重要的表面现象，人们有时要求液体在固体表面上有高度润湿性，而有的却要求有不润湿性，这就需要人们在各种条件下采用表面湿润和反湿润技术。例如洗涤，即除去粘在固体基质表面上的污垢，虽然固体基质的污垢是各种各样的，但能否洗净的基本条件是：洗涤液能湿润且直接附着在基质的污垢上，继而浸入污垢-基质界面，削弱两者之间的附着力，使污垢完全脱离基质形成胶粒而飘浮在洗涤液介质中。又如矿物浮选是借气泡力来浮起矿石的一种物质分离和筛选矿物技术，所使用的浮选剂是由捕集剂、起泡剂、pH 调节剂、抑制剂和活化剂等配制的，而其中主要成分捕集剂的加入，是使浮游矿石的表面变成疏水性，从而能粘附于气泡上或由疏水性低密度介质湿润而浮起。

(2) 表面催化技术　现在表面催化技术已经有了很大的发展，在工业上获得广泛而重要的应用。例如铁催化剂等用于合成氨工业，不仅实现从空气中固定氮而廉价地制得氨，并且建立了能耗低、自动化程度高和综合利用好的完整工业流程体系。催化是催化剂在化学反应过程中所起的作用和发生的有关现象的总称。催化剂指能够提高反应速率，加快到达化学平衡而本身在反应终了时并不消耗的物质。催化有均相和多相两种。前者是催化剂和反应物处于同一物相，而后者是催化剂和反应物处于不同物相。多相催化在化学工业中占有十分重要的地位，是一种表面过程，例如在固-气体系中催化反应的主要步骤是：反应物在表面上化学吸附；吸附分子经表面扩散相遇；表面反应或键重排；反应产物脱附。微观研究表明，催化剂表面不同位置有不同的激活能，台阶、扭折或杂质、缺陷所在处构成活性中心，这说明表面状态对催化作用有显著影响。

(3) 膜技术　这里所说的膜（Membrane），是指选择渗透物质的二维材料。实际上生物体有许多这种膜，例如细胞膜、基膜、复膜和皮肤等，起着渗透、分离物质、保护机体和参与生命过程的作用。膜是把两个物相空间隔开而又使两者互相关联，发生质量和能量传输过程的一个中间介质相。膜在结构上可以是多孔或是致密的。膜两边的物质粒子由于尺寸大小、扩散系数或溶解度的差异等，在一定的压力差、浓度差、电位差或化学位差的驱动下发生传质过程。由于传质速率的不同，造成选择渗透，因而使混合物分离。根据这样的原理，人们已能模拟生物膜的某些功能而人工合成医用膜，例如血液净化、透析、过滤、血浆分离、人工肺以及富氧膜等。医用膜通常由医用高分子材料制成。目前生物技术的发展已促使膜在分子水平上合成。实际上膜技术涉及的领域是广阔的，不仅在生物、医学方面，而且在化工、石油、冶金、轻工、食品等许多领域都有重要应用。膜材料也不限于高分子材料，有些无机膜，特别是陶瓷膜和陶瓷基复合膜，具有热稳定性和化学稳定性好，强度高，结构造型稳定以及便于清洗、高压反冲等优点，在化工、冶金等部门中很有发展前途。

(4) 表面化学技术　这种表面技术涉及面很广，尤其是涉及到固-液界面的许多电现象或过程，如电解、电镀、电化学反应、腐蚀和防腐等，它们已为大家所熟悉。实际上还有一些极其重要的表面电化学技术，例如与许多生物现象有关的细胞膜电势和生物电流，研究发现，细胞膜内外电化学位不等于零。如果生物体系建立了完全的热力学平衡，那么就意味着死亡。进一步研究表明，细胞膜电势是由膜界面区形成双电层而产生的，并且可将细胞的代谢过程描绘成一个基本的生物燃料电池。脑中有脑电波，它以各种不同的形状表示脑随思考、情绪与睡眠等变化所处的各种状态。这类表面电化学过程的基本机理已应用于针灸、电脉冲针灸、心电图测量以及起搏器等等。

由此可见，表面技术具有非常广泛的涵义。广义地说，表面技术是直接与各种表面现象或过程有关的，能为人类造福或被人们利用的技术。

本书着重讨论表面覆盖、表面改性、表面加工和测试等表面技术，另一些重要的表面技术如表面湿润、表面催化等因限于篇幅而未能包括在内。

1.2 表面技术的分类、技术内容及发展

1.2.1 表面技术的分类

目前，表面技术还没有统一的分类方法，可以从不同的角度进行归纳、分类。例如按照作用原理，表面技术可以分为以下四种基本类型：

（1）原子沉积　沉积物以原子、离子、分子和粒子集团等原子尺度的粒子形态在材料表面上形成覆盖层，如电镀、化学镀、物理气相沉积、化学气相沉积等。

（2）颗粒沉积　沉积物以宏观尺度的颗粒形态在材料表面上形成覆盖层，如热喷涂、陶瓷和搪瓷涂敷等。

（3）整体覆盖　它是将涂覆材料于同一时间施加于材料表面，如包箔、贴片、热浸镀、涂刷、堆焊等。

（4）表面改性　用各种物理、化学等方法处理表面，使之组成、结构发生变化，从而改变性能，如表面处理、化学热处理、激光表面处理、电子束表面处理、离子注入等。

实际上，表面技术有着更为广泛的涵义，综合来看，大致上可包括以下几个技术内容。

1．表面技术的基础和应用理论

现代表面技术的基础理论是表面科学，它包括表面分析技术、表面物理、表面化学三个分支。表面分析的基本方面有表面的原子排列结构、原子类型和电子能态结构等，是揭示表面现象的微观实质和各种动力学过程的必要手段。表面物理和表面化学分别是研究任何两相之间的界面上发生的物理和化学过程的科学。从理论体系来看，它们包括微观理论与宏观理论：一方面在原子、分子尺度上研

究表面的组成，原子结构及输运现象、电子结构与运动及其对表面宏观性质的影响；另一方面在宏观尺度上，从能量的角度研究各种表面现象。实际上，这三个分支是不能截然分开的，而是相互依存和补充的。表面科学不仅有重要的基础研究意义，而且与许多技术科学密切相关，在应用上有非常重要的意义。

表面技术的应用理论，包括表面失效分析、摩擦与磨损理论、表面腐蚀与防护理论、表面结合与复合理论等，它们对表面技术的发展和应用有着直接的、重要的影响。

2. 表面覆盖技术

(1) 电镀与电刷镀　利用电解作用，使具有导电性能的工件表面作为阴极与电解质溶液接触，通过外电流的作用，在工件表面沉积与基体牢固结合的镀覆层。该镀覆层主要是各种金属和合金。单金属镀层有锌、镉、铜、镍、铬、锡、银、金、钴、铁等数十种；合金镀层有锌-铜、镍-铁、锌-镍-铁等一百多种。电镀方式也有多种，有槽镀如挂镀、吊镀、滚镀、刷镀等。电镀在工业上应用很广泛。

电刷镀是电镀的一种特殊方法，又称接触镀、选择镀、涂镀、无槽电镀等。其设备主要由电源、刷镀工具（镀笔）和辅助设备（泵、旋转设备等）组成，是在阳极表面裹上棉花或涤纶棉絮等吸水材料，使其吸饱镀液，然后在作为阴极的零件上往复运动，使镀层牢固沉积在工件表面上。它不需将整个工件浸入电镀溶液中，所以能完成许多槽镀不能完成或不容易完成的电镀工作。

(2) 化学镀　又称“不通电”镀，即在无外电流通过的情况下，利用还原剂将电解质溶液中的金属离子化学还原在呈活性催化的工件表面，沉积出与基体牢固结合的镀覆层。工件可以是金属，也可以是非金属。镀覆层主要是金属和合金，最常用的是镍和铜。

(3) 涂装　它是用一定的方法将涂料涂覆于工件表面而形成涂膜的全过程。涂料（俗称漆）为有机混合物，一般由成膜物质、颜料、溶剂和助剂组成，可以涂装在各种金属、陶瓷、塑料、木材、水泥、玻璃等制品上。涂膜具有保护、装饰或特殊性能（如绝缘、防腐标志等），应用十分广泛。

(4) 粘结　它是用粘结剂将各种材料或制件连结成为一个牢固整体的方法，称为粘结或粘合。粘结剂有天然胶粘剂和合成胶粘剂。目前，高分子合成胶粘剂已获得广泛的应用。

(5) 堆焊和熔结　堆焊是在金属零件表面或边缘熔焊上耐磨、耐蚀或特殊性能的金属层，修复外形不合格的金属零件及产品，提高使用寿命，降低生产成本，或者用它制造双金属零部件。

熔结与堆焊相似，也是在材料或工件表面熔敷金属涂层，但用的涂敷金属是一些以铁、镍、钴为基，含有强脱氧元素硼和硅而具有自熔性和熔点低于基体的自熔性合金，所用的工艺是真空熔敷、激光熔敷和喷熔涂敷等。

（6）热喷涂　它是将金属、合金、金属陶瓷材料加热到熔融或部分熔融，以高的动能使其雾化成微粒并喷至工件表面，形成牢固的涂覆层。热喷涂的方法有多种，按热源可分为火焰喷涂、电弧喷涂、等离子喷涂（超音速喷涂）和爆炸喷涂等。经热喷涂的工件具有耐磨、耐热、耐蚀等功能。

（7）塑料粉末涂敷　利用塑料具有耐蚀、绝缘、美观等特点，将各种添加了防老化剂、流平剂、增韧剂、固化剂、颜料、填料等的粉末塑料，通过一定的方法牢固地涂敷在工件表面，主要起保护和装饰的作用。塑料粉末是依靠熔融或静电引力等方式附着在被涂工件表面，然后依靠热熔融、流平、湿润和反应固化成膜。涂敷方法有喷涂、熔射、流化床浸渍、静电粉末喷涂、静电粉末云雾涂敷、静电流化床浸渍、静电振荡法等。

（8）电火花涂敷　这是一种直接利用电能的高密度能量对金属表面进行涂敷处理的工艺，即通过电极材料与金属零部件表面间的火花放电作用，把作为火花放电极的导电材料（如 WC、TiC）熔渗于零件表面层，从而形成含电极材料的合金化涂层，提高工件表层的性能，而工件内部组织和性能不改变。

（9）热浸镀　它是将工件浸在熔融的液态金属中，使工件表面发生一系列物理和化学反应，取出后表面形成金属镀层。工件金属的熔点必须高于镀层金属的熔点。常用的镀层金属有锡、锌、铝、铅等。热浸镀工艺包括表面预处理、热浸镀和后处理三部分。按表面预处理方法的不同，它可分为熔剂法和保护气体还原法。热浸镀的主要目的是提高工件的防护能力，延长使用寿命。

（10）搪瓷和陶瓷涂敷　搪瓷涂层是一种主要施于钢板、铸铁或铝制品表面的玻璃涂层，可起良好的防护和装饰作用。搪瓷涂料通常是精制玻璃料分散在水中的悬浮液，也可以是干粉状。涂敷方法有浸涂、淋涂、电沉积、喷涂、静电喷涂等。该涂层为无机物成分，并融结于基体，故与一般有机涂层不同。

陶瓷涂层是以氧化物、碳化物、硅化物、硼化物、氮化物、金属陶瓷和其他无机物为基底的高温涂层，用于金属表面主要在室温和高温下起耐蚀、耐磨等作用。主要涂敷方法有刷涂、浸涂、喷涂、电泳涂和各种热喷涂等。有的陶瓷涂层还有光、电、生物等功能。

（11）真空蒸镀　它是将工件放入真空室，并用一定方法加热镀膜材料，使其蒸发或升华，飞至工件表面凝聚成膜。工件材料可以是金属、半导体、绝缘体乃至塑料、纸张、织物等；而镀膜材料也很广泛，包括金属、合金、化合物、半导体和一些有机聚合物等。加热镀膜材料方式有电阻、高频感应、电子束、激光、电弧加热等。

（12）溅射镀　它是将工件放入真空室，并用正离子轰击作为阴极的靶（镀膜材料），使靶材中的原子、分子逸出，飞至工件表面凝聚成膜。溅射粒子的动能约10eV，为热蒸发粒子的100倍。按入射正离子来源不同，可分为直流溅射、射频溅射和离子束溅射。入射正离子的能量还可用电磁场调节，常用值为10eV量能。溅射镀膜的致密性和结合强度较好，基片温度较低，但成本较高。

（13）离子镀　它是将工件放入真空室，并利用气体放电原理将部分气体和蒸发源（镀膜材料）逸出的气相粒子电离，在离子轰击工件的同时，把蒸发物或其反应产物沉积在工件表面成膜。该技术是一种等离子体增强的物理气相沉积，镀膜致密，结合牢固，可在工件温度低于550℃时得到良好的镀层，绕镀性也较好。常用的方法有阴极电弧离子镀、热电子增强电子束离子镀、空心阴极放电离子镀。

（14）化学气相沉积（Chemical Vapor Deposition，简称CVD）　它是将工件放入密封室，加热到一定温度，同时通入反应气体，利用室内气相化学反应在工件表面沉积成膜。源物质除气态外，也可以是液态和固态。所采用的化学反应有多种类型，如热分解、氢还原、金属还原、化学输运反应，等离子体激发反应、光激发反应等。工件加热方式有电阻、高频感应、红外线加热等。主要设备有气体的发生、净化、混合、输运装置，以及工件加热、反应室、排气装置。主要方法有热化学气相沉积、低压化学气相沉积、等离子体化学气相沉积、金属有机化合物气相沉积、激光诱导化学气相沉积等。

（15）分子束外延（Molecular Beam Epitaxy，简称MBE）　它虽是真空蒸镀的一种方法，但在超高真空条件下，精确控制蒸发源给出的中性分子束流强度按照原子层生长的方式在基片上外延成膜。主要设备有超高真空系统、蒸发源、监控系统和分析测试系统。

（16）离子束合成薄膜技术　离子束合成薄膜有多种新技术，目前主要有两种。①离子束辅助沉积（IBAD），它是将离子注入与镀膜结合在一起，即在镀膜的同时，通过一定功率的大流强宽束离子源使具有一定能量的轰击（注入）离子不断地射到膜与基体的界面，借助于级联碰撞导致界面原子混合，在初始界面附近形成原子混合过渡区，提高膜与基体间的结合力，然后在原子混合区上，再在离子束参与下继续外延生长出所要求厚度和特性的薄膜。②离子簇束（Ion Cluster Beam，简称ICB），离子簇束的产生有多种方法，常用的是将固体加热形成过饱和蒸气，再经喷管喷出形成超声速气体喷流，在绝热膨胀过程中由冷却至凝聚，生成包含$5\times10^{2}\sim2\times10^{3}$个原子的团粒。

（17）化学转化膜　化学转化膜的实质是金属处在特定条件下人为控制的腐蚀产物，即金属与特定的腐蚀液接触并在一定条件下发生化学反应，形成能保护金属不易受水和其他腐蚀介质影响的膜层。它是由金属基体直接参与成膜反应而生成的，因而膜与基体的结合力比电镀层要好得多。目前工业上常用的有铝和铝合金的阳极氧化、铝和铝合金的化学氧化、钢铁氧化处理、钢铁磷化处理、铜的化学氧化和电化学氧化、锌的铬酸盐钝化等。

（18）热烫印　它是把各种金属箔在加热加压的条件下覆盖于工件表面。

（19）暂时性覆盖处理　它是把缓蚀剂配制的缓蚀材料，在工作需要防锈的情况下暂时性覆盖于表面。

3. 表面改性技术

（1）喷丸强化　它是在受喷材料的再结晶温度下进行的一种冷加工方法，加工过程由弹丸以很高速度撞击受喷工件表面而完成。喷丸可应用于表面清理、光整加工、喷丸校形、喷丸强化等。其中喷丸强化不同于一般的喷丸工艺，它要求喷丸过程中严格控制工艺参数，使工件在受喷后具有预期的表面形貌、表层组织结构和残余压应力，从而大幅度地提高疲劳强度和抗应力腐蚀能力。

（2）表面热处理　它是指仅对工件表层进行热处理，以改变其组织和性能的工艺。主要方法有感应加热淬火、火焰加热表面淬火、接触电阻加热淬火、电解液淬火、脉冲加热淬火、激光热处理和电子束加热处理等。

（3）化学热处理　它是将金属或合金工件置于一定温度的活性介质中保温，使一种或几种元素渗入它的表层，以改变其化学成分、组织和性能的热处理工艺。按渗入的元素可分为渗碳、渗氮、碳氮共渗、渗硼、渗金属等。渗入元素介质可以是固体、液体和气体，但都要经过介质中化学反应、外扩散、相界面化学反应（或表面反应）和工件中扩散四个过程，具体方法有许多种。

（4）等离子扩渗处理（PDT）　又称离子轰击热处理，是指在通常大气压力下的特定气氛中利用工件（阴极）和阳极之间产生的辉光放电进行热处理的工艺。常见的有离子渗氮、离子渗碳、离子碳氮共渗等，尤以离子渗氮最普遍。等离子扩渗处理的优点，是渗剂简单、无公害、渗层较深、脆性较小、工件变形小、对钢铁材料适用面广及工作周期短。

（5）高能束表面处理　它是主要利用激光、电子束和太阳光束作为能源，对材料表面进行各种处理，显著改善其组织结构和性能。

（6）离子注入表面改性　它是将所需的气体或固体蒸气在真空系统中电离，引出离子束后在数千电子伏至数十万电子伏加速下直接注入材料，达一定深度，从而改变材料表面的成分和结构，达到改善性能之目的。其优点是注入元素不受材料固溶度限制，适用于各种材料，工艺和质量易控制，注入层与基体之间没有不连续界面。它的缺点是注入层不深，对复杂形状的工件注入有困难。

4. 复合表面处理技术

表面技术种类繁杂，新技术不断涌现出来，目前的一个重要趋势是综合运用两种或更多种表面技术的复合表面处理技术。随着材料使用要求的不断提高，单一的表面技术因有一定的局限性而往往不能满足需要。目前已开发的一些复合表面处理，如等离子喷涂与激光辐照复合、热喷涂与喷丸复合、化学热处理与电镀复合、激光淬火与化学热处理复合、化学热处理与气相沉积复合等，已经取得良好效果，甚至有意想不到的效果。

5. 表面加工技术

表面加工技术也是表面技术的一个重要组成部分。例如对金属材料而言，有电铸、包覆、抛光、蚀刻等，它们在工业上获得了广泛的应用。

目前高新技术不断涌现，层出不穷，大量先进的产品对加工技术的要求越来越高，在精细化上已从微米级、亚微米级发展到纳米级，其中半导体器件的发展是典型的实例。

集成电路的制作，从晶片、掩模制备开始，经历多次氧化、光刻、腐蚀、外延掺杂（离子注入或扩散）、划片、引线焊接、封装、检测等一系列工序，最后得到成品。在这些繁杂的工序中，表面的微细加工起了核心作用。所谓的微细加工，是一种加工尺度从亚微米到纳米量级的制造微小尺寸元器件或薄膜图形的先进制造技术，主要包括：

1）光子束、电子束和离子束的微细加工。

2）化学气相沉积、等离子化学气相沉积、真空蒸发镀膜、溅射镀膜、离子镀、分子束外延、热氧化的薄膜制造。

3）湿法刻蚀、溅射刻蚀、等离子刻蚀等图形刻蚀。

4）离子注入扩散等掺杂技术。

还有其他一些微细加工技术，它们不仅是大规模和超大规模集成电路的发展基础，也是半导体微波技术、声表面波技术、光集成等许多先进技术的发展基础。

6. 表面分析和测试技术

各种表面分析仪器和测试技术的出现，不仅为揭示材料本性和发展新的表面技术提供了坚实的基础，而且为合理地使用或选择表面技术、分析和防止表面故障、改进工艺设备提供了有力的手段。

7. 表面工程技术设计

随着研究的逐步深入和经验的不断积累，人们对材料表面技术的研究已经不满足于一般的试验、选择、使用和开发，而是要力争按预定的技术和经济指标进行严密的设计，逐步形成一种充分利用计算机技术，借助数据库、知识库、推理机等工具，通过演绎和归纳等科学方法而能获得最佳效益的设计系统。这类设计系统包括：

1）材料表面镀涂层或处理层的成分、结构、厚度、结合强度以及各种要求的性能。

2）基体材料的成分、结构和状态等。

3）实施表面处理或加工的流程、设备、工艺、检验等。

4）综合的管理、经济、环保等分析设计。

目前虽然在许多场合这套设计系统尚不完善，有的差距还很大，但是今后一定能逐步得到完善，使众多的表面技术发挥更大的作用。

1.2.2 表面技术的发展

表面技术的使用，自古至今已经历了几千年的漫长岁月，每项表面技术的形成往往经历了许多的试验和失败，而各类表面技术的发展也是分别进行、互不相关的。但是，近几十年来随着经济和科技的迅速发展，使这种状况有了很大的变化，人们开始将各类表面技术互相联系起来，探讨它们的共性，阐明各种表面现象和表面特性的本质，尤其是20世纪60年代末形成的表面科学为表面技术的开发和应用提供了更坚实的基础，并且与表面技术互相依存，彼此促进。在这个基础上通过各种学科和技术的相互交叉和渗透，表面技术的改进、复合和创新会更加迅速，应用更为广泛，必将为人类社会的进步作出更大的贡献。下面从几个方面说明表面技术的发展过程和趋势。

1. 表面涂敷技术的发展

在表面涂敷技术中，涂料和涂装工艺是一个重要组成部分。早在公元前2000年，我们的祖先从野生漆树收集天然漆，用来装饰器皿。埃及人亦已使用阿拉伯树胶、蛋白等作为漆料制成色漆来装饰物件。直到20世纪20年代，由于化学等工业的发展，出现了酚醛树脂，才改变了涂料完全依赖天然材料的局面。30年代出现了醇酸树脂，使涂料摆脱了油树脂型的格局，从而进入合成树脂涂料时期，发展成为现在的18大类涂料。它们的使用范围远远超出装饰目的，已涉及到材料保护和具有各种功能的领域。涂装技术也摆脱原来手工操作的局限，而是根据各种用途开发了能满足要求的涂装设备和工艺，并力求花费小的涂装成本而得到最大的涂装效果。静电喷漆、高压无空气喷漆、电泳涂装、辐射固化等涂装技术获得大量应用，在工业上出现了大量的涂装流水线。另一方面，由于涂料制造和涂装行业是资源耗量很大的工业领域，又是大气和水质的污染源之一，因而开发和采用资源利用率高的、低污染或无污染型涂料和涂装技术已成为重要的研究方向。

热喷涂因基材可以不经高温，可用作涂层的材料类型广泛，涂层性能优良，工件外形尺寸上没有限制，成本较低，从而成为普遍采用的表面技术。这类技术的开发和使用是从20世纪初开始的。1910年瑞士 M. U. Schoop 发明了金属熔液式喷涂，以后制成了线材火焰喷枪，又提出了电弧喷涂的设计。20世纪30年代美国和英国相继研制出一些新喷枪在钢铁防护的喷锌、喷铝技术中开始应用；50年代末期美国开发出用于制备高质量的碳化物和氧化物陶瓷涂层的燃气重复爆炸喷涂；到了60年代，等离子喷涂和喷焊技术在工业上的应用，大大扩充了热喷涂材料和涂层的应用范围，并大幅度提高了涂层质量，此时各类喷涂设备和材料已形成规格化和系列化，即热喷涂技术趋于普及；70 年代，热喷涂技术向着高能、高速、高效发展。80 年代以来，许多新技术如超声速火焰喷涂、激光喷涂、计算机控制、机器人操作等得以实施，热喷涂技术向着涂层质量进一步提高以及精密、智能化方向发展。喷涂材料亦不断扩大，功能性涂层日益完善，如耐磨、抗氧化、隔热、导电、绝缘、减摩、润滑、防辐射等，逐步形成一个较为完整的系统。

开发多种功能涂层，使零件、构件的表面延缓腐蚀、减少磨损、延长疲劳寿命。随着工业的发展，在治理这三种失效之外又提出了许多特殊的表面功能要求。例如舰船上甲板需要有防滑涂层，现代装备需要有隐身涂层，军队官兵需要防激光致盲的镀膜眼镜，在太阳能取暖和发电设备中需要高效的吸热涂层和光电转换涂层，在录音机中需要有磁记录镀膜，不粘锅中需要有氟树脂涂层，建筑业中的玻璃幕墙需要有阳光控制膜等。此外，隔热涂层、导电涂层、减振涂层、降噪涂层、催化涂层、金属染色技术等也有广泛的用途。在制备功能涂层方面，表面技术也可大显身手。

2．金属材料表面强化技术的发展

金属材料一般是以合金的形式投入使用，具有良好的强度与塑性配合、优良的加工性，许多金属还具有优异的物理特性，因而应用非常广泛。但是，金属材料的表面在外界环境的作用下亦容易发生各类磨损、腐蚀、氧化和疲劳等破坏，这方面造成的损失是十分巨大的。此外，许多零部件要求的表面性能与心部性能之间存在着一定的矛盾，整体处理时往往两者不能兼顾。因此，金属材料的表面强化技术受到了人们的高度重视。

金属表面形变强化如喷丸、滚压和内孔挤压等技术的应用已有较长的历史。例如喷丸强化技术，产生于 20 世纪 20 年代，最先在汽车工业中应用，60 年代以后又在航空工业中得到更广泛的应用，尤其是一些关键受力部件经喷丸强化后抗疲劳性和抗应力腐蚀能力等有了明显的提高，而生产成本低廉，因此成为一种重点采用的表面技术。

表面热处理和化学热处理是人们早就使用的表面技术。据历史记载，我国在战国时代已进行钢的淬火，后来又利用大豆（蛋白质）中分解出的物质（N 和 C）来富化烧红了的钢剑表面以改善剑的强度和韧性。欧洲和其他地区也很早掌握了这类表面技术。到了 19 世纪末和 20 世纪初人们对电进行了广泛的研究之后，一系列以电为基础的表面处理新技术不断涌现出来。

在 20 世纪初，许多物理学家研究了低压气体中的放电现象，后来这类放电现象不仅是荧光照明工业的基础，而且也成为等离子热化学技术和等离子镀膜技术的基础。20 世纪 70 年代以来，由于电力和电子工程领域取得的进展，晶闸管控制的灭弧断路器的诞生，促进了离子渗氮技术在工业上的广泛应用。物理气相沉积（PVD）技术由最初的真空蒸镀到1963年离子镀技术的应用，后来在70年代末由于磁控溅射的出现，使“干法”电镀在工业中得到了广泛的应用，并与“湿法”电镀技术展开了有力的竞争。化学气相沉积（CVD）技术也从原来用于高纯金属的精炼以及半导体和磁性薄膜的制造，逐步成为金属材料表面强化技术的一个重要手段，尤其是用于硬质合金和合金钢工模具表面的涂覆。

利用荷能离子与材料表面相互作用，改变表面成分和结构，从而引入离子注入技术，不仅用于电子工业以及无机非金属材料和有机高分子材料的表面改性，也是金属材料表面强化的重要途径。后来人们又将离子注入与镀膜技术结合起来，发展出新颖的离子束合成薄膜技术。

自20世纪60年代以来，激光和电子束等新热源，由于具有能量集中、加热迅速、加热层薄、自激冷却、变形很小、无需淬火介质、有利环境保护、便于实现自动化等优点，因而在金属材料表面强化方面的应用越来越广泛。

3. 复合表面技术的发展

在单一表面技术发展的同时，综合运用两种或多种表面技术的复合表面技术（也称第二代表面技术）有了迅速的发展。复合表面技术通过最佳协同效益使工件材料表面体系在技术指标、可靠性、寿命、质量和经济性等方面获得最佳的效果，克服了单一表面技术存在的局限性，解决了一系列工业关键技术和高新技术发展中特殊的技术问题。

目前，复合表面工程技术的研究和应用已取得了重大进展，如热喷涂与激光重熔的复合、热喷涂与刷镀的复合、化学热处理与电镀的复合、表面涂覆强化与喷丸强化的复合、表面强化与固体润滑层的复合、多层薄膜技术的复合、金属材料基体与非金属表面复合、镀锌或磷化与有机漆的复合、渗碳与钛沉积的复合、物理和化学气相沉积同时进行离子注入等。伴随复合表面工程技术的发展，梯度涂层技术也获得较大发展，以适应不同涂覆层之间的性能过渡，以达到最佳的优化效果。

4. 表面加工技术的发展

表面加工技术所包含的内容十分广泛，尤其是表面微细加工技术已经成为大规模集成电路和微细图案成形必不可少的加工手段，在电子工业尤其是微电子技术中占有特殊的地位。虽然人们在19世纪发现了硅等半导体以及它们的一些特殊性质，但在20世纪初由于发明了真空二极管和真空三极管，半导体的应用受到了限制。

晶体管（即半导体三极管）在电子电路中起放大、振荡、开关等作用，也是集成电路的核心。晶体管本身一般由两个非常靠近的PN结组成。早期晶体管一般用生长结法、合金结法和扩散台面法制作，在器件结构和工艺上都存在较大的问题。后来开发了硅平面工艺，使晶体管及集成电路的制作主要由氧化、光刻、扩散等工艺组成，因而在工艺上作了很大的改进。

1958 年世界上出现第一块平面集成电路，在一个芯片上完成的不再是一个晶体管的放大或开关效应，而是一个电路的功能。在这以后的 40 年中，一个芯片已从包含几个到几十个晶体管的所谓小规模集成电路（SSI）发展到包含几千、几万个晶体管的大规模集成电路（LSI），继而又制成几十万、几百万、几千万个晶体管的超大规模集成电路（VLSI），使一个电路能完成非常复杂的功能。目前已从特大规模集成电路（ULSI）向吉规模集成电路（GSI 或称吉集成）进军。现在可在一个芯片上集成几亿个元器件（256Mbit 动态随机存储器）。2002 年已生产出每个芯片上集成数十亿个元器件，最细线宽达 0.13μm 的芯片或动态随机存储器。

由上可以看出，一个芯片的集成度以每隔 3 年大约上升 4 倍的高速度向前发展。这样巨大的变化首先应归功于高速发展的表面微细加工技术。这项技术涉及的范围较为广泛，目前大致可包括微细图形加工技术、精密控制掺杂技术、超薄层晶体及薄膜生长技术三大类，而每大类又包含了许多先进技术。表面微细加工技术是许多科学技术的综合结晶。它不仅是集成电路的发展基础，也是半导体微波技术、声表面波技术、光集成等许多高科技的发展基础。

现在微细加工技术在微电子技术成就的基础上正在向微机械技术和纳米级制造技术推进。微机械技术是指在几个厘米以下及至微米尺度上制造微机械装置，而这种装置将为电子系统提供通向外部物质世界更加直接的窗口，使它们可以感受并控制力、光、声、热及其他物质的作用；微米级制造工艺包括光刻、刻蚀、淀积、外延生长、扩散离子注入等。纳米级制造包括微米级制造中的一些技术，如离子束刻，同时还包括采用扫描隧道显微镜（STM）等设备对材料进行原子量级的修改与排列的技术。

5. 扩展表面技术的应用领域

表面技术已经在机械产品、信息产品、家电产品和建筑装饰中获得富有成效的应用，但是其深度广度仍很不够。

表面技术在生物工程中的延伸已引起了人们的注意，前景亦十分广阔。例如髋关节的表面修补，最常用的复合材料是在超高密度高分子聚乙烯上再镀钴铬合金，使用寿命可达 15 ~ 25 年。近些年又发展了羟基磷灰石（简称 HAP）材料，它是一种重要的生物活性材料，与骨骼、牙齿的无机成分极为相似，具有良好的生物相容性，埋入人体后易与新生骨结合。但是 HAP 材料脆性大，有的学者就用表面技术使 HAP 粒子与金属 Ni 共沉积在不锈钢基体上，实现了牢固结合。

随着专业化生产方式的变革和人们环保意识的增强，现在呼唤表面处理向原材料制造业转移，这也是一种重要动向。

倍受家用电器厂家欢迎的是预涂型彩色钢板，是在金属材料表面涂上一层有机材料的新品种，具有有机材料的耐腐蚀、色彩鲜艳等特点，同时又具有金属材料的强度高、可成形等特点，只需对其作适当的剪切、弯曲、冲压和连接即可制成多种产品外壳，不仅简化了加工工序，也减少了家用电器厂家对设备的投资，成为制作家用电器外壳的极佳材料。

汽车制造业的表面加工任务很重，要求表面由成品厂家处理转变为在原材料制造时进行的出厂前主动处理。这种变革不是表面处理任务的简单转移，更重要的是一种节能、节材、有利环保的举措。它可以简化脱脂、除锈工序，还可以利用轧钢后的余热来降低能耗。在西欧一些国家的钢厂中，就对半成品进行表面处理，如热外理、热浸镀、磷化、钝化等。

纳米材料的研究成为世界范围内新的热点，并逐渐进入实用化的阶段。采用纳米级材料添加剂的减摩技术，可以在摩擦部件动态工作中智能地修复零件表面的缺陷，实现材料磨损部位原位自动修复，并使裂纹自愈合。又如用电刷镀制备含纳米金刚石粉末涂层的方法可以用来修复模具，延长模具使用寿命，是模具修复的一项突破。其他各种陶瓷材料、非晶态材料、高分子材料等也将不断地被应用于表面工程中。

从上面举例中可以看到，表面技术是一门涉及面广而边缘性很强的技术，它的发展必然受到许多学科和技术的促进和制约，而近代科学和工业技术的迅速发展又促使表面技术发生巨大的变革，并对社会的发展起着越来越重要的作用。

第 2 章　固体表面的物理化学特征

2.1　固体表面的结构

固体可分为晶体和非晶体两类。晶体中原子、离子或分子在三维空间呈周期性规则排列，即存在长程的几何有序。非晶体包括传统的玻璃、非晶态金属、非晶态半导体和某些高分子聚合物，内部原子、离子或分子在三维空间排列无长程序，但是由于化学键的作用，大约在 1 ~2nm 范围内原子分布仍有一定的配位关系，原子间距和成键键角等都有一定特征，然而没有晶体那样严格，即存在所谓的短程序。

固体中的原子、离子或分子之间存在一定的结合键。这种结合键与原子结构有关。最简单的固体可能是凝固态的惰性气体。惰性气体因其原子外壳电子层已经填满而呈稳定状态。通常惰性气体原子之间的结合键非常微弱，只有处于很低温度时才会液化和凝固。这种结合键称为范德瓦尔斯（Van der Waals）键。除惰性气体外，许多分子之间也可通过这种键结合为固体。例如，甲烷（CH_4），在分子内部有很强的键合，但分子间依靠范德瓦尔斯键结合成固体。这种结合键又称为分子键。还有一种特殊的分子间作用力称为氢键，可把氢原子与其他原子结合起来而构成某些氢的化合物。分子键和氢键都属于物理键或次价键。

大多数元素的原子最外电子层没有填满电子，具有争夺电子成为类似惰性气体那种稳定结构的倾向。由于不同元素有不同的电子排布，所以可能导致不同的键合方式。例如，氯化钠固体是离子键结合的，硅是共价键结合，而铜是金属键结合。这三种键都较强，同属于化学键或主价键。

常见金属的晶体结构主要有三种：面心立方（fcc）、密排六方（hcp）和体心立方（bcc）。前两种晶体结构是密排型的，其配位数是 12。体心立方晶格是非密排的，配位数是 8。上述配位数是对位于晶体内部的原子而言的，而对位于晶体表面的原子，情况则有所变化。以面心立方金属的（100）面作表面为例（图 2-1）可以看出，表面上的每一个原子（图中灰色圆球），除了有同平面的四个最近邻原子外（图中实线圆），在这个表面的正下方还有四个最近邻原子

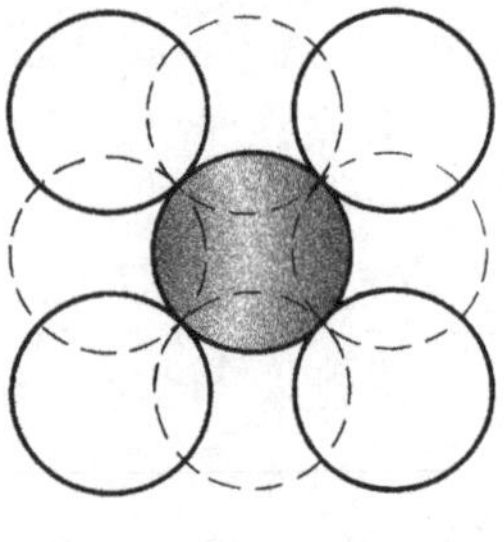

图 2-1　面心立方晶体（100）表面原子排列示意图

（图中虚线圆）。但是，在表面上方没有金属原子存在。因此，出现了四个“断键”。对于面心立方晶体，只有当每个原子有 12 个最近邻原子，即有 12 对“键”时，能量才最低，结构最稳定。当少了四个最近邻的原子，出现了四个“断键”时，表面原子的能量就会升高。这种高出来的能量就是表面能。

同样，面心立方晶体中（111）面作表面时，表面（111）面上的每个原子的最近邻原子数为 9，“断键”数为 3。如果表面能主要是由“断键”数目决定的话，则面心立方中（100）面的表面能比（111）面的高。研究发现，不同晶面作表面时，断键数目不同，表面能不同，因此单晶体中表面能是各面异性的。对于面心立方，密排面（111）的表面能最低。而在体心立方晶体中，（110）面的表面能最低。

如上所述，表面能与表面原子出现“断键”有关。在金属晶体中，金属原子靠金属键结合在一起。金属离子“浸泡”在自由电子组成的电子云中。带正电的离子和带负电的电子云之间的相互作用力，构成了金属键。在晶体表面，由于出现“断键”，电子与离子之间的交互作用会发生改变，结果必然导致表面电子密度发生变化。

固体也可按结合键方式来分类。实际上许多固体并非由一种键把原子或分子结合起来，而是包含两种或更多的结合键，但是通常其中某种键是主要的，起主导作用。

物质存在的某种状态或结构，通常称为某一相。严格地说，相是系统中均匀的、与其他部分有界面分开的部分。在一定温度和压力下，含有多个相的系统称为复相系。两种不同相之间的交界区称为界面。

固体材料的界面有三种：

1）表面——固体材料与气体或液体的分界面。

2）晶界（或亚晶界）——多晶材料内部成分、结构相同而取向不同的晶粒（或亚晶）之间的界面。

3）相界——固体材料中成分、结构不同的两相之间的界面。

2.1.1 固体的理想表面和清洁表面

理想表面是一种理论上认为的结构完整的二维点阵平面，表面的原子分布位置和电子密度都和体内一样。理想表面忽略了晶体内部周期性势场在晶体表面中断的影响，也忽略了表面上原子的热运动以及出现的缺陷和扩散现象、表面外界环境的作用等。通常可以把晶体的解理面认为是理想表面，但实际上理想表面是不存在的。

清洁表面是指在特殊环境中经过特殊处理后获得的表面，是不存在吸附、催化反应或杂质扩散等物理、化学效应的表面。例如，经过诸如离子轰击、高温脱附、超高真空中解理、蒸发薄膜、场效应蒸发、化学反应、分子束外延等特殊处理后，保持在超高真空下，外来沾污少到不能用一般表面分析方法探测的表面。

1. 清洁表面的结构

固体材料有单晶、多晶和非晶体等。目前对一些单晶材料的清洁表面研究得较为彻底，对多晶和非晶体的清洁表面研究得还很少。

晶体表面是原子排列面，有一侧无固体原子的键合，形成了附加的表面能。从热力学来看，表面附近的原子排列总是趋于能量最低的稳定状态。达到这个稳定态的方式有两种：一是自行调整，使表面原子排列情况与材料内部明显不同；二是依靠表面的成分偏析、表面对外来原子（或分子）的吸附以及这两者的相互作用而趋向稳定态，因而使表面组分与材料内部不同。

表 2-1 列出了几种清洁表面的情况，由此来看，晶体表面的成分和结构都不同于晶体内部，一般大约要经过 4 ~ 6 个原子层之后才与体内基本相似，所以晶体表面实际上只有几个原子层范围。另一方面，晶体表面的最外一层也不是一个原子级的平整表面，因为这样的熵值较小，尽管原子排列作了调整，但是自由能仍较高，所以清洁表面必然存在各种类型的表面缺陷。

表 2-1　几种清洁表面结构和特点

序号	名　称	结构示意图	特　点
1	弛豫	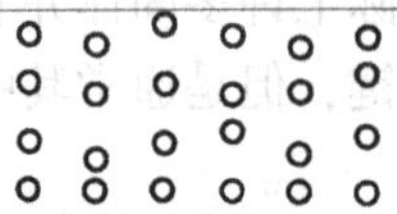	表面最外层原子与第二层原子之间的距离不同于体内原子间距（缩小或增大；也可以是有些原子间距增大，有些减小）
2	重构	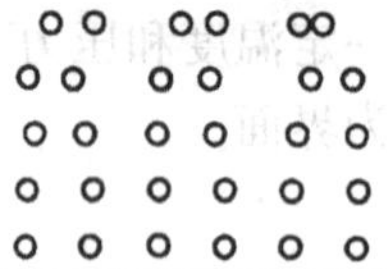	在平行基底的表面上，原子的平移对称性与体内显著不同，原子位置作了较大幅度的调整
3	偏析	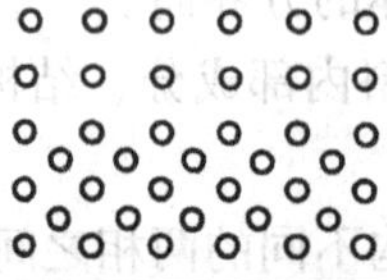	表面原子是从体内析出来的外来原子
4	化学吸附	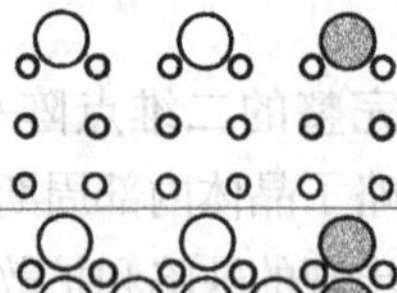	外来原子（超高真空条件下主要是气体）吸附于表面，并以化学键合
5	化合物	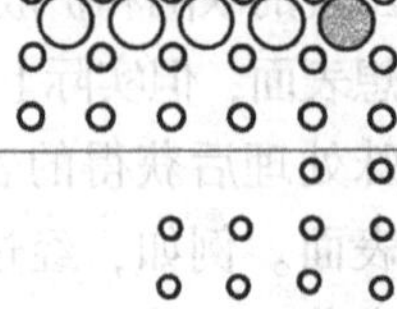	外来原子进入表面，并与表面原子键合形成化合物
6	台阶	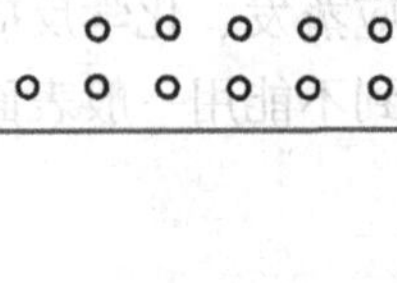	表面不是原子级的平坦，表面原子可以形成台阶结构

q 图 2-2 为单晶表面的 TLK 模型。这个模型由 Kossel 和 Stranski 提出。TLK 中的 T 表示低晶面指数的平台（Terrace）；L 表示单分子或单原子高度的台阶（Ledge）；K 表示单分子或单原子尺度的扭折（Kink）。如图 2-2 所示，除了平台、台阶和扭折外，还有表面吸附的单原子（*A*）以及表面空位（*V*）。

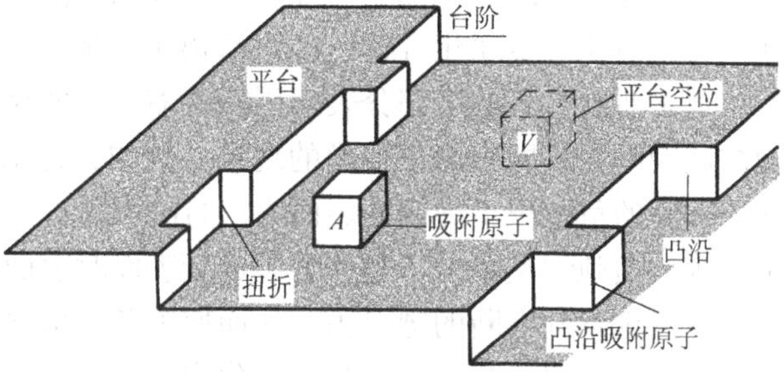

图 2-2　单晶表面的 TLK 模型

单晶表面的 TLK 模型已被低能电子衍射（LEED）等表面分析结果所证实。由于表面原子的活动能力较体内大，形成点缺陷的能量小，因而表面上的热平衡点缺陷浓度远大于体内。各种材料表面上的点缺陷类型和浓度都以一定条件而定，最为普遍的是吸附（或偏析）原子。

另一种晶体缺陷是位错（线）。实际单晶体的表面并不是理想的平面，而是存在很多缺陷，如台阶、扭折、位错露头、空位等。由于位错只能终止在晶体表面或晶界上，而不能终止在晶体内部，因此位错往往在表面露头。实际上位错并不是几何学上定义的线，而被认为是具有一定宽度的“管道”。位错附近的原子平均能量高于其他区域的能量，容易被杂质原子所取代。如果是螺型位错的露头，则在表面形成一个台阶。

无论是具有各种缺陷的平台，还是台阶和扭折都会对表面的一些性能产生显著的影响。例如，TLK 表面的台阶和扭折对晶体生长、气体吸附和反应速度等影响较大。

严格地说，清洁表面是指不存在任何污染的化学纯表面，即不存在吸附、催化反应或杂质扩散等一系列物理、化学效应的表面。因此，制备清洁表面是很困难的，而在几个原子层范围内的清洁表面，其偏离三维周期性结构的主要特征应该是表面弛豫、表面重构以及表面台阶结构。

2. 表面弛豫

晶体的三维周期性在表面处突然中断，表面上原子的配位情况发生变化，并且表面原子附近的电荷分布也有改变，使表面原子所处的力场与体内原子不同，因此表面上的原子会发生相对于正常位置的上、下位移，以降低体系能量。表面上原子的这种位移（压缩或膨胀）称为表面弛豫。

表面弛豫的最明显处是表面第一层原子与第二层之间距离的变化；越深入体相，弛豫效应越弱，并且是迅速消失。因此，通常只考虑第一层原子的弛豫效应。这种弛豫能改变键角，但不影响表面单胞（二维），故不影响 LEED 图像。在金属、卤化碱金属化合物、MgO 等离子晶体中，表面弛豫是普遍存在的。

通常所观察到的大部分表面层间距缩短，即存在表面负弛豫，但也观察到表面层间距膨胀，即表面正弛豫的现象。例如，纯铝的表面为（110）面时，会有 3% ~5% 的负弛豫；纯铜的表面为（110）面时，会有 20% 的正弛豫。一般简单地认为，负弛豫是将一个晶体劈裂成新表面时表面原子原来的成键电子会部分地从断开的键移到未断的键上去，从而使未断键增强，因此会减少键长。不过，一旦有被吸附的原子存在，键长的变化应减少或消失。而认为正弛豫是由于表面原子间的键合力比体内弱，表面原子的热振动频率会降低，使振幅增大，从而推断表面原子会发生重组，重组后的点阵常数大于体内。Cheng 等人曾证明某些体心立方金属的表面，其弛豫的正负自表向内可能交替地改变，即自外向内的几个表面原子层的层间距是收缩、膨胀交替地变化的。

表面弛豫主要取决于表面断键即悬挂键的情况。弛豫作用对杂质、缺陷、外来吸附很敏感。对于离子晶体，表层离子失去外层离子后破坏了静电平衡，由于极化作用，可能会造成双电层效应。

3．表面重构

在平行基底的表面上，原子的平移对称性与体内显著不同，原子位置作了较大幅度的调整，这种表面结构称为重构（或再构）。

表面重构与表面悬挂键有关。表面原子价键不饱和会产生表面悬挂键，当表面吸附外来原子而使表面悬挂键饱和时，重构必然发生变化。

表面重构能使表面结构发生质的变化，因而在许多情况下，表面重构在降低表面能方面比表面弛豫要有效得多。最常见的表面重构有两种类型：一种是缺列型重构；一种是重组型重构。

（1）缺列型重构　是表面周期性地缺失原子列造成的超结构。所谓超结构是指晶体平移对称周期，即晶胞基矢成倍扩大的结构状态，合金的无序-有序转变和复合氧化物固溶体的失稳分解都是造成超结构的物理过程。作为表面超结构，则是表面层二维晶胞基矢的整数倍扩大。在洁净的面心立方金属铱、铂、金、钯等｛110｝表面上的（1 ×2）型超结构，是最典型的缺列型重构的例子，这时晶体｛110｝表面上的原于列每间隔一列即缺失一列。

（2）重组型重构　并不减少表面的原子数，但却显著地改变表面的原子排列方式。通常，重组型重构发生在共价健晶体或有较强共价成分的混合键晶体中。共价键具有强的方向性，表面原子断开的键，即悬挂键处于非常不稳定的状态，因而将造成表面晶格的强烈畸变，最终重排成具有较少悬挂键的新表面结构。必须指出的是，重组型重构常会同时伴有表面弛豫而进一步降低能量，仅就对表面结构变化的影响程度而言，表面弛豫比重组要小得多。

综合以上两种重构方式的系统研究结果可以认为，当原子键不具有明显方向性时，表面重构较为少见，即使重构也以缺列型重构为主；当原子键具有明显的方向性如共价健时，则洁净的低指数表面上的重组型重构是极为常见的。近年来发现，多种具有较强共价成分的晶体中也存在重组型重构，最典型的例子就是 $SrTiO_3$ 晶体。

4. 表面台阶结构

清洁表面实际上不会是完整表面，因为这种原子级的平整表面熵很小，属热力学不稳定状态，故而清洁表面必然存在台阶结构等表面缺陷。LEED 等实验证实单晶体的表面有平台、台阶和扭折（图 2-2）。电子束从不同台阶反射时会产生位差。如果台阶密度较高，各个台阶的衍射线之间会发生相干效应。在台阶规则分布时，表面的 LEED 斑点分裂成双重的；如果台阶不规则分布，则一些斑点弥散，另一些斑点明锐。台阶的转折处称为扭折。

5. 表面相转变

由于表面原子处在各向异性的环境，比体相原子具有较少的相邻原子，因此其电子密度分布与体相不同，可用来键合的价电子既可比体相的多，也可比体相的少，所以在表面的原子平面上可以发生结构的转变。这种表面结构的重组不仅改变了键角，而且改变了转动的对称性和最近邻的原子数目，这就是表面的相转变。

例如，当氧吸附在 Pt（100）面上时，将生成（5×1）的表面结构，即把体相的面心立方转变成密排六方结构。

6. 表面和界面电子态

（1）表面电子态（表面态） 表面原子排列在垂直于表面的方向上存在平移周期性中断。此时，属于原有能带（体能带）的布洛赫波在表面发生反射，在真空一侧则迅速衰减。处在这种态的电子仍为非局域化的。同时，还出现表面态，即为平行于表面的行进波，而在垂直于表面的方向上波矢分量为复数，因而是向体内衰减的布洛赫波。处在这种状态的电子将局域在表面几个原子层内，故称表面态。它是由于表面的存在而造成的附加能态，其能量是在体内能带的禁带中。因为如能量和体内能带重叠，其电子态就会和体内布洛赫波连结起来，在体内便有不为零的几率分布，严格说这就不是表面态。但这种连结波函数在表面的振幅可能远大于在体内的振幅，这称为表面共振。表面态和表面共振在实验中有时不易区分。

表面态有两种：① 外诱表面态。在表面处杂质与缺陷往往比体内多得多，在表面杂质和缺陷周围形成的局域电子态就称为外诱表面态。② 本征表面态。在清洁有序的表面，由于体内周期性的中断所形成的局域电子态。从化学键的观点看，表面上的“悬挂键”可能形成本征表面态。例如，在硅晶体内每个原子与周围四个原子形成共价键（每键由两个电子构成），而表面上 Si 原子有的键被割断，形成“空悬”键（电子态），电中性时每“悬挂键”中有一个电子。这些悬挂键局域子表面而形成表面态。此外，表面原子与第二层原子之间的“背键”以及表面原子之间的“桥键”也可能联系着表面态。

(2) 界面电子态（界面态） 界面电子态是与固-固界面相关而不同于体内的一种电子态。常见的固-固界面如半导体-半导体、绝缘体-半导体、金属-半导体等界面，它们都可能出现界面态。典型的界面态与表面态相似，即能级出现在能隙中间或边缘附近，波函数在平行于界面方向仍为行进的布洛赫波，而在垂直于界面方向则为向两侧体内迅速衰减的布洛赫波。处在这种态的电子只分布在界面附近几十原子层内，所以是局域化的。

界面态是否出现，取决于相邻两种固体的结构和性质的差别。例如，半导体–半导体界面态的形成与两者离子性的差别和界面晶格错配程度有关，差别小的不易形成界面态。又如，在 SiO_2-Si 界面或靠近界面的氧化层中，由于 Si 的价键不饱和，可在基本禁带中产生界面态能级。

(3) 表面态和界面态的重要性 表面与体内有许多不同之处，其中两个重要区别是：① 表面的原子排列与体内不同，例如表面常有一到几个原于层厚度的弛豫和重构；② 从电荷分布来看，表面局域电子态波函数自最外一层原子面分别向体内和真空呈指数衰减，分布在表面两侧约 1 ~ 1.5nm 范围。这种表面态（或界面态）是分析表面（或界面）发生的各种物理和化学现象的重要基础，也是控制和改善许多材料和器件性能的重要基础。在微电子技术领域中，表面态（或界面态）对半导体材料和器件的性质，尤其是对表面电导和光学性质有重大影响。

如上所述，表面态能级常出现在体能带的能隙中。例如，Si {111} 表面在能隙中有悬挂键表面态，分布在表面 4 ~ 5 原子层内。过渡金属常会形成 S-d 杂化的表面态。表面态能级在半导体材料中就像杂质能级一样影响着半导体的电学、光学等性质。

除了由于表面的存在而造成附加能态之外，还有一个表面能带弯曲问题。在固体物理中，通常把固体最外一层原子上下两侧各 1 ~ 1.5nm 范围的区域称为“表面”，这大致是紫外光电子能谱和低能电子衍射所探测的范围。对金属来说，在表面以下 1 ~ 1.5nm 处势场与体内无明显区别，电子性能已完全不受表面的影响。然而，半导体和绝缘体的情况却大不相同，这种表面电荷密度表现为长程势场扰动，它能扩展到体内达数百纳米的深处；这种扰动通常用能带弯曲来表征。或者说，由于表面态和体能态的空间分布不同，电子在二者之间转移会引起表面电荷集中，在半导体中会产生厚达几百纳米的空间电荷层，并导致体能带的弯曲。这种扰动依赖于杂质浓度和温度，在固体电子学中十分重要。

在实际应用中，半导体-金属界面由于其整流特性而显得重要。该界面上费米能级和半导体导带下限之差称为肖特基势垒。人们发现，硅、锗等共价键半导体的肖特基势垒与接触的金属无关。这个现象的解释是：在半导体-金属界面上，半导体原有的表面态消失，在对应的能隙处出现一种金属诱生能隙态，其波函数在金属一侧类似金属态，而在半导体一侧类似悬挂键表面态，因而在 Si、Ge 与金属界面上，正是此种态的钉扎费密面使肖特基势垒不随接触金属的改变而变化。

另一种常用的界面是绝缘体-半导体界面，它对 MOS 电路十分重要。其中 SiO_2-Si 界面是硅平面器体和集成电路工艺中最常用的界面系统。在这个界面或靠近界面的氧化层中，由于缺氧而有过剩硅，硅的正离子是固定正电荷的来源，而 Si 的价健不饱和则在硅禁带中产生界面态能级。在半导体异质结或 MOS 器件中，电子在此种界面态的填充不仅会引起界面电场又导致耗尽层的形成，因而对电子学器件的功能有着显著的影响。

半导体-半导体界面在半导体技术中称为异质结，具有多种多样的电子特性，对半导体器件也十分重要。晶格匹配对于获得优质的异质结具有重要作用。当两种半导体材料接触时两者费米能级拉平，能带发生弯曲并在界面形成价带和导带的突变，能带弯曲深度达数百纳米。这类界面是否存在界面态与具体条件有关。对于 AlAs-GaAs（110）界面，没有找到明显的界面态，这可能是因它们的点阵常数和势能都十分接近，在界面上离子性和对称性的变化很小，界面突变不足以束缚住界面态所致。与此相反，Ge-GaAs、Ge-ZnSe、GaAs-ZnSe、InAs-GaSb 等体系的（110）界面上却存在界面态，而其变化则受离子性、对称性等因素的影响。

2.1.2 固体的实际表面

纯净的清洁表面是很难制备的，通常接触的是实际表面，如图 2-3 所示。为了描述实际表面的构成，早在 1936 年西迈尔兹就把实际表面区分为两个范围：一是所谓“内表面层”，它包括基体材料层和加工硬化层等；另一部分是所谓“外表面层”，它包括吸附层、氧化层等。对于给定条件下的表面，其实际组成及各层的厚度，与表面制备过程、环境（介质）以及材料本身的性质有关。因此，实际表面的结构及性质是很复杂的。

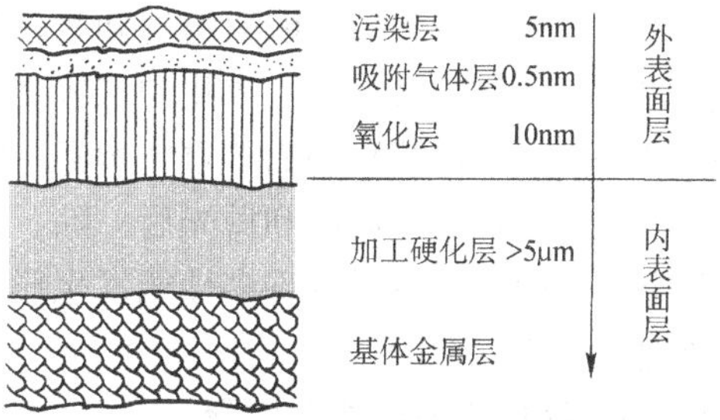

图 2-3 实际表面示意图

实际表面与清洁表面相比较有较大不同，现述如下：

1. 表面粗糙度

从微观水平看，即使宏观看来非常光滑平整的表面实际上也是凹凸不平的，即表面是粗糙的。例如，经过切削、研磨、抛光的固体表面似乎很平整，然而用电子显微镜进行观察，可以看到表面有明显的起伏，同时还可能有裂缝、空洞等。

表面粗糙度是指加工表面上具有的较小间距的峰和谷所组成的微观几何形状误差，也称微观粗糙度。它与波纹度不同，相邻波峰与波谷的间距小于1mm，并且大体上呈周期性起伏，主要是由加工过程中刀具与工件表面间的摩擦、切屑分离工件表面层材料的塑性变形、工艺系统的高频振动以及刀尖轮廓痕迹等原因形成。

表面粗糙度对材料的许多性能有显著的影响。控制这种微观几何形状误差，对于实现零件配合的可靠和稳定、减小摩擦与磨损、提高接触刚度和疲劳强度、降低振动与噪声等有重要作用。因此，表面粗糙度通常要严格控制和评定。其评定参数大约有30种。

表面粗糙度的测量有比较法、激光光斑法、光切法、光波干涉法、针描法、激光全息干涉法、光点扫描法等，分别适用于不同评定参数和不同粗糙度范围的测量。

2. 贝尔比层和残余应力

固体材料经切削加工后，在几个微米或十几个微米的表层中可能发生组织结构的剧烈变化。例如，金属在研磨时由于表面的不平整，接触处实际上是“点”接触，其温度可以远高于表面的平均温度，但是由于作用时间短，而金属导热性又好，所以摩擦后该区域会迅速冷却下来，原子来不及回到平衡位置，造成一定程度的晶格畸变，深度可达几十微米。这种晶格畸变是随深度不同而变化的，而在最外层5～10nm厚度可能会形成一种非晶态层，称为贝尔比（Beilby）层，其成分为金属和它的氧化物，而性质与体内明显不同。

贝尔比层具有较高的耐磨性和耐蚀性。但在某些场合，贝尔比层是有害的，例如在硅片上进行外延、氧化和扩散之前要用腐蚀法除掉贝尔比层，因为它会感生出位错、层错等缺陷而严重影响器件的性能。

金属在切割、研磨和抛光后，除了表面产生贝尔比层之外，还存在着各种残余应力，同样对材料的许多性能发生影响。实际上残余应力是材料经各种加工、处理后普遍存在的。

2.1.3 固体表面的成分偏聚

合金的表面成分一般不同于合金的整体平均成分。这种现象就称为表面偏聚。表面偏聚有两种情况：一是溶质原子在表面富集（一般说的表面偏聚多指这种情况）；二是表面溶质原子减少（称为反偏聚）。由于表面成分的变化，有些合金的表面还可能发生第二相析出。

表面偏聚又可分为平衡偏聚和非平衡偏聚两大类。平衡偏聚时，整个系统中温度和组元的化学位都是不变的，可以用平衡热力学来描述。非平衡偏聚是动力学过程的结果。例如，由高速淬火及辐照后，非平衡浓度的空位与溶质或溶剂原子优先结合所产生的成分偏聚。一般地说，非平衡偏聚时，合金元素的不均匀可以扩展至距表面几十或几百个原子层处，而平衡偏聚的成分变化扩展范围往往只有几个原子层。

1. 偏聚原子的分布与结构

由于表面各向异性，不同取向表面附近的溶质原子的结合能是不一样的。溶质原子在不同取向表面附近的浓度分布当然也就不同（图2-4）。当考虑某一表面附近的溶质原子浓度时，一般在置换式合金中越靠近表面，偏聚的溶质原子浓度越高，相应地溶剂原子浓度就越低。在间隙式固溶体中，表面附近溶剂原子的分布一般不会有多大变化。

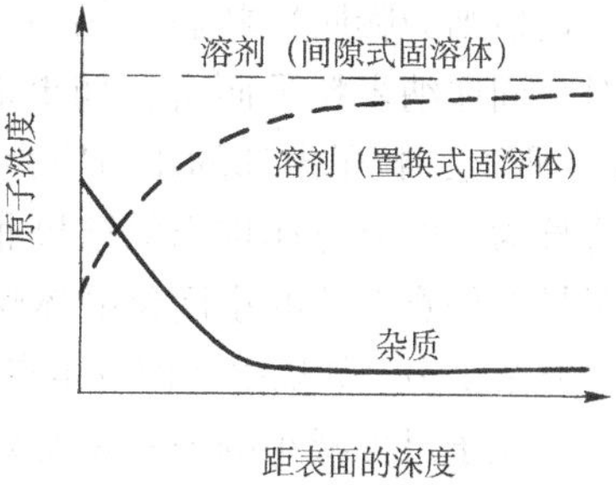

图2-4　二元合金表面成分分布示意图

一般认为，表面偏聚原子的排列或结构与其浓度及温度有关。在 Ni-C 系中，当 C 在 Ni（100）面的覆盖浓度达到 1 时（也就是每个 Ni 原子对应一个碳原子），表面碳原子将组成 $P_{(2\times2)}$ 结构。而在 Fe-C 单晶中，碳原子在 Fe（100）面上可形成 $C_{(2\times2)}$ 结构。

2. 元素在铁表面的偏聚

通过 LEED 与 AES 对元素在铁表面的偏聚分析的结果表明，即使碳、氮在铁内的整体平均体积分数只有百万分之 10 ~ 百万分之 100，它们也会在表面发生偏聚；而硫出现表面偏聚时的整体平均浓度更低。

碳、氮等在铁的（100）表面上的偏聚与温度及浓度有关。研究表明，随着温度增高及体积分数降低，碳和氮在铁表面的偏聚浓度减小，但硫的情况稍有差别。对硫的研究结果表明，硫的表面偏聚不受温度与体积分数的影响。从硫的表面动力学反应的研究可以得出，只要硫的体积分数≥百万分之 0.01，在 800℃ 时，硫的表面偏聚就会达到饱和。

通常，合金系中元素的偏聚是不可逆的，但在个别合金系中存在可逆的元素偏聚现象。研究发现，如果将 Fe-Si 合金加热，那么 Si 将偏聚表面；当该合金冷却至室温时，Si 又回到体内。这说明，Fe-Si 合金中 Si 的偏聚是可逆的。

以上讨论的是二元合金中的情形，元素在多元合金中偏聚的研究较少。由于多元合金元素间的交互作用，偏聚情况会更加复杂。有研究认为，有强烈偏聚倾向的元素如硫、氮、钙、硅等，当它们存在于二元合金中时，很可能会对溶质原子的偏聚产生重要的影响。

2.1.4 微纳米固体粒子的表面

随着纳米科学技术的发展，纳米粒子的结构、表面结构以及纳米粒子的特殊性质引起了科学界的极大关注。特别是当粒子直径为10nm左右时，其表面原子数与总原子数之比已达50%，因而随着粒子尺寸的减小，表面的重要性越来越大。

具有弯曲表面的材料，其表面应力正比于其表面曲率。由于纳米粒子表面曲率非常大，所以表面应力也非常大，使纳米粒子处于受高压压缩（如表面应力为负值则为膨胀）状态。例如，对半径为10nm的水滴而言，其压力有14MPa。对于固体纳米粒子而言，如果形状为球形，且假定表面应力各向同性，其值为σ，那么，粒子内部的压力应为 $\Delta p = 2\sigma/r$，这里 r 为纳米粒子半径。由于该式与边长为 L 的立方体推出的结果非常类似，而并非与曲率相关，因而该式也应适用于具有任意形状的小面化晶体颗粒。当然不同的小面有不同的表面能，因而情况要复杂得多。如果由此而发生点阵参数的变化，那么这种变化也将是各向异性的。

粒子尺寸减小的另一重要效应是晶体熔点的降低。由于表面原子有较多的断键，因而当粒子变小时，其表面单位面积的自由能将会增加，结构稳定性将会降低，使其可以在较低的温度下熔化。实验观测表明，纳米金粒子尺寸小于10nm时，其熔点甚至可以降低数百度。

此外，非常小的纳米粒子的结构具有不稳定性。氧化物晶体在高分辨电镜中观测发现，Au、TiO_2 等纳米粒子的结构会非常快速地改变：从高度晶态化到近乎非晶态，从单晶到孪晶直至五重孪晶态，从高度完整到含极高密度的位错。通常结构变化极快，但相对稳定态则往往保留稍长时间。这种状态被称为准熔化态，这是由于高的表面体积比所造成的，它大大降低了熔点，使纳米粒子在电镜中高强度电子束的激发下发生结构涨落。

在热喷涂、粉体喷塑、表面重熔等表面技术中经常会和微纳米粉末打交道。由于纳米粉末物质的饱和蒸气压大和化学势高，造成微粒的分解压较大、熔点较低、溶解度较大。纳米固体粒子的结构研究表明，纳米固体粒子可以由单晶或多晶组成，其形状与制备工艺有关。纳米固体粒子的表面原子数与总原子数之比，随固体粒子尺寸的减小而大幅度增加，粒子的表面能和表面张力也随之增加，从而引起纳米固体粒子性质的巨大变化。纳米固体粒子的表面原子存在许多“断键”，因而具有很高的化学活性，故纳米固体粒子暴露在大气中表层易被氧化。例如，金属的纳米固体粒子在空气中会燃烧，无机的纳米固体粒子在空气中会吸附气体，甚至与气体发生化学反应。

2.2 固体表面的吸附

在表面技术中，许多工艺是通过基体与气体的相互作用来实现表面改质的，例如气体渗扩、气相沉积等。还有一些工艺是通过基体与液体的接触而实现的，诸如，电镀、化学镀和涂装等，因此了解表面对于气体及液体的基本作用规律是非常重要的。

固体表面具有吸附其他物质的能力。固体表面的分子或原子具有剩余的力场，当气体或液体分子趋近固体表面时，受到固体表面分子或原子的吸引力被吸附到表面，在固体表面富集。这种吸附只限于固体表面，包括固体孔隙的内表面。如果被吸附物质深入到固体体相中，则称为吸收。吸附与吸收往往同时发生，很难区分。

2.2.1 吸附现象

1. 固体表面上气体的吸附

固体表面对气体的吸附可分为物理吸附和化学吸附两类。在物理吸附中，固体表面与被吸附分子之间的力称为范德华力，这种吸附只有在温度低于吸附物质临界温度时才显得重要。在化学吸附中，二者之间的力与化合物中原子间形成化学键的力相似，这种力比范德华力大得多。因此，两种吸附所放出的热量也很悬殊，物理吸附的数值与液化相似，约为几 kJ/mol；而化学吸附热则和化学反应热相似，一般大于4.2×10^4J/mol。物理吸附一般无选择性，只要条件合适，尽管吸附的多少会因吸附剂和吸附质的种类而异，但任何固体皆可吸附任何气体；而化学吸附只有在特定的固-气体系之间才能发生。物理吸附的速度一般较快，而化学吸附却像化学反应那样需要一定的活化能，所以速度较慢。化学吸附时表面与吸附物质之间要形成化学键，所以化学吸附总是单分子层的，而物理吸附却可以是多分子层的。物理吸附往往很容易解吸，而化学吸附则很难解吸，即前者是可逆的，后者是不可逆的。物理吸附和化学吸附在本质上是不同的，后者有电子的转移而前者没有。

在清洁金属与真空的交界面上，由于与界面垂直方面的一部分电子可以逸出表面，跑到界面的上方，使金属表面下方附近电子减少，其结果在金属表面下方形成一个正电荷层，在表面上方形成一个负电荷层，也就是在界面两侧形成一个大的电偶层。当诸如惰性气体分子等进入表面上方时，由于分子壳层中电子的作用，会把表面上方负电荷层中的一部分电子排斥回到金属内，从而使电偶层中电荷分布发生改变，形成一个偶极子空穴，如图 2-5 所示，并使惰性气体分子吸附于表面。不过，与这种正电荷层相联系的结合力是很强的，具有范德华力的性质。这便是固体表面物理吸附气体的机理。

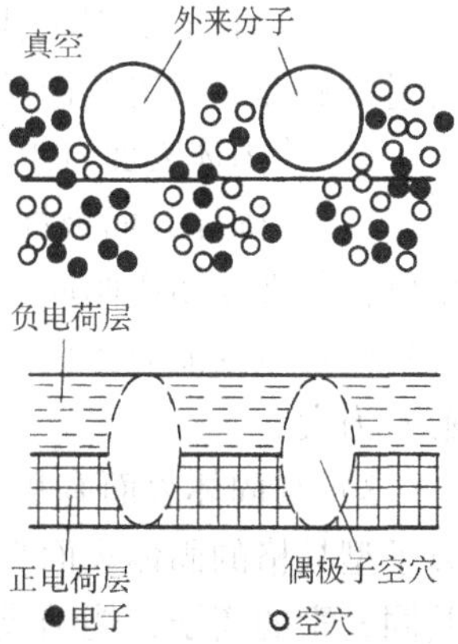

图 2-5 金属表面物理吸附示意图

当金属表面暴露于空气中时，遇到的气体主要是氮和氧。这些气体分子都是双原子分子。一种看法认为，当这些气体分子在金属表面化学吸附时，首先必须分解成单个原子。实现这种分解是需要一定能量的。

值得指出，与化学吸附有关的这些力的大小，与两方面因素有关：一是基体金属的表面特性；二是被吸附物质的特性。同种金属表面但被吸附物质不同，或者同种被吸附物质而金属表面不同，其吸附能大小是不同的。

如前指出，化学吸附是单层吸附。对一个清洁金属表面，化学吸附是连续进行直到饱和的过程，也就是说，化学吸附是由局部覆盖金属表面直至整个表面完全被单分子层覆盖的过程。而且整个表面被单分子覆盖，化学吸附就达到了饱和，化学吸附终止。当进一步输入气体分子时，则可能发生物理吸附或者发生化学反应而形成某种化合物。

2. 固体表面上液体的吸附

（1）固体表面对液体中溶质和溶剂的吸附　固体表面对液体中溶剂和溶质的吸附程度是不一样的。倘若吸附层内溶质的浓度比液体中原溶质的浓度大，称为正吸附；反之，则称为负吸附。显然，溶质被正吸附时，溶剂必然被负吸附；溶质被负吸附时，溶剂必然被正吸附。在稀溶液中可以将溶剂的吸附影响忽略不计，溶质的吸附就可以简单地如气体的物理吸附一样处理。而在溶液浓度较大时，则必须同时考虑溶质的吸附和溶剂的吸附。

固体表面对液体中的电解质和非电解质产生不同的吸附现象。对电解质的吸附将使固体表面带电或者双电层中的组分发生变化，也可能是溶液中的某些离子被吸附到固体表面，而固体表面的离子则进入溶液之中，产生离子交换作用。对非电解质溶液的吸附，一般表现为单分子层吸附，吸附层以外就是液体溶液。液体吸附的吸附热很小，差不多相当于溶解热。

（2）固体表面对液体吸附的规律性和影响因素　固体表面对溶质或溶剂的吸附一般都有一定的选择性，并受到许多因素的影响，主要表现如下：

1）使固体表面自由能降低得越多的物质，越容易被吸附。

2）与固体表面极性相近的物质较易被吸附。通常极性物质倾向于吸附极性物质，非极性物质倾向于吸附非极性物质。例如，活性炭吸附非电解质的能力比吸附电解质的能力为大，而一般的无机固体类吸附剂吸附电解质离子比吸附非电解质为大。

3）与固体表面有相同性质或与固体表面晶格大小适当的离子较易被吸附。离子型晶格的固体表面吸附溶液中的离子，可以视为是晶体的扩充，故与晶体有共同元素的离子，能结成同晶型的离子，较易被吸附。

4）溶解度小或吸附后生成化合物的物质，较易被吸附。例如在同系有机物中，碳原子越多溶解度越小，较易被同一固体吸收。

5）固体表面带电时，较易吸附反电性离子或易被极化的离子。固体表面在溶液中略显电性的原因很多，可以是吸附离子带电，或是自身离解带电，或是相对于液体移动带电，也可以是固体表面不均匀或本身极化带电。因此，易于吸附电性相反的离子，特别是高价反电性离子。

6）固体表面污染程度对吸附有很大影响。表面污染会使粘附力大大减小，这种污染往往是非常迅速的。例如，铁片若在水银中断裂，两裂开面可以再粘合起来；而在普通空气中断裂就不能再粘合起来，因为铁迅速与氧气反应，形成一个化学吸附层所致。表面净化一般会提高粘结强度。

7）液体表面张力对吸附有重要的影响。设固-液吸附粘结力为 $F_{固液}$，λ 为液体的表面张力，θ 为液-固接触角，则有

$$F_{固液}=\lambda\ (1+\cos\theta) \tag{2-1}$$

可见，固-液吸附粘结力的大小与液体的表面张力和液-固接触角有关。

8）被吸附物质的浓度对吸附的影响。设固体表面仅能吸附溶液中的溶质，溶质的浓度为 C，被吸附溶质的量为 x，m 为固体表面吸附剂的质量，单位吸附剂的吸附量为 γ。当研究血炭在酚、草酸、苯甲酸水溶液中的吸附规律时，可得出图 2-6 曲线，并符合以下关系式：

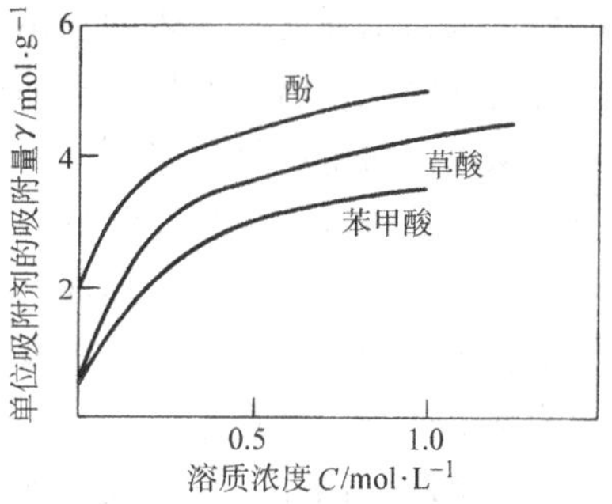

图 2-6　血炭的吸附等温曲线

$$\gamma=\frac{x}{m}=kC^{\frac{1}{n}} \tag{2-2}$$

式中，n 及 k 是相应的常数。当然不是所有的吸附现象都适于上式。

9）温度对吸附的影响。因为吸附是放热过程，故温度升高，吸附量应减少，如木炭在水溶液中吸附醋酸就是一例。但有时并非如此，吸附量反而随温度升高而增加，如木炭在浓的丁醇溶液中吸附丁醇即是如此。这是因为温度升高，影响了溶质的溶剂化、表面张力等。

3. 固体表面之间的吸附

当两固体表面之间接近到表面力作用的范围内（即原子间距范围内）时，固体表面之间产生吸附作用。如将两根新拉制的玻璃丝相互接触，它们就会相互粘附，粘附功表示了粘附程度的大小。粘附功 W 定义为

$$W_{AB}=\gamma_A+\gamma_B-\gamma_{AB} \tag{2-3}$$

若 $W_{AB}=3\times10^{-6}\mathrm{J/cm^2}$，取表面力的有效距离为 1nm，则相当于粘结强度为 30MPa。两个不同物质间的粘附功往往超过其中较弱物质的内聚力。

固体的粘附作用只有当固体断面很小并且很清洁时才能表现出来。这是因为粘附力的作用范围仅限于分子间距，而任何固体表面从分子的尺度看总是粗糙的，因而它们在相互接触时仅为几点的接触，虽然单位面积上的粘附力很大，但

作用于两固体间的总力却很小。如果固体断面相当光滑，接合点就会多一些，两固体的粘附作用就会明显。或者使其中一固体很薄（薄膜），它和另一固体容易吻合，也可表现出较大的吸附力。因此，玻璃间的粘附只有新拉制的玻璃丝才能显示出来，用新拉制的玻璃棒就不行，因为后者接触面积太小，又是刚性的，不可能粘住。

研究表明，材料的变形能力大小，即弹性模量的大小，会影响两个固体表面的吸附力。就是说，如果把两个物体压合，其柔软性特别重要。把很软的金属铟半球用1N的压力压到钢上，则必须使用1N的力才能把它们分开，而把铟球换为铜球，球就会马上松开。铝和软铁的冷焊属于这方面的例子。锻焊中，常采用高温，因粘结强度只与表面自由能有关而与温度几乎无关，高温的主要作用是降低材料的刚性，增加变形，从而增加接合面积。

从以上讨论可见，当固体表面暴露在一般的空气中就会吸附氧或水蒸气，甚至在一定的条件下发生化学反应而形成氧化物或氢氧化物。金属在高温下的氧化是一种典型的化学腐蚀，形成的氧化物大致有三种类型：一是不稳定的氧化物，如金、铂等的氧化物。二是挥发性的氧化物，如氧化钼等，它以恒定的、相当高的速率形成。三是在金属表面上形成一层或多层的一种或多种氧化物，这是经常遇到的情况。例如，铁在高于560℃时生成三种氧化物：外层是Fe_2O_3；中层是Fe_3O_4；内层是溶有氧的FeO，为一种以化合物为基的缺位固溶体，称为郁氏体。这三层氧化物的含氧量依次递减而厚度却依次递增。铁在低于560℃氧化时不存在FeO。Fe_2O_3、Fe_3O_4及郁氏体对扩散物质的阻碍均很小，因而它们的保护性较差，尤其是厚度较大的郁氏体，其晶体结构不够致密，保护性更差，故碳钢零件一般只能用到400℃左右。对于更高温度下使用的零件，就需用抗氧化钢来制造。

实际上在工业环境中除了氧和水蒸气外，还可能存在CO_2、SO_2、NO_2等各种污染气体，它们吸附于材料表面生成各种化合物。污染气体的化学吸附和物理吸附层中常存在有机物、盐等，与材料表面接触后也留下痕迹。图2-7是金属材料在工业环境中被污染的实际表面示意图。

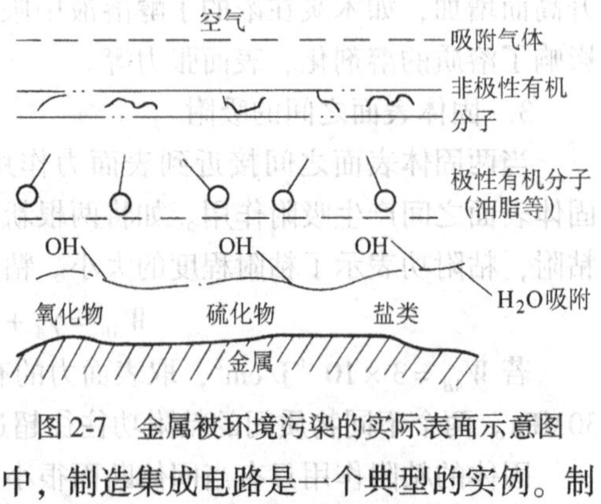

图2-7　金属被环境污染的实际表面示意图

研究实际表面在现代工业，特别是高新技术方面，有着重要的意义。其中，制造集成电路是一个典型的实例。制造集成电路包含高纯度材料的制备、超微细加工等工艺技术。其中，表面净化和保护处理在制作高质量、高可靠性的集成电路中是十分重要的。因为在规模集成电路中，导电带宽度为微米或亚微米级尺寸，一个尘埃大约也是这个尺寸，如果尘埃刚好落在导电带位置，在沉积导电带时就会阻挡金属膜的沉积，从而影响互连，使集成电路失效。不仅是空气，还有在清洗水和溶液中，如果残存各种污染物质，而且被材料表面所吸附，那么将严重影响集成电路和其他许多半导电器件的性能、成品率和可靠性。除了空气净化、水纯化等的环境管理和半导体表面的净化处理之外，表面保护处理也是十分重要的，因为不管表面净化得如何细致，总会混入某些微量污染物质，所以为了确保半导体器件实际使用的稳定性，必须采用纯化膜等保护措施。

当然，各种器件表面清洁程度的要求是相对的，例如有的器件体积大，用的又是多晶材料，有些场合即使洁净程度不很高也能制造出电路和器件，但或多或少会影响到成品率和性能。

应当指出，材料的表面吸附方式，受到周围环境的显著影响，有时也会受到来自材料内部的影响，所以在研究实际表面成分和结构时必须综合考虑来自内、外两方面因素。例如，当玻璃处在粘滞状态下，使表面能减小的组分就会富集到玻璃表面，以使玻璃表面能尽可能低；相反，赋于表面能高的组分会迁离玻璃表面向内部移动，所以这些组分在表面比较少。在常用的玻璃成分中，Na^+、B^{3+}是容易挥发的。Na^+在玻璃成形温度范围内自表面向周围介质挥发的速度大于从玻璃内部向表面迁移的速度，故用拉制法或吹制法成形的玻璃是少碱的。只有在退火温度下，Na^+从内部迁移到表面的速度大于Na^+从表面挥发的速度。但是实际生产中，退火时迁移到表面的高Na^+层与炉气中SO_2结合生成Na_2SO_4白霜，而这层白霜很容易洗去，结果表面层还是少碱。金属等材料也有类似的情况。例如，Pd-Ag合金在真空中表面层富银，但吸附CO后，由于CO与表面Pd原子间强烈的作用，Pd原子趋向表面，使表面富Pd。又如，18-8不锈钢氧化后表面氧化铬层消失而转化为氧化铁。

还应指出，实际表面还包括许多特殊的情况，如高温下实际表面、薄膜表面、粉体表面、超微粒子表面等，深入研究这些特殊情况具有重要的实际意义。

2.2.2 表面吸附热力学

根据热力学原理，化学吸附较物理吸附自由能的减小值要大得多，或者说状态更加稳定。但是从动力学角度来说，化学吸附必须首先对原有的气体化学键进行改组，使分子成为活化状态，然后才能与表面活性原子进行键合，因此需要一定的活化能。对于双原子分子气体，这个活化能即解离能。

早在1879年Gibbs就指出，从热力学的观点来看，吸附是一个自发过程，并导出了如下的关系式：

$$\Delta G = -\Gamma RT\ln p \tag{2-4}$$

式中，ΔG为吸附引起的表面吉布斯自由能改变量；Γ为吸附杂质在表面浓度的变量；T 为吸附热力学温度；p 为气体压力；R 为气体常数。

由于在吸附时 Γ 只可能增加，为正值，R、T、p 都为正值，因此，吉布斯自由能改变必为负值，即吸附使吉布斯自由能降低。

1. 吸附的热力学基本方程

根据热力学原理，可以导出吸附的热力学基本方程为

$$dU_i = TdS_i - pdV_i + \Phi dA + \mu_i dn_i \tag{2-5}$$

式中，A 为吸附面积；μ_i 为组分 i 的化学位；n_i 为组分 i 的物质的量；Φ 为吸附之后单位面积上的吉布斯自由能，也被称为表面压力；U_i 为组分 i 的内能；S_i 为组分 i 的熵；V_i 为组分 i 的体积参数。

2. 吸附热

无论是物理吸附还是化学吸附，都是一个放热过程。系统对外放热，该热称为吸附热。

在吸附的过程中，吸附热并不是一个常数。一般情况下，随着吸附的进展，表面上的吸附物会不断增多，吸附热会逐渐减小。而且先吸附的位点是能量较高的部分，后吸附的位点是能量较低的部分，因此，不同位点所放出的吸附热也有差异。

2.2.3 表面吸附力

1. 物理吸附力

物理吸附力是在所有的吸附剂与吸附质之间都存在的，这种力相当于液体内部分子间的内聚力，视吸附剂和吸附质的条件不同，其产生力的因素也不同，其中以色散力为主。

（1）色散力　色散力是因为该力的性质与光色散的原因之间有着紧密的联系。它来源于电子在轨道中运动而产生的电矩（Electric moment）的涨落，此涨落对相邻原子或离子诱导一个相应的电矩；反过来又影响原来原子的电矩。色散力就是在这样的反复作用下产生的。

实际上，色散力在所有体系中都存在。例如，极性分子在共价键固体表面上的吸附以及球对称惰性原子在离子键固体表面上的吸附中，虽然静电力起作明显的作用，但也有色散力存在并且是主要的。由于考虑到金属中传导电子的非定位特性，有人认为，非极性分子在金属表面上的吸附现象似乎不完全符合色散力的近似模型，但其吸引力仍可以考虑为色散力。研究指出，只有非极性分子在共价键固体表面上的物理吸附中的吸引力，才可以认为几乎完全是色散力的贡献。

（2）诱导力　Debye 曾发现一个分子的电荷分布要受到其他分子电场的影响，因而提出了诱导力。当一个极性分子接近一种金属或其他传导物质，例如石墨，对其表面将有一种诱导作用，但诱导力的贡献比色散力的贡献低很多。

（3）取向力　Keesom 认为，具有偶极而无附加极化作用的两个不同分子的

电偶极矩间有静电相互作用，此作用力称之为取向力。其性质、大小与电偶极矩的相对取向有关。假如被吸附分子是非极性的，则取向力的贡献对物理吸附的贡献很小。但是，如果被吸附分子是极性的，取向力的贡献要大得多，甚至超过色散力。

2. 化学吸附力

化学吸附与物理吸附的根本区别是吸附质与吸附剂之间发生了电子的转移或共有，形成了化学键。这种化学键不同于一般化学反应中单个原子之间的化学反应与键合，称为“吸附键”。吸附键的主要特点是吸附质粒子仅与一个或少数几个吸附剂表面原子相键合。纯粹局部键合可以是共价键，这种局部成键，强调键合的方向性。吸附键的强度依赖于表面的结构，在一定程度上与底物整体电子性质也有关系。对过渡金属化合物来讲，已证实化学吸附气体化学键的性质，部分依赖于底物单个原子的电子构型，部分依赖于底物表面的结构。

关于化学吸附力提出了许多模型，诸如定域键模型、表面分子（局域键）模型、表面簇模型，这些模型都有一定的适用性，也有一定的局限性。

定域键模型是把吸附质与吸附剂原子间形成的化学吸附键，认为与一般化学反应中的双原子分子成键情况相同，即当作共价键对待。该模型对气体分子在金属表面上的解离吸附较为适用，但由于没有考虑到吸附剂的性质和特点，把化学吸附的键合过于简化，因而不具有普遍性。

表面分子（局域键）模型是用形成表面分子的概念来描述被吸附物类的吸附情况，该模型假定吸附质与一个或几个表面原子相互作用形成吸附键。因此，它属于局部化学相互作用，在干净共价或金属固体上的吸附和在离子半导体或绝缘体表面上的酸-碱反应（共价键的电子对仅由一个组元提供），用表面分子模型能得到很好的说明。表面簇模型是被吸附物与固体键合的量子模型。前两种模型，很少考虑参加成键的原子实际是固体的一部分这一事实。固体中许多能级用宽带来描述比用表面分子图像中所假定的局部原子能级来描述似乎更合理。此模型是将被吸附物和少数基质原子视为一个簇状物，然后进行定量分子轨道近似计算。该模型对吸附行为提供了一个本质性的见解，目前仍在研究中。

3. 表面吸附力的影响因素

（1）吸附键性质会随温度的变化而变化　物理吸附只是发生在接近或低于被吸附物所在压力下的沸点温度，而化学吸附所发生的温度则远高于沸点。不仅如此，随着温度的增加，被吸附分子中的键还会陆续断裂以不同形式吸附在表面上。现以乙烯在 W 上的吸附为例进行说明。当温度达 200K 时，乙烯以完整分子形式吸附在 W（110）表面；当温度升高到 300K，它断掉了两个 C—H 键，即以乙炔 C_2H_2 形式吸附在表面；如果再加热到 500K，剩下的两个 C—H 键也断裂，紫外光电子谱（UPS）实验证明在 W 表面上出现 C_2 单元；温度进一步增高到

1 100K，C_2 分解，只有碳原子留在表面上。

（2）吸附键断裂与压力变化的关系　由于被吸附物压力的变化，即使固体表面加热到相同的温度，脱附物并不相同。以 CO 在 Ni（111）面的吸附为例，若 CO 的压力小于 1 333. 3Pa 或接近真空，加热固体温度到 500K 以上，被吸附的分子脱附为气相仍为 CO 分子，即脱附之前未解离；可是，如果在较高压力下加热到 500K，CO 分子则解离。其原因是压力不同覆盖度也不一样，较高压力下覆盖度大，那些较长时间停留在表面上的 CO 分子可以解离。

（3）表面不均匀性对表面键合力的影响　如果表面有阶梯和折皱等不均匀性存在，对表面化学键有明显的影响。表现最为强烈的是 Zn 和 Pt。当这些金属表面上有不均匀性存在时，一些分子就分解，而在光滑低密勒指数表面上，分子则保持不变。乙烯在 200K 温度的 Ni（111）面上为分子吸附，而在带有阶梯的 Ni 表面上，温度即使低到 150K 也可完全脱掉氢形成 C_2。有些研究还指出，表面阶梯的出现会大大增加吸附概率。

（4）其他吸附物对吸附质键合的影响　当气体被吸附在固体表面上时，如果此表面上已存在其他被吸附物或其他被吸附物被同时吸附时，则对被吸附气体化学键合有时会产生强烈的影响。这种影响可能是由于这些吸附物质的相互作用而引起的。例如，在镍表面上铜的存在使氧的吸附速度减慢；硫可以阻止 CO 的化学吸附。

2.2.4　固体表面的吸附理论

1. Langmuir 吸附理论

在大量实验的基础上，Langmuir 从动力学的观点出发，提出单分子吸附层理论如下：

1）固体中的原子或离子按照晶体结构有规则地排列着，表面层中排列的原子或离子，其吸引力（价力）一部分指向晶体内部，已达饱和；另一部分指向空间，没有饱和。这样就在晶体表面上产生一吸附场，它可以吸附周围的分子。但是这个吸引力（剩余价力）所能达到的范围极小，只有一个分子的大小，即数量级为 10^{-10}m，所以固体表面只能吸附一层分子而不重叠，形成所谓“单分子层吸附”。

2）固体表面是均匀的，即表面上各处的吸附能力相同。

3）气体被吸附在固体表面上是一种松懈的化学反应，因而，被吸附的分子还可以从固相表面脱附下来进入气相。吸附质的分子从固相脱附的几率只受吸附剂的影响而不受周围环境的影响，即只认为吸附剂与吸附质分子间有吸引力，而被吸附的分子之间没有吸引力。

4）吸附平衡是一动态平衡。固体吸附气体时，最初的吸附速率是很快的，后来因为固相表面已有很多分子吸附着，空位减少，吸附速率便减慢；与此相反，脱附速率则不断增快。当吸附速率等于脱附速率时，吸附就达到平衡。

气体在固体表面上的吸附速率决定于气体分子在单位时间内单位面积上的碰撞次数，即与压力 p 成正比，但吸附是单分子层的，只是还没有发生吸附的那部分固体才具有吸附能力，因而吸附速率又正比于固体表面未被吸附分子的面积与固体总表面之比。Langmuir 由此导出

$$\frac{1}{\gamma}=\frac{1}{\gamma_m}+\frac{1}{\gamma_m Cp} \tag{2-6}$$

上式称为 Langmuir 等温方程式。式中，C 为吸附系数；γ 为平衡压力为 p 时的吸附量；γ_m 为饱和吸附量，即固体表面吸附满一层分子后的吸附量。

若以 $\frac{1}{\gamma}$ 对 $\frac{1}{p}$ 作图，则得一直线，该直线的斜率为 $\frac{1}{\gamma_m C}$，截距则为 $\frac{1}{\gamma_m}$。把实验数据代入可求出 γ_m 和 C。

一般说来，若固体表面是均匀的，且吸附层是单分子层时，Langmuir 等温方程式能满意地符合实验结果，否则，此式与实验不符。尤其当吸附剂是多孔物质，气体压力较高时，气体在毛细孔中可能发生液化，Langmuir 的理论和方程式就不适用。

2. Freundlich 吸附等温方程

Freundlich 公式描述如下：

$$\gamma=\frac{x}{m}=kp^{\frac{1}{n}} \tag{2-7}$$

式中，m 为吸附剂的质量，常以 g 或 kg 表示；x 为被吸附的气体量，常以 mol、g 或标准状况下的体积表示；γ 为单位质量吸附剂吸附的气体之量；p 为吸附平衡时气体的压力；k 和 $1/n$ 为经验常数，它们的大小与温度、吸附剂和吸附质的性质有关。$1/n$ 是一个真分数，在 0 ~ 1 之间。

Freundlich 公式是经验公式，在气体压力（或溶质浓度）不太大也不太小时一般能很好地符合实验结果。

3. BET 多分子层吸附理论

1883 年，Brunauer、Emmett 和 Tellor 接受了 Langmuir 理论中关于吸附和脱附两个相反过程达到平衡的概念，以及固体表面是均匀的、吸附分子的脱附不受四周其他分子的影响等看法，在 Langmuir 模型的基础上提出了多分子层的气-固吸附理论（BET）。BET 吸附模型假定固体表面是均一的，吸附是定位的，并且吸附分子间没有相互作用。BET 吸附模型认为，表面已经吸附了一层分子之后，由于气体本身的范德华引力还可继续发生多分子层的吸附。不过第一层的吸附与后面的吸附有本质的不同，第一层是气体分子与固体表面直接发生关系，而以后各层则是相同分子间的相互作用，显然第一层的吸附热也与以后各层不相同，而第

二层以后各层的吸附热都相同，接近于气体的凝聚热，并且认为第一层吸附未满前其他层也可以吸附。在恒温下，吸附达到平衡时，气体的吸附量应等于各层吸附量的总和，因而可得到吸附量与平衡压力之间存在如下定量关系：

$$\gamma = \frac{\gamma_m Cp}{(p_0 - p)\ [1 + (C-1)(p/p_0)]} \tag{2-8}$$

式（2-8）即BET方程。式中：γ 为吸附量；γ_m 为单分子层时的饱和吸附量；p/p_0为吸附平衡时，吸附质气体的压力 p 对相同温度时的饱和蒸气压 p_0 的比值，称为相对压力，以 x 表示，即 $x = p/p_0$；$C = e^{(Q-q)}/RT$，其中 Q 为第一层的吸附热，q 为吸附气体的凝聚热。因此，BET方程也可写成

$$\frac{\gamma}{\gamma_m} = \frac{Cx}{(1-x)\ (1-x+Cx)} \tag{2-9}$$

此BET方程主要用于测定比表面。用BET法测定比表面必须在低温下进行，最好是在接近液态氮沸腾时的温度（78K）下进行。这是因为作为公式的推导条件，假定是多层的物理吸附，在这样低温度下不可能有化学吸附。此方程通常只适用于相对压力 x 在0.05～0.35之间，超出此范围会产生较大的偏差。相对压力太低时，难于建立多层物理吸附平衡，这样表面的不均匀性就显得突出；相对压力过高时，吸附剂孔隙中的多层吸附使孔径变细后，而发生毛细管凝聚现象，使结果偏离。

2.2.5 固体表面的化学反应

1. 吸附表面层结构

研究实际表面结构时，可将清洁表面作为基底，然后观察吸附表面结构相对于清洁表面的变化。吸附物质可以是环境中外来原子、分子或化合物，也可以是来自体内扩散出来的物质。吸附物质在表面简单吸附，或外延形成新的表面层，或进入表面层的一定深度。

吸附层是单原子或单分子层还是多原子或多分子层，与具体的吸附环境有关。例如，氧化硅在压力为饱和蒸气压的0.2～0.3倍时，表面吸附是单层的，只在趋于饱和蒸气压时才是多层的。又如，玻璃表面的水蒸气吸附层，在相对湿度为50%之前为单分子吸附层。随湿度增加，吸附层迅速变厚，当达到97%时吸附的水蒸气有90多个分子层厚。

吸附层原子或分子在晶体表面是有序排列还是无序排列，与吸附的类型、吸附热、温度等因素有关。例如，在低温下惰性气体的吸附为物理吸附，并在通常下是无序结构。

化学吸附往往是有序结构，排列方式主要有两种：一是在表面原子排列的中心处的吸附，二是在两个原子或分子之间的桥吸附。具体的表面吸附结构与吸附物质、基底材料、基底表面结构、温度以及覆盖度等因素有关。

在固态晶体表面上的原子或分子的力场是不饱和的，清洁的固体表面处于不稳定的高能状态。如果某种物质能与表面作用，降低其表面能，则这种物质就将吸附于固体表面，这便是发生表面吸附的热力学依据。吸附是固体表面最重要的性质之一。

2. 表面化合物

当吸附物与固体表面的负电性相差较大，化学亲和力很强时，化学吸附会在表面上导致新相的生成，即称为表面化合物。

表面化合物是一种二维化合物，该化合物不同于一般的化学吸附态，因为它有一定的化合比例，且随键合性质的不同表现的性能也不同；它又不同于体相的化合物，不仅化合比不同，化合物的性质也不同，而且通常的相图中也不存在。例如，以氧的吸附为例，把 Pt 在小于 10^{-3}Pa 的氧压下加热，表面有化学吸附氧形成，此吸附的氧可被 H_2 或 CO 除去，生成 H_2O 或 CO_2；如继续提高氧压并升高温度，氧会部分扩散至靠近表面区域的体相，同时形成强结合的氧化物，其结合能高于 250.8kJ/mol，它很难与 H_2 或 CO 以及其他还原气体作用。但已知的铂的体相氧化物没有如此高的热稳定性。

前已提及化学吸附可以造成吸附剂表面原子的重组。例如，CO 在钨上吸附会使表面吸附粒子从（1×1）结构变为（2×2）。而氧在镍上吸附并形成 NiO 化合物后，也使表面原子移动造成表面重组。表面化合物的形成引起的表面原子重组现象是非常普遍的。

此外，表面化合物在底物表面上的二维点阵一般是比较复杂的。因为表面化合物有一定的化合比例，如果化合比是 1∶1，构成比较简单，只要尺寸允许，被吸附粒子构成（1×1）结构即可。但如果化合比是 1∶2、1∶3，甚至更复杂，点阵就复杂了。

表面化学反应是指吸附物质与固体相互作用形成了一种新的化合物。这时无论是吸附还是吸附剂的特性都发生了根本变化。对于腐蚀和摩擦系统，有重大影响的化学反应就是随着氧的吸附发生的氧化反应。其结果是形成表面氧化膜。试验证明，大多数金属都覆盖着一层约 20 个分子层厚的氧化膜。凡是研究有关金属在大气条件下的摩擦问题时，都必须考虑这一情况。

当金属表面上形成氧化物时，其结构也可能保持被氧化表面的某些结构特征。例如，氧化物可以在金属的某一特定取向上以外延方式生长。当铜的表面是（110）时，其表面 Cu_2O 有相同的取向，即 Cu_2O 中的（110）面与铜的（110）表面平行，Cu_2O 中的［$1\bar{1}0$］方向与铜的［$1\bar{1}0$］方向平行。在银的（110）面和（111）面上氧化生成 Ag_2O 时，也观察到了类似的外延生长方式。

一般说来，由于实际金属表面特别是多晶体金属表面往往包含有很多缺陷：

晶界、位错、台阶等，这些部位能量高，氧化也就往往从这些高能位置开始，然后逐渐向周围区域扩散，一直到将表面覆盖。另外，由于表面上各部位能量不同，形成氧化物的厚度也就不尽相同，即表面氧化膜一般都是厚度不均匀的。

图 2-8 示意地描绘了金属镍表面氧化物形成的过程。首先，氧射向固体表面，双原子氧分子要分解成单个氧原子。有的氧原子会从表面脱离而离去，有的则化学吸附于表面，形成一个氧吸附层。如前指出，化学吸附是单原子层，但是表面上存在一些高能位置。在这些位置上将开始氧化（表面化学反应），并且会逐渐加厚，一直加厚到使该部位的表面能降低到相邻部位的水平（图中厚度是以 h 表示的），形成所谓“氧化物岛”。然后，它们才扩展开来，直至整个表面被氧化物覆盖。当然，“氧化物岛”的扩展、长大还是有先决条件的，条件之一是必须有足够的能量能在固体表面上开始氧化反应。

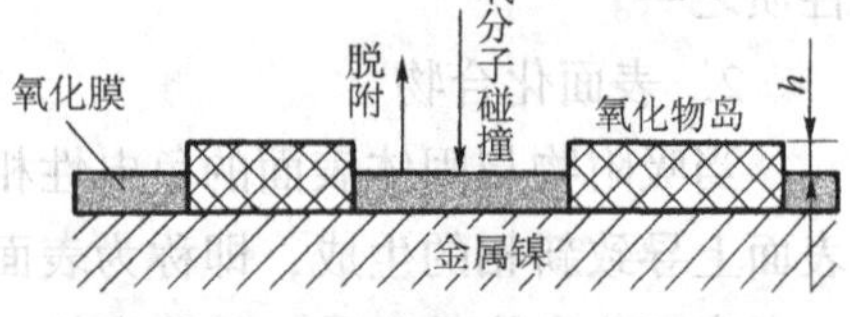

图 2-8　金属镍表面氧化物形成示意图

2.3　固体表面原子的扩散

固体表面上的扩散包括两个方向的扩散：一是平行表面的运动；一是垂直表面向内部的扩散运动。通过平行表面的扩散可以得到均质的、理想的表面强化层；通过向内部的扩散，可以得到一定厚度的合金强化层，有时候希望通过这种扩散方式得到高结合力的涂层。

这里讨论的表面扩散主要是指完全发生在固体外表面上的扩散行为，即固体表面吸附态。表面空穴将被当作一个吸附的扩散缺陷，这就是说表面扩散层仅等于一个晶面间距。表面原子向内部扩散只作简要讨论。

2.3.1　随机行走扩散理论与宏观扩散系数

1. 表面原子的扩散

表面扩散是指原子、离子、分子和小的原子簇等单个实体在物体表面上的运动。其基本原因与体相中的扩散一样，是通过热运动而活化的。表面原子围绕它们的平衡位置作振动，随着温度升高，原子被激发而振动的振幅加大，但一般情况下能量不足以使大多数的原子离开它们的平衡位置。要使一个原子离开它们的相邻的原子沿表面移动，对许多金属的表面原子来说，需要的能量大约为 62.7 ~ 209.4kJ/mol。但是，一方面由于原子热运动的不均匀性，随着温度的升高有越来越多的表面原子可以得到足够的活化能，以断掉与其相邻原子的价键而沿表面进行扩散运动；另一方面，由于表面原子构造的特点，使得许多表面原子的能量本来就不一样，在台阶、曲折以及位错、空位、吸附原子等缺陷处，原子的能量比其他地方的高，或者说高于平均表面能，有时在不高的温度下某些原子就可以获得足够高的活化能而发生扩散。当温度升高时，由此引起的表面扩散也将随之加剧。

如图 2-2 所示，晶体表面存在单原子高的阶梯并带有曲折，平台还有两个重要的点缺陷——吸附原子和平台空位，这两种缺陷也可以发生在阶梯旁。显然这些不同位置原子的近邻原子数目是不相等的，原子间的结合能也是不同的。当表面达到热力学平衡时，表面缺陷的浓度会固定不变。浓度的大小仅是温度的函数。从定性意义上来说，平台—阶梯—曲折表面的最简单的缺陷就是吸附原子和平台空位，它们与表面的结合能比所有其他缺陷的大，至少在相当大的温度范围内是如此。在这样的条件下，表面扩散主要是靠它们的移动来实现的。

表面扩散的理论还很缺乏，表面扩散可看做是多步过程，即原子离开其平衡位置沿表面运动，直到找到其新的平衡位置。假定仅有吸附原子的扩散，该原子为了跳到相邻的位置需要一定的热能。因为吸附原子在起始和跳跃终结时均只能占据平衡位置，那么在两个位置之间区域，原子一定处于较高的能态，即越过一个马鞍型峰点。

现以 fcc 金属在（100）面平台的吸附原子为例来说明表面扩散与体相内部扩散的不同。由图 2-9 可见，吸附原子扩散的最低能量路径是 1，此路径跨过一个马鞍型峰点，跳越间距是原子间距的数量级。不过如果该吸附原子积累了更高的能量，也可能越过一个原子的顶部，沿路径 3 移动，路径 3 比原子间距长得多，因此跳跃路径 3 需要的能量大于路径 1 需要的能量，但要小于原子在表面平台上的结合能 ΔH_S。我们定义，如果吸附原子的能量 ΔH 在路径 1 与路径 3 之间引起的扩散称为定域扩散；吸附原子的能量 ΔH 在路径 3 与原子在表面平台上的结合能 ΔH_S 之间的扩散称为非定域扩散。由此可见，非定域扩散是扩散的缺陷部分地跳到固体外的自由空间，而在体相中就没有这种自由的场所，这也是表面扩散的特点。

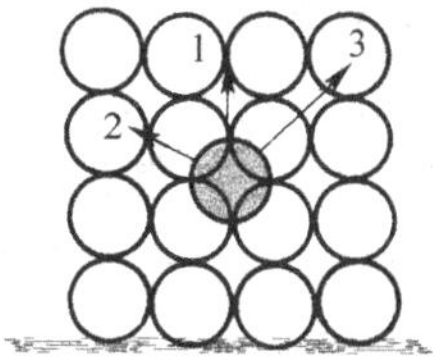

图 2-9 （110）面上吸附原子的扩散

2. 随机行走（RandomWalk）理论

假定原子运动方向是任意的，原子每次跳越的距离是等长的，并等于最近的距离 d。设 D 为扩散系数，则有

$$D = z\frac{d^2\nu_0}{2b}\exp\left(-\frac{\Delta H_m + \Delta H_f}{k_B T}\right) \tag{2-10}$$

式中，T 为热力学温度；k_B 为 Boltzmann 常数；ΔH_m 为扩散势垒的高度或迁移能；ΔH_f 为吸附原子的生成能；ν_0 为原子冲击势垒的频率；b 为坐标的方向数；z 为配位数。

可见，D 与温度 T 成指数关系，实验证实大部分固体都是如此。D 是一个重要的扩散参量，可求得扩散时间，而且 $\ln D$ 对 $1/T$ 作图可测定表观扩散活化能。

3. 宏观扩散的扩散系数

在实际的表面上，不是一个原子而是许多原子同时进行扩散。原子的浓度大约在（$10^{10}\sim10^{13}$）cm^{-2} 范围，因此扩散距离是表面原子扩散长度统计数字的平均值，必须用宏观参量定义扩散过程，假定不同能态吸附原子之间存在着玻耳兹曼（Boltzmann）分布为特征的平衡，则扩散系数为

$$D=D_0\exp\left(-\frac{Q}{RT}\right) \tag{2-11}$$

式中，Q 为整个扩散过程中的活化能；D_0 为扩散常数，可在 $10^{-3}\sim10^{3}cm/s$ 一个很宽的范围里变动。

2.3.2 表面扩散定律

要导出表面沿某个方向（一维）的扩散速率，先建立图 2-10 的表面原子排列模型。图中 A、B、C 为相邻的三排原子，取其宽度为 L、d 为排间距。显然在扩散时，对于 B 排原子来说从 A 排和 C 排都会有原子跳进来，现设 A 排的原子浓度为 C_A，C 排的原子浓度为 C_C 且 $C_A\neq C_C$，或 $C_A>C_C$，则会显示出如图的原子扩散流。再设 N_B 为 B 排在 Ld 面积中所占的原子数，f 为扩散原子的跳跃频率，则自 A 排向 C 排会有一净原子流，通过 B 排发生迁移，即

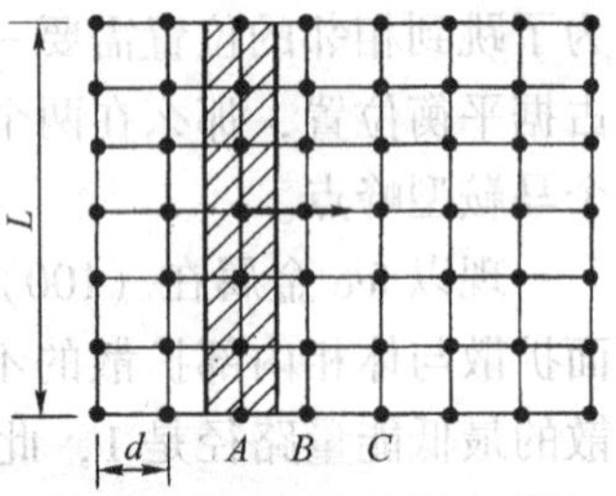

图 2-10 表面原子扩散模型

$$\frac{dN_B}{dt}=\frac{1}{2}fLd\left(C_A-C_C\right) \tag{2-12}$$

式中的常数 1/2，表示每排原子具有相等的前后跳越机会。浓度差可以梯度表示，即

$$C_A-C_C=-\frac{\partial C}{\partial x}d \tag{2-13}$$

假定不是稳态扩散，且进入 B 区的原子多于流出 B 区的原子。吸附原子在 dt 时间内自左进入 B 区的原子数为

$$dN_B^1=-\left(D\frac{\partial C}{\partial x}\right)_x Ldt \tag{2-14}$$

而向右离开 B 区的原子数为

$$dN_B^2=-\left(D\frac{\partial C}{\partial x}\right)_{x+dx} Ldt \tag{2-15}$$

在 dt 时间内，吸附原子在 B 区中的净增量为

$$dN_B=dN_B^1-dN_B^2=\left[\left(D\frac{\partial C}{\partial x}\right)_{x+dx}-\left(D\frac{\partial C}{\partial x}\right)_x\right]Ldt$$

$$= \frac{\partial}{\partial x}\left(D\frac{\partial C}{\partial x}\right) dL\mathrm{d}t \tag{2-16}$$

在 B 区中净增加的浓度 C 为

$$\mathrm{d}C = \frac{\mathrm{d}N_B}{Ld} = \frac{\partial}{\partial x}\left(D\frac{\partial C}{\partial x}\right) \mathrm{d}t \tag{2-17}$$

即

$$\frac{\mathrm{d}C}{\mathrm{d}t} = \frac{\partial}{\partial x}\left(D\frac{\partial C}{\partial x}\right) \tag{2-18}$$

上式即为 Fick 第二扩散定律的一维形式。具体应用时可通过边界条件和初始条件求出扩散原子的浓度分布函数 $C=f(x, t)$。

2.3.3 表面的自扩散和多相扩散

在一个单组分的基底上同种原子的表面扩散称为自扩散，在表面上其他种吸附原子的扩散称为多相扩散。此外，扩散系数分为本征扩散系数和传质扩散系数，前者是指不包括缺陷生成能的扩散系数，后者是包括缺陷生成能的扩散系数。

1. 金属表面的自扩散

在自扩散中，无论本征扩散系数或传质扩散系数，它们对于了解表面缺陷的情况都很重要。如果求得此两扩散系数与温度的关系，就可以确定扩散缺陷的生成能和迁移能。

从表面传质扩散系数的测量中得到了一些经验关系式。例如，对于一些 fcc 和 bcc 金属将 $\ln D$ 对 T_m/T（T_m 为熔点的热力学温度）作图可得一直线。通过数学处理可得到一些关系式。对于 fcc 金属如 Cu、Au、Ni 等，有

$$D = 740\exp(-\varepsilon_1 T_m/RT) \qquad 0.77 \leqslant T/T_m < 1 \tag{2-19}$$

$$D = 0.014\exp(-\varepsilon_2 T_m/RT) \qquad T/T_m < 0.77 \tag{2-20}$$

式中，$\varepsilon_1 = 125.8\mathrm{J/(mol \cdot K)}$；$\varepsilon_2 = 54.3\mathrm{J/(mol \cdot K)}$。

对于 bcc 金属如 W（100），Nb、Mo、Cr 等，有

$$D = 3.2\times 10^4\exp(-\varepsilon'_1 T_m/RT) \qquad 0.75 \leqslant T/T_m < 1 \tag{2-21}$$

$$D = 1.0\exp(-\varepsilon'_2 T_m/RT) \qquad T/T_m < 0.75 \tag{2-22}$$

式中，$\varepsilon'_1 = 146.3\mathrm{J/(mol \cdot K)}$；$\varepsilon'_2 = 76.33\mathrm{J/(mol \cdot K)}$。

测量本征扩散系数的实验较少。Ehrlich 和 Hudden 曾用实验证实吸附原子的均方位移 $\langle x^2 \rangle$ 是扩散时间的线性函数。

$$\langle x^2 \rangle = Dt/a \text{（一维扩散时：} a=1/2\text{；表面扩散时：} a=1/4\text{）}$$

2. 多相表面扩散

多相表面扩散大多借助场电子发射显微镜（FEM）和放射性示踪原子技术，一般可观察到三种扩散：一是物理吸附气体的扩散，扩散温度很低，活化能很低；二是覆盖度为 0.3～1 个单层时，扩散发生在中温到高温之下，是化学吸附

物类的扩散，测量的活化能高；三是小覆盖的情况，活化能比二的情况还要高，仍属于化学吸附物类的扩散，扩散温度更高。CO 和 O_2 在 W 和 Pt 上就能观察到这三种扩散过程。许多表面扩散的研究都指出扩散存在各向异性效应以及与覆盖度的依赖关系，多相表面扩散的活化能与基体表面自扩散活化能相比低很多，这在 W 上表现特别明显。

以上讨论的扩散都是在单组分的基底表面上，如果是多组分，扩散过程可能更复杂。

2.3.4 表面向体内的扩散

表面向体内的扩散是严格按照 Fick 扩散定律进行的。

1. Fick 第二定律的 Gauss 解

Fick 第二定律一维的表达式是

$$\frac{\partial C(x,\ t)}{\partial t}=D\frac{\partial^2 C(x,\ t)}{\partial x^2} \tag{2-23}$$

要解此方程，需要边界条件。我们假设：

1）扩散介质在表面上的浓度为常数 C_S。

2）体相为一半无限体积。

由此可知边界条件为

$$C=C_S \qquad (x=0,\ t)$$

初始条件

$$C=0 \qquad (x=\infty,\ t) \tag{2-24}$$

$$C=0 \qquad (x,\ t=0)$$

可以推导出 Gauss 解的标准表达式为

$$C=C_S\left[1-\Psi\left(\frac{x}{2\sqrt{Dt}}\right)\right] \tag{2-25}$$

$\Psi\left(\frac{x}{2\sqrt{Dt}}\right)$ 可根据 gauss 误差函数表 2-2 求出。因此，若已知表面浓度 C_S 和时间 t，可根据式（2-25）求出任一 x 处的渗层浓度。

表 2-2 gauss 误差函数表

$\left(\frac{x}{2\sqrt{Dt}}\right)$	0.0	0.1	0.2	0.3	0.4	0.5	0.6	0.7
Ψ	0.000 0	0.112 5	0.222 7	0.328 6	0.428 4	0.520 4	0.603 9	0.677 8
$\left(\frac{x}{2\sqrt{Dt}}\right)$	0.8	0.9	1.0	1.1	1.2	1.3	1.4	1.5
Ψ	0.742 1	0.796 9	0.842 7	0.880 2	0.910 3	0.934 0	0.952 3	0.966 1
$\left(\frac{x}{2\sqrt{Dt}}\right)$	1.6	1.7	1.8	1.9	2.0	2.2	2.4	2.7
Ψ	0.976 3	0.983 8	0.989 1	0.992 8	0.995 3	0.998 1	0.999 3	0.999 9

2. 扩散元素沿深度的分布

工程上经常希望知道扩散深度与时间的关系，根据Fick 定律的Gauss 解，对于不同的时间 t 可以得出浓度沿深度的分布曲线。设 C_0 为元素扩散到某深度 x 处的元素浓度，则可通过 Gauss 解求得

$$C_0 = C_S \left[1 - \Psi\left(\frac{x}{2\sqrt{Dt}}\right)\right] \tag{2-26}$$

显然，扩散深度 x 和扩散时间 t 之间呈抛物线关系。

3. 表面浓度低于体相浓度的扩散

如果表面浓度 C 低于材料的原始浓度，例如，钢材在空气中加热的时候表面脱碳即属此例，这时，扩散将由内向外进行，Fick 定律的 Gauss 解将呈下列形式：

$$C(x, t) = C_S + (C_0 + C_S)\ \Psi\left(\frac{x}{2\sqrt{Dt}}\right) \tag{2-27}$$

式中，C_0 为体相扩散物质浓度。显然随时间的增长，会引起体相表面附近更深的浓度下降，在极端的情况下，或 $t \to \infty$ 时，整个体相的 C_0 会变为 C_S。

第3章　表面摩擦与磨损

摩擦是自然界里普遍存在的一种现象。只要有相对运动，就一定伴随摩擦。没有摩擦，人类无法行走，行驶中的车辆无法停止运行。带轮的传动、物件的抛光都是利用摩擦为人类服务的例子。可见摩擦现象与我们的生活和生产息息相关，给我们的生活提供了许多便利。然而，摩擦造成的结果——磨损却是人们所不愿看到和接受的，如我们常见到的齿轮、轴承、犁铧的磨损。据不完全估计，能源的1/3～1/2消耗于摩擦磨损，约80%的机器零件失效是由磨损引起的。因此，材料的磨损失效已成为三大失效方式（腐蚀、疲劳、磨损）之一。1965年英国摩擦学专家*H. P. Jost*教授的调查指出，如果在英国工业界应用摩擦学的知识，估计每年可节省5亿多英镑。美国1981年公布每年由于磨损造成的损失达1 000亿美元，其中材料消耗为200亿美元，相当于材料年产量的7%。我国仅冶金、矿山、农机、煤炭、电力和建材五个部门的不完全统计，每年仅由于磨料磨损而需要补充的备件就达100万*t*钢材，相当于15～20亿元人民币。由此可见，摩擦磨损造成的经济损失是十分巨大的。

摩擦学是研究相对运动接触表面的科学和技术，它包括摩擦、磨损、润滑三个部分。本章仅讨论摩擦和磨损两部分内容。

3.1　摩擦

3.1.1　摩擦的定义和分类

两个相互接触物体在外力作用下发生相对运动或具有相对运动的趋势时，在接触面间产生切向的运动阻力，这一阻力称为摩擦力，这种现象称为摩擦。这种摩擦仅与两物体接触部分的表面相互作用有关，而与物体内部状态无关，所以又称为外摩擦。阻碍同一物体（如液体或气体）各部分之间相对移动的摩擦，称为内摩擦。

根据摩擦副的运动和表面情况，摩擦可以按下列方式分类。

1. 按摩擦副的运动状态分类

（1）静摩擦　一个物体沿另一个物体表面有相对运动的趋势时产生的摩擦称为静摩擦。这种摩擦力称为静摩擦力。静摩擦力随作用于物体上的外力变化而变化。当外力大到克服了最大静摩擦力时，物体才开始宏观运动。

（2）动摩擦　一个物体沿另一个物体表面相对运动时产生的摩擦称为动摩

擦；其阻碍物体运动的切向力称为动摩擦力。动摩擦力通常小于静摩擦力。

2. 按摩擦副的运动形式分类

（1）滑动摩擦　物体接触表面相对滑动时产生的摩擦称为滑动摩擦。

（2）滚动摩擦　在力矩作用下，物体沿接触表面滚动时产生的摩擦称为滚动摩擦。

3. 按摩擦副表面的润滑状况分类

（1）纯净摩擦　摩擦表面没有任何吸附膜或化合物存在时的摩擦称为纯净摩擦。这种摩擦只有在接触表面产生塑性变形（表面膜破坏）或在真空中时摩擦才能发生。

（2）干摩擦（无润滑摩擦）　在大气条件下，摩擦表面之间名义上没有润滑剂存在时的摩擦称为干摩擦。

（3）边界润滑摩擦　摩擦表面间有一层极薄的润滑膜存在时的摩擦，称为边界摩擦。这层膜称为边界膜，其厚度大约为0.01μm或更薄。

（4）流体润滑摩擦　相对运动的两物体表面完全被流体隔开时的摩擦，称为流体润滑摩擦。流体可以是液体或气体。当为液体时称为液体摩擦；为气体时称为气体摩擦。流体润滑摩擦时，摩擦发生在流体内部。

（5）固体润滑摩擦　相对运动的两物体表面间有固体润滑存在时的摩擦。

4. 按摩擦副所处的工况条件分类

（1）正常摩擦　机器设备的摩擦副在正常温度、压力、速度等工况条件下的摩擦。

（2）特殊工况条件下的摩擦　现代机器设备中的摩擦副往往处于高速、高温、低温、真空、辐射等特殊环境条件下工作，其摩擦磨损性能也各具特点，因此将这类工况的摩擦称为特殊工况条件下的摩擦。

3.1.2　摩擦理论

1. 早期摩擦理论

1508年意大利科学家首先提出了摩擦力的概念，并指出摩擦力与物体的质量成正比，与法向接触面积无关。1699年法国工程师Amontons进行了摩擦试验，建立了摩擦的基本公式。1785年法国科学家Coulomb也进行了相同的试验，完成了Amontons-Coulomb摩擦定律（阿蒙顿—库伦摩擦定律），一般称它为古典摩擦定律，综述如下：

1）摩擦力F与作用于摩擦面间的法向载荷N成正比，

$$F \propto \mu N$$

式中，μ为摩擦系数，它是评定摩擦情况的重要参数。此公式通常称为库仑定律。

2）摩擦力的大小与名义接触面积无关。

3）静摩擦力大于动摩擦力。

4）摩擦力的方向与滑动速度无关。

5）摩擦力的方向总是与接触面积间的相对运动速度的方向相反。

古典摩擦定律是实验中总结出的规律，它揭示了摩擦的性质。

但近来对摩擦的深入研究发现，上述规律与实际情况有不符之处。如第1）条，当法向压力不大时，对于普通材料，摩擦力与法向载荷成正比，即摩擦系数为常数。但实际上，摩擦系数是与材料和环境条件有关的一个综合特性系数，它不仅与摩擦副的材料性质有关，还与表面温度、表面粗糙度及表面污染情况等有关。当压力较大时，对于某些极硬材料（如钻石）或软材料（如聚四氯乙烯），摩擦力与法向载荷不呈线性比例关系。第2）条对于有一定屈服点的材料（如金属材料）才能成立，而对于弹性材料（如橡胶）或粘弹性材料（如某些聚合物），摩擦力与名义接触面积的大小存在某种关系。对于很干净、很光滑的表面，或承受载荷很大时，由于在接触面间出现强烈的分子吸引力，故摩擦力与名义接触面积成正比。第3）条对粘弹性材料都不适用，粘弹性材料的静摩擦系数不一定大于动摩擦系数。对于很多材料，摩擦系数与滑动速度有关。

古典摩擦理论是经验性的，在解决许多工程实际问题时仍大致适用，但必须严格限定条件或加以修正后方可使用。

2. 滑动摩擦理论

（1）机械啮合理论　该理论认为，摩擦的起因是由于表面上的微小凹凸不平所致。当两个固体表面接触时，由于表面微小凹凸不平相互啮合，产生了阻碍两固体相对运动的阻力（图3-1），因此被称为“机械啮合理论”。机械啮合理论把固体看作绝对刚体，对摩擦现象的解释完全建立在固体表面的纯几何概念上。该理论还认为，摩擦力就是所有这些啮合点的切向阻力的总和。摩擦系数为微区粗糙面斜角 θ 的正切（图3-1），表面越粗糙，摩擦系数越大。

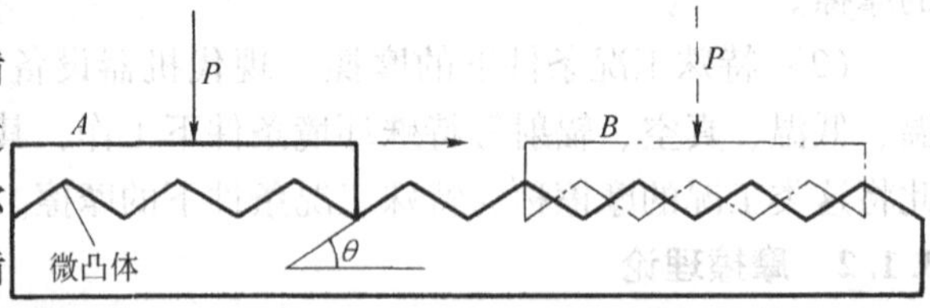

图3-1　机械啮合示意图

实践表明，机械啮合理论只适用于刚性粗糙表面，降低表面粗糙度可以降低摩擦系数，但当表面粗糙度达到使表面分子吸引力有效发生作用时（如超精加工表面），摩擦系数反而加大，这个理论就不适用。

（2）分子作用理论　17世纪，英国物理学家德沙古里艾（J. T. Desaguliers）第一次提出了产生摩擦力的主要原因在于两物体摩擦表面间所持有的分子力，即分子理论。以后陆续有尤因（J. A. Ewing）、哈迪（W. Hardy）、托姆林森

(G. A. Tomlinson) 和苏联的捷里亚金等都用这种“分子说”来解释摩擦原因。

托姆林森认为，分子间的吸力和斥力是分子间距离的函数。当二个物体相对滑动时，由于表面存在粗糙度，某些接触点的分子间的距离很小而产生分子斥力，另一些接触点的分子间的距离较大而产生分子吸力。他根据接触表面上力的平衡条件推导出摩擦系数与接触面积成正比，与载荷的立方根成反比。

以后的研究表明，摩擦是由分子运动键的断裂过程所引起，由于表面和次表面分子周期性的拉伸、破裂和松弛导致能量的消耗。

(3) 粘着理论　1950 年英国剑桥大学的 Bowden 和 Tabor 提出了摩擦的粘着理论。他们认为，当金属表面相互压紧时，它们只在微凸体的顶端接触，由于接触面积很小，微凸体上的压力很高，足以引起塑性变形和牢固粘着，接触点发生冷焊，这种冷焊点在表面相对滑动时而被剪断，这构成了摩擦力的粘着分量 F_{adh}，即

$$F_{adh} = A\tau \tag{3-1}$$

式中，A 为剪切的总面积；τ 为焊合点的平均抗剪强度。

当较硬材料滑过较软材料的表面时，较硬材料表面的微凸体会对软材料表面造成犁削作用，这构成了摩擦力的犁削分量 F_{pl}。因此，总的摩擦力为

$$F = F_{adh} + F_{pl} \tag{3-2}$$

在大多数情况下，犁削分量远小于粘着分量，可忽略不计，因此，摩擦系数为

$$\mu = F_{adh}/F \approx \tau A/HA = \tau/H \tag{3-3}$$

式中，F 为法向载荷；H 为材料的压入硬度。

3. 滚动摩擦理论

滚动摩擦与滑动摩擦在摩擦状况和机理上差别都很大，摩擦系数也小得多。

滚动摩擦可分为两类：一类传递很大的切向力，如机车主动轮；另一类传递较小的切向力，通常称为“自由滚动”。图 3-2 为轮子沿固定基础滚动，当它转过角度 ϕ 后，轮轴相对于基础移动了 $R\phi$，这种运动称为无滑动的滚动或纯滚动。

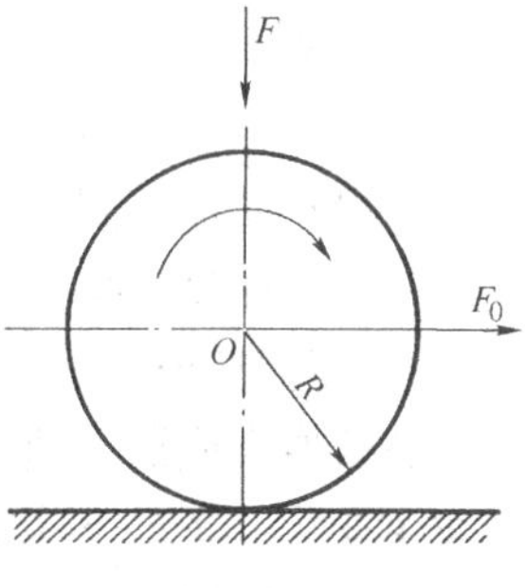

图 3-2　沿平面滚动的物体

滚动摩擦系数 μ_r 可定义为驱动力矩 M 与法向载荷 F 之比，即

$$\mu_r = M/F = F_0R/F \tag{3-4}$$

式中，F_0 为滚动驱动力。μ_r 是一个具有长度因次的量纲，其单位是 mm。

目前认为，滚动的摩擦阻力主要来自微观滑动、弹性滞后、塑性变形和粘着作用等方面的作用。

3.1.3　影响摩擦的因素

如前所述，摩擦大小通常用摩擦系数 μ 来表征，其值等于摩擦力 F 与法向

载荷 N 的比值。早期人们认为摩擦系数是一种材料常数，但后来研究发现它不是材料的属性，而是受材料本身、接触界面、工作环境和介质等因数的影响，可在很大范围内变化。归纳起来，影响摩擦系数的因素可为两类：材料本身因素和摩擦系统因素。

1. 材料性能

当摩擦副是同一种金属或是非常类似的金属，或这两种金属有可能形成固溶合金时，则摩擦较严重。如铜-铜摩擦副的摩擦系数可达1.0以上，铝-铁或铝-低碳钢摩擦副的摩擦系数大于0.8。而不同金属或低亲和力的金属组成的摩擦副，如银-铁或银-低碳钢组成的摩擦副，摩擦系数仅为0.3。

材料的弹性模量越高，摩擦系数越低；材料的晶粒越细，强度和硬度越高，抗塑性变形能量越强，越不容易在接触点形成焊合，摩擦系数也就越低；摩擦副的表面越粗糙，则摩擦系数越高。然而，非常光滑的表面有时摩擦系数可能会更大。

2. 接点长大

从摩擦粘着理论可知，滑动摩擦系数 $\mu=\tau_b/H$，由于粘结点发生破坏往往是在摩擦副材料中较软的材料，因此 τ_b 和 H 均为较软材料的性能。对于大多数金属，$H\approx3\sigma_s$，τ_b 为较软材料的抗剪强度，$\mu=\tau_b/3\sigma_s$，同种材料 σ_s 大约是纯剪屈服应力的1.7～2倍，所以 $H\approx5\tau_b$，即 $\mu=0.2$。而实际上许多金属摩擦副在空气中的摩擦系数大于0.2，在真空中的摩擦系数则更大。研究发现，摩擦副滑动时由于有切向力的作用，材料的屈服实际是由法向载荷造成的压应力 σ 与切向载荷造成的切应力 τ 合成作用的结果。当切应力逐渐增大到材料的抗剪屈服强度 τ_s 时，粘着接点发生塑性流动，这种塑性流动使接触面积增大 ΔA，实际接触面积的增大，将造成摩擦系数的增高。

与滑动摩擦不同的是，当滚动摩擦产生的粘着接点分离时，其方向是垂直于界面的，因此没有接点增大的现象。

3. 摩擦环境

载荷增大或滑动速度改变时，由于摩擦热会对摩擦副产生影响，摩擦系数常会发生变化。高温下摩擦副的摩擦学特性取决于两金属的高温强度、焊接性以及所形成的表面膜。

表面膜对摩擦系数影响很大。表面膜可以是摩擦以前材料表面的氧化膜、摩擦过程中形成的表面反应膜或加入的润滑剂形成的润滑膜。只要表面膜能起到润滑剂的作用，就会减轻粘着，降低摩擦系数。

3.2 磨损

相互接触的物体在相对运动或具有相对运动趋势时，其接触表面会发生摩擦。摩擦不仅存在于固体，也存在于液体和气体。摩擦伴随的必然结果是磨损的发生。机器相互连接的部件之间及机器与外部接触时，如齿轮与齿轮、轴承与轴承、活塞环与缸套，以及采煤机采煤、犁铧犁地、破碎机破碎矿物等都会发生摩擦与磨损。

磨损的过程是很复杂的，至今一些磨损机理还研究得不深透。磨损有时是有益的，例如机器在跑合（Running-in）阶段的磨损以及利用磨损原理来进行加工（如研磨、抛光、磨削），都是利用磨损为生产服务。但是，磨损也是造成材料和能源损失的重要原因。

3.2.1 磨损的定义和分类

1. 磨损的定义

虽然磨损现象为大家所熟知，但是，寻找一个严格的定义来说明各种条件下所产生的磨损是困难的。英国机械工程师协会的一个委员会给磨损的定义是："由于机械作用而造成物体表面材料的逐渐损耗"；克拉盖尔斯基的定义为："由于摩擦结合力反复扰动而造成的材料的破坏"。前者似乎排除了电和化学作用所产生的作用，后者则过于强调疲劳的作用。邵荷生教授则认为：由于机械作用、间或伴有化学或电的作用，物体工作表面材料在相对运动中不断损耗的现象称为磨损。

目前认为比较完善的磨损定义是：任一工作表面的物质，由于表面相对运动而不断损失的现象，称为磨损（Wear）。定义强调有相对运动，但未指明接触表面上一定要有相互作用力，因为有些腐蚀性磨损，如电火花磨损（Spark Erosion 或称 Electrical Pitting），是由于界面间的放电作用引起物质转移，在表面上造成空穴所致。

至于表面相对运动，有两种情况：一种是单面磨损（Single-sided wear），如气蚀中流体与叶片之间的磨损；另一种是双面磨损（Double-sided Wear），一般情况下两个固体表面间的磨损都属于这一类。定义中所指的不断损失物质，是说明磨损过程是连续的，有规律性的，而不是偶然几次损失物质。

由磨损定义可知，磨损是一种十分复杂的微观动态过程，影响因素甚多。在实际工况中，材料的磨损往往不只是一种机理在起作用，而是几种机理同时存在，只不过是某一种机理起主要作用而已。而当条件变化时，磨损也会发生变化，会以一种机理为主转变为以另一种机理为主。

2. 磨损的分类

（1）磨损的分类方法　根据不同的磨损机理，磨损可分为以下四个主要类别：

1）粘着磨损（Adhesive Wear）。

2）磨料磨损（Abrasive Wear）。

3）表面疲劳磨损（Surface Fatigue Wear）。

4）腐蚀磨损（Corrosive Wear）。

虽然这种分类方法还不尽完善，但是它包括了主要的磨损种类。例如，微动磨损（Fretting）是一种复合型式的磨损，但由于产生微动磨损的主要原因是粘结点的氧化腐蚀作用，所以可以归纳在腐蚀磨损之内；冲击磨损（Impact Wear）则可归纳于磨料磨损之内。磨损与摩擦相比要复杂得多。

(2) 应注意事项

1）磨损并不局限于机械作用，还包括由于伴同化学作用而产生的腐蚀磨损；由于界面放电作用而引起物质转移的电火花磨损；以及由于伴同热效应而造成的热磨损等现象都在磨损的范围之内。

2）特别强调磨损是在相对运动中所产生的现象，因而像橡胶表面老化、材料腐蚀等非相对运动中的现象不属于磨损研究的范畴。

3）磨损发生在运动物体材料表面，其他非表面材料的损失或破坏，不包括在磨损范围之内。

4）磨损是不断损失或破坏的现象，损失包括直接耗失材料和材料的转移（材料从一个表面转移到另一个表面上去），破坏包括产生残余变形，失去表面精度和光泽等。不断损失或破坏，则说明磨损过程是连续的、有规律的，而不是偶然的几次。

3.2.2 磨损的评定

目前对磨损的评定方法还没有统一的标准。常用的评定方法有：磨损量、磨损率和耐磨性。

(1) 磨损量　评定材料磨损的三个基本磨损量是长度磨损量 W_l、体积磨损量 W_v 和质量磨损量 W_m。长度磨损量是指磨损过程中零件表面尺寸的改变量，这在实际设备的磨损监测中经常使用。体积磨损量和质量磨损量是指磨损过程中零件或试样的体积或质量的改变量。实验室试验中，往往是首先测量试样的质量磨损量，然后再换算成为体积磨损量来进行比较和分析研究。对于密度不同的材料，用体积磨损量来评定磨损的程度比用质量磨损量更为合理些。

(2) 磨损率　在所有的情况下，磨损都是时间的函数。因此，有时也用磨损率 W 来表示磨损的特性，如单位时间的磨损量、单位摩擦距离的磨损量。

(3) 耐磨性　材料的耐磨性是指在一定工作体积下材料耐磨的特性。这里引入材料的相对耐磨性 ε 概念，是指两种材料 A 与 B 在相同的外部条件下磨损量的比值，其中材料 A 是标准（或参考）试样。

$$\varepsilon = W_A / W_B \tag{3-5}$$

磨损量 W_A 和 W_B 一般用体积磨损量，特殊情况下可使用其他磨损量。

耐磨性通常用磨损量或磨损率的倒数 W^{-1} 来表示，使用最多的是体积磨损量的倒数。

磨损量和耐磨性的符号和单位见表 3-1。

表 3-1　磨损量和耐磨性的符号和单位

名称		符号	单位	名称	符号	单位
磨损量	长度	W_l	μm 或 mm	耐磨性	W^{-1}	h/mm，m/mg 或 h/mm^3
	体积	W_v	mm^3		W^{-1}	l/mm、l/mg 或 l/mm^3
	质量	W_m	g 或 mg	相对耐磨性	ε	
磨损率	单位时间	W_t	mm^3/h 或 mg/h			
	单位距离	W_l	mm^3/m 或 g/m			

3.2.3 粘着磨损

1. 定义及分类

当一固体材料在另一个固体材料表面上滑动或压在其表面上时，由于分子力的作用使两个表面发生焊合，当施加的外力大于焊合点的结合力将两表面拉开时，剪切一般发生在强度较低的固体材料一面，在强度较高材料的表面将粘附有强度较低的材料，这种现象称为粘着。粘着的材料在以后的滑动中可能辗转于互摩件的表面之间，以磨屑的形式从表面脱落下来，造成磨损。若剪切发生在摩擦副材料的接触界面上，则不会发生磨损，称为“零磨损”。因此，粘着磨损实际上是相互接触表面上的微凸体不断地形成粘着结点和结点断裂并形成磨屑而导致摩擦表面破坏的过程。

粘着磨损是一种常见的磨损形式，约占磨损中的 25%。齿轮、涡轮、刀具、模具、轴承等零件的失效都与粘着磨损有关。根据摩擦表面的破坏程度，常把粘着磨损分为：

1）轻微磨损。

2）涂抹。

3）擦伤（胶合或咬合）。

4）撕脱（或咬焊）。

5）咬死。

2. 粘着磨损模型

摩擦表面的粘着现象主要是界面上原子、分子结合力作用的结果。两块相互接触的固体之间相互作用的吸引力可分为两种：短程力（如金属键、共价键、离子键等）和长程力（如范德华力）。任何摩擦副之间只要当它们的距离达到几个纳米以下时就可能产生范德华力作用；当距离小于 1nm 时，各种类型的短程力也开始起作用。如两块纯净的黄金接触时，在界面之间形成的是金属键，界面处的强度与基体相似。纯净的两块金刚石接触时，界面上形成的结合与共价键相似。两块岩盐接触时表面则形成离子键结合，这些表面力都是短程力。而长程力

（范德华力）主要作用于橡胶等高分子材料表面。

粘着磨损模型以20世纪50年代出现的Archard模型为代表，70年代又相继出现了木村模型、笹田直模型和Buckley模型。而最常用的是Archard模型。

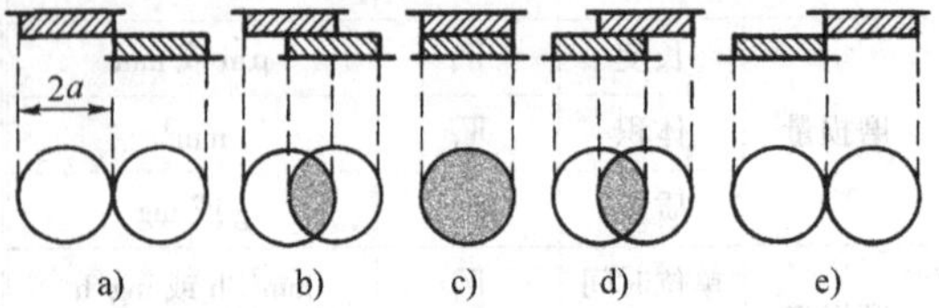

图3-3 Archard粘着磨损模型示意图

Archard模型示意图见图3-3。设一半球型的微凸体在一载荷N的作用下压在另一相同的微凸体上。由于载荷N的作用，上、下半球发生塑性流动。设接触面为平均直径等于$2a$的圆平面，当相对滑动至图3-3c时，真实接触面积达最大值πa^2。若有n个同样的接触点，则总的真实接触面积$A_r = n\pi a^2$。当为塑性接触时，塑性变形由真实接触面积支承，$N = \sigma_s n\pi a^2$。式中N为法向载荷，σ_s为塑性变形微凸体的塑性流动应力（屈服强度，近似等于微凸体的压入硬度H）。随滑动过程的进行，两表面发生如图3-3d～e的位移。只要滑动$2a$的距离，在载荷的作用下就会发生接点的形成、破坏和位移，磨屑就会在微凸体上形成并在较软材料上产生一定量的磨损。

在实际磨损中，粘着现象受许多宏观效应的影响，如表层弹性力、表面的结构与特性、表面污染等。粘着的型式与接触表面的本质有关。如果接触表面是纯净的、无氧化条件的表面，则表面间分子的化学及物理的吸引力显著增大。如果接触表面有污染膜，粘结点的强度就降低。当粘结点的强度高于基体的强度时，在有滑动的情况下就会产生裂纹。这种粘结点的微观裂纹可以发生在一个物体的表面以下，也可以同时发生在两个物体的表面以下。

粘着磨损有几种不同的形式，但它们的共同特点是沿滑动方向有程度不同的磨损痕迹，方向很明显。粘着磨损时的物质转移可以由擦伤产生，也可以由冷焊或热熔产生。

接触物理学和接触化学都影响着粘着磨损。环境的效应也有影响。通过一些试验证明，以下的原则适用于金属对金属的粘着磨损过程：

1）任何金属之间，都可以在界面上产生粘结点（Adhesion Bonding）。在金属副体积的可溶度（Solubility）与表面粘结点之间没有直接的关系。

2）结晶构成对粘着磨损有影响。在一般情况下，六方晶系的金属（Hexogonal Metals）比体心的正方晶系（Body-cencred Cubic）或面心的正方晶系（Face-cencred Cubic），金属的粘着磨损性能要低些。这种差别被认为与凸峰接触变形的不同的塑性型式有关，同时也与结晶系统中的可滑移系统（Operable Slip System）的数目有关。

3）结晶的方向（Crystal Orientation）影响着磨损的性质。一般说来，高的分子密度、低的表面能量的晶粒方向，比其他的方向表现出较低的粘着及粘着磨损。

4）当不同的材料相接触时，粘着磨损过程往往是两个材料中附着较弱的颗粒转移到附着较强的材料上去。

5）少量合金元素碳、硫等，由于受到摩擦热作用后易于扩散到表面，能够有效地阻止金属的粘着，从而减轻粘着磨损。

根据以上分析，粘着时的接触状态及接触变形过程都影响着粘着磨损。粘着及断裂的联合作用，是粘着磨损颗粒脱离本体的主要原因。

为了深入研究粘着磨损机理，有必要研究犁皱现象（Prow 或 Wedge Formation）。犁皱现象是两个滑动表面的局部地区的金属产生塑性剪切，在前进方向形成皱形的现象。有时也称为积瘤或堆积（Built-up Edge），是楔形堆积物。与犁皱现象不同的刻槽现象（Ploughing 或 Plowing），是两个表面在相对滑动的作用下，较软的表面因塑性变形而形成槽形，没有材料的转移。刻槽是摩擦阻力产生的原因之一。

在有犁皱的情况下，接触时间增长，粘结点增多，并且粘结点的基础部分沿着滑动表面运动着，从而产生了物质转移，形成粘着磨损。

在产生严重的粘着磨损时，有下述现象产生：

1）粘结点扩展时，在界面的剪切阻力影响下，有一个塑性变形区沿着磨损表面运动着，其方向和阻力方向相反。因此，使粘结点前沿金属堆积，并且相互运动表面之间的距离增大。

2）在粘结点的背后产生裂纹，这是因为材料被挤到前面去了所致。这些裂纹的逐渐扩大，使粘结点从基体上分离出来。

3. 常见粘着磨损

（1）轻微磨损　轻微磨损往往出现在摩擦初期的比较洁净的金属表面上。新机器的跑合阶段就是利用轻微磨损使表面不平磨去一点，以利于机器正常运转。因此，这种磨损是正常的。我们往往利用这种磨损达到正常跑合的目的。

轻微磨损的程度决定于载荷和速度。因此，在跑合阶段要特别注意选择适当的跑合规范，也就是选择适当的载荷、速度、跑合时间等参数，使跑合时间尽可能地缩短而又不会在表面上产生擦伤现象。由轻微磨损过渡到擦伤有一个转折点，根据不同的材料，由跑合时的速度及载荷来确定这个转折点。

轻微磨损时，粘结点的强度比两个基体金属的强度都弱。因此，剪切破坏产生在粘结点上端，金属表面材料的转移很轻微。

（2）涂抹　金属从一个表面离开，并以很薄的一层堆积在另一个表面上的现象，称为涂抹（Smearing）。一般是较软的金属涂抹在较硬的金属表面上。蜗轮表面的铜涂抹在蜗杆的表面上，是典型的涂抹现象。

产生涂抹时，粘结点的强度大于软金属的抗剪强度。剪切破坏产生在粘结点以内，也就是说产生在涂抹表面浅层以内。

涂抹也是一种严重的磨损现象。在表面上可因为犁皱而产生较多的材料转移，但在涂抹时，犁皱过程并不出现在整个接触时间以内，并且只有一部分凸峰产生塑性变形。

增加滑动面的油膜厚度、减小表面粗糙度的幅值和斜率，都可以减轻涂抹的产生。

（3）擦伤　沿滑动方向产生细小抓痕的现象，称为擦伤（Scratching）。由于有较硬的凸峰（或较硬的颗粒），且在表面之间有相对滑动时才造成擦伤。产生擦伤时，粘结点的强度高于两个基体金属的强度，因此，剪切破坏发生在金属表层以下较浅的部分。抓痕多半在较软的金属表面上，但有时在较硬的金属袭面上也会出现。如内燃机的活塞与缸壁之间，经常出现擦伤现象。

（4）划伤　在滑动表面之间，局部产生固相焊合（Solidphase welding）时，沿滑动方向形成较严重的抓痕的现象，称为划伤（Scoring）。有时因为表面之间有磨粒存在，也会产生划伤。划伤比擦伤要严重些，磨损破坏更厉害一些。

（5）胶合　在滑动表面之间，由于固相焊合产生局部破坏，但尚未出现局部熔焊的现象，称为胶合（Scuffing）。

胶合表面往往有焊合现象。焊合物因犁皱作用，形成楔形并沿着相对滑动方向堆积，因此，抓痕现象不明显。产生胶合破坏时，表面局部温度相当高，此时，粘结点的面积也较大，其抗剪强度比任一基体金属都高。因此，在剪切破坏时，产生较深的破坏深度。

所谓焊合（Welding），是指固体表面直接接触时的粘着，在任何温度下都可能产生。焊合包括冷焊（Cold Welding）及熔焊（Melting），熔焊在较高的温度下才产生。

胶合现象在实际工作中虽不多见，但危害很大，有时会突然产生，所以一定要预先防范。

在齿轮传动、蜗轮传动、凸轮与挺杆之间，活塞与气缸壁之间，都经常发生胶合。跑合规范定得不恰当时，也会产生划伤或胶合。

产生胶合的原因大致有三种：① 流体动压润滑油膜的破裂；② 边界润滑油膜的破裂；③ 表面局部瞬时闪发温度升高。

（6）咬死　由于界面的摩擦使相对运动停止的现象，称为咬死（Seizure）。咬死往往伴随着表面严重焊合现象。咬死现象是胶合的最严重的表现形式，因此，往往也用咬死来代替胶合。

产生咬死现象时，粘着区域大，粘结点的强度比任一摩擦副基体的抗剪强度都高，表面瞬时突发温度也相当高，因此，剪切力低于粘着力，粘结点不能从基体上被剪切掉，以致迫使相对运动停止。

3.2.4 磨料磨损

硬的颗粒或硬的突起物在摩擦过程中引起物体界面材料脱落的现象，称为磨料磨损。最常见的磨料磨损如犁耙的磨损、掘土机铲齿的磨损、矿石粉碎机的磨损以及水轮机叶片的磨损等。

磨料磨损是常见的一种磨损形式。据统计，因磨料磨损而造成的损失，占整个工业范围内的磨损损失的50%。

磨料磨损的分类方法是很多的，这是因为在磨损过程中除了有磨料这个主要的因素外，还有冲击、腐蚀以及温度升高等等因素。由于这些原因，实验室条件下所得的磨料磨损的数据，用于生产时往往有一些差别。

根据磨损件相互位置来分类，有二体磨料磨损（Two-body Abrasion）及三体磨料磨损（Three-body Abrasion）两种，如图3-4所示。

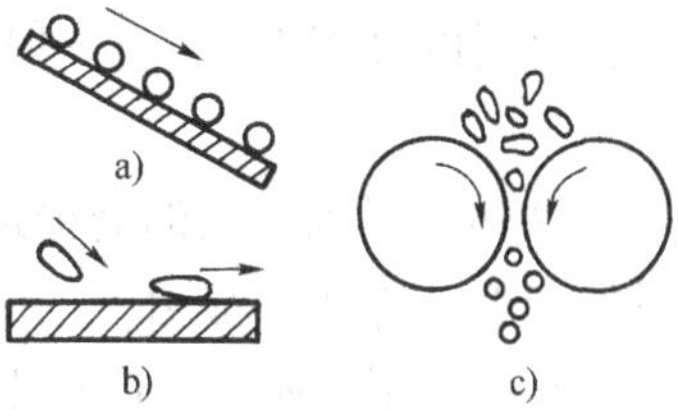

图3-4　磨料磨损示意图
a)、b) 二体磨料磨损
c) 三体磨料磨损

一般来说，三体磨料磨损多属于高应力碾碎式磨料磨损，如腭式破碎机、轧碎机的滚筒或球磨机的衬板与钢球之间的磨损。此时，磨料与金属表面接触处产生较高的压应力且大于磨料的压溃强度，金属表面被拉伤。对于韧性的金属材料，可以产生表面塑性变形或疲劳；对于脆性的金属材料，则产生碎裂或剥落。

二体磨料磨损可以是凿削式磨料磨损（Gauging Abrasion），如图3-4b。如挖掘机斗齿、破碎机锤头等零件的破坏都属此类。此时，磨料对材料表面产生高的冲击应力，使金属表面材料被磨料冲击，磨出较深的沟槽，并有大颗粒的材料从表面上脱落下来。

二体磨料磨损也可以是低应力的磨损，如图3-4a。犁铧、运输机槽板等零件的破坏都属于此类。此时，磨料对金属材料表面的应力，不超过磨料的压溃强度，因此，金属材料表面产生拉伤或微小的切削痕迹。

总的说来，磨料磨损的机理是一种“微观切削过程”（Micro-cutting Process）。在实验室的条件下研究磨料磨损的机理，往往采用被磨金属在磨料纸上相互摩擦的方法，其结果可归纳如下：

1）在一给定的磨损区间以内，金属材料因磨料磨损而磨去的体积 V 与载荷 N 及滑动距离 S 成正比，即

$$V \propto NS$$

也可用线磨损量（Linear wear）I_h 表示。I_h 与应力 σ 及滑动距离 S 成正比，即

$$I_h \propto \sigma S$$

2）如果不考虑摩擦过程中的热量，那么，在低速条件下磨损强度（Wear

Intensity）与摩擦的速度无关。

3）根据磨料的硬度 H_a 与金属本体的硬度 H_m 之间的关系，可将磨料磨损分为三个区域，如图 3-5 所示。

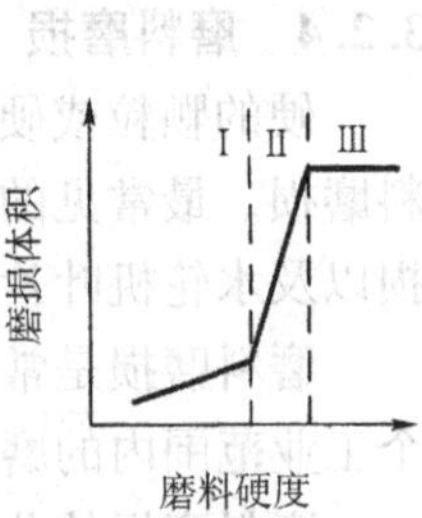

图 3-5　磨料硬度对金属磨损速率的影响

Ⅰ区为低磨损区。在这个区域内，$H_a < H_m$。当 $H_a = (0.7 \sim 1.0) H_m$ 时，为软磨料磨损，此时磨损速率很低。Ⅱ区为磨损转化区，此时，$H_m < H_a < 1.2H_m$，此时磨损速率随磨料硬度的增加而显著提高。Ⅲ区为高磨损区，此时，$H_a > 1.2H_m$，为硬磨料磨损，并且磨损不再因为磨粒硬度的提高而增加。因此，可得出一个重要的规律：要减少磨料磨损，材料的硬度 H_m 要比磨料的硬度 H_a 高，一般的准则为

$$H_m \approx 1.3H_a$$

这样可得到较低的磨损速率。如果继续提高材料的硬度，作用不显著。

4）在高磨损区（Ⅲ）中，不同的材料及处理方法，表现为不同的磨损性质，图 3-6 中的线条表示相对磨阻 R_w 与材料硬度 H_m 在第Ⅲ区的函数关系。相对磨阻值 R_w（The Relative Wear Resistance）的定义是

$$R_w = R_s \text{（试样磨阻）} / R_{st} \text{（标准磨阻）}$$

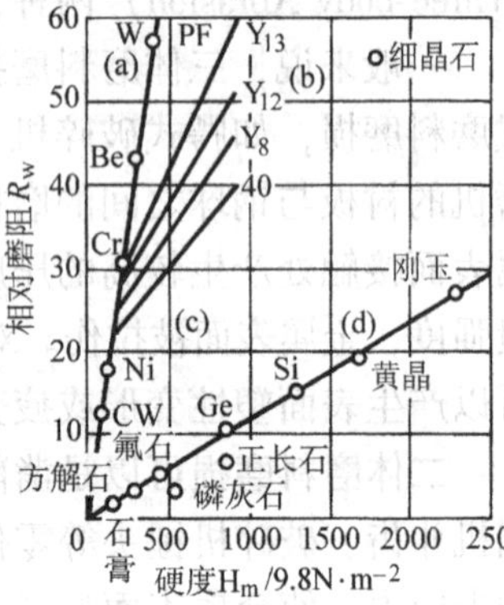

图 3-6　一些材料的相对磨阻与硬度的关系

磨阻（Wear Resistance）的含义是磨损体积 V_w 的倒数，即

$$R = 1/V_w \text{（磨损体积）}$$

标准磨阻是用电解加工得出的刚玉（Corudum）作为磨料（H_a = 2 290ON/mm^2）及含有锑的铅锡合金作为试件。在试验前先测定试验材料的硬度。试验结果如下：

a 区为几种纯金属及钢在退火状态下 R_w 和 H_m 的实验结果，它们之间成正比例关系，所有的点在同一直线上，并且其连线通过原点。这个直线可用下式表达

$$R_w = 13.74 \times 10^{-2} H_m$$

b 区为四种结构钢的相对磨阻。这四种钢经过一般的硬化，并在不同的温度下热处理。每一条直线代表一种材料，斜率相互不同。含碳量越高，其位置也越高，倾斜角也越大。这些钢的最左边的各点和直线（a）相重合，相当于在 150℃时热处理的情况，和退火状态一样。

c 区为金属及钢采用塑性变形使其冷作硬化以后的相对磨阻。冷作后的硬度

虽然增加很大，但是相对磨阻却维持不变。由此可得出一个重要的结论，可采用最低的冷作硬度，其效果和高冷作硬度时一样。也就是说，不必从追求过高的冷作硬度来提高抗磨料磨损的能力。

d 区为一些金属、非金属材料及矿物的相对磨阻，它们与硬度也呈线性关系，即

$$R_w = 1.3 \times 10^{-2} H_m$$

由上面的试验结果表明，在高磨损区Ⅲ内，磨料磨损的磨阻仅仅与材料的硬度有关，并且呈线性关系。因此，可以通过材料的硬度来表示磨料磨损的磨阻。这种现象可以称为是一种“摩擦学的材料特性”（Tribological Material Property），这种特性只适用于高磨损区。在高磨损区内，磨损产生在材料较深的表层以内。如果在轻磨损区，磨损产生在表层内面较浅的部分时，则必须考虑表面污染膜或大气环境对磨料磨损的影响。

5）磨料磨损的磨损程度与磨料的颗粒大小成正比。但是，磨粒的大小达到某一定值以后，磨损程度就不再因磨粒的大小而改变。

6）磨料磨损的磨阻不仅与磨料及金属的硬度有关，而且与磨料的性质、强度、形状、颗粒的大小及尖锐程度等因素有关。

7）在冲击磨料磨损的情况下，热处理硬化钢的相对磨阻主要与冲击能量有关，因此，必须研究磨料与金属之间的相互作用。

3.2.5 表面疲劳磨损

由于交变应力使表面材料疲劳而产生物质的转移称为疲劳磨损，有时也称为接触疲劳或点蚀（Pitting）。材料转移后使表面产生空穴的现象称为点蚀。点蚀产生的原因很多，除表面疲劳可以产生点蚀现象外，还可以因为局部粘着或界面间放电而形成点蚀，所以应避免用点蚀这个名词，最好采用表面疲劳磨损。

虽然表面疲劳磨损可以在液体润滑的滑动轴承中产生，但大多数情况是产生在滚动摩擦的条件下，如齿轮传动或滚动轴承中。

表面疲劳磨损产生的原因，一直是一个有争论的问题。疲劳裂纹源是争论的焦点。有人认为裂纹从接触表面层下最大切应力处产生。也就是在距离表面层下0.786b（b 为 Hertz 接触区宽度之半）处最大切应力处塑性变形最剧烈，在载荷反复作用下首先出现裂纹，并沿最大切应力的方向扩展到表面，从而形成疲劳磨损。也有人认为裂纹从表面先产生，表层材料受到反复作用的接触应力引起塑性变形，导致表面硬化，最后在表面出现初始裂纹，初始裂纹沿与滚动方向呈小于45°的角扩展，并且由表面向里逐渐深入。当润滑油楔入裂纹之中后，表面滚动时将裂纹口封住，使裂纹内的润滑油产生很大的压力，迫使初始裂纹扩展，最后扩展到一定的深度，裂纹折断，形成痘斑状凹坑。还有人用实验证明，裂纹发生点不在最大切应力处，而是更接近表面，从而认为这是由微观点蚀（Micropitting）引起的。

原始裂纹的产生原因，有人用结晶格子中的位错（Dislocation）理论来解释：第一种认为是由于结晶边界的滑移线（Slip-band）的位错累积而成；第二种认为是两个滑移的位错的聚合促使在沿着有缝隙的平面上形成裂纹；第三种认为是沿着晶粒的倾斜边界产生裂纹。

3.2.6 腐蚀磨损

腐蚀磨损是指在磨损过程中物体表面与周围环境的化学或电化学反应起主要作用时的磨损现象。一般说来，在腐蚀过程中磨损是中等程度的。但是，由于有腐蚀作用，可以产生很严重的结果，特别是在高温或潮湿的环境中。

在有些情况下，首先产生化学反应，然后才因机械磨损的作用而使被腐蚀的物质脱离本体。另外一些情况则相反，先产生机械磨损，生成磨损颗粒以后紧接着产生化学反应。这些现象相互影响，相互扩大作用。腐蚀磨损有以下几种类型：

1．氧化磨损

在磨损过程中的化学反应是以氧化或氧化作用占优势的一种磨损形式称为氧化磨损（Oxidative Wear），如在氧气、液氧、液氟中工作的机件的磨损属于这一类。空气或润滑剂中的氧也会引起氧化磨损。金属表面与氧化介质的反应速度很快，形成的氧化膜被磨去以后，新鲜表面很快又形成新的氧化膜，又被磨掉，不断继续下去，可能产生严重的后果。钢铁材料在氧化磨损发生后，产生红褐色片状 Fe_2O_3（单位载荷很小且滑动速度很低时）或灰黑色丝状 Fe_3O_4 的磨粒（单位载荷很大且滑动速度很高时），并在表面沿滑动方向呈匀细磨痕。

2．特殊介质腐蚀磨损

摩擦副金属与除氧以外的如酸、碱，盐等各种介质发生作用，生成各种产物，又在摩擦过程中不断去除，称为特殊介质腐蚀磨损。其磨损机理与氧化磨损相似，磨损颗粒是金属与周围介质的化合物，在摩擦表面上沿滑动方向也有腐蚀磨损的痕迹。

3．气蚀浸蚀磨损

气蚀浸蚀（Cavitation Erosion）磨损是因为在液体中的气蚀现象而产生的一种磨损。当零件与液体接触并有相对运动时，液体与零件接触处的局部压力低于液体的蒸发压力时，将形成气泡。同时，溶解在液体中的气体也可能析出形成气泡。如果这些气泡流到了高压区，液体与零件接触处的局部压力高于气泡压力时，气泡便溃灭（Collapse），在此瞬间产生极大的冲击力及高温。这种气泡形成和溃灭的反复过程，使材料表面物质脱落，形成麻点状及泡沫海绵状的磨损痕迹，称为气蚀浸蚀。如果介质与零件有化学反应，会加速气蚀侵蚀。在柴油机缸套外壁、水泵零件、水轮机叶片及船舶螺旋桨等处，经常产生气蚀浸蚀。

气蚀浸蚀不是流体浸蚀（Fluid Erosion）。流体浸蚀是液体、气体或气体中包含液粒的流动作用而产生的磨损。流体浸蚀不包括气蚀现象。

浸蚀（Erosion）或称为浸蚀磨损（Erosion Wear）。它与腐蚀磨损（Corrosive Wear）不同。浸蚀是指物体表面与含有固体颗粒的液体相接触并有相对运动时，使物体表面产生磨损的现象。如果流体中的固体颗粒运动方向与物体表面平行或接近平行时，称为磨料浸蚀（Abrasive Erosion）；如果流体中的固体颗粒运动方向与物体表面垂直或接近垂直时，称为冲击浸蚀（Impact Erosion）。这两种磨损状态可归入磨粒磨损的范围内。

改进机件外形的结构，使其在运动时不产生或少产生涡流，采用抗气蚀性能好的材料，如强度高、韧性好的不锈钢等，都可降低气蚀浸蚀的产生。

4. 微动磨损

两个表面间由于振幅很小的相对运动而产生的磨损现象称为微动磨损（Fretting）。如果这种微动磨损在产生的过程中两个表面间的化学反应起主要的作用，则称为微动腐蚀磨损（Fretting Corrosion）。

如果在相互接触的表面之间有一定的压力使表面凸峰粘着，在粘着处因为外界小振幅所引起的振动而不断地被剪切，在剪切过程中粘结点逐渐被氧化，会产生红褐色状的 Fe_2O_3 磨屑。这种过程在继续不断地进行中氧化磨屑脱离本体，粘着点被破坏，同时，这些磨屑还起着磨料的作用，使接触表面产生磨料磨损。当磨损区不断扩大时，最后会引起接触表面完全破坏。这就是微动磨损形成的机理。

由此可见，这种磨损是一种复合形式的磨损，粘着磨损、腐蚀磨损和磨料磨损同时存在，但起主要作用的是表面间粘结点处因外界微动而引起的氧化过程。因此，可将它归纳在腐蚀磨损的范围以内。

微动腐蚀磨损可产生在两种情况下：① 二个零件间没有相对切向滑动时，如过盈配合联接，键联接或楔联接处；② 两个零件间有相对切向滑动，如液压装置中的活塞、键传动中的链节、板弹簧之间都可能产生。

由此可见，避免微动腐蚀磨损产生的主要途径可分为二：① 设法使接触表面不产生相对滑动；② 设法使接触表面不产生氧化物。

对于第一种微动腐蚀磨损，即当两个表面没有切向相对滑动时，选择适当的材料配对以及提高硬度都可以降低微动腐蚀磨损。一般来说，抗粘着磨损性能好的材料配对，有利于抗微动腐蚀磨损；或在某些材料表面上涂二硫化钼，也有利于减少微动腐蚀磨损。有试验表明，将一般的碳钢的表面硬度从 180HV 提高到 700HV，微动腐蚀磨损可降低 50%。而降低接触表面的粗糙度几乎不能提高抗微动腐蚀磨损的能力。

对于第二种微动腐蚀磨损，即当两个表面有切向相对滑动时，主要采用各种润滑剂来降低微动腐蚀磨损，尤其是采用极压添加剂、固体润滑剂（如 MoS_2）或二者的混合，都有利于降低微动腐蚀磨损。

3.2.7 磨损理论

近年来由于研究手段不断地改进，采用电子显微镜以及其他一些仪器，从理论和微观的角度对各种磨损进行了深入的研究，提出了一些新的磨损理论。这些理论企图解释各种磨损现象的共同的本质，并提出一些防止磨损产生的各种方法的基本原则，有利于更深入地研究磨损的现象。下面介绍两种磨损理论。

1. 磨损的剥层理论

磨损的剥层理论（The delamination theory of wear）是一种新的理论。它以表面的位错（Dislocation）以及表面下层的裂纹和空穴（Void）的形成为基础来解释磨损现象，这些裂纹由于表面剪切变形的作用而逐渐连接在一起，最后形成了磨损。磨损下来的磨粒呈薄片状，并且表面可以承受大的变形。

这个理论认为，磨料磨损及腐蚀磨损的机理是比较成熟和肯定的，但是粘着磨损、疲劳磨损以及微动磨损有很多共同之处，尚无一种理论来解释它们产生的原因及过程，过去解释这三种磨损的机理的缺点在于：① 完全忽视了金属变形及金属物理性质对磨损的影响；② 在数学推导过程中有一些不合理的假定及常数；③ 完全不考虑在不同滑动条件下的磨损状态。

（1）剥层理论的一般机理简述

1）当两个相互滑动的表面接触时，垂直的及切向的载荷通过粘着点的粘着及刻槽作用来传递。较软的物体表面的凸峰容易产生变形，而且其中一些凸峰在反复载荷的作用下产生断裂，从而形成了一个相对来说更光滑的表面，因为表面上的凸峰或被磨掉或产生变形。这个更光滑的表面一旦形成以后，接触状态不再是凸峰对凸峰，而是凸峰对平面。在较软表面上的每个凸峰，承受着硬表面上凸峰的反复载荷及刻槽作用。

2）由于较硬的凸峰对较软的表面作用的拉力（Traction），使得较软表面产生剪切变形，并且随着反复载荷的作用剪切变形不断积累。

3）当表层下的变形（The Subsurface Deformation）继续增加时，裂纹便在表面以下成核。裂纹很接近表面，但这是不利的，因为三维状态的压应力恰好作用在接触区以下。

4）一旦裂纹形成（或者由于裂纹成核过程所产生的，或者是原来存在的空穴），继续施加载荷和变形将使裂纹扩展，并将邻近的裂纹连接起来。这些裂纹扩展的方向是与表面平行的，其深度与材料的性质和摩擦系数有关。当裂纹由于变形降低或凸峰接触处的切向拉力减少而停止扩展时，裂纹成核便得到控制。

5）当这些裂纹在某些较弱的接触部分从表面上被剪切下来时，便有长而薄的磨粒从表面剥离。剥离片的厚度与裂纹距离表层的生长深度有关，并且取决于作用在表面的垂直的及切向的载荷。

这个理论还通过一系列实验得到支持，从以下几个方面来进行研究：① 表面形貌对磨损的影响以及贝尔比层（Beilby Layer）的形成；② 表面层的变形；③ 裂纹成核；④ 裂纹扩展；⑤ 磨粒的形成及不产生磨粒的极限过程。

（2）根据剥层磨损理论解释以下的磨损现象

1）外界所供给的能量是如何消耗的?

2）为什么摩擦系数影响磨损速率，其影响的规律如何?

3）为什么一些较硬的材料反而比较软的材料磨损得快一些?

4）为什么磨粒宽、窄尺寸之比（Aspect Ratio）远远大于1?

5）为什么产生咬死（Seizure）现象?

6）金属的微观结构对磨损速率有什么影响?

7）表面粗糙度的原始状态及波纹度（Waveness）对磨损现象的影响如何?

最后，可以认为这个理论可以解释粘着磨损、疲劳磨损及微动磨损，并且还要进一步研究接近表面的一些性质以及凸峰与表面接触点的载荷传递的机理。

2. 磨损的能量传递过程理论

磨损的能量传递过程理论认为，摩擦和磨损在摩擦学所研究的范围内，能量的转化是产生磨损的主要原因，这是因为：

1）摩擦阻力不是一个材料的某一种特性所引起的，而是由于各种载荷、速度及热过程等外界条件参与到相互接触的元件中去，并不断反复作用而引起的。这些相互的作用包括基体、接触体及中间介质。

2）在摩擦学所研究的范围内，离开系统的有用的能量（输出）总是比加入到系统中的原始能量（输入）小些。输入与输出能量的差相当于摩擦能量。

摩擦能量（Friction Energy）可分为几种类别：金属的摩擦能量主要部分消耗于塑性变形，塑性变形与粘着过程相互交替。这部分能量储存在材料内部，表现为结晶的位错，最后表现为热能，在磨损过程中，磨粒形成过程所消耗的能量是主要的，称为断裂能量（Fracture Energy）或称表面能量（Surface Energy）。这部分能量是为了造成一个新鲜的表面并产生磨粒。各种磨损现象与断裂能量之间有一定的关系。

总的说来，对于金属材料，主要的能源消耗于变形，而断裂能量估计只占全部吸收能量的百分之几。

第4章 表面腐蚀基本理论

表面腐蚀学是研究材料表面在其周围环境作用下，发生破坏以及如何减缩或防止这种破坏的一门科学。通常来讲，材料与环境介质发生化学和电化学作用，引起材料的退化与破坏叫腐蚀。考虑到金属是一种应用广泛的工程材料，通常意义上的腐蚀指的是金属腐蚀，故本章的学习仅限于金属表面腐蚀。

自然界中只有金、银、铂、铱等很少的贵金属是以金属状态存在，而绝大多数金属都以化合物状态存在。按照热力学的观点，绝大多数金属的化合物处于低能位状态，而单体金属则是处于高能位状态，所以，腐蚀是一种自发的过程。这种自发的变化过程破坏了材料的性能，使金属材料向着离子化或化合物状态变化，是吉布斯自由能降低的过程。金属表面腐蚀通常发生在金属与介质间的界面上，由于金属与介质间发生化学或电化学多相反应，使金属转变为氧化（离子）状态。可见，金属及其表面环境所构成的腐蚀体系及该体系中发生的化学和电化学反应就是金属表面腐蚀学的主要研究对象。

我国商代就已经用锡来改善铜的耐蚀性而出现了锡青铜。18世纪中叶，开始陆续出现了对腐蚀现象的研究和解释。其中罗蒙诺索夫于1748年解释了金属的氧化现象。1790年凯依尔描述了铁在硝酸中的钝化现象。1830年德·拉·里夫提出了腐蚀电化学即微电池理论，随后出现的电离理论及法拉第电解定律对腐蚀的电化学理论的发展起到了重要的推动作用。稍后，能斯特定律、热力学腐蚀图（E-pH）等也相继产生，并创立了电极动力学过程的理论。到了20世纪初，金属腐蚀已成为一门独立的学科。

腐蚀按其作用机理大致可分为化学腐蚀与电化学腐蚀两类：化学腐蚀是干燥气体或非电解质液体与金属间发生化学作用时出现的，例如钢铁的高温氧化、银在碘蒸气中的变化等；电化学腐蚀，则是腐蚀电池作用的结果。研究发现，金属在自然环境和工业生产中的腐蚀破坏主要是由电化学腐蚀造成的。潮湿大气、天然水、土壤和工业生产中的各种介质等，都有一定的导电性，属于电解质溶液。在这种溶液中，同一金属表面各部分的电位不同或者两种以及两种以上金属接触时都可能构成腐蚀电池，从而造成电化学腐蚀。

4.1 金属表面的电化学腐蚀

4.1.1 腐蚀的起因

金属在电解质溶液中的腐蚀是一种电化学腐蚀过程，它必然表现出某些电化学现象，电化学腐蚀必定是一个有电子得失的氧化还原反应等。我们可以用热力学的方法研究它的平衡状态，判断它的变化倾向。工业用金属一般都含有杂质，当其浸在电解质溶液中时，发生电化学腐蚀的实质就是在金属表面形成了许多以金属为阳极，以杂质为阴极的腐蚀电池。在绝大多数情况下，这种电池是短路的原电池。下面就以原电池为例说明这种腐蚀电池工作原理及形成条件。

原电池是一个可使化学能转变为电能的装置。丹尼尔电池是人们熟知的一种原电池（图4-1），它可简单地表示为

(－)Zn ｜ $ZnSO_4$(水溶液) ‖ $CuSO_4$(水溶液) ｜ Cu(＋)

其中，“｜”表示有界面电位存在，“‖”表示两溶液之间的液体接界电位已消除。当用导线将铜片、锌片和电流表、负载串联起来接通时，即有电流通过。由于锌极电位低于铜极电位，从外电路来看，电流从铜极流向锌极（电子则从锌极流向铜极）。并发生如下电化学反应：

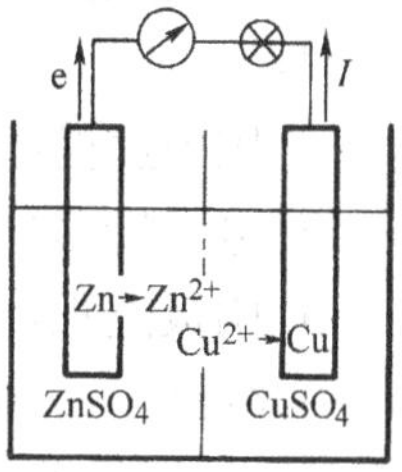

图 4-1　原电池示意图

锌极作为阳极，发生氧化反应：

$$Zn \rightarrow Zn^{2+} + 2e$$

锌极上锌原子放出电子变成 Zn^{2+} 进入溶液，锌电极上积累的电子通过导线流到铜电极。

铜作为阴极，发生还原反应：

$$Cu^{2+} + 2e \rightarrow Cu$$

整个电池反应就是上述两个反应的相加，即

$$Cu^{2+} + Zn \rightarrow Cu + Zn^{2+}$$

在电池工作期间，作为阳极的锌片不断被腐蚀，而溶液中的 Cu^{2+} 则不断被还原。此时，原电池中产生的电流是由于两极之间的电位差引起的，所以电池的电位差是电极反应的驱动力。原电池中两个电极的开路电压（即开路电位差）称为原电池的电动势，以 E 表示。其大小表示氧化还原反应的驱动力大小，由于电流是从阴极流向阳极，所以阴极电位高为正极，阳极电位低为负极。原电池的电动势是正、负两个电极的相对电位差，即

$$E = \varphi_{+} - \varphi_{-} \tag{4-1}$$

或

$$E = \varphi_{c} - \varphi_{a} \tag{4-2}$$

式中，φ_{+}、φ_{c} 分别表示正极、阴极的电位；φ_{-}、φ_{a} 分别表示负极、阳极的电位。

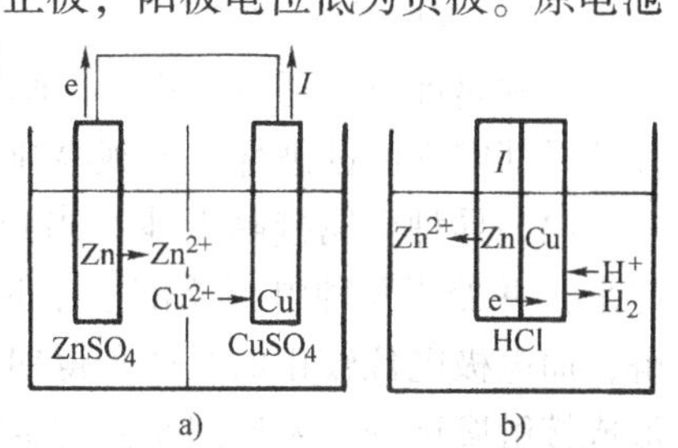

图 4-2　腐蚀原电池示意图

a）铜锌原电池　b）铜锌腐蚀原电池

如果将图4-1中原电池的两个电极短路而不经过负载，如图4-2所示，则阴极与阳极之间的电位差为零。这时，尽管电路中仍

有电流通过，但电功 $W=QE=0$，所以该原电池已不可能对外界做功，即电极反应所释放的化学能不再转变为电功，而只能以热的形式散发掉。由此可见，短路的原电池已失去了原电池的原有定义，仅仅是一个进行着氧化还原反应的电化学体系，其反应结果是作为阳极的金属材料被氧化而溶解（腐蚀）。我们把这种只能导致金属材料破坏而不能对外做有用功的短路原电池，定义为腐蚀原电池或腐蚀电池。

不论是何种类型的腐蚀电池，它必须包括：阳极、阴极、电解质溶液和电路等四个不可分割的组成部分，这四个组成部分就构成了腐蚀原电池工作的基本过程，即：

1）阳极过程：金属溶解以离子形式进入溶液中，并把等量电子留在金属上；

2）电子转移过程：电子通过电路从阳极移动到阴极；

3）阴极过程：溶液中的氧化剂接受从阳极流过来的电子后本身被还原。

由此可见，一个遭受腐蚀的金属表面上至少要同时进行两个电极反应，其中一个是金属阳极溶解的氧化反应，另一个是氧化剂的还原反应。在金属和合金的实际腐蚀中，是可以发生一个以上的氧化反应的，例如，当金属中有几个组元时，它们的离子可分别进入溶液中；同样，当腐蚀发生时，也可以产生一个以上的还原反应。

在腐蚀过程中，靠近阴极区的溶液里，还原产物的离子（例如在中性和碱性溶液中的 OH^- 离子）浓度增加（即溶液的 pH 值升高）。如将铁与铜电极短接之后放入3%氯化钠溶液中，阳极区即产生大量 Fe^{2+} 离子，阴极区则产生 OH^- 离子，由于扩散作用，两种离子在溶液中可能相遇而发生如下反应：

$$Fe^{2+} + 2\,OH^- \rightarrow Fe(OH)_2$$

这种反应产物称为次生产物。如果阴极、阳极直接接触，该次生产物就沉淀在电极表面上，形成氢氧化物膜，即腐蚀产物膜。若这层膜比较致密，可起到保护作用。

根据组成腐蚀电池电极的大小和促使形成腐蚀电池的主要影响因素及金属腐蚀的表现形式，可以将腐蚀电池分为两大类，即宏观腐蚀电池和微观腐蚀电池。

1. 宏观腐蚀电池

这种腐蚀电池通常是指由肉眼可见的电极构成，它一般可引起金属或金属构件的局部宏观浸蚀破坏。宏观腐蚀电池有如下几种构成方式：

(1) 异种金属接触电池　当两种不同金属或合金相互接触（或用导线连接起来）并处于某种电解质溶液中时，电极电位较负的金属将不断遭受腐蚀而溶解，而电极电位较正的金属则得到了保护，这种腐蚀称为接触腐蚀或电偶腐蚀。形成接触腐蚀的主要原因是异类金属的电位差，两种金属的电极电位相差越大，接触腐蚀越严重。

(2) 浓差电池　它是指同一金属不同部位与不同浓度介质相接触构成的腐蚀

电池。最常见浓差电池有两种：氧浓差电池和溶液浓差电池。

（3）温差电池　它是由于浸入电解质溶液中的金属因处于不同温度的区域而形成的温差腐蚀电池，它常发生在热交换器、浸式加热器、锅炉及其他类似的设备中。

2. 微观腐蚀电池

微观腐蚀电池是用肉眼难以分辨出电极的极性，但确实存在着氧化和还原反应过程的原电池。微观腐蚀电池是因为金属表面电化学不均匀性引起的。所谓电化学不均匀性，是指金属表面存在电位和电流密度分布不均匀而产生的差别。引起金属电化学不均匀性的原因很多，主要有：

1）金属的化学成分不均匀性。

2）金属组织结构的不均匀性。

3）金属物理状态不均匀性。

4）金属表面膜的不完整性。

腐蚀电池的工作原理与一般原电池并无本质区别，但腐蚀电池又有自己的特征，即一般情况下它是一种短路的电池。因此，虽然当它工作时也产生电流，但其电能不能被利用，而是以热量的形式散失掉了，其工作的直接结果是引起了金属的腐蚀。

4.1.2　电位-pH 图

1. 电位-pH 图及表示方法

金属的电化学腐蚀绝大多数是金属同水溶液相接触时发生的腐蚀过程。水溶液中总有 H^+ 和 OH^- 离子，这两种离子含量的多少由溶液的 pH 值表示。而金属在水溶液中的稳定性不但与它的电极电位有关，还与水溶液的 pH 值有关。若将金属腐蚀体系的电极电位与溶液 pH 值的关系绘制成图，就能直接从图上判断给定条件下发生腐蚀反应的可能性。这种图称为电位-pH 图。它是由比利时学者 M. Pourbaix 在 1938 年首先提出的。电位-pH 图是基于化学热力学原理建立起来的一种电化学平衡图，以直观的图形表达了与金属腐蚀有关的种种化学平衡和电化学平衡。这种图指示人们借助控制电位或改变 pH 值来达到防止金属腐蚀的目的。

电位-pH 图上的线段有三种类型，如图 4-3 所示。现就以 Fe-H_2O 系统所涉及的化学反应为例说明一下。

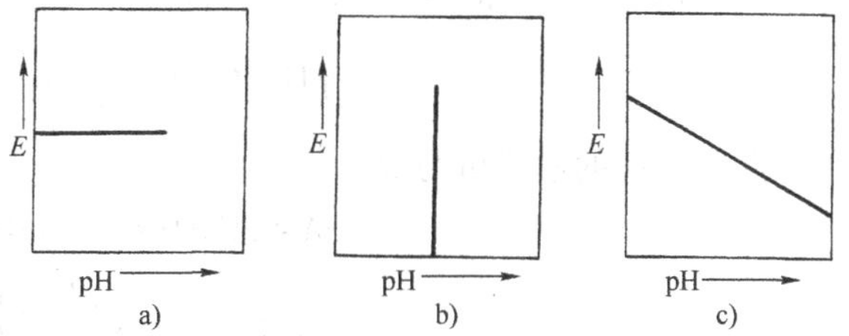

图 4-3　电位-pH 图中三种不同的线段

a）水平　b）垂直　c）倾斜

（1）水平线段　电极反应可以是均相反应，即

$$Fe^{2+} \leftrightarrow Fe^{3+} + e$$

也可以是多相反应，即

$$Fe \leftrightarrow Fe^{2+} + 2e$$

这个电极反应的特点是只出现电子，而没有氢离子或氢氧根离子出现，即整个反应与 pH 值无关。其平衡电位（Fe/Fe^{2+}）可写成

$$E_{e(Fe/Fe^{2+})} = E^0_{e(Fe/Fe^{2+})} + \frac{RT}{2F}\ln\frac{\alpha_{Fe^{2+}}}{\alpha_{Fe}} = -0.44 + \frac{0.0591}{2}\lg\alpha_{Fe^{2+}} \tag{4-3}$$

式中，$E^0_{e(Fe/Fe^{2+})}$为 Fe/Fe^{2+} 的标准电势；α_{Fe}、$\alpha_{Fe^{2+}}$为 Fe、Fe^{2+} 的活度系数；F 为法拉第常数；R 为气体常数；T 为热力学温度。

平衡电位的通式可写成

$$E_{e(O/R)} = E^0_{e(O/R)} + \frac{RT}{nF}\ln\frac{\alpha^y_O}{\alpha^x_R} \tag{4-4}$$

式中，下标 O 表示物质的氧化态；下标 R 表示物质的还原态；上标 x、y 分别表示反应物质的化学计量数；n 表示还原态物质失去电子数。

此类电极反应的电极电位与 pH 值无关，在一定温度下，只有当 $E_{e(O/R)}$ 与 α^y_O/α^x_R中有一个给定，则另一个也相应确定，在电位-pH 图上为一水平线。图 4-3a 就是这种线段的示意图。

（2）垂直线段　电极反应可以是均相反应，也可以是多相反应。如：

均相反应（金属离子的水解反应）

$$Fe^{3+} + H_2O \leftrightarrow FeOH^{2+} + H^+$$

多相反应（沉淀反应）

$$Fe^{2+} + 2H_2O \leftrightarrow Fe(OH)_2 + 2H^+$$

这些反应的特点是只有氢离子（或氢氧根离子）出现，而无电子参与反应，不构成电极反应，不能用能斯特方程表示电位与 pH 值的关系。对于多相反应，可以从反应的平衡常数表达式得到表示电位-pH 图上相应曲线的方程。

在一定温度下，平衡常数 $K = \frac{\alpha^2_{H^+}}{\alpha_{Fe^{2+}}}$，并对上式两边取对数得

$$\lg K = 2\lg\alpha_{H^+} - \lg\alpha_{Fe^{2+}} = -2pH - \lg\alpha_{Fe^{2+}} \tag{4-5}$$

查表得反应 $\lg K$ 值为 -13.29，所以

$$pH = 6.65 - \frac{1}{2}\lg\alpha_{Fe^{2+}} \tag{4-6}$$

此类反应的通式可写成

$$rA + zH_2O \leftrightarrow qB + mH^+$$

$$pH = -\frac{1}{m}\lg\left[\frac{K\alpha^r_A}{\alpha^q_B}\right] \tag{4-7}$$

可见此类反应的 pH 值与电位无关，在一定温度下（K 一定），给定了

α_A^r/α_B^q，则 pH 值为定值；反之亦然。在电位-pH 图上此类反应表示为一垂直线段，如图 4-3b 所示。

(3) 斜线段 V 电极反应也可分为均相反应和多相反应。

均相反应

$$Fe^{2+} + 2H_2O \leftrightarrow FeOH^{2+} + H^+ + e$$

多相反应

$$Fe\ (OH)_3 + 3H^+ + e \leftrightarrow Fe^{2+} + 3H_2O$$

$$Fe + 2H_2O \leftrightarrow Fe\ (OH)_2 + 2H^+ + 2e$$

这些反应的特点是既有氢离子（或氢氧根离子），又有电子出现，以 $Fe\ (OH)_3 + 3H^+ + e \leftrightarrow Fe^{2+} + 3H_2O$ 为例，其平衡电位为

$$E_{e(Fe(OH)_3/Fe^{2+})} = E^0_{e(Fe(OH)_3/Fe^{2+})} + \frac{RT}{F}\ln\frac{\alpha^3_{H^+}}{\alpha_{Fe^{2+}}} = 1.057 - 0.0591\lg\alpha_{Fe^{2+}} - 0.1773pH \tag{4-8}$$

若以下标 R、O 分别表示物质的还原态（如 Fe^{2+}）和氧化态（如 $Fe\ (OH)_3$），则这类电极平衡电极电位的普遍形式可写成

$$E_{e(O/R)} = E^0_{e(O/R)} + \frac{RT}{nF}\ln\frac{\alpha^y_O \cdot \alpha^m_{H^+}}{\alpha^x_R \cdot \alpha^z_{H_2O}} = E^O_{e(O/R)} - \frac{mRT}{nF} \times 2.303pH + 2.303\frac{RT}{nF}\lg\frac{\alpha^y_O}{\alpha^x_R} \tag{4-9}$$

此式表明，在一定温度下，给定 α^y_O/α^x_R 平衡电位随 pH 值升高而降低，在电位-pH图上为一斜线，其斜率为 $-2.303mRT/nF$，如图 4-3c 所示。

2. 电位-pH 图的主要应用

电位-pH 图主要有以下三方面用途：

1) 预测反应的自发方向，从热力学上判断金属腐蚀趋势；

2) 估计腐蚀产物的成分；

3) 预测减缓或防止腐蚀的环境因素，选择控制腐蚀的途径。

(1) $Fe-H_2O$ 体系的简化电位-pH 图及其应用　如果假定以平衡金属离子浓度为 10^{-6}mol/L 作为金属是否腐蚀的界限，即溶液中金属离子的浓度小于此值时就认为没发生腐蚀。那么，对于 $Fe-H_2O$ 体系可得到如图 4-4 所示的简化电位-pH 图，图中有三种区域：

1) 腐蚀区。在该区域内处于热力学稳定状态的是可溶性的Fe^{2+}、Fe^{3+}、FeO_4^{2-}

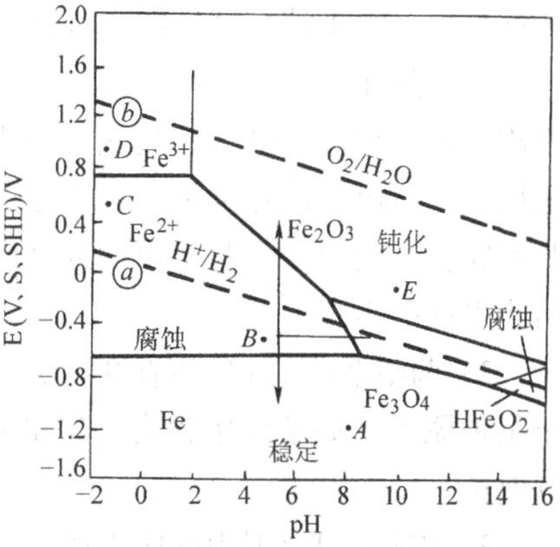

图 4-4　$Fe-H_2O$ 系的简化电位-pH 图

和 $HFeO_2^-$ 等离子。因此，对金属而言则处于不稳定状态，可能发生腐蚀。

2）稳定区。在此区域内金属处于热力学稳定状态，因此金属不发生腐蚀。

3）钝化区。在此区域内的电位和 pH 值条件下，生成稳定的固态氧化物、氢氧化物或盐膜。因此，在此区域内金属是否遭受腐蚀，取决于所生成的固态膜是否有保护性，即看它能否进一步阻止金属的溶解。例如，从图 4-4 中 *A*、*B*、*C*、*D*、*E* 各点对应的电位和 pH 值条件，可判断金属的腐蚀情况。

若铁在 *A* 点位置，因该区是 Fe 和 H_2 的稳定区，铁不会发生腐蚀。

若铁在 *B* 点位置，因该区是 Fe^{2+} 和 H_2 的稳定区，Fe 将出现析氢型的腐蚀。

若铁在 *C* 点位置，因该区对 Fe^{2+} 和水是稳定的，因此 Fe 仍将发生腐蚀，但由于 Fe 处于 *C* 点的电位 φ 位于@线之上，将不发生 H^+ 还原，而是发生电位比 φ 更正的氧还原过程。

若铁在 *D* 点位置，因该区处于 Fe^{3+} 和 H_2O 稳定区，Fe 在该区发生腐蚀，并在酸性介质中发生有氧的还原反应。

若铁在 *E* 点位置，因该区处于 Fe_2O_3 和 H_2O 稳定区，Fe 在该区发生溶解的同时伴有在碱性介质中氧的还原反应，因为 Fe 表面生成保护性的 Fe_2O_3 膜，故 Fe 处于钝化状态。

由此可见，Fe 在上述五个点上的位置（电位、pH 值）不同，其腐蚀倾向和腐蚀产物也不同。

（2）控制腐蚀的有效途径　通过金属-H_2O 系的电位-pH 图，还可以从理论上选择控制腐蚀的有效途径。例如，在 Fe-H_2O 体系的电位-pH 图（图 4-4）中，将铁从 *B* 点移出腐蚀区，防止或降低 Fe 的腐蚀有三种可能的途径。

1）把铁的电极电位降低至免蚀区，即对铁实施阴极保护，可用牺牲阳极法，即用电位为负的锌或铝合金与铁连接，构成腐蚀电偶，或用外加直流电源的负端与铁相连，而正端与辅助阳极连接，构成回路，都可保护铁免遭腐蚀。

2）把铁的电极电位升高，使之进入钝化区。这可通过阳极保护法或在溶液中添加阳极型缓蚀剂或钝化剂来实现。应指出的是，这种方法只适用于可钝化的金属，有时由于钝化剂加入量不足，或者阳极保护参数控制不当，金属表面保护膜不完整，反而会引起严重的局部腐蚀。当溶液中有 Cl^- 离子存在时，还需注意防止点蚀的出现。

3）调整溶液的 pH 值在 9～13 之间，也可使铁进入钝化区。应注意，如果由于某种原因（如溶液中含有一定量的 Cl^-）不能生成氧化膜，铁将不能钝化而继续腐蚀。

3. 电位-pH 图应用的局限性

借助电位-pH 图可以预测金属在给定条件下的腐蚀倾向，为解释各种腐蚀现象和作用机理提供热力学依据，也可为防止腐蚀提供可能的途径。因此，电位-pH图已成为研究金属在水溶液介质中腐蚀行为的主要工具。但其应用存在以下一些局限性：

1）由于金属的理论电位-pH 图是根据热力学数据绘制的电化学平衡图，所以它只能用来预示金属腐蚀倾向的大小，而无法预测金属的腐蚀速度。

2）由于它是热力学平衡图，它表示的都是平衡状态的情况，而实际腐蚀体系往往又是偏离平衡状态的，因此，利用表示平衡状态的热力学平衡图来分析非平衡状态的情况，必然存在一定的误差。

3）电位-pH 图只考虑了 OH^- 阴离子对平衡产生的影响，但在实际腐蚀环境中，却往往存在着 Cl^-、SO_4^{2-}、PO_4^{3-} 等阴离子，这些阴离子对平衡的影响未加考虑，同样也会引起误差。

4）电位-pH 图中溶液的浓度是溶液的平均浓度，而不能代表金属反应界面上的真实浓度和局部反应浓度。

5）电位-pH 图上的钝化区，指出金属表面生成了固体产物膜，如氧化物或氢氧化物等，至于这些固体产物膜对于金属基体的保护性能如何并未涉及到，相当于只提供了基体金属受保护的必要条件，并不能确保满足充分条件。固体产物膜是否具有保护金属的作用，还需根据实际情况来定。

虽然理论电位-pH 图有如上所述的局限性，但若补充一些金属钝化方面的实验或实验数据，就可以得到经验或实验电位-pH 图，如再综合考虑有关动力学因素，它将在金属腐蚀研究中发挥更广泛的作用。

4.1.3 腐蚀速率

在对金属腐蚀的研究中，人们不仅关心金属是否会发生腐蚀（热力学可能性），更关心其腐蚀速率的大小（动力学问题）。腐蚀速率表示单位时间内金属腐蚀的程度，可用失重法、深度法等来表示。对于电化学腐蚀来说，常用电流密度来表示。

电池工作时，阳极金属发生氧化反应，不断地失去电子，进行如下的阳极反应：

$$M \rightarrow M^{n+} + ne$$

结果金属被溶解而遭受腐蚀。失去电子越多，即输出的电量越多，金属溶解的量也越多。而金属的溶解量与电量之间的关系，服从法拉第定律，即电极上溶解（或析出）每一摩尔质量的任何物质所需要的电量为 96 484C（A·s）。这就是说，若已知电量，就能算出溶解物的质量，即金属腐蚀量如下：

$$m = \frac{Q}{F}\frac{A}{n} = \frac{It}{F}\frac{A}{n} = N\frac{It}{F} \qquad (4\text{-}10)$$

式中，m 为金属腐蚀量（g）；Q 为电量（C）；I 为电流（A）；t 为时间（s）；

$N=A/n$为金属相对原子质量/化合价数；F 为法拉第常数，$F=96\ 484\text{C/mol}$。

因为腐蚀速率是指金属单位时间内，若单位面积上所损失的质量以 g/（m²·h）表示，则

$$V^{-}=\frac{\Delta m}{St}=\frac{IA3\ 600}{SnF} \tag{4-11}$$

式中，V^{-}表示每小时单位面积上金属所损失的质量；S 为面积。由这个公式可见，金属腐蚀电池的电流越大，金属腐蚀速率越大。因此，由金属的电池电流（或电流密度）I（或 I/S 的数值）即可衡量腐蚀速率的大小。

腐蚀电池工作后，在短路后几秒钟到几分钟内，通常会发现电池电流缓慢减小，最后达到一个稳定值。

影响电池电流的因素有两个：一是电池的电阻；另一个是两极间的电位差。在上述情况下，电池的电阻实际没有多大的改变，因此腐蚀电池在通电后其电流的减小，必然是由于阳极和阴极的电位以及它们的电位差发生了变化所致。

实验证明，这一论断是正确的，从电位的测定可以看出，最初两极的电位与接通后的电位有显著的差别。图 4-5 表示两极在接通前后电位变化的情况。由图可见，当电池接通后，阴极电位变得更负，阳极电位变得更正。结果，阴极与阳极的电位差由原来接通前的 E_o减小到接通后的 E_t，这样使得腐蚀电池的腐蚀电流减小。

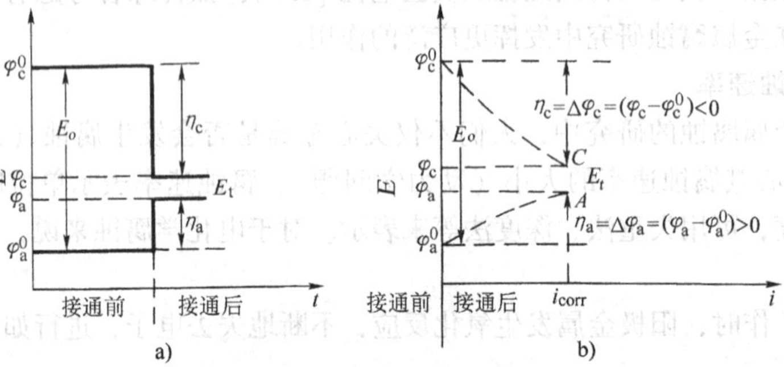

图 4-5　腐蚀电池接通电路前后阴、阳极的电位变化图
a）E-t 曲线　b）E-i 极化曲线

原电池由于通过电流而减小电池两极间的电位差，因而引起电池电流降低的现象，称为电池的极化作用。由于电池的极化作用，导致腐蚀电流的迅速减小，从而降低了金属的腐蚀速率。一般地，电池的极化作用限制了腐蚀电池产生的电流。假如极化主要发生在阳极，那么称腐蚀速率受阳极控制，此时腐蚀电流接近于阴极开路电位状态；当极化主要发生在阴极区时，称腐蚀速率受阴极控制，其腐蚀电流接近于阳极开路电位状态；若在阳极和阴极上都发生某种程度的极化，

则称为混合控制；当电解质电阻非常之高，以致产生的电流不足以引起显著的阳极极化或阴极极化时，称为电阻控制，也称欧姆控制。

通常可通过实验来绘制腐蚀极化图。腐蚀极化图是研究电化学腐蚀的重要工具。例如，利用极化图可以确定腐蚀的主要控制因素，解释腐蚀现象，分析腐蚀过程的性质的影响因素，以及用图解法计算电极体系的腐蚀速率等。根据腐蚀极化图和动力学方程即可以确定极化的腐蚀速率，研究腐蚀动力学过程和机理。

4.2 金属的钝化

4.2.1 金属钝化现象与阳极钝化

金属的钝化是在某些金属或合金腐蚀时观察到的一种特殊现象。最初的观察来自金属铁在硝酸中的腐蚀实验。如果把一块纯铁片放在硝酸中，并观察铁片溶解速度与硝酸溶液含量的关系（图4-6），可以发现铁在稀硝酸中剧烈地溶解，并且铁的溶解速度随着硝酸含量的增加而迅速增大。当硝酸含量增加到30%～40%时，铁的溶解（腐蚀）速度达到最大值；若继续增加硝酸含量超过40%，则铁的溶解速度突然下降，直至腐蚀反应停止。此时铁变得很稳定，即使再放回到稀硝酸溶液中也能保持一段时间不发生腐蚀溶解。这一异常现象称为钝化。如果继续增加硝酸含量到超过90%，溶解（腐蚀）速度又有较快的上升（在95% HNO_3 中铁的腐蚀速度约为90% HNO_3 中的10倍），这一现象称为过钝化。

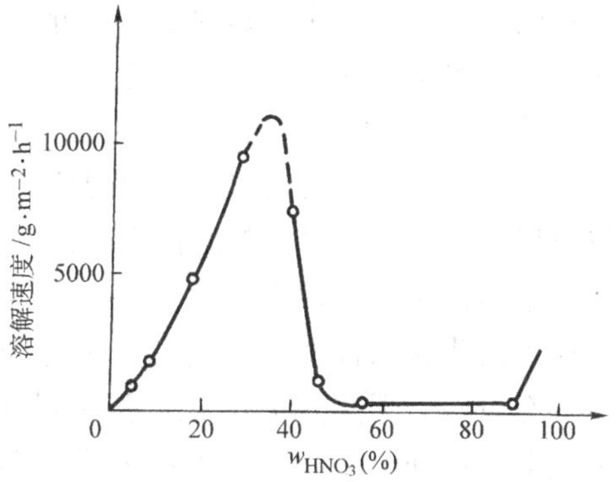

图4-6 工业纯铁的溶解速度与硝酸含量的关系（25℃）

除铁外，金属铝在浓硝酸中也能发生这种钝化现象。另外，如金属铬、镍、钴、钼、钽、铌、钨、钛等同样具有这种钝化现象。除浓硝酸外，其他强氧化剂如硝酸钾、重铬酸钾、高锰酸钾、硝酸银、氯酸钾等也能引起一些金属的钝化；甚至非氧化性介质也能使某些金属钝化，如镁在氢氟酸中，钼和铌在盐酸中。大气和溶液中的氧也是一种钝化剂。值得注意的是，钝化的发生不仅仅取决于钝化剂氧化能力的强弱。如过氧化氢或高锰酸钾溶液的氧化-还原电位比重铬酸钾溶液的氧化-还原电位要正，这说明它们是更强的氧化剂，但实际上它们对铁的钝化作用却比重铬酸钾差。再如，过硫酸盐的氧化-还原电位也比重铬酸钾的正，但却不能使铁钝化，这是因为阴离子的特性对钝化过程有影响所致。

钝化的铁、铬、镍以及这些金属相互形成的合金，在电解质溶液中具有与贵金属相似的行为。法拉第认为，金属的钝化态是通过亚微观厚度的金属氧化膜起作用的，无论在什么样的情况下，金属表面原子的价电子键合力都为结合氧所饱和，金属由活化态转入钝态时，腐蚀速率将减少$10^4 \sim 10^6$数量级。金属表面形成的钝化膜的厚度一般在1～10nm，随金属和钝化条件而异。经同样浓度的浓硝酸处理的碳钢、铁和不锈钢表面上的钝化膜厚度分别为10 nm、3 nm和1 nm左右。不锈钢的钝化膜虽然最薄，但却最致密，保护作用最佳。

金属由原来的活性状态转变为钝化状态后，金属表面的双电层结构也将改变，从而使电极的电位发生相应的变化。钝化能使金属的电位朝正方向移动0.5～2.0V左右，例如铁钝化后电位由原来的－0.5～0.2V正移至0.5～1.0V，铬钝化后电位由原来的－0.6～0.4V正移至0.8～1.0V。金属钝化后的电极电位正移明显，甚至钝化金属的电位接近贵金属的电位。因此有人对钝化下了如下定义：当活泼金属的电位变得接近于惰性的贵金属（如铂、金）的电位时，活泼金属就钝化了。

由某些氧化剂所引起的钝化现象通常称为“化学钝化”。一种金属的钝态不仅可以通过相应的氧化剂的作用来达到，用阳极极化的方法也能达到。某些金属在一定的介质中（通常不含有Cl^-），当外加阳极电流超过某一定数值后，可使金属由活化状态转变为钝化态，称为阳极钝化或电化学钝化。例如，18-8型不锈钢在30%（质量分数）的硫酸溶液中会发生溶解。但用外加电流法使其阳极极化电位达到－0.1V（SCE）之后，不锈钢的溶解速度将迅速降低至原来的数万分之一。且在－0.1～1.2V（SCE）范围内一直保持着很高的稳定性。铁、镍、铬、钼等金属在稀硫酸中均可因阳极极化而引起钝化。“阳极钝化”和“化学钝化”之间没有本质的区别，因为两种方法得到的结果都使溶解着的金属表面发生了某种突变。这种突变使金属的阳极溶解过程不再服从塔菲尔规律，其溶解速度随之急剧下降。

利用控制电位法（恒电位法）可测得具有活化－钝化行为的完整的阳极极化曲线（图4-7a）。若用控制电流法（恒电流法）则不能测出完整的阳极极化曲线，如图4-7b所示，正程测得*ABCD*曲线，反程则得*DFA*曲线，无法得到图4-7a所示的曲线。

图4-8中绘出了一种典型的可钝化金属或合金的控制电位阳极极化曲线。它揭示了金属活化、钝化的各特性点和特性区。由图可知，从金属或合金的稳态电位E_o开始，随着电位变正，电流密度迅速增大，在*B*点达到最大值。此后若继续升高电位，电流密度

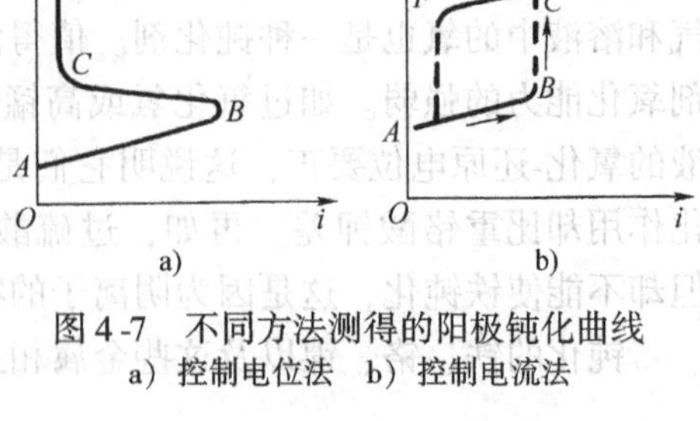

图4-7 不同方法测得的阳极钝化曲线
a）控制电位法 b）控制电流法

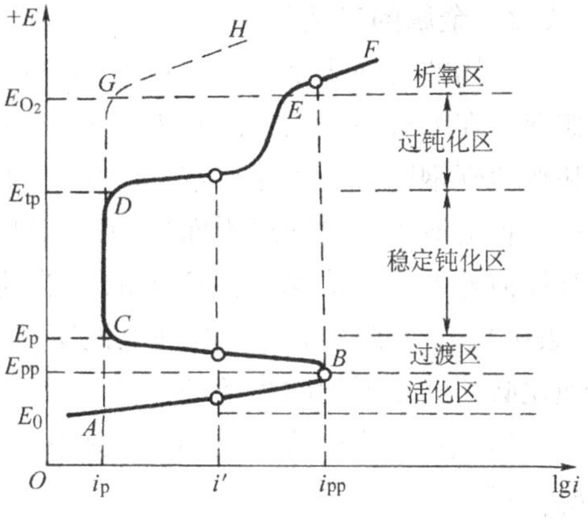

图 4-8　可钝化金属的典型阳极极化曲线示意图

却开始大幅度下降，到达 C 点后电流密度降为一个很小的数值，而且这一数值在一定的电位范围内几乎不随电位而变化，如 CD 段所示。超过 D 点后，电流密度又随电位的升高而增大。下面对此阳极极化曲线划分为几个不同的区段作进一步的讨论。

AB 段：在此区间金属进行正常的阳极溶解，是金属的活性溶解区，并以低价的形式溶解为离子。其溶解速度受活化极化控制，曲线中的直线部分为塔菲尔直线。

BC 段：B 点对应的电位称为初始钝化电位 E_{pp}，也称致钝电位。B 点对应的电流称为临界电流密度或致钝电流密度，以 i_{pp} 表示。当电流密度一旦超过 i_{pp}，电位大于 E_{pp}，金属就开始钝化，电流密度急剧下降。因为在此电位区间，金属的表面状态是一种发生急剧变化的不稳定状态，所以称 BC 段称为活化-钝化过渡区，在金属表面可能生成二到三价的过渡氧化物。

CD 段：电位达到 C 点后，金属转入完全钝态，一般将这一点的电位称为初始稳态钝化电位 E_p。CD 电位范围内的电流密度在 $\mu A/cm^2$ 数量级，随电位变化很小。这一微小的电流密度称为维钝电流密度 i_p。这时金属表面可能生成一层耐蚀性好的高价氧化物膜。

DE 段：电位超过 D 点后相应的电流密度又开始增大。D 点的电位称为过钝化电位 E_{tp}。DE 段称为过钝化区，在此区段电流密度又增大的原因是金属表面形成了可溶性的高价金属离子所致。

EF 段：F 点是氧的析出电位，电流密度的继续增大是由于氧的析出反应动力学造成的。对于某些体系，不存在 DE 过钝化区而直接达到 EF 析氧区，如图 4-8 中虚线 DGH 所示。

由此可见，通过控制（恒）电位法测得的阳极极化曲线可明显地显示出金属或合金是否具有钝化行为以及钝化性能的好坏；可以测定各钝化特征参数，如 E_{pp}、i_{pp}、E_p、i_p、E_{tp}及稳定的钝化电位范围等；还可以用来评定不同金属材料的钝化性能及不同合金元素或介质成分对钝化行为的影响。此外，由于外加电流可促使某些金属发生阳极钝化，如果将金属的电位控制在稳定的钝化区内，就可防止金属发生活性溶解或过钝化溶解，使金属得到保护，这就是“阳极保护法”的基本原理。

4.2.2 金属的自钝化

金属的自钝化是指那些在空气中及很多种含氧的溶液中能自发钝化的金属。如暴露在大气中有铝，因其表面易形成钝化膜（氧化膜）而变得耐蚀。金属铁和普通碳钢则不能依靠在空气中生成的氧化膜来保持钝态，但可以设法让其通过在某种溶液中的腐蚀过程而自动进入钝化状态。由此可见，金属的自钝化是在没有任何外加极化情况下而产生的自然钝化。此种钝化主要是由于介质中氧化剂（去极化剂）的还原（自腐蚀电池所引起的极化）而促成金属的钝化。金属的自钝化必须满足下列两个条件：

1）氧化剂的氧化-还原平衡电位 $E_{e,c}$ 要高于该金属的致钝电位 E_{pp}，即 $E_{e,c}>E_{pp}$；

2）在致钝电位 E_{pp} 下，氧化剂阴极还原反应的电流密度 i_c 必须大于该金属的致钝电流密度 i_{pp}，即在 E_{pp} 下，$i_c>i_{pp}$。

只有满足上述两个条件，才能使金属的腐蚀电位落在该金属的阳极钝化电位范围内。

因为金属腐蚀是腐蚀体系中阴、阳极共轭反应的结果。对于一个可能钝化的金属腐蚀体系，如具有活化-钝化行为的金属在一定的腐蚀介质中，金属的腐蚀电位能否落在钝化区内，不仅取决于阳极极化曲线上钝化区范围的大小，还取决于阴极极化曲线的形状和位置。图 4-9 表示阴极极化对钝化的影响，假若图中阴极过程为活化控制，极化曲线为塔菲尔直线，但可能有三种不同的交换电流。因此，阴极极化的影响可能出现三种不同的情况：

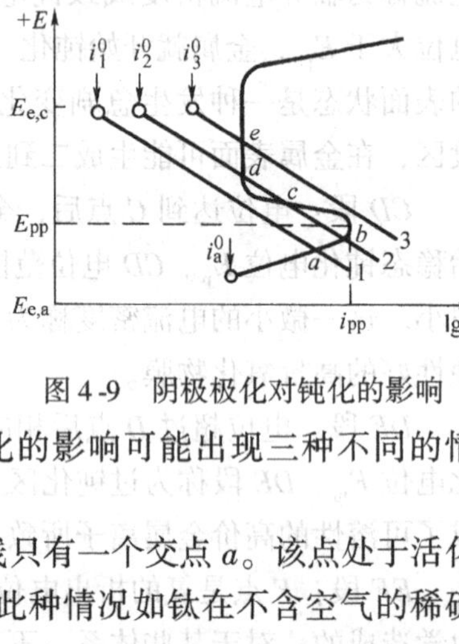

图 4-9 阴极极化对钝化的影响

1）图 4-9 中阴极极化曲线 1 与阳极极化曲线只有一个交点 a。该点处于活化区，a 点对应着该腐蚀系统的腐蚀电位和电流。此种情况如钛在不含空气的稀硫酸或稀盐酸中的腐蚀及铁在稀硫酸中的腐蚀。

2）图 4-9 中阴极极化曲线 2 与阳极极化曲线有三个交点 b、c、d。b 点处于活化区，c 点处于过渡区，d 点处于钝区。其中 c 点表明金属处于不稳定状态，即可能处于活化态，也有可能处于不稳定的钝化态。这种情况如不锈钢浸在除去氧的酸中，钝化膜被破坏而又得不到修复，引起金属腐蚀。b 点和 d 点各处于稳定的活化区和钝化区，分别对应着高和低的腐蚀速率。

3）图 4-9 中阴极极化曲线 3 与阳极极化曲线交于钝化区的 e 点。这类体系中金属或合金处于稳定的钝态，金属会发生自钝化。不锈钢或钛在含氧的酸中，铁在浓硝酸中就属于这种情况。金属要自动进入钝态与很多因素有关，如金属材料的性质，氧化剂的氧化性强弱、浓度，溶液组分，温度等。

不同的金属具有不同的自钝化趋势。若按金属腐蚀阳极控制程度减小而言，一些金属自钝化趋势减小的顺序依次为：Ti、Al、Cr、Be、Mo、Mg、Ni、Co、Fe、Mn、Zn、Cd、Sn、Pb、Cu。但这一趋势并不代表总的腐蚀稳定性，只能表示钝态所引起的阳极过程受阻而使腐蚀稳定性增加。如果将易自钝化金属与钝化性较弱的金属合金化，同样可使合金的自钝化趋势得到提高，增加耐蚀性。另外，在可钝化金属中，添加一些阴极性组分（如 Pt，Pd）进行合金化，也可促进自钝化，且能提高合金的热蚀性，这是因为腐蚀表面与附加的阴极性成分相接触，从而引起表面活性区阳极极化加剧而进入钝化区的缘故。

金属在腐蚀介质中自钝化的难易程度，不仅与金属本性有关，同时受金属电极上还原过程的条件控制，较常见的有电化学反应控制的还原过程引起的自钝化和扩散控制的还原过程引起的自钝化。

为了进一步加深理解，下面以铁和镍在硝酸中的腐蚀情况，说明氧化剂浓度和金属材料对钝化的影响。如图 4-10，当铁在稀硝酸中时，因 H^+ 和 NO_3^- 的氧化能力或浓度都不够高，它们只有小的阴极还原速度（i_c，H^+ 或 i_c，NO_3^-），结果是阴、阳极极化曲线的交点 1 或 2 是活化区，因此铁发生剧烈地腐蚀。若把硝酸浓度提高，则 NO_3^- 的初始电位会正移，达到一定程度后，阴、阳极极化曲线的交点将落在钝化区，此时铁进入钝态，如交点 3 所示。对于钝化电位较正的 Ni 来说，阴、阳极极化曲线交点为 4，仍在活化区。由此可见，对于金属腐蚀，不是所有的氧化剂都能作为钝化剂，只有初始还原电位高于金属的阳极致钝电位，极化阻力（阴极极化曲线斜率）较小的氧化剂才有可能使金属进入自钝化。

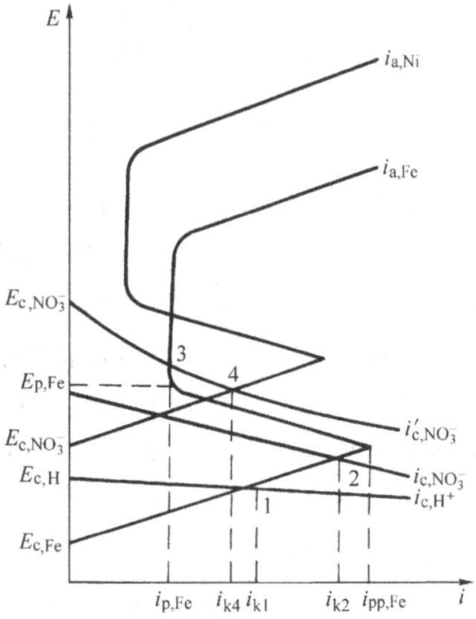

图 4-10　氧化剂浓度和金属材料对自钝化的影响

若自钝化的电极还原过程是由扩散所控制，则自钝化不仅与进行电极还原的氧化剂浓度因素有关，还取决于影响扩散的某些因素，如金属转动、介质流动和搅拌等。由图 4-11 可知，当氧化剂浓度不够大时，极限扩散电流密度 i_{L1} 小于致钝电流密度 $i_{pp,Fe}$，使阴、阳极极化曲线交于活化区点 1 处，金属不断溶解。若提高氧化剂浓度，使 $i_{L2} > i_{pp,Fe}$，则金属将进入钝化区。若同时提高介质同金属表面的相对运动速度（如搅拌），则由于扩散层变薄而提高了氧的还原速度，使

$i_{L2} > i_{pp}$，见图4-12，这样阴、阳极极化曲线交于点2，进入钝化区。

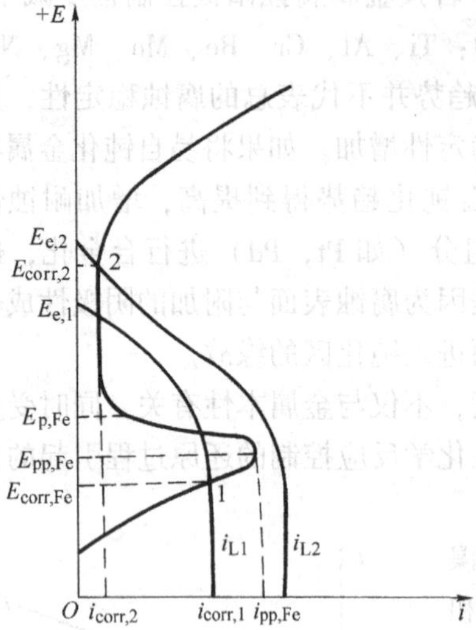

图4-11　氧化剂浓度的影响

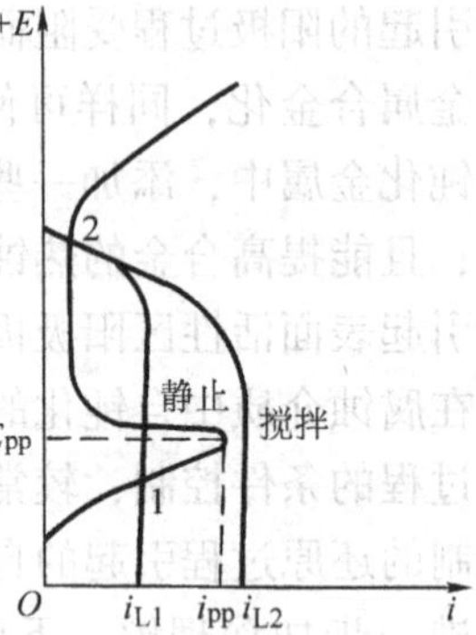

图4-12　搅拌的影响

溶液组分如溶液酸度、卤素离子、络合剂等也能影响金属钝化。通常金属在中性溶液中较易钝化，这与离子在中性溶液中形成的氧化物或氢氧化物的溶解度较小有关。在酸性或碱性溶液中金属较难钝化，这是因为在酸性溶液中金属离子不易形成氧化物，而在碱性溶液中，又可能形成可溶性的酸根离子。如pH＞14时，铁可形成可溶性的铁酸根 FeO_2^{2-}。许多阴离子，尤其是卤素离子的存在对钝化膜的破坏性很大。例如，氯离子的存在可以使已钝化了的不锈钢表面出现点蚀现象，金属重新被活化了。活化剂浓度越高，破坏越快。某些活化剂按其活化能力的大小排列如下：

$$Cl^- > Br^- > I^- > F^- > ClO_4^- > OH^- > SO_4^{2-}$$

电流密度、温度以及金属表面状态对金属钝化也有显著影响。例如，当外加阳极电流密度大于致钝电流密度时，可使金属进入钝化状态，因此提高阳极电流密度可加速金属钝化，缩短钝化时间。温度对金属钝化影响也很大。当温度升高时，往往由于金属阳极致钝电流密度变大及氧在水中溶解度下降，使金属难于钝化；反之，温度降低，则金属容易出现钝化。金属表面状态也能影响金属的钝化。金属表面氧化物的存在能够促使金属钝化，如用氢气处理后的铁，曝露于空气中使其表面形成氧化膜，再在碱液中进行阳极极化，会立即出现钝化；若没有在空气中曝露，而是直接在碱液中进行阳极极化，则需经较长时间后才能出现钝化现象。

4.2.3　金属的钝化理论

金属的钝化是一种界面现象，它没有改变金属本体的性能，只是使金属表面在介质中的稳定性发生了变化。产生钝化的原因较为复杂，还没有一个完整的理论可以解释所有的钝化现象。下面介绍目前认为能较满意地解释大部分实验事实的两种理论，即成相膜理论和吸附理论。

1. 成相膜理论

这种理论认为，当金属阳极溶解时，在金属表面上能生成一层致密的、覆盖得很好的固体产物薄膜，约几个分子层厚。这层薄膜独立成相，把金属表面与介质隔离开来，阻碍阳极溶解过程的继续进行，致使金属的溶解速度大大降低，使金属转入钝态。

这种保护膜通常是金属的氧化物。在某些金属上可直接观察到膜的存在，可测定其厚度和组成。例如使用 I 和 KI 甲醇溶液作溶剂，可以分离出铁的钝化膜。使用比较灵敏的光学方法（椭圆偏振仪），可直接测定金属表面膜层厚度。近年来用 X 光衍射仪、X 光电子能谱仪、电子显微镜等表面测试仪器对钝化膜的成分、结构、厚度进行了广泛的研究。一般膜的厚度在 1～10nm，且与金属材料有关。如 Fe 在浓 HNO_3 中钝化膜厚度约为 2.5～3.0nm，碳钢约为 9～10nm，不锈钢约为 0.9～1nm。不锈钢的钝化膜最薄，但最致密，保护性最好。Al 在空气中氧化生成的钝化膜厚度约为 2～3nm，具有良好的保护性。Fe 的钝化膜是 γ-Fe_2O_3 和 γ-FeOH；Al 的钝化膜是无孔的 γ-Al_2O_3 或多孔的 β-Al_2O_3。此外，在一定条件下，铬酸盐、磷酸盐、硅酸盐及难溶的硫酸盐和氯化物、氟化物也能构成钝化膜。如 Pb 在 H_2SO_4 中生成 $PbSO_4$，Fe 在氢氟酸中生成 FeF_2 等。

如果将钝化金属通以阴极电流进行活化，则得到图 4-13 的阴极充电曲线（即活化曲线）。在曲线上往往出现电极电位变化缓慢的平台，表明钝化膜还原过程需要消耗一定的电量。从平台停留的时间可以知道钝化膜还原所需的电量，据此可计算膜的厚度。活化过程中出现平台的电位 $E_{活}$ 称为活化电位，即佛莱德电位。某些金属如 Ca、Ag、Pb 等呈现出的活化电位与致钝电位很接近，这说明这些金属上的钝化膜的生长与消失是在接近于可逆的条件下进行的。这些电位往往与该金属的已知化合物的热力学平衡电位相近，而且电位随溶液 pH 值变化的规律与氧化物电极的平衡电位相符合。

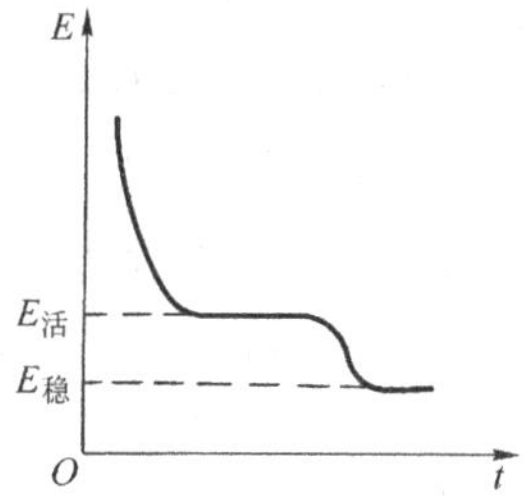

图 4-13　钝态金属的阴极充电曲线

根据热力学的计算，大多数金属电极上金属氧化物的生成电位都比氧的析出电位要负得多。如在酸性介质中，NiO 的生成电位为 +0.11V，Fe_3O_4的生成电位为 -0.081V，都比氧的析出电位 +1.229V 负。这说明，在阳极上形成钝化膜的过程比气体氧析出过程较易进行。因此，金属可不通过原子氧或分子氧的作用而直接由阳极反应生成氧化物。实验结果有力地支持了这一理论。

成相膜是一种具有保护性的钝化膜。因此，只有在金属表面上能直接生成固相产物时才能导致钝化膜的生成。这种表面膜层或是由于表面金属原子与定向吸附的水分子（酸性溶液），或是由于与定向吸附的 OH^-（碱性溶液）之间的相互作用而形成的。因此，若溶液中不含有络合剂及其他能与金属离子生成沉淀的组分，则电极反应产物的性质往往主要取决于溶液的 pH 值及电极电位。因此可运用金属的电位-pH 图来估算简单溶液中生成固态产物的可能性。

按照成相膜理论，过钝化膜是因为表面氧化物组成和结构的变化，这种变化是由于形成更高价离子而引起的。这些更高价离子扰乱了膜的连续性，于是膜的保护作用就降低了，金属就能再度溶解，该溶解是在更正的电位下进行的。

2. 吸附理论

吸附理论认为，金属钝化并不需要表面生成固相的成相膜，而只要在金属表面部分表面上生成氧或含氧粒子的吸附层就足够了。一旦这些粒子吸附在金属表面上就改变了金属-溶液界面的结构，并使阳极的活化能显著提高而产生钝化。与成相膜理论不同，吸附理论认为金属呈现钝化是由于金属表面本身反应能力的降低，而不是由于膜的机械隔离作用。这种理论首先由德国人塔曼提出，后为美国人尤利格等加以发展。

吸附理论的主要实验依据是用测量界面电容的结果，来揭示界面上是否存在成相膜。若界面上生成哪怕是很薄的膜，其界面电容值也应比自由表面上双电层电容的数值小得多。测量结果表明，在 Ni 和 18-8 不锈钢上相应于金属阳极溶解速度大幅度降低的那一段电位内，界面电容值的改变不大，它表示氧化膜并不存在。另外，根据测量电量的结果表明，在某些情况下为了使金属钝化，只需要在每平方厘米电极表面上通过十分之几毫库仑的电量，而这些电量甚至还不足以生成氧的单分子吸附层，例如在 0.05mol/L 的 NaOH 中用 $1\times10^{-5}A/cm^2$ 的电流密度极化铁电极时，只需要通过相当于 $3mA/cm^2$ 的电量就能使铁电极钝化。而在 0.01～0.03mol/L 的 KOH 中用大电流密度（$>100mA/cm^2$）对 Zn 电极进行阳极极化，只需要通过不到 $0.5mA/cm^2$ 的电量即可使 Zn 电极钝化。又如 Pt 在盐酸中，只要有 6% 的表面充氧，就可使 Pt 的溶解速度降低 4 倍，若有 12% 的 Pt 表面充氧，则其溶解速度会降低 16 倍之多。

以上实验表明金属表面的单分子吸附层不一定将金属表面完全覆盖，甚至可以是不连续的。因此，吸附理论认为，只要在金属表面最活泼的、最先溶解的表面区域上（例如金属晶格的顶角或边缘或者在晶格的缺陷、畸变处）吸附着氧分子层，便能抑制阳极过程，使金属钝化。

在金属表面吸附的含氧粒子究竟是哪一种，这主要由腐蚀系统中的介质条件来决定。它可能是 OH^-，也可能是 O^{2-}，更多的人认为可能是氧原子。实际上，引起钝化的吸附粒子不只限于氧粒子，如汞和银在氯离子作用下也可以发生钝化。吸附粒子为什么会降低金属本身反应能力呢？这主要是因为金属表面的原子-离子价键处于未饱和状态所致。当有含氧粒子时，易于吸附在金属表面，使表面的价键饱和，改变了金属/溶液界面的结构，从而大大提高了阳极反应的活化能，致使金属同腐蚀介质的化学反应能力显著减小。同时，由于氧吸附层在形成过程中不断地把原来吸附在金属表面的 H_2O 分子层排挤掉，这样就降低了金属离子的离子化过程。吸附理论认为，这就是金属发生钝化的原因。

成相膜理论和吸附理论都能解释部分实验事实。然而，无论哪一种理论都不能较全面、完整地解释各种钝化机理。两种理论的共同点是都认为由于在金属表面上生成一层极薄的膜，从而阻碍了金属的溶解。但对成膜的解释却各不相同。吸附理论认为，只要形成单分子层的二维薄膜就能导致金属的钝化；而成相膜理论则认为，至少要形成几个分子层的三维膜才能使金属达到完全的钝化。另外，两者在是吸附键还是化学键的成键理论上也有差异。事实上金属在钝化过程中，在不同的条件下，吸附膜和成相膜可分别起主导作用。有人企图将这两种理论结合起来，解释所有的金属钝化现象。认为含氧粒子的吸附是形成良好钝化膜的前提，可能先生成吸附膜，然后发展为成相膜。这种观点认为钝化的难易主要取决于吸附膜，而钝化状态的维持又主要取决于成相膜。膜的生长速度也服从对数规律，吸附膜控制因素是电子隧道效应，而成相膜的控制因素则是离子通过势垒的运动。但这种理论还缺乏足够的实验依据。

4.3 自然条件下的金属腐蚀

4.3.1 大气腐蚀

1. 大气腐蚀的分类

大气是组成复杂的混合物，从全球范围来看，它的主要成分几乎是不变的。参与金属大气腐蚀过程的主要组成是氧和水气。二氧化碳虽参与铁和锌等某些金属的腐蚀过程，形成腐蚀产物碳酸盐，但它的作用是次要的。氧在大气腐蚀中主要参与电化学腐蚀过程，而金属表面的电解液层（水膜）主要是由大气中水气所形成。水膜的形成与大气的相对湿度密切相关。

大气腐蚀环境的分类方法较多，有按气候特征分类；有按地理环境分类；还有按金属表面水气的附着程度分类。从大气腐蚀形成的条件看，由于电解质液膜层的存在使金属受到明显的腐蚀，而且液膜层厚度不同，导致大气腐蚀速度的差异，因此，按金属表面水气的附着状态分类更为直观。根据腐蚀金属表面的潮湿程度，可把大气腐蚀分为三种类型：

（1）干大气腐蚀　这类大气腐蚀也叫干氧化和低湿度下的腐蚀，即金属表面基本没有水膜存在时的大气腐蚀。由于金属表面上没有水膜，仅有几个分子厚的吸附膜，还不具备电解质溶液的性质，所以这种腐蚀不属于电化学腐蚀，而是属于化学腐蚀中的常温氧化。腐蚀是靠大气中的氧等气体与金属发生化学反应而进行的。常温下，这个反应速度很小，因此这类大气腐蚀速度很小。

（2）潮大气腐蚀　这是指金属在相对湿度低于100%的大气中发生的腐蚀。此时，金属表面上有一层肉眼看不见的薄水膜，其厚度在10nm~1μm。虽然水膜很薄，但由于具备了电解质溶液的性质，所以这类腐蚀属于电化学腐蚀。金属表面上的这层水膜是由于毛细管作用、吸附作用或化学凝聚作用而在金属表面形成的。所以，这类腐蚀需要有水气存在，并且要求水气的浓度必须超过某一最小值（临界湿度）；此外，它还需要有微量的气体玷污物或固体玷污物存在。当超过临界湿度时，玷污物的存在使腐蚀速率大大增加，而且玷污物还常会使临界湿度值降低。

金属在薄层水膜中的电极反应与通常的电解质溶液中金属腐蚀时的电极反应相似。在阳极进行金属的溶解，即

$$M + nH_2O \rightarrow M^{n+} \cdot nH_2O + ne$$

在阴极上主要进行氧的去极化作用，在中性及碱性水膜中进行的是

$$O_2 + 2H_2O + 4e \rightarrow 4OH^-$$

即使在呈酸性的水膜中，由于氧扩散到达阴极的速度较大，氧的去极化作用仍占主要地位，所以在酸性水膜中进行的是

$$O_2 + 4H^+ + 4e \rightarrow 2H_2O$$

在潮大气腐蚀中，由于金属表面存在的水分很少，而且水膜很薄，氢阳极过程随半水膜的减薄而不易进行。在这种情况下，金属溶解后生成的金属离子堆积在薄水膜中而使浓差极化升高，氧通过水膜而使阳极容易钝化，缺少水分也使金属离子的水化过程减慢，结果都使阳极发生强烈的极化作用，阳极过程受到阻滞。因此，阳极过程成为腐蚀的主要控制步骤。

（3）湿大气腐蚀　这是指金属在相对湿度为100%左右的大气中或当雨水直接落在金属表面上时所发生的腐蚀。此时，金属表面上有一层肉眼可见的水膜，其厚度在1μm~1mm，甚至更厚。这类腐蚀也属于电化学腐蚀，与潮大气腐蚀不同，这类腐蚀主要由阴极过程控制，而阳极过程比较容易进行。因为水膜厚度增加后氧扩散到阴极变得困难，而金属溶解与金属离子在水膜中的扩散却较易进行。

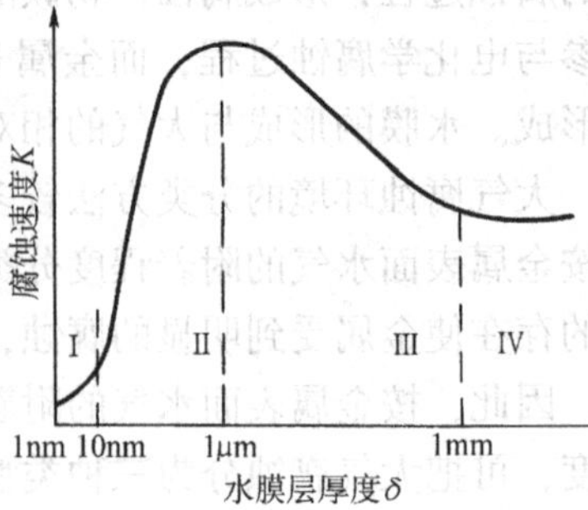

图4-14　大气腐蚀速度与金属表面上水膜厚度之间的关系

综上所述，可将金属表面水膜厚度与金属在大气中腐蚀速度的关系绘制成图4-14。图中

Ⅰ区为金属表面上有几个分子层厚的吸附水膜，没有形成连续的电解液，相当于干大气腐蚀。区域Ⅱ中，膜开始具有电解质溶液的特点，金属腐蚀性质由化学腐蚀转变为电化学腐蚀。此区域对应于潮大气腐蚀，腐蚀速度随着膜的增厚而增大，在达到最大腐蚀速度后进入区域Ⅲ。Ⅲ区为可见的液膜层。随着液膜厚度进一步增加，氧的扩散变得困难，因而腐蚀速度也相应降低。液膜再增厚就进入Ⅳ区，这与浸泡在溶液中的行为相同。由于氧通过液膜有效扩散层的厚度已经基本上不随液膜厚度的增加而增加了，所以腐蚀速度也只是略有下降。Ⅲ区和Ⅳ区相当于湿大气腐蚀。一般环境的大气腐蚀都是在Ⅱ区和Ⅲ区中进行的，随着气候条件和相应的金属表面状态（氧化物或盐类的附着情况）的变化，各种腐蚀形式可互相转换。

2. 大气腐蚀的过程

大气腐蚀是金属表面处于薄层电解液下的腐蚀，腐蚀过程既服从于电化学腐蚀的一般规律，又具有大气腐蚀的特点。

（1）阴极过程　当金属发生大气腐蚀时，由于表面液膜很薄，氧容易到达阴极表面，所以阴极过程以氧的去极化为主，即使是电位很负的镁及其合金也仍然如此。

与电化学动力学规律一样，大气腐蚀速度也与大气条件下的电极过程有关，液膜下所测极化曲线的极化度越大，说明电极过程的阻滞作用越大，即该过程的速度越小。图4-15和图4-16分别为铁和铜在0.1mol/L的NaCl溶液中全浸和不同厚度液膜下的阴极极化曲线。从图中可以看出，随着电解液膜厚度的减薄，阴极极化曲线的斜率也随之减小。也就是说，阴极过程的速度急剧加速。如图4-15所示，若处于同一电位（-0.80V）下，电解液膜由全浸减薄至100μm时，阴极

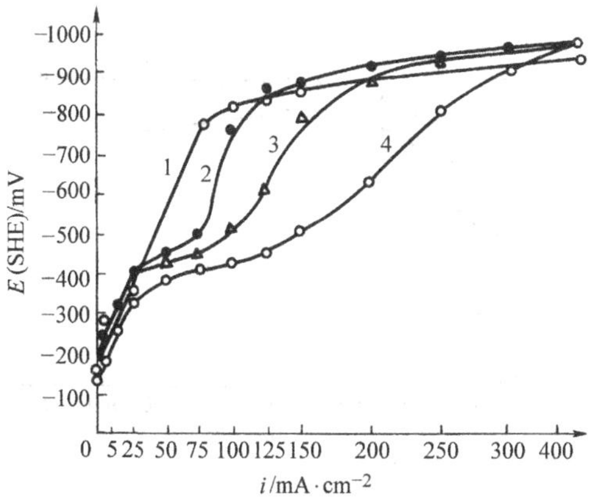

图4-15　电解液液膜厚度对铁在0.1mol/L的NaCl溶液中阴极极化的影响

1—电解液　2—液膜厚度300μm

3—液膜厚度165μm　4—液膜厚度100μm

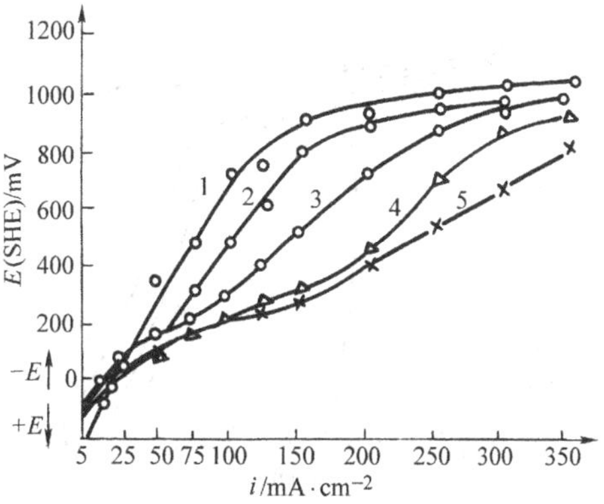

图4-16　电解液液膜厚度对铜在0.1mol/L的NaCl溶液中阴极极化的影响

1—电解液　2—液膜厚度300μm

3—液膜厚度165μm　4—液膜厚度100μm

5—液膜厚度70μm

过程的速度增加约4倍。这说明阴极过程的速度很大程度上是受氧的扩散速度所控制，只有当阴极按扩散规律工作时才会显示出电流密度与电解液层厚度间的一定关系。

（2）阳极过程　腐蚀的阳极过程为金属的阳极溶解过程，在大气腐蚀条件下阳极过程的反应为：

$$M + xH_2O \rightarrow M^{n+} \cdot xH_2O + ne$$

当大气腐蚀时，随着腐蚀金属表面水膜的减薄，阳极去极化的作用也会随之减少。其原因可能有两个方面：一是当电极存在很薄的水膜时，阳离子的水化作用发生困难，使阳极过程受到阻滞；另外，更重要的是在非常薄的水膜下，氧易于到达阳极表面，促使阳极的钝化作用，因而使阳极过程受到强烈的阻滞。此外，浓差极化也有一定的影响，但作用不大。

图4-17为铜在0.1mol/L的NaCl和0.2mol/L的Na_2SO_4溶液中的阳极极化曲线。由图可看出，铜在水下比溶液中更易钝化。其原因可能是由于液膜易为阳极产物所饱和，使电极的活性部分大为减少，从而导致钝化电流密度显著减小。但铁、锌等金属的阳极行为与铜明显不同。由图4-18可以看出，铁在0.1mol/L的NaCl中的阳极电位随电流密度的增加，不是正向移动，而是向负方向移动，并且曲线斜率在极小电流密度时有些变化，以后随着电流密度的增大，变化甚微，曲线几乎呈平坦状，说明铁在此溶液中极化的初始阶段，离子化过程变得容易了。分析认为，这可能是由于铁在空气中形成的氧化膜在NaCl中被氯离子破坏，使铁更活化所致。铁在电解液薄膜下，由于阳极过程不受阻滞。而阴极去极化作用又很大，因而钢铁在大气条件下极易腐蚀，尤其是在经常供应水分、液膜得到

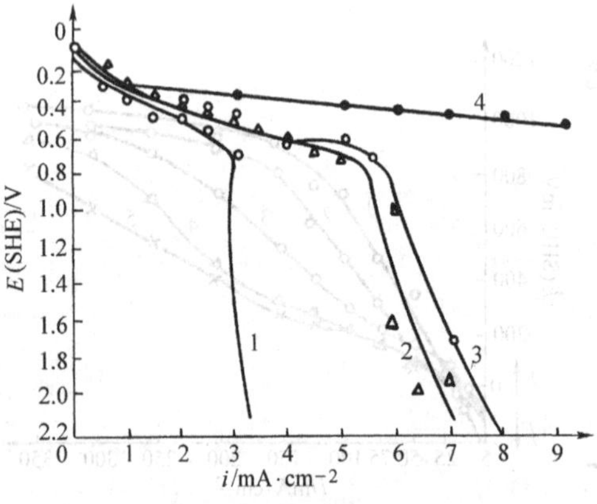

图4-17　铜在0.1mol/L的NaCl和0.2mol/L的Na_2SO_4溶液中的阳极极化曲线

1—0.1mol/LNaCl，$\delta = 160\mu m$　2—浸在0.1mol/L的NaCl溶液中　3—0.2mol/LNa_2SO_4，$\delta = 100\mu m$　4—浸在0.2mol/L的Na_2SO_4溶液中

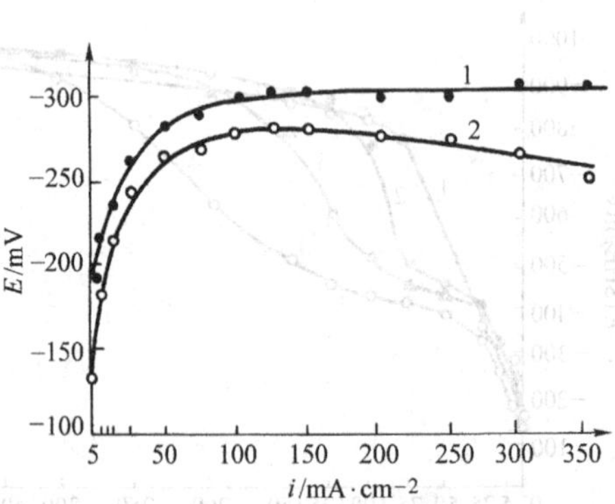

图4-18　铁在0.1mol/L的NaCl溶液中阳极极化曲线

1—电解液　2—液膜厚度$\delta = 70\mu m$

充分更新和补给的大气条件下，腐蚀速度往往会比全浸时大得多。另外，铁在含 SO_4^{2-} 的溶液中也有这种反常现象。

总之，大气腐蚀的速度、电极过程的特征随大气条件的不同而变化。随着金属表面电解液层变薄，大气腐蚀的阴极过程通常将更易进行，而阳极过程变得困难。对于湿的大气腐蚀，腐蚀过程主要受阴极过程控制，但其阴极控制程度已比全浸时有所减弱。对于潮的大气腐蚀，腐蚀过程主要由阳极过程控制。

3. 大气腐蚀的影响因素

大气腐蚀的影响因素很复杂，主要有大气的相对湿度、温度和温差、大气成分和污染物质等。

（1）大气相对湿度的影响　单位体积空气中含水蒸气的质量称为绝对湿度，而影响金属腐蚀的是相对湿度，即在一定温度下空气中水蒸气的量与饱和水蒸气量的百分比称为相对湿度（RH）。当空气中水蒸气量增大到超过饱和状态时，就会出现细滴状的水露。湿度的波动和大气尘埃中吸湿性杂质的存在，均可以引起水分冷凝。在含有不同数量污染物的大气中，金属都有一个临界相对湿度，在临界湿度之前，腐蚀速度很小或几乎不腐蚀；若超过这一临界值，腐蚀速度就会突然猛增。出现临界相对湿度，标志着金属表面产生了一层吸附的电解液膜，这层液膜的存在使金属从化学腐蚀转变为电化学腐蚀。由于腐蚀性质发生了突变，因而腐蚀大大增强。

大气腐蚀临界相对湿度将随金属种类、金属表面状态以及环境气氛的不同而有所不同。一般来说，金属的临界相对湿度在70%左右，而在某些情况下，如含有大量的工业气体，或易于吸湿的盐类、腐蚀产物、灰尘等，临界相对湿度要低得多。此外，金属表面变粗，裂缝和小孔增多，也会使临界相对湿度降低。

（2）温度和温差的影响　空气的温度和温度差对大气腐蚀速度有一定的影响。尤其是温差往往比温度的影响还大，因为它不但影响着水气的凝聚，而且还影响着凝聚水中气体和盐类的溶解度。例如，昼夜温差大的地区或季节，在白天取暖而晚间停止供暖的室内，温度急剧下降，造成相对湿度显著增加，使金属表面容易凝结水膜而腐蚀。

温度对金属大气腐蚀的影响与相对湿度有关，当相对湿度超过临界值时，就会与一般化学反应的反应速度那样，腐蚀随温度升高而加快，并且温度每升高10℃，腐蚀速度提高一倍。对于温度很高而且相对湿度又大的夏季或热带地区，大气腐蚀会加快。

（3）酸、碱、盐的影响　介质的酸、碱性的改变，能显著影响去极化剂（如 H^+）的含量及金属表面膜的稳定性，从而影响腐蚀速度的大小。对于一些两性金属，如铝、锌、铅来说，在酸和碱溶液中都不稳定，它们的氧化物在酸、碱中均溶解。铁和镁由于它们的氢氧化物在碱中实际不溶解，在金属表面生成保护膜，所以它们在碱性溶液中的腐蚀速度比在中性和酸性溶液中要小。中性盐类对金属腐蚀速度的影响取决于诸多因素，其中包括腐蚀产物的溶解度。如在金属表面的阴、阳极部分如果形成不溶性的腐蚀产物，就会降低腐蚀速度。另一些盐类如铬酸盐、重铬酸盐等能在金属表面上生成钝化膜，可使腐蚀速度降低。金属在盐溶液中的腐蚀速度还与阴离子的特性有关，特别是氯离子，因其对金属 Fe、Al 等表面的氧化膜有破坏作用，并能增加液膜的导电性，因此可增加腐蚀速度或产生点蚀。

(4) 腐蚀性气体的影响　工业大气中含有大量的腐蚀性气体，如 SO_2、H_2S、NH_3、Cl_2、HCl 等，这些气体多半产生于化工厂周围，它们都能加速金属的腐蚀。在这些污染气体中对金属危害最大的是 SO_2 气体。

(5) 固体颗粒、表面状态等因素的影响　空气中含有大量的固体颗粒，其中有煤烟、灰尘等碳和碳的化合物、金属氧化物、砂土、氯化钠、硫酸铵及其他盐类。这些固体颗粒落在金属表面上会使金属生锈，特别是在空气中各种灰尘和二氧化碳、水分共同作用时，腐蚀会大大加剧。尤其是那些疏松颗粒（如活性炭），由于吸附了 SO_2 等气体就会大大加速腐蚀的进行。

防止大气腐蚀的方法有很多，可以根据金属制品及构件所处环境及对防腐蚀的要求选择合适的防护措施。如研制和选用耐蚀材料，提高金属材料的耐蚀性；采用覆盖层保护，使金属与外界的腐蚀性物质不发生作用；控制金属所处环境的相对湿度、温度及含氧量；采用缓蚀剂保护；采用电化学保护法等。

4.3.2　海水腐蚀

海水是一种含有盐量相当大的腐蚀性介质，盐分占总量为 3.5% ~3.7%。盐分中主要是 NaCl，占总盐分的 77.8%，其次是 $MgCl_2$，人们常以 3% 或 3.5% 的 NaCl 溶液近似地代替海水。由于海水中含有这样多的盐分，因此海水的电导率很高，海水的平均电导约为 $4\times10^{-2}S\cdot cm^{-1}$，远远超过了河水（$2\times10^{-4}S\cdot cm^{-1}$）和雨水（$1\times10^{-5}S\cdot cm^{-1}$）。

海水中的氧和 Cl^- 离子含量是影响海水腐蚀的主要因素。在正常情况下，海水表面被空气完全饱和。氧的溶解量随水温大体在 5×10^{-6} ~ 10×10^{-6} 范围内变化。海水中 Cl^- 离子含量约占离子数的 55%，海水腐蚀的特点与 Cl^- 离子也密切相关，Cl^- 离子可增加腐蚀活性，破坏金属表面的钝化膜。

海水是含有一定盐分的电解质溶液，对于金属的腐蚀作用具有电化学的本质。因此，电化学腐蚀的基本规律都适用于海水腐蚀。但基于海水本身的特点，如海水的 pH 值通常在 8.1 ~ 8.3 之间，并随海水深度或厌氧性细菌的繁殖有所改变；海水还受潮汐、波浪运动和浪花飞溅、海洋生物及夹带泥沙等的影响，使得海水腐蚀的电化学过程又具有自己的特点。

1．海水腐蚀的特点

1）海水腐蚀是氧去极化的过程。多数金属受氧的去极化过程所控制，过程的快慢取决于氧扩散的快慢。只有少数负电性很强的金属，如镁及其合金，腐蚀时阴极才发生氢的去极化作用。在含有大量 H_2S 的缺氧海水中，也有可能发生 H_2S 的阴极去极化作用，如 Cu、Ni 即是易受 H_2S 腐蚀的金属。此外，一些高价的金属离子（Fe^{3+}、Cu^{2+}）可加速阴极反应，易在金属表面析出，增加了阴极面积，使腐蚀加快。

2）海水中含有大量的 Cl^- 离子，对于大多数金属（如铁、锌、铜等），其阳极阻滞程度是很小的，因而在海水中用提高阳极阻滞的方法来防止铁基合金腐蚀的可能性是有限的。由于 Cl^- 离子的存在，使钝化膜易遭破坏，产生孔蚀，即使是不锈钢也可能发生局部腐蚀。只有少数易钝化金属（如钛、锆、铌、钽等），才能在海水中保持钝态，有较强的耐海水腐蚀性能。

3）海水的电导率很大，电阻性阻滞很小，在金属表面形成的微电池和宏观电池都有较大的活性。而且在海水中异种金属的接触能造成显著的电偶腐蚀，并且作用强烈，影响范围较远。

4）海水中除发生均匀腐蚀外，还易发生局部腐蚀。由于钝化膜的破坏，最易发生孔蚀和缝隙腐蚀。而且在高流速水流的情况下，还易产生空蚀和冲击腐蚀。

2．海水腐蚀的影响因素

海水是一种复杂的多种盐类的平衡溶液，并且含有生物、悬浮泥沙、溶解的气体和腐烂的有机物质等，因此，金属的腐蚀行为与这些因素的综合作用有关。

（1）含盐量的影响　海水含盐量用盐度表示。盐度是指 1 000g 海水中溶解的固体盐类物质的总克数。海水中含盐量直接影响电导率和含氧量，因此对腐蚀产生显著影响。随着含盐量的增加，水的电导率增加而含氧量降低。如图 4-19、图 4-20 所示，水中含盐量增加，电导率增大，使钢的腐蚀速度加大。另一方面，当盐量达到一定值后，水中的含氧量降低，又使腐蚀速度减小。因此钢在海水中的

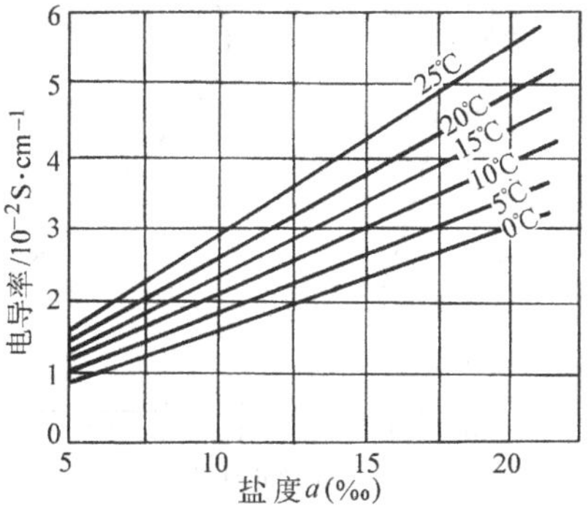

图 4-19　海水的电导率与含盐量之间的关系化

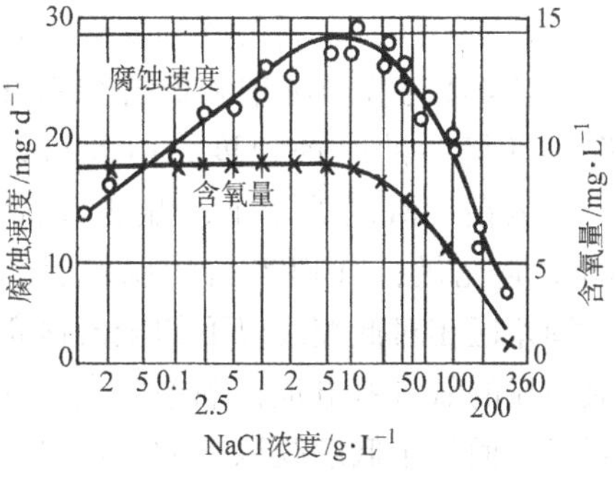

图 4-20　钢的腐蚀速度与含盐量的关系

腐蚀速度将随含盐量增加而先增后减，大多数盐类腐蚀性最大的浓度约在0.5mol/L。但在江河入海处或海港中，却与上述规律不完全一致，虽然含盐量较低，但腐蚀性却较高。其原因是，海水通常被碳酸盐饱和，钢表面沉积一层碳酸盐水垢保护层，而在稀释的海水中，碳酸盐达不到饱和，因此不能形成这种保护性水垢。

（2）含氧量的影响　由于大多数金属在海水中发生的腐蚀属于氧的去极化腐蚀，因此海水中溶解氧的量是影响海水腐蚀的重要因素。氧在海水中的溶解度随海水的盐度、深度、温度等环境的变化而有较大的差异。表4-1列出了常压下不同海水温度和盐度时氧的溶解度。从表中所列数据可以看出，海水中氧的溶解度主要受温度的影响，同时随盐度的增加而降低。海水含氧量随海水深度变化的情况见图4-21。从图中可以看出，最低含氧量出现在中层800m深度左右，这是因为从海面缓慢下沉的腐烂微生物耗掉了大量的氧。但由于海水流动及温度的降低，使中层以下的海水中含氧量又有所升高。对不同种类的金属材料，含氧量对腐蚀的作用不同。对碳钢、低合金钢等在海水中不易钝化的金属，腐蚀速度随含氧量的增加而增加；但对依靠表面钝化膜而提高耐蚀性的金属，如不锈钢、铝等，含氧量增加，有利于钝化膜的形成和修补，使钝化膜的稳定性提高。

表4-1　常压下氧在海水中的溶解度　（cm^3/L）

温度/℃	盐度（‰）					
	0.0	1.0	2.0	3.0	3.5	4.0
0	10.30	9.65	9.00	8.36	8.04	7.72
10	8.02	7.56	7.09	6.63	6.41	6.18
20	6.57	6.22	5.88	5.52	5.35	5.17
30	5.57	5.27	4.95	4.65	4.50	4.34

（3）构筑物所处环境的影响　海洋的腐蚀环境大致可分为：海洋大气区、飞溅区、潮差区、全浸区和海底泥浆区。由于所处环境的不同，金属的腐蚀速度有很大差异。表4-2为普通碳钢和低合金钢在不同海洋环境中的腐蚀速度。由此可以看出，碳钢在飞溅区处于干、湿交替状态，氧的供应充足，有相当高的腐蚀性。另外，潮差区相对低潮线以下的全浸区部分形成明显的氧浓差电池，潮差区供氧充分为阴极，而位于低潮线以下的全浸区，因为供氧相对较少而成为阳极，有较高的腐

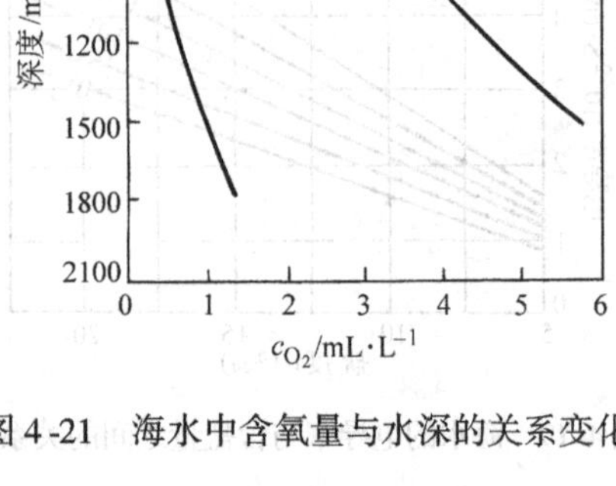

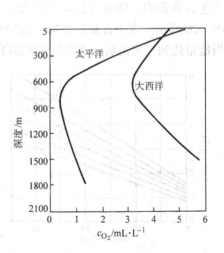

图4-21　海水中含氧量与水深的关系变化图

表 4-2 不同海洋环境中碳钢和低合金钢的腐蚀速度

海洋环境	腐蚀速度/ ($mm \cdot a^{-1}$)	
	低合金钢	碳钢
海洋大气区	0.04～0.05	～0.2
飞溅区	0.1～0.15	0.3～0.5
潮差区	～0.1	～0.1
全浸区	0.1～0.15	0.1～0.15
海底泥浆区	～0.06	～0.1

蚀性。

(4) 温度的影响　不同海域，温度不同，如北冰洋海水温度为2～4℃，而热带海洋可达29℃。同时海水温度随深度而变化，深度增加温度下降，并且不同季节海水温度也发生变化。一般来说，温度的提高会加快腐蚀速度，如铁、铜及其合金通常在炎热的环境或季节的海水条件下腐蚀速度增大。

(5) 海水流速的影响　海水流速的不同改变了供氧条件，因此对腐蚀产生重要的影响。对在海水中不能钝化的金属，如碳钢、低合金钢等，随海水流速的增加，腐蚀速度亦增大。但对于不锈钢、铝合金、钛合金等易钝化的金属，海水流速增加会促进钝化，提高耐蚀性。

(6) 海洋生物的影响　海洋生物包括多种动物、植物及微生物，对海水腐蚀影响较大的是附着生物。由于海洋生物的生命活动使海水含氧量增加，pH 值降低，提高了金属的腐蚀速度。另外，还会使局部腐蚀倾向增加。

防止海水腐蚀较常用的方法有：合理选用金属材料，研制和开发新材料；采用涂层保护，如涂防锈油漆等；采用电化学保护，如阴极保护、外加电流和牺牲阳极法。

4.3.3 土壤腐蚀

1. 土壤腐蚀的特点和过程

土壤腐蚀是一种电化学腐蚀。大多数土壤是中性的，但有些是碱性的砂质粘土和盐碱土，pH 值为 7.5～9.5，也有的土壤是酸性腐殖土和沼泽土，pH 值为 3～6。土壤含有固体颗粒如砂子、灰、泥渣和植物腐烂后的腐殖土，因此是无机和有机胶质混合颗粒的集合。土壤通常由土粒、水和空气组成，是一个复杂的多相结构。土壤颗粒间形成大量毛细管微孔和孔隙，孔隙中充满空气和水，常形成胶体体系，是一种离子导体。溶解有盐类和其他物质的土壤水，则是电解质溶液。土壤的导电性与土壤的干湿程度及含盐量有关。土壤的性质和结构是不均匀的，多变的，土壤的固体部分对埋在土壤中的金属表面来说是固定不动的，而土壤中的气、液相，则可作有限运动。土壤的这些物理化学性质，尤其是电化学特性直接影响着土壤腐蚀的过程。

由于土壤中总是含有一定的水分，因此土壤腐蚀与在电解液中腐蚀一样，是一种电化学腐蚀，大多数金属在土壤中的腐蚀为氧的去极化腐蚀。土壤腐蚀过程包括阳极过程和阴极过程。

（1）阳极过程　铁在潮湿土壤中的阳极过程和在溶液中腐蚀相类似，阳极过程没有明显的阻碍。在干燥且透气性良好的土壤中，阳极过程的进行方式接近于铁在大气中腐蚀的阳极行为。也就是说，阳极过程因钝化现象及离子水化的困难而产生很大的极化。在长时间的腐蚀过程中，由于腐蚀的次生反应所生成的不溶性腐蚀产物的屏蔽作用，同时可以观察到阳极极化逐渐增大。

金属在潮湿、透气不良且含有氯离子的土壤中的阳极极化行为可将金属分成四类：

1）阳极溶解时没有显著阳极极化的金属，如镁、锌、铝、锰、锡等。

2）阳极溶解的极化率较低，取决于金属离子化反应的过电位，如铁、碳钢、铜、铅等。

3）因阳极钝化而具有高的起始极化率的金属，在更高的阳极电位下，阳极钝化又因土壤中存在氯离子而受到破坏，如铬、锆、含有铬或铬镍的不锈钢。

4）在土壤条件下不发生阳极溶解的金属，如钛、钽等。

（2）阴极过程　钢铁是土壤中常用的材料，在发生土壤腐蚀时，阴极过程是氧的还原：

$$O_2+2H_2O+4e\rightarrow 4OH^-$$

在酸性很强的土壤中才发生氢的去极化，在某些情况下，还有微生物参与的阴极还原过程：

$$2H^++2e\rightarrow H_2$$

氧的去极化过程包括两个步骤：一是氧向阴极的迁移；另一步是氧的离子化反应。由于土壤腐蚀的复杂条件，使腐蚀过程的控制因素差别也较大，大致有如图4-22所示的几种控制情况。当腐蚀决定于腐蚀微电池或距离不太长的宏观腐蚀电池时，腐蚀主要为阴极控制（图4-22a）；在疏松、干燥的土壤中，随氧渗透率的增加，腐蚀转变为阳极控制（图4-22b），与潮的大气腐蚀情况相似；对于由长距离宏观电池作用下的腐蚀，土壤的电阻成为主要的控制因素，为阴极-电阻混合控制（图4-22c）。

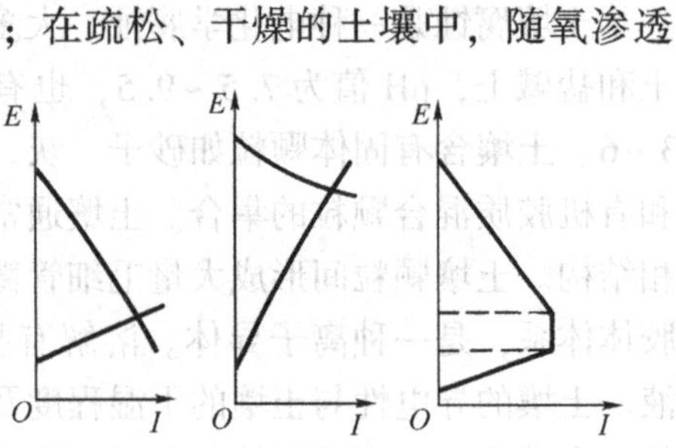

图4-22　不同土壤条件下腐蚀过程的控制特性
a）阴极控制　b）阳极控制　c）阴极-电阻混合控制

2. 土壤腐蚀的类型

土壤腐蚀的类型主要有以下几种：

（1）微电池和宏观电池引起的土壤腐蚀　在土壤腐蚀的情况下，除了因金属组织不均匀性引起的腐蚀微电池外，还可能由于土壤介质的不均匀性引起的腐蚀宏观电池。由于土壤透气性不同，使氧的渗透速度不同。这种土壤介质的不均匀性影响着金属各部分的电位，是促使建立氧浓差电池的主要因素。

对于比较短小的金属构件来说，可以认为周围土壤结构、水分、盐分、氧量等是均匀的，这时发生与金属组织不均匀性有关的微电池腐蚀。对于长的金属构件和管道，因各部分氧渗透率不同，粘土和砂土等结构的不同，埋设深度不同，引起氧浓差电池和盐分浓差电池。这类宏观电池造成局部腐蚀，在阳极部位产生较深的腐蚀孔，使金属构件遭受严重破坏。同样，土壤性质的变化，如土壤中含有硫化物、有机酸或工业污水，也会形成腐蚀宏观电池。

（2）杂散电流引起的土壤腐蚀　所谓杂散电流是指由原定的正常电路漏失而流入他处的电流。主要来源是应用直流电的大功率电气装置，如电气火车、有轨电车、电焊机、电解和电镀槽、电化学保护装置等。地下埋设的金属构筑物、管道、贮槽、电缆等都容易因这种杂散电流而引起腐蚀。此外，在工厂中直流导线绝缘不良也可引起“自身”杂散电流的出现，成为管道、贮槽、器械及其他设备腐蚀的原因。杂散电流腐蚀是外电池引起的腐蚀宏观电池，这种局部腐蚀可集中于阳极区的外绝缘涂层破损处。交流杂散电流也会引起腐蚀。交流杂散电流是指工频杂散电流，主要来源于交流电气化铁道和高压输电线路等。这种土壤杂散电流腐蚀破坏作用较小。如频率为50Hz的交流电，其作用约为直流电的1%。

（3）土壤中微生物引起的腐蚀　在缺氧的土壤中，如密实、潮湿的粘土中，金属腐蚀过程难以进行，但这种土壤条件却有利于某些微生物的生长，常常发现因硫酸盐还原菌和硫杆菌的活动而引起金属的强烈腐蚀。同时，水分、养料、温度和pH值与这些微生物的生长密切相关。这些细菌有可能引起土壤物理化学性质的不均匀性，从而造成氧浓差电池腐蚀。细菌在生命活动中产生硫化氢、二氧化碳和酸，从而腐蚀金属。细菌还可能参与腐蚀的电化学过程，在缺氧的中性介质中，因氢过电位高，阴极氢离子的还原困难，阴极上只有一层吸附氢。硫酸盐还原菌能消耗氢原子，使去极化反应顺利进行。在硫酸盐被还原的同时，铁被腐蚀生成了FeS和$Fe(OH)_2$二次腐蚀产物。

3．影响土壤腐蚀的因素

影响土壤腐蚀的因素很多，有土壤的孔隙度、含水量、导电性、酸碱度、含盐量和微生物等，这些因素相互联系着。现分析几种主要的影响因素：

（1）孔隙度　孔隙度大有利于保存水分和氧的渗透。而透气性好通常会加速腐蚀过程，但较大的透气性也可阻碍金属的阳极溶解，生成具有保护能力的腐蚀产物层。

（2）含水量　土壤中的水分以多种方式存在，有些紧密粘附在固体颗粒的周围，有些在微孔中流动或与土壤组分结合在一起。当土壤中可溶性盐溶解在其中时，就形成了电解液。水分的多少对土壤腐蚀影响很大，随着含水量的增加，土壤中盐分的溶解量增大，因而加大腐蚀速度。当水分过多时，因土壤胶粘膨胀堵塞了土壤的孔隙，氧的扩散渗透受阻，腐蚀反而减小。

（3）含盐量 土壤中一般含有硫酸盐、硝酸盐和氯化物等无机盐类，这些盐类大多是可溶性的。除了 Fe^{2+} 离子影响腐蚀外，一般阳离子对腐蚀的影响不大。SO_4^{2-}、NO_3^- 和 Cl^- 等阴离子对腐蚀影响较大，Cl^- 离子对土壤腐蚀有促进作用。土壤中含盐量大，则电导率增高，腐蚀性能也增强。而在富含钙、镁离子的石灰质土壤（非酸性土壤）中，因在金属表面形成难溶的氧化物或碳酸盐保护层而使腐蚀减小。

（4）土壤的导电性 土壤的导电性受土质、含水量及含盐量等的影响。通常认为土壤的导电性越好，土壤的腐蚀能力越强。

（5）其他因素 土壤的酸碱度、温度、杂散电流和微生物等因素对土壤腐蚀都有影响。一般认为，酸度越大，腐蚀作用越强，这是因为易发生氢离子阴极极化作用的缘故。温度升高能增加土壤电解液的导电性，加快氧的渗透扩散速度，因而使腐蚀加速。同时，在 25～35℃ 时，最适宜于微生物的生长，也可加速腐蚀。

防止土壤腐蚀可采用：覆盖层保护，如采用防腐涂层等措施；采用耐蚀性好的合金钢或有色金属，或采用镀层来防止土壤腐蚀；处理土壤，减少其浸蚀性；阴极保护，如采用外加电流法等可取得较好的效果。

第5章　电镀与化学镀

5.1　电镀与电刷镀

电镀是将直流电通入具有一定组成的电解质溶液中，在电极与溶液之间的界面上发生电化学反应（氧化还原反应），进而在金属或非金属制品的表面上形成符合要求、致密均匀的金属层的过程。电镀工业历史久远，到今天，随着科学和生产技术的发展，电镀工业所涉及的领域越来越宽，对电镀工艺本身的要求也越来越高。经过电镀工作者的不断探索，电镀又发展出合金电镀、复合电镀、电镀非晶体、电刷镀、非金属电镀、激光镀等工艺。

5.1.1　电沉积的基本知识

1. 电镀液

（1）主盐　是指能在阴极上沉积出所要求的镀层金属的盐。对电镀镍而言，一般采用氨基磺酸镍或硫酸镍作为主盐。主盐浓度要有一个适宜的范围并与电镀溶液中其他成分维持恰当的浓度比值。

主盐浓度高，一般可采用较高的阴极电流密度，溶液的导电性和阴极电流效率都较高。但溶液的带出损失较大、成本较高，同时增大了废水处理的负担。

主盐浓度低，可采用的阴极电流密度较低，电流效率下降，影响沉积速度，但其分散能力和覆盖能力较浓度高时好。

（2）导电盐　是指能提高溶液的电导率，对放电金属离子不起络合作用的碱金属或碱土金属的盐类（包括铵盐）。如镀镍溶液中的 Na_2SO_4 和焦磷酸盐镀铜中的 KNO_3 和 NH_4NO_3 等。

导电盐除了能提高溶液的电导率外，还能略微提高阴极极化，使镀层致密。但也有一些导电盐会降低阴极极化，不过导电盐的加入可扩大阴极电流密度范围，促使阴极极化增大。所以总的来说，导电盐的加入，可使槽电压降低，对改善电镀质量有利。

（3）络合剂　在电镀生产中，一般将能络合主盐中金属离子的物质称为络合剂。如氰化物镀液中的 NaCN 和 KCN，焦磷酸盐镀液中的 $K_4P_2O_7$ 或 $Na_4P_2O_7$ 等。

络合剂都能增大阴极极化，使镀层结晶细致，同时能促进阳极溶解。但是，络合剂的加入常会降低阴极电流效率，而且会给废水处理带来困难。

在电镀溶液中，络合剂的含量常高于络合金属离子所需的含量，这些除络合金属离子以外多余的络合剂称为游离络合剂。在某些镀液中，络合剂的含量，常以它的游离量表示，如氰化物镀铜溶液中以游离 NaCN 表示等。游离络合剂含量高，阳极溶解好，阴极极化作用大，镀层结晶细致，镀液的分散能力和覆盖能力较好；但是阴极电流效率降低，沉积速度减慢，当游离络合剂含量过高时，则会使镀件的低电流密度处镀不上镀层。络合剂含量低，镀层的结晶粗，镀液的分散能力和覆盖能力较差。

（4）缓冲剂　一般是由弱酸和弱酸的酸式盐组成的。这类缓冲剂加入溶液中，能使溶液在遇到酸或碱时，溶液的 pH 值变化幅度缩小。在电镀生产中，有的镀液为了防止其 pH 值上升太快，单独加入一种弱酸或弱酸的酸式盐，如镀镍液中的 H_3BO_3 和焦磷酸盐镀液中的 Na_2HPO_4 等。

任何缓冲剂都只能在一定的 pH 值范围内有较好的缓冲作用，超过了 pH 值范围，它的缓冲作用会下降或完全失去缓冲作用。H_3BO_3 在 pH 4.3 ~ 6.0 之间的缓冲作用较好，在强酸性或强碱性溶液中就没有缓冲作用。

（5）添加剂　为了改善电镀溶液性能和镀层质量，往往在电镀溶液中加入少量的某些有机物，这些有机物称为添加剂。按照它们在电镀溶液中所起作用的不同，可以分为以下几类：

光亮剂：它能使镀层光亮。

整平剂：它能使镀件的微观谷处比微观峰处镀取更厚的镀层，即得到整平的镀层。

润湿剂：它能降低电极与溶液间界面张力，使溶液易于在电极表面铺展。

应力消减剂：它能降低镀层的内应力，提高镀层的韧性。

镀层细化剂：它能使镀层结晶细致。

各种电镀液对添加剂的使用是有选择性的，通常需要用实验来确定。

2. 法拉第定律和电流效率

电镀是电化学的一部分，电化学是电镀的理论基础。当电流通过电镀槽时，电极与界面间有化学反应发生，阳极金属不断溶解，阴极上不断有金属析出形成镀层。为了解在电镀时间内阴极上镀层的厚度（可以用质量表示），法拉第总结出两条描述电量与反应产物质量关系的定律。

法拉第第一定律：电极上所形成产物的质量 W 与电流 I 和通电时间 t 成正比，即：

$$W = kIt = kQ$$

式中，电流 I 与时间 t 的乘积即为电量 Q；k 是比例常数，表示单位电量时在电极上可形成产物的质量，通常称之为该产物的电化当量。

法拉第第二定律：某物质的电化当量与其化学当量 E_c 成正比，即：

$$k = CE_c$$

式中，C 为比例常数。如果电化当量以克为单位，则上式中的化学当量就是克当量。

法拉第定律是从大量的实验中总结出来的，对电学和电化学的发展都起了很大的作用，是自然界最严格的定律之一。温度、压力、镀液的组成和浓度、电极和电解槽的材料、形状及溶剂的性质等都对这个定律没有任何影响。只要是电极上通过1法拉第电量，就一定能获得1克当量的产物。

但是，在电镀过程中，阴极并不简单析出所需要的金属晶体。任何电镀过程都会或多或少的存在副反应（如析氢等）。由于副反应消耗了一部分电量，遂使电极上析出的金属量与预期的有所不同。电镀槽中通过一定电量后，按电化当量计算出来的某物质的质量称为理论值。把电镀获得的镀层实际质量与其理论值相比，称为电流效率 η，通常以百分数表示：

$$\text{电流效率}（\eta）=\frac{\text{实际析出量}}{\text{理论值}}\times 100\%$$

各种电镀过程的电流效率相差很大，例如，镀镍的阴极电流效率较高，可达96%；镀铬的阴极电流效率较低，只有8%～16%。

3. 电极电位

在没有外电流通过的情况下，当某金属浸入该金属的盐中时，可以在两相界面间自发地形成双电层，如图5-1所示。双电层由互相吸引又相对稳定的正负电荷构成，这时金属溶解速度与溶液中的金属离子沉积在金属上的速度相等，在宏观上没有任何变化发生，体系处于动态平衡状态，并由此产生了金属与电解质溶液间的电位差。这种条件下的电位差，称为平衡电极电位，或简称平衡电位，以 φ 表示。在标准条件下（25℃，物质活度为1）测得的平衡电极电位叫做标准电极电位，以 φ^{θ} 表示。

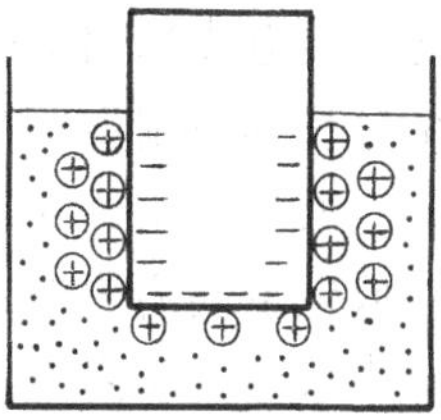

图5-1　双电层结构

根据电极反应Nernst方程可求出某浓度下的平衡电极电位。平衡电极电位可以用来判断电极反应的方向。电极构成原电池时，总是平衡电位值较高的电极为正极，发生还原反应；平衡电位值较低的电极为负极，发生氧化反应。也就是说，电极的平衡电位的正值越大，电极上越容易发生还原反应；而电极的平衡电位越负，电极上越容易发生氧化反应。当然，这种平衡电极电位的比较要求在同温度和相同活度下进行，显然可以采用标准电极电位。例如：在 Ni^{2+} 和 Cr^{3+} 同时存在时，由于 Ni^{2+} 的标准电极电位为 $-0.25V$，Cr^{3+} 的标准电极电位为 $-0.75V$，故 Ni^{2+} 的还原能力更强，容易在阴极上沉积析出。

当直流电通过电极时，电极的平衡电极电位会被破坏。电极电位偏离平衡电极电位的现象叫做电极的极化。给定电流密度下的电极电位与其平衡电极电位之间的差值叫做在该电流密度下的过电位（$\Delta\varphi$）或叫过电势、超电势。影响过电位的因素很多，如电流密度、温度、电镀液的浓度、电极材料表面的状态等。

极化产生的因素主要有两个：由电极上电化学反应速度小于电子的运动速度引起的极化叫做电化学极化；由溶液中离子扩散速度小于电子运动速度引起的极化叫做浓差极化。就合金共沉积而言，可以利用电极的极化改变金属的析出电位，使两种或两种以上金属的析出电位相等或相接近，从而达到共沉积的目的。

5.1.2 电沉积过程与电沉积理论

电镀过程是一种电沉积过程，它是指电解液中的金属离子（或络合离子）在直流电的作用下在阴极表面上还原成金属（或合金）的过程。为了有效地控制这一过程，分析影响该过程进行的各种因素，有必要对电沉积过程进行分析。一般来说，该过程包括如下几个基本步骤：

1. 金属水化离子（或络合离子）由溶液内部向阴极表面传递——液相传质步骤

电沉积过程中的控制步骤可以从过程中所表现的极化情况进行分析。此情况大致有两种：一种是当电沉积时，随着阴极电流密度的提高，阴极电位几乎不变化，也就是阴极极化值很小；另一种是阴极电位迅速变负，而阴极电流密度不变，接近或达到了极限电流密度。这时，过程所表现的极化主要是浓差极化，整个过程的控制步骤是液相传质过程。

液相传质过程是以电迁移、对流和扩散的方式来实现的。在通常的镀液中，除放电金属离子外，还有大量由附加盐电离出的其他离子，使得向阴极迁移的离子中放电金属离子占的比例很小，甚至趋近于零。因此，电迁移作用可略去不计。如果镀液中没有搅拌作用，则镀液流速很小，近似处于静止状态，此时对流的影响也可以不予考虑。扩散传质是溶液里存在浓度差时出现的一种现象，是物质由浓度高的区域向浓度低的区域的迁移过程。电镀时，靠近阴极表面的放电金属离子不断地进行电化学反应有电子析出，从而使金属离子不断地被消耗，于是阴极表面附近放电金属离子的浓度越来越低。这样，在阴极表面附近出现了放电金属离子浓度高低逐渐变化的溶液层，称为扩散层。扩散层两端存在的放电离子的浓度差推动金属离子不断地通过扩散层进到阴极表面。因此，扩散总是存在的，它是液相传质的主要方式，也是电沉积时三种传质过程的一种主要方式，所以这类的电沉积过程主要是受扩散步骤控制的。

假如传质作为电沉积过程的控制环节，则电极以浓差极化为主。由于在发生浓差极化时，阴极电流密度要较大，并且在达到极限电流密度时阴极电位会急剧转向负偏移，这时很容易产生镀层缺陷。因此，电镀生产不希望传质步骤作为电沉积过程的控制环节。

假使在相当低的电流密度下，就出现较大的极化值，阴极电位负移的幅度很大，此时表现的极化主要是电化学极化，该过程是受电化学步骤控制的。纯粹的电化学步骤控制出现在相当低的电流密度下，如果增大该阴极电流密度，阴极极化值亦增大，该过程就逐渐从电化学步骤控制向扩散步骤控制转变而成为电化学步骤和扩散步骤的混合控制，即混合步骤控制。

2. 金属水化离子（或络合离子）在阴极表面上得到电子并还原成金属原子——电化学步骤

水化金属离子或络合离子通过双电层到达阴极表面后，不能直接放电生成金属原子，而必须经过在电极表面上的转化过程。水化程度较大的简单金属离子转化为水化程度较小的简单离子，配位数较高的络合离子转化为配位数较低的络合金属离子才能进行电子的电化学反应。

金属离子在电极上通过与电子的电化学反应生成吸附原子。如果电化学反应速度无穷大，那么电极表面上的剩余电荷没有任何增减，金属与溶液界面间电位差无任何变化，即电极反应是在平衡电位下进行的。实际上，电化学反应速度不可能无穷大，金属离子来不及把外电源输送过来的电子立即完全消耗掉，于是在电极表面上积累了更多电子，相应地改变了双电层结构，电极电位向负的方向移动，偏离了平衡电位，引起电化学极化。假如电化学步骤作为电沉积过程的控制环节，则电极以电化学极化为主。电化学极化对获得良好的细晶镀层非常有利，它是人们寻求最佳工艺参数的理论依据。

3. 反应产物形成新相——电结晶步骤

电结晶是指金属原子达到金属表面之后，按一定规律排列形成新晶体的过程。金属离子放电后形成的吸附原子在金属表面移动，寻找一个能量较低的位置，在脱去水化膜的同时进入晶格。电结晶可以先形成晶核，然后晶核成长，也可以在原有基体金属的晶格上继续成长。如果最初的电沉积过程是在平衡电位附近进行，那么电结晶过程将是在原有基体金属的晶格上继续成长，只有当阴极极化较大时，才有可能形成新的晶核。在形成新的晶核时，同时存在着晶核的成长。如果形成新晶核的速度很快，而晶核的成长速度较慢，这样所得的是细晶镀层；反之，则是粗晶镀层。

形成新晶核是一个形成新相的过程，它与一般盐类自溶液中结晶的过程相类似。对于某种盐的溶液，在一定温度下，当它的浓度达到饱和时体系便处于平衡状态，这种体系是稳定的，条件不改变就不会形成新相。要使该溶液中的盐结晶析出，可以对体系加温以蒸发掉一部分溶剂，使它成为过饱和溶液。过饱和溶液是一个不稳定体系，其中比饱和溶液多余的溶质有自发结晶的趋势。对于过饱和溶液中盐的过饱和度与结晶析出时所形成的晶粒尺寸的大小，可根据整个体系自由能的变化，得出如下的关系式：

$$RT\ln\frac{C}{C_{\mathrm{s}}}=\frac{2\sigma V}{r_{\mathrm{k}}}$$

式中，C为过饱和溶液的浓度；C_s为饱和溶液的浓度；σ为在T温度时溶液与晶粒间的界面张力；V为晶体的摩尔体积；r_k为晶核的临界半径尺寸；R为气体常数；T为热力学温度。

由上式可知，溶液的过饱和度（C/C_s）越大，晶核的临界半径的尺寸越小，越有利于形成细晶粒晶体。

金属的电结晶过程与盐溶液中的结晶过程相似。在平衡电位下金属是不会沉积的，只有在阴极极化后，也就是阴极在一定的过电位下金属才能在阴极上结晶析出。与盐溶液中的结晶过程相比，可以认为阴极的平衡状态相当于溶液的饱和状态，而阴极的过电位则相当于溶液的过饱和度。在溶液结晶时，过饱和度越大，形成的晶粒越细；在电结晶时，阴极的过电位越大，形成的晶粒也越细。

根据电结晶的有关研究，也得出同样的结论：当其他条件不变时，阴极的过电位越大，形成晶核的临界半径越小，晶粒越细。

前面讨论了在直流电的作用下，阴极上形成晶粒的情况。至于这些晶粒在电极表面上如何“堆积”，也就是晶面如何生长讨论如下：

（1）理想晶面的生长过程　所谓理想晶面是指不存在晶粒之间界面的单晶面。图5-2表示在电流作用下这种理想晶面的生长过程。金属离子在晶面的任意位置（如图5-2中的a的位置）与电子结合而还原成金属原子后，首先吸附在晶面上，形成吸附粒子（亦称吸附原子或吸附离子），随后是吸附粒子进行表面扩散，进入到晶面上未填满的晶格中去（图5-2中箭头Ⅰ→Ⅱ→Ⅲ）。这样，在金属电沉积中，通过电化学步骤形成吸附粒子后，紧接着就是吸附粒子的表面扩散，如果吸附粒子的扩散步骤比电化学步骤慢，则有可能成为整个过程的速度控制步骤。简单金属离子在过电位很低时的还原就是如此。另一种情况是放电过程直接在能量最低的位置上发生（如图5-2中的箭头Ⅳ所示），此时晶面上的放电步骤与结晶步骤合一，由于此过程的发生需要脱去水化离子的大部分水化膜，因此这个过程所需的活化能很大，故发生的可能性很小，所以晶面的生长过程应是前一种情况。

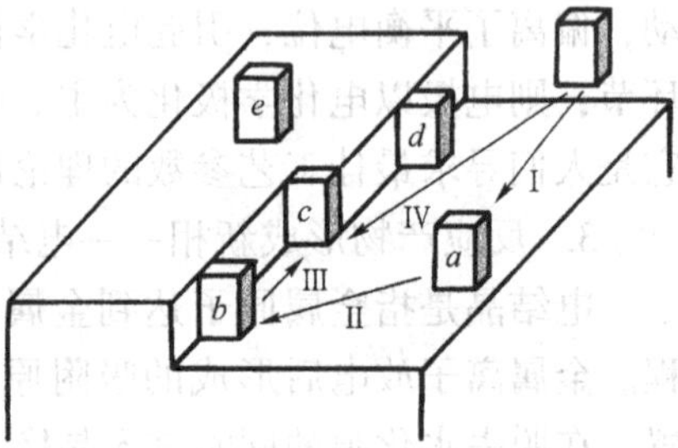

图5-2　理想晶面上的电结晶

放电产生的吸附粒子在晶面上靠扩散可占据三种不同的位置。在这三种不同的位置上，相邻的原子数是不同的，c处有三个接近的“邻居”，故能量最低，最稳定，吸附粒子将首先占据该处。b处只有两个接近的“邻居”，而a处只有一个接近的“邻居”，所以吸附粒子扩散占据的可能性依次变小。由于c点是吸附粒子最优先占据的部位，故称为“生长点”，晶面上吸附粒子绝大多数沿cb这个单层原子阶梯（称“生长线”）去占据c位置，使生长点沿着生长线向前推进，直至填满这一列。一般都是吸附粒子填满这一列后再开始填新的一列。待原有晶面上的各列被全部填满后，新晶面的建立还得依靠二维形核的形成，以作为新晶面的起点，然后吸附粒子再沿着新晶核侧面重新生长晶面。如此一列列、一层层反复生长，直至形成一定厚度的宏观镀层。

有时也可能在原有的一列未填满粒子以前，有一些能量较高的粒子开始去填充新的一列（图 5-2 中粒子 d），甚至集合而成的晶核开始出现在新的一层（图 5-2 中粒子 e）。因此，可以在晶体表面上同时出现好几个生长着的晶面。

（2）实际晶面的生长过程　近年来，通过先进的光学显微术观察，并未看到上述理想晶面逐层生长的方式，所观察到的不少镀层都是按螺旋型旋转生长的。按图 5-2 的理想晶面逐层生长理论，在新晶面上形成一定尺寸的晶粒时，要消耗较大的能量，即需要较高的过电位，因此随着这种晶面的逐层形成，应该出现周期性的过电位突跃。然而，在大多数晶体生长时观察不到这种现象，说明晶体生长时并不发生生长点和生长线的消失情况。在实际情况下，基体金属的晶面并非是无缺陷的理想单晶面，它总是存在着各种各样的缺陷，例如位错、空位、划痕和微台阶等，这些缺陷往往都是活性位置，特别有利于晶体的生长。

晶体表面总是存在着大量的螺旋位错边，这些螺旋位错边提供了一种晶体生长方式（图 5-3），即无需形成二维晶核。大致的过程是晶面上的金属吸附粒子首先扩散到位错边（即生长线）xM 的纽结点 x（即生长点）处，吸附粒子从 x 点起至 M 点成排地生长，起始点 x 不变，而 M 点不断前移，如移至 M' 点。这样持续下去，当位错边推进一周时，晶体则向上生长一个新的原子层。如此不断地旋转向上生长，晶体沿着通过 x 点并垂直于晶面的轴旋转生长，绕成一个螺旋位错。这种实际的螺旋生长方式并不需要像理想晶面上那样的形成新晶面，因而所需能量较少。

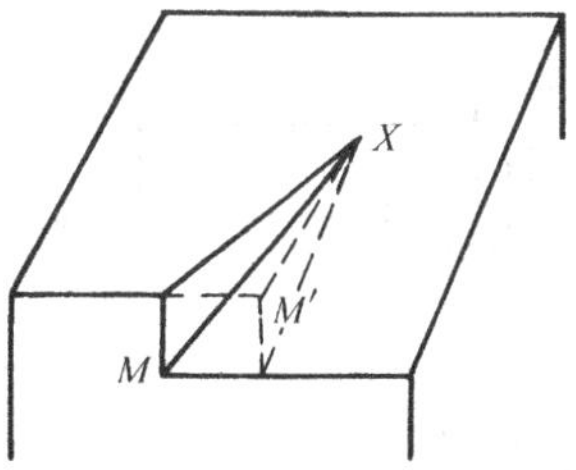

图 5-3　晶体沿台阶生长示意图

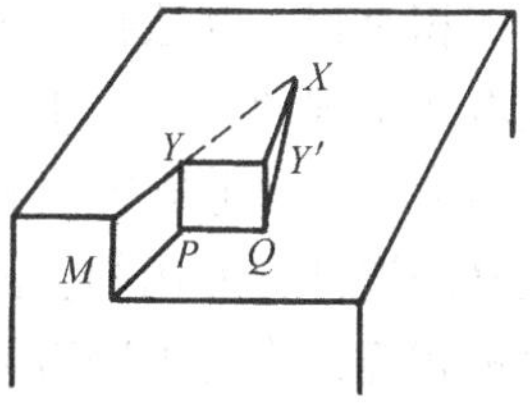

图 5-4　晶体螺旋生长示意

如果吸附粒子来不及填满位错台阶的全长 xM，而生长到它的一部分 xy（图 5-4），这样在表面上将形成另一个小台阶 PQ。当然，这个小台阶也能接纳吸附粒子并向前推进，这过程的继续进行，将得到螺旋晶体。

螺旋位错的生长方式已在某些电沉积表面（如在镀镍层的晶体表面上）得

到证实，有时甚至用低倍显微镜也能观察到螺旋形的生长阶梯。

随着外电流密度增加，过电位增大，吸附原子的浓度逐渐变大，晶体表面上的“生长点”和“生长线”也大大增加。由于吸附原子扩散的距离缩短，表面扩散变得容易，所以来不及规则地排列在晶格上。吸附原子在晶体表面上的随便“堆砌”，使得局部地区不可能长得过快，所获得的晶粒自然细小。这时放电步骤控制了电结晶过程。

在外电流密度相当大，过电位绝对值很大的情况下，电极表面上形成大量吸附原子，它们有可能聚集在一起形成新的晶核。极化越大，晶粒越容易形成，所得晶粒越细小。为了获得细致光滑的镀层，电镀时总是设法使得阴极极化大一些。但是单靠提高电流密度增大电镀过程的阴极极化也是不行的，因为电流密度过大时，电化学极化增大的不多，而浓差极化到增加得很厉害，反而得不到良好的镀层。

事实上，电沉积过程可能比上述讨论的步骤更复杂一些，但通常都含有这些基本步骤。在金属电沉积时，上述各个步骤进行的速度是各不相同的，既有进行得比较快的，也有进行得比较慢的，但是从整个金属电沉积过程来看，由于各步骤必须连续串联地进行，当整个过程的进行速度达到稳定值时，各步骤就都以相同的速度进行，进行速度较“快”的步骤“被迫”趋于同最慢的步骤相等。这时，整个电沉积过程的进行速度，主要由各步骤中进行得最慢的那个步骤的速度所决定，通常把进行速度最慢的那个步骤称为“控制步骤”。

5.1.3 电刷镀

1. 电刷镀基本原理

电刷镀是从槽镀技术上发展起来的一种新的电镀方法。电刷镀原理和电镀原理基本相同，也是电化学沉积过程，受法拉第定律及其他电化学规律支配，工作原理如图5-5所示。电刷镀时将表面处理好的镀件与专用的直流电源的负极相连，作为电刷镀的阴极；镀笔与电源的正极连接，作为电刷镀的阳极。镀笔上装有形状和尺寸能与待镀面良好接触的石墨或某些金属材料，并裹有浸满电刷镀液的棉套或涤纶套。电刷镀时，镀笔以一定的相对运动速度在被镀零件表面上移动，并保持适当的压力。同时，在镀笔与被镀零件接触间隙中流经镀液，镀液中的金属离子在电场力的作用下扩散到

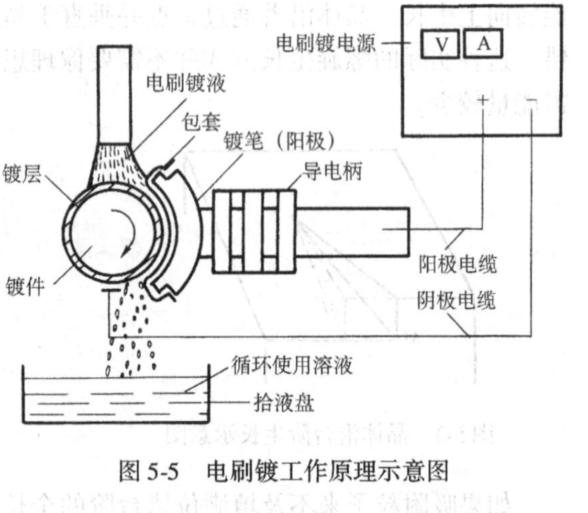

图5-5　电刷镀工作原理示意图

镀件表面，在表面获得电子后还原成金属原子，这些金属原子沉积结晶就形成了镀层。随着电刷镀时间的延长，镀层逐渐增厚，直至达到需要的厚度。

电刷镀技术的基本原理可以用下式表示：

$$M^{n+} + ne \rightarrow M$$

式中，M^{n+} 为金属正离子；M 为金属原子；e 为电子；n 为该金属的化合价数。

2. 电刷镀技术的特点

电刷镀与通常的槽镀相比，虽然金属镀层都是由电解液中金属离子电化学还原成金属原子沉积形成的，但它又有别于槽镀的许多特点。正是这些特点带来了电刷镀技术的一系列优点，其主要特点如下：

（1）设备特点

1）电刷镀设备简单、体积小、质量轻，多为便携式或可移动式，便于现场使用或进行野外抢修，尤其对于大型、精密设备的现场不解体修复更具有实用价值。

2）电刷镀需要配置专用的直流电源，但舍弃了庞大的镀槽，零件不浸入镀液中，不需要挂具，省略或大大简化了零件不镀部分的绝缘遮蔽；与槽镀相比较，设备数量大大减少，因而对场地设施的要求大大降低，便于现场施工。

3）利用一套设备可以进行不同镀液的镀覆工艺，而槽镀一套设备只能完成一种镀层。

4）电刷镀设备的用电量、用水量比槽镀少得多，可以节约能源、水资源。

5）镀笔（阳极）材料主要采用高纯细石墨，是不溶性阳极。石墨的形状可根据需要制成圆棒、平板、半圆、月牙和方条等形状，以适应被镀工件表面形状为宜。根据电刷镀具体情况，阳极材料也可以采用金属材料（如不锈钢、铂-铱合金等）作为可溶性阳极。

在常规的电刷镀过程中，阳极的表面要包裹脱脂棉花，即要有包套。包套的作用有三个：①是储存电刷镀溶液，在对应部位形成微型“电镀槽”，沟通电刷镀电路，供给金属离子，在工件和阳极相对运动时，保持被镀表面湿润；②是防止阳极与工件直接接触产生电弧，烧伤工件或镀层表面；③是石墨阳极在酸性或碱性电刷镀溶液的腐蚀和气泡机械力的作用下，表面的石墨粒子会被慢慢腐蚀下来。电刷镀时在阳极—溶液界面处，由于 pH 值的升高，会产生不溶解的金属氢氧化物，与石墨离子组成“阳极泥”，包覆在阳极表面的棉花对“阳极泥”起机械过滤作用，保证溶液循环使用。

（2）镀液特点

1）电刷镀溶液大多数是金属有机络合物水溶液。络合物一般在水中溶解度大，并且稳定性好，可长期保存，因而镀液中金属离子含量通常可比槽镀高几倍到几十倍。

2）不同镀液有不同的颜色，透明清晰，没有浑浊现象，便于鉴别。

3）不燃、不爆、无毒性，大多数镀液接近中性，腐蚀性小，因而具有安全可靠，便于运输和储存等优点。除金、银等个别镀液外均不采用有毒的络合剂和添加剂。现已研制出无氰金镀液。

4）镀液固化技术和固体制剂的研制已成功，这样就更便于镀液的运输、保管。

5）均镀能力和深镀能力较好。

（3）工艺特点

1）电刷镀工艺区别于电镀（槽镀）工艺的最大特点是，镀笔与工件必须保持一定的相对运动速度，镀液中金属离子在零件表面基体金属上的还原和沉积是在不断更新地点的条件下进行的，镀层的形成是一个断续结晶过程。镀笔的移动限制了晶粒的长大和排列，因而镀层中存在大量的超细晶粒和高密度的位错，是镀层强化的重要原因。另外，电刷镀层与电镀层等相比较，其孔隙率低，纯度高，氢脆倾向小。由于镀笔与工件有相对运动，散热条件好，在使用较大电流密度电刷镀时不易使工件产生过热现象。

2）镀液能随镀笔及时输送到工件表面，大大缩短了金属离子扩散过程，不易产生金属离子贫乏现象。加上镀液中金属离子含量很高，允许使用比槽镀高几倍到几十倍的电流密度，由此带来了电刷镀金属的沉积速率远高于槽镀（比槽镀高5~20倍）。

3）可以使用手工操作，方便灵活，尤其对于复杂型面，凡是镀笔能触及的地方均可镀上，这非常适应于大设备的不解体现场修理。

4）由于配备了专门的表面准备溶液，使刷镀前表面准备工序简化。此外，电刷镀溶液可循环使用，不需定期化验或调整。

但是，电刷镀也有局限性：①在镀大面积厚镀层时，就显得不经济；②在大批量生产和装饰性电镀方面不如槽镀；③不能修复零件的断裂裂纹。

5.1.4 电镀层质量的影响因素

1. 电镀液的影响

（1）电镀液本性的影响　依据主要放电离子在电镀液中存在的主要形式，电镀液可分为两大类：即简单盐和络盐两类。在每一大类中，还可根据镀液中的主要阴离子或主要络合剂再分为几类，见表5-1。

表5-1　电镀液的分类

镀液类型	主　盐	镀液例子
简单盐镀液	硫酸盐 氯化物 氟硼酸眼 氟硅酸盐 氨基磺酸盐	镀铜、镍、钴、锌、锡 镀铁、锌、镍 镀铅、锡、铜、镍、铟 镀铅 镀镍、铅、铟

（续）

镀液类型	主　　盐	镀液例子
络盐镀液	焦磷酸盐 氰络盐 氨络盐 有机磷酸盐 羧酸盐	镀铜、铜锡镍、锌铁、锡钴、锌铁镍 镀铜、银、金、锌、铜 镀锌、镉 镀铜、锌、铜锡 柠檬酸盐镀铜锡

1）简单盐镀液。所谓简单盐镀液，是指主盐在水溶液中离解后以简单金属（水化）离子形式存在的镀液。这类镀液都是酸性的，这是因为能电沉积的简单金属离子在碱性条件下都会水解而形成氢氧化物沉淀。

依据酸度的高低，这类电解液可分为强酸性镀液和弱酸性镀液。强酸性镀液的基本成分是主盐和与主盐相对应的酸。弱酸性简单镀液的主要成分除了主盐外，一般还含有其他导电盐和稳定溶液 pH 值的缓冲剂。为了改善镀层质量，不少简单盐镀液中常加有机添加剂。

简单盐镀液中的主要成分大多是强电解质，在水溶液中它们全部离解为简单离子，在水溶液中这些离子都被一层水分子包围，形成水化离子。简单盐镀液中的主盐浓度一般都比较高，在低于极限电流密度的条件下，通常不会因扩散迟缓而导致明显的浓差极化，这样可以适当提高阴极电流密度以加快沉积速度。由于简单金属离子还原时的阴极极化作用不大（铁、钴、镍除外），所以镀层晶粒较粗，镀液的分散能力和覆盖能力也较差。如果在这类镀液中加入适当的添加剂，镀层的结晶组织将有明显改善，有时还能镀取光亮的镀层，镀液的分散能力和覆盖能力也可改善。这样，在简单盐镀液中选用适当的添加剂将是这类镀液发展的方向。

在铁族金属（铁、钴、镍）离子的还原过程中，由于呈现出明显的电化学极化，镀层结晶较为细致，镀液的分散能力和覆盖能力也较好。

2）络盐镀液。络盐镀液中的放电金属离子主要以络合离子形式存在。这类镀液的基本成分是主盐和与主要放电离子起络合作用的络合剂。络合剂可以用一种，也可以用几种。络合剂的用量，除了考虑络合金属离子以外，通常还需有足够的游离量，以保证镀液稳定。

络盐镀液中的金属离子与络合剂之间可以存在着一系列的络合离解平衡，而且络合剂对金属离子的络合能力有强有弱，其络合能力的强弱将直接影响电极的平衡电位，同时也影响电沉积时阴极的过电位。络合剂对金属离子络合能力越强，也就是络合后的络离子的不稳定常数越小，其平衡电位越负。在大多数情况下，不稳定常数较小的络离子在进行阴极还原反应时，常常出现较大的阴极过电位。一般来说，络盐镀液比简单镀液的阴极极化作用大，过电位较高，所以从络盐镀液中获得的镀层比较细致，镀液的分散能力和覆盖能力也比较好。不过，络盐的种类很多，而且络离子的形态也有不同，所以它们的镀层组织和其他工艺指标还存在显著的差别。

(2) 主盐浓度的影响　对于确定的电镀液来说，主盐浓度都有一个适宜的浓度范围或与镀液中其他成分浓度维持适当的比值。自简单盐镀液中沉积金属时，若其他条件（温度和电流密度等）不变时，随着主盐浓度的提高，晶核形成的速度就降低，导致形成粗大结晶的镀层。这种关系对于某些电化学极化不太显著的简单盐镀液来说是比较明显的，而对于电化学极化较大的铁族金属盐来说，表现就不那么明显。对于络盐镀液来说，由于它的电化学极化较大，络合金属离子的浓度可以在较大的范围内变化，所以它的浓度变化对镀层结晶组织的影响并不十分明显。稀溶液的阴极极化作用虽比浓溶液大，但其导电性能较差，不能采用大的阴极电流密度，同时阴极电流效率也较低，所以不能利用这个因素来改善镀层结晶的细致程度。

(3) 附加盐的影响　在电镀溶液中除了含主盐外，往往还要加入某些碱金属或碱土金属的盐类，这种附加盐的主要作用是提高电镀溶液的导电性能，有时还能提高阴极极化作用。例如，在硫酸镍为主盐的镀镍溶液中加入硫酸钠和硫酸镁，既可提高导电性能，又能增大阴极极化作用（增大极化数值 100mV 左右），使镀镍层的结晶晶粒更为细致、紧密。

(4) 添加剂的影响　为了改善电镀溶液的性能和镀层质量，往往在电镀溶液中加入少量的某些有机物质的添加剂，如阿拉伯树胶、糊精、聚乙二醇、硫脲、平平加、丁炔二醇、糖精及动物胶等。添加剂能吸附在阴极表面或与金属离子构成“胶体-金属离子型”络合物，从而大大提高金属离子在阴极还原时的极化作用，使镀层细致、均匀、平整、光亮。例如，在铵盐镀锌溶液、柠檬酸盐镀锌溶液、氨三乙酸醇镀锌溶液中加入（1～2）g/L 聚乙二醇和（1～2）g/L 硫脲，分别可以增加极化数值为（70～100）mV、（100～200）mV 和 200mV 以上，都能使镀层结晶晶粒变细。这里应注意，有机添加剂是有选择性的，不可乱用，以免造成不良后果。

2. 电镀规范和镀液成分对镀层的影响

电镀规范指电镀时的工艺条件，一般包括电流密度、温度、搅拌和电镀电源的波形等因素。

(1) 电流密度的影响　阴极电流密度对镀层结晶晶粒的粗细有较大影响。一般来讲，当阴极电流密度过低时，阴极极化作用小，镀层的结晶晶粒较粗，在生产上很少使用过低的电流密度。随着阴极电流密度的增大，阴极极化也随之增大（极化数值的增加量取决于各种不同的电镀溶液），镀层结晶也随之变得细致、紧密；但阴极上的电流密度不能过大，不能超过允许的上限值（不同的电镀溶液在不同的工艺条件下有着不同的阴极电流密度的上限值），否则，由于阴极附近严重缺乏金属离子的缘故，在阴极的尖端和凸出的地方会产生形状如树枝状的金属镀层，或者在整个阴极表面上产生形状如海绵的疏松镀层。在生产中经常遇到在零件的尖角和边缘处发生“烧焦”现象，发展下去就会形成树枝状结晶或者是海绵状镀层。

（2）电镀溶液的温度　在其他条件相同的情况下，升高溶液温度，通常会加快阴极反应速度和金属离子的扩散速度，降低阴极极化作用，因而也会使镀层结晶晶粒变粗。但升高溶液温度可以提高允许的阴极电流密度的上限值，阴极电流密度的增加又会增大阴极极化作用，因此不但不会使镀层结晶晶粒变粗，而且会加快沉积速度，提高生产效率。

（3）搅拌　搅拌会加速溶液的对流，使阴极附近消耗了的金属离子得到及时补充和降低阴极的浓差极化作用，因而在其他条件相同的情况下，搅拌会使镀层结晶晶粒变粗。然而，采用搅拌后，可以提高允许的阴极电流密度上限值，在较高的电流密度和较高的电流效率下可得到细致紧密的镀层。利用搅拌的电镀溶液必须进行定期的或连续的过滤，以除去溶液中的各种固体渣滓，否则会降低镀层与基体金属的结合力，使镀层粗糙、疏松、多孔。目前在工厂中采用的搅拌方法有：机械搅拌法、阴极移动法和压缩空气搅拌法。机械搅拌法应用较少；阴极移动法应用较广泛，这是因为结构简单、使用方便、槽底泥渣不易翻起的缘故；压缩空气搅拌法可在酸性镀铜、锌、镍溶液中使用，但不适用于氰化物电镀溶液。

（4）电流波形的影响　生产实践中发现，电流波形对镀层的结晶组织、光亮度、镀液的分散能力和覆盖能力、合金镀层的成分、添加剂的用量和消耗等方面均有影响。早期的电镀，都采用电压平稳的直流电源。随着电子工业的发展，各种波形的整流器逐渐诞生并用于电镀生产。电镀中常用的整流器，依据交流电源的相数以及整流电路是半波还是全波有不同的电流波形，如图 5-6 所示。电流波形的影响是通过阴极电位和电流密度的变化来影响阴极沉积过程的，它进而影响镀层的组织结构，甚至成分，使镀层性能和外观发生变化。实践证明，三相全波整流和稳压直流相当，对镀层组织几乎没有什么影响，而其他波形则影响较大。例如，单相半波会使镀铬层产生无光泽的黑灰色；单相全波会使焦磷酸盐镀铜及铜锡合金镀层光亮。

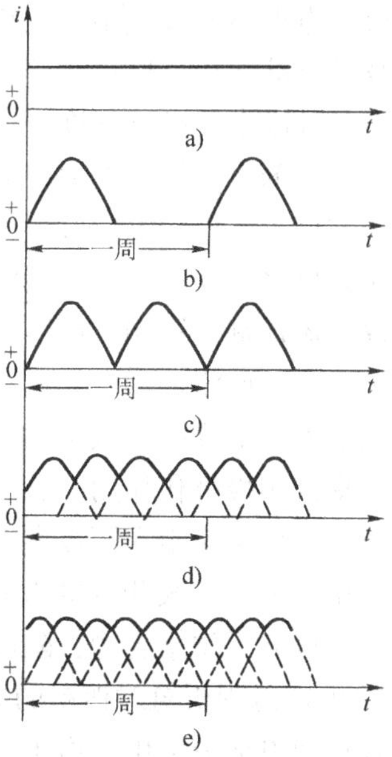

图 5-6　各种常用的电流波形
a）稳压电流　b）单相半波　c）单相全波
d）三相半波　e）三相全波

除了常用的电流波形外，还有两种特殊的施电方式，它们是：

1）换向电流。所谓换向电流就是周期性地改变直流电流的方向，其中正向电流就是将零件作为阴极，而反向电流就是将零件作为阳极。实践证明，把周期换向电流应用于氰化物镀铜和氰化物镀银中，所获得的镀层质量比用一般直流电所得的镀层好得多，其原因是：

① 退镀时，可除去电镀时产生的劣质镀层，减少或消除镀层上的毛刺；

② 退镀时，可在零件的凸处除去较多的镀层，使镀层厚度均匀，整平性好；

③ 降低阴、阳极的浓差极化，减少镀层的孔隙率。

此外，周期换向电流还允许使用较高的阴极电流密度，可镀取更厚镀层等优点。

2）脉冲电流。单向（阴极）电流周期性地被一系列开路（无电流通过）所中断的电流叫做脉冲电流，它与换向电流不同的是不把零件作阳极，而是间歇地停止供电，由于间歇中断电流，阴极电位随时间周期性地变化。脉冲电流的波形有方波、正弦波、三角波、锯齿波等。脉冲电流可提高镀层的硬度和导电性，使金属在高温下不易变色，改善镀层的光亮度和耐蚀性，还具有镀取较厚镀层的能力；在焦磷酸盐电镀铜-锡合金中，使用脉冲电流可提高镀层中锡的百分含量；有时，使用脉冲电流还可减少氢的析出，提高阴极电流效率，从而减少针孔、条纹和氢脆等。

（5）电镀溶液 pH 值的影响　镀液中的 pH 值可以影响氢的放电电位，碱性夹杂物的沉淀，还可以影响络合物或水化物的组成以及添加剂的吸附程度。但是，对各种因素的影响程度一般不可预见。最佳的 pH 值往往要通过试验确定。在含有络合剂离子的镀液中，pH 值可能影响存在的各种络合物的平衡，因而必须根据浓度来考虑。电镀过程中，若 pH 值增大，则阴极效率比阳极效率高；pH 值减小则反之。通过加入适当的缓冲剂可以将 pH 值稳定在一定范围。

（6）添加剂的影响　镀液中的光亮剂、整平剂、润湿剂等添加剂能明显改善镀层组织。这些添加剂有无机和有机之分。无机添加剂起作用的原因，是由于它们在电解液中形成高分散度的氢氧化物或硫化物胶体，吸附在阴极表面阻碍金属析出，提高阴极极化作用。有机添加剂起作用的原因，是这类添加剂多为表面活性物质，它们会吸附在阴极表面形成一层吸附膜，阻碍金属析出，因而提高阴极极化作用。另外，某些有机添加剂在电解液中形成胶体，会与金属离子络合形成胶体—金属离子型络合物，阻碍金属离子放电而提高阴极极化作用。

3. 电镀过程析氢对镀层的影响

在任何电镀溶液中，由于水分子的离解，总是或多或少地存在一定数量的氢离子，因此，当金属在阴极析出时，往往伴有氢气的析出，如果电镀时的阴极极化作用较大，或者氢的过电位较低，氢气的析出将更加猛烈。

析氢过程如图下：溶液中的氢离子以 H_3O^+（水化的氢离子）的形式存在，H_3O^+到阴极还原变成氢气的过程分为以下几个步骤连续进行：

① H_3O^+从溶液中转移到阴极表面附近；

② H_3O^+在阴极上脱水还原，生成的氢原子吸附在电极表面，即

$$H_3O^+ \rightarrow H_{吸} + H_2O$$

③ 两个吸附的氢原子结合成氢分子，即

$$H_{吸} + H_{吸} \rightarrow H_2$$

④ 氢分子聚合成小气泡，并逐渐长大，最后离开电极表面而逸出。

氢的析出在电镀生产中会产生以下不利影响，造成镀层质量的下降：

（1）氢脆　氢离子在阴极还原后，一部分以原子氢的状态渗入基体金属及镀层中，使基体金属及镀层的韧性下降而变脆，这种现象叫做“氢脆”。高强度钢及弹性零件对氢脆较为敏感，有时会使镀件脆裂或使镀层裂开而脱落。镀层金属中以铬的吸氢量较大，其次是铁族金属，锌最小，其他金属镀层的吸氢量更小。为消除或减小氢脆的不良影响，可在镀后进行高温除氢处理。

（2）鼓泡　电镀以后，当周围介质温度升高时，聚集在基体金属内的吸附氢会膨胀而使镀层产生小鼓泡，这种小鼓泡有时在电镀后放置数昼夜甚至更长时间才会出现，这种小鼓泡有时散布在镀件的整个表面，有时用肉眼难以看出，需要放大镜才能辨明。在电镀锌、镉、铅等金属时常出现小鼓泡现象。

（3）空洞和麻点　氢在阴极上析出后经常呈气泡状粘附在电极表面，造成该处的绝缘，使金属离子不能在粘附氢气泡的地方放电，而只能在这些气泡的周围放电。如果氢气泡在全部电镀过程中总是滞留在一个地方，就会在镀层中形成空洞或缝隙（又称针孔）。如果氢气泡在阴极上附着得不牢固，发生周期性的滞留与脱落，就会出现麻点。在溶液中加入润滑剂有助于克服产生空洞及麻点的倾向，此外，移动阴极、定期过滤溶液等也是消除这种疵病的有效方法。

析氢对电镀过程和镀层质量是极其不利的，要设法减少它的析出，提高析氢时的过电位，是减少氢气泡析出的有效措施。因此，在生产中应尽量加强能提高氢过电位的因素，并削弱能降低氢过电位的因素。

5.1.5 电镀在工业生产中的应用

1. 单金属电镀

（1）镀锌　锌是一种银白色金属，锌的密度为 $7.17g/cm^3$，相对原子质量 65.38，熔点 420℃，金属锌较脆，只有加热到（100～150）℃时才有一定延展性，250℃以上时易于发脆。

锌易溶于酸，也能溶于碱，故称它为两性金属。锌在干燥空气中几乎不发生变化，在潮湿空气或含有二氧化碳和氧的水中，锌表面上会生成一层主要由碱或

碳酸锌组成的薄膜，能够起到缓蚀作用。镀锌层在酸、碱和盐的水溶液中的耐蚀性较差，在含二氧化硫和硫化氢的大气以及在海洋性潮湿空气中，它的防蚀性也较差，在高温高湿空气中以及含有有机酸气氛里容易被腐蚀。镀锌层中含有金属杂质，会降低它的保护性能。

锌的标准电极电位为 -0.76V，比碳钢、铁和低合金钢较负，因此形成铁-锌原电池时镀锌层是阳极，它会自身溶解而保护钢铁基体，即使表面镀锌层不完整也能起到这个作用，所以镀锌层被称为“阳极性镀层”。镀锌层对铁基体既有机械保护作用，又有电化学保护作用，所以它的抗蚀性能相当优良。

镀锌层经钝化处理后，因钝化液不同而得到不同色彩的钝化膜或白色钝化膜。彩色钝化膜的抗蚀性比白色钝化膜高 5 倍以上。这是因为彩色钝化膜较白色钝化膜厚；另一方面，彩色钝化膜表面被划伤时，在潮湿空气中，划伤部位附近的钝化膜中六价铬有对擦伤部位进行“再钝化作用”，修补了损伤，使钝化膜恢复完整。因此，镀锌多采用彩色钝化。白色钝化膜外观洁白，多用在日用五金、建筑五金等要求有白色均匀表面的制品。此外，还有黑色钝化、军绿色钝化等，在工业中也有应用。

锌镀层的厚度视镀件的要求而异，较厚而无孔隙的锌镀层抗蚀性优良，镀层一般不低于 5μm，通常在（6 ~ 12）μm，用于恶劣环境条件时镀层厚度可超过 20μm。

镀锌具有成本低、抗蚀性好、美观和耐储存等优点，所以在轻工、仪表、机电、农机和国防等工业中得到广泛应用。但由于锌镀层硬度低，又对人体有害，故不宜在食品工业中使用。

钢铁零件上镀锌主要是作为防护性镀层，用量要占全部电镀零件的 1/3 至 1/2，是所有电镀品种中产量最大的一个镀种。

镀锌溶液分为碱性镀液、中性或弱酸性镀液和酸性镀液三类。碱性镀液有氰化物镀液、锌酸盐镀液及焦磷酸盐镀液等；中性或弱酸性镀液有氯化物镀液、硫酸盐光亮镀液等；酸性镀液有硫酸盐镀液、氯化铵镀液等，其中以氰化物镀锌、锌酸盐镀锌、氯化物镀锌和硫酸盐镀锌最常用。由于氰化物剧毒，对环境污染严重，近年来已趋向于采用低氰、微氰及无氰镀锌溶液。

（2）镀铜　铜具有良好的延展性、导热性和导电性，柔软而易于抛光。铜的密度为 8.9g/cm^3，相对原子质量 63.54，熔点 1 083℃。

铜的化学稳定性较差，在潮湿空气中与二氧化碳或氯化物作用生成一层碱式碳酸铜或氯化铜，受到硫化物的作用会生成棕色或黑色硫化铜，加热时镀铜层易氧化。铜剧烈地溶于硝酸和铬酸，稍溶于硫酸，但几乎不溶于盐酸。

铜在电化序中位于正电性金属之列，因此，锌、铁等金属上的铜镀层属于阴极性镀层。当铜镀层有孔隙、缺陷或损伤时，在腐蚀介质地作用下，基体金属成为阳极受到腐蚀，比未镀铜时腐蚀得更快，所以一般不单独用铜作防护装饰性镀层，常作为其他镀层的中间层，以提高表面镀层与基体金属的结合力。除此之外，采用厚铜薄镍的组合底镀层可减少镀层孔隙率并节约镍的耗用量。单独的铜镀层适用于零件局部渗碳时保护不需渗碳的部位，称为防渗碳镀铜。在电力工业中，在铁丝上用高速镀厚铜来代替纯铜导线，以减少铜的耗用量。在无线电行业中，印制线路板上通孔镀铜也获得了良好效果。镀铜层也用来修复零件和塑料电镀等方面。

由于铜镀层具有细小晶粒结构，在现代电镀工业中常使用周期换向电流等操作技术以及开发种种添加剂，可以从廉价的镀铜液中获得全光亮、平整性好、韧性高的铜镀层，因而铜镀层至今仍被广泛应用于防护装饰性镀层，并成为电镀工业中主要的镀种之一。

镀铜溶液的种类很多，有氰化物镀铜液、硫酸盐镀铜液、焦磷酸盐镀铜液、HEDP 镀铜液、柠檬酸盐镀铜液、氨三乙酸镀铜液、乙二胺镀铜液及氟硼酸盐镀铜液等。

氰化物镀铜液中的主要成分是铜氰络合离子和游离氰化物，由于 CN^- 离子对铜有很强的络合能力，致使 $[Cu(CN)_3]^{2-}$ 在 25℃时的不稳定常数为 5.0×10^{-28}，因而电镀时的极化很大，所获得的铜镀层结晶细致，镀液的分散能力和覆盖能力也很好。由于镀液呈碱性，有一定的去油能力，用于钢铁零件和锌制品零件等基体金属上直接镀铜，可获得结合力良好的镀层。但这类镀液含有剧毒的氰化物，生成过程中产生的废水、废气和废渣危害操作者的身体健康，必须进行综合处理。氰化物稳定性较差，分解后生成的碳酸盐在溶液中积累，有一定的副作用。

目前，在钢铁零件上进行多层电镀工艺中，覆盖第一层铜时使用氰化镀铜液仍起着优越的作用。

酸性硫酸盐镀铜液的特点是成分简单，价格便宜，镀液稳定，易于控制，在一定条件下允许使用较高的阴极电流密度；但镀层的结晶组织比氰化镀液中获得的铜层粗大，而且不能直接在铁和铁合金上镀铜，对管状零件，由于管内壁有铜的化学析出而影响产品质量。目前，酸性硫酸盐镀铜一般用作多层电镀中加厚的过渡镀层，特别适合用作塑料电镀的中间镀层。近年来，某些添加剂的采用使酸性硫酸盐镀铜有了新的发展，可直接镀得镜面光泽的铜镀层，镀液的分散能力也有所提高，镀层的韧性、孔隙率等质量有改善，因而该类镀铜工艺在生产中已广泛使用。

焦磷酸盐镀铜液能获得满意的性能，如工艺成分简单、镀液稳定、电流效率高、分散能力好、镀层结晶细致、镀液无毒和对设备无腐蚀，可获得较厚的铜镀层。该镀液已在电子工业印制线路板的通孔电镀、电铸工业中锌压铸件镀铜、防渗碳渗氮的隔离铜镀层等方面得到应用。为了提高焦磷酸盐镀铜层的结合力，通常仍需进行预镀或预处理。另外，镀液成本亦偏高，因而该镀液的使用受到一定的局限。

随着镀铜溶液新配方的研究，某些非氰化物镀铜液（如 HEDP 和柠檬酸盐-酒石酸盐镀铜液）已在一定程度上克服了钢铁零件的置换铜现象，从而可直接进行非氰化物镀铜，使电镀工艺简化，有着良好的使用前景。

(3) 镀铬　铬是稍带蓝色的银白色金属。铬的相对原子质量 51.996，原子价为 2、3、6；电解铬密度（6.9 ~ 7.1）g/cm^3；电化学当量 0.323 4g/（A · h），硬度 750 ~ 1 050HV，熔点 1 890℃，钝化电位为 +1.36V。

铬在大气中具有强烈的钝化能力，能长久保持光泽，在碱液、硝酸、硫酸、硫化物及许多有机酸中均不发生作用；但铬能溶于氢卤酸和热的浓硫酸中。镀铬层有很高的硬度和优良的耐磨性，较低的摩擦系数。

镀铬层有较好的耐热性，在空气中加热到 500℃时，其外观和硬度仍无明显的变化。铬层的反光能力强，仅次于银镀层。

铬层厚度在 0.25μm 时是微孔性的，厚度超过 0.5μm 时铬层出现网状微裂纹，铬层厚度超过 20μm 时对基体才有机械保护作用。

铬的标准电位比铁负，但由于铬具有强烈的钝化作用，其电位变得比铁正，因此铬层相对于钢铁零件属于阳极性镀层，它不能起电化学保护作用。镀铬按用途可分为装饰性镀铬和耐磨镀铬。装饰性镀铬层较薄，可防止基体金属生锈和美化产品外观；耐磨镀铬层较厚，可提高机械零件的硬度、耐磨、耐蚀和耐高温等性能。目前已在生产上使用的主要有以下几种：

1）防护装饰铬。该镀层既可防止基体金属锈蚀，又具有装饰性光亮外观。通常作为多层电镀的最外层，如铜锡合金-铬、镍-铬和铜-镍-铬等。经过抛光的制品表面镀上装饰铬后，可获得银蓝色镜面光泽，在大气中经久不变颜色。该镀铬层广泛应用于仪器、仪表、日用五金、家用电器、飞机、汽车、火车等外露部件。这类镀层的厚度一般在 0.25 ~ 2μm 范围内。经过抛光的装饰镀铬层有很高的反射能力，可用于反光镜。

2）硬铬（耐磨镀铬）。硬铬镀层具有很高的硬度和耐磨性能，可提高制品的耐磨性，延长使用寿命，如工具、模具、量具、切削刀具及易磨损零件（如机床主轴、汽车拖拉机曲轴）等。这类镀层的厚度一般在 5 ~ 80μm 范围内。硬镀铬还可用于修复磨损零件的尺寸。若严格控制镀铬工艺过程，将零件准确地镀覆到图样规定的尺寸，镀后不进行加工或进行少量加工，则称为尺寸镀铬。

3）乳白铬镀层。乳白铬镀层韧性好，硬度稍低，镀层中裂纹和孔隙较少，主要用在各种量具上。在乳白铬镀层上加镀光亮耐磨铬镀层，既能提高镀件抗蚀性能又能达到耐磨目的，称为防护-耐磨双层铬镀层。这种双层铬镀层在飞机、船舶零件及枪炮内壁上得到广泛应用。

4）松孔铬镀层。零件镀铬后进行阳极松孔处理，使镀铬层的网状裂纹扩大并加深，以储存润滑油，降低摩擦系数，达到延长使用寿命的目的。它主要用于内燃机气缸内腔和活塞环和转子发电机内腔等耐热、耐蚀、耐磨的零件。

5）黑铬镀层。黑铬镀层主要用作降低反光性能的防护-装饰性镀层，应用于航空仪表、光学仪器和照相器材等。

（4）镀镍　镍具有银白色金属光泽，相对密度为8.9，熔点为1 453℃，相对原子质量为58.7，通常显示的化合价为+2，标准电极电位为-0.25V，电化学当量为1.095g/（A·h）。

镍具有磁性。通常，在其表面存在一层钝化膜，因而具有较高的化学稳定性。在常温下，对水和空气都是稳定的。镍易溶于稀酸，在稀硫酸和稀盐酸溶液中比在稀硝酸溶液中溶解的慢，遇到发烟硝酸则呈钝态。镍与强碱不发生作用。

镍的标准电极电位比铁的标准电极电位正。镍表面钝化后电极电位更正，因而铁基体上的镍镀层是阴极性镀层。因此，只有当镀层完整无缺时，镍层才能对铁基体起到机械保护作用。然而，一般镍镀层是多孔的，所以镍常与其他金属镀层构成多层体系，镍作为底层或中间层或采用多层镍来降低镀层的孔隙率，以提高镀层抗腐蚀性能。有时也用镀镍层作碱性介质的保护层。

镍镀层的性能与镀镍工艺关系密切相关，工艺不同，获得的镍镀层的性能也不同。即使采用同一镀液，由于操作条件不同所获镍镀层的性质也不同。

镀镍的应用面很广，可分为防护装饰性和功能性两方面。

作为防护装饰性镀层，镍可以镀覆在低碳钢、锌铸件、某些铝合金、铜合金表面上，保护基体材料不受腐蚀，并通过抛光暗镍镀层或直接镀光亮镍的方法获得光亮的镍镀层，达到装饰的目的。镍在城市大气中易变暗，所以光亮镍镀层上往往再镀一薄层铬，使其抗蚀性更好、外观更美。也有在光亮镍镀层上镀一层金或镀一层仿金镀层，并覆以透明的有机覆盖层，从而获得金色装饰层。塑料处理后也可镀镍，使塑料零件金属化，既轻又美。自行车、缝纫机、钟表、家用电器仪表、汽车、摩托车及照相机等的零件均用镍镀层作为防护装饰性镀层。

功能性镍镀层，主要用于修复电镀，在被磨损的、被腐蚀的或加工过度的零件上镀比实际需要更厚的镀层，然后经过机械加工使其达到规定的尺寸。尤其是近年来发展了刷镀技术，可在需修复的部位进行局部电镀，进一步降低修复的成本。易磨损的轴类零件的修复常采用这一方法。

选择适当的镀液，可以高速度镀得韧性好、内应力低的镍镀层。这种镀镍工艺常用在电铸工业，用来制造印刷行业的电铸板、唱片模子以及其他模具。

厚的镍镀层具有良好的耐磨性，可作为耐磨镀层。尤其是复合电镀，以镍作为主体金属，以金刚石、碳化硅等耐磨粒子作为分散颗粒，可沉积出夹有耐磨微粒的复合镀层，其硬度比普通的镍镀层高，耐磨性更好。若以石墨或氟化石墨作为分散颗粒，则获得的镍-石墨或镍-氟化石墨复合镀层，具有很好的自润滑性，可用作润滑镀层。

2. 合金电镀

(1) 镀铜锡合金　铜锡合金俗称青铜。根据合金镀层中含锡量的多少可分为三种类型。

1) 低锡青铜。含 w_{Sn}8% ~15%，镀层呈黄色，相对钢铁基体为阴极镀层，其孔隙率随锡含量升高而降低，耐蚀性则提高。它的抛光性好，硬度较低，耐蚀性较好，但在空气中易氧化变色。套铬后有很好的耐蚀性，是优良的防护装饰性底层或中间层，已广泛应用于日用五金、轻工、机械、仪表等行业中。

2) 中锡青铜。含 w_{Sn}15% ~35%，镀层呈金黄色。硬度和耐蚀性介于低锡青铜与高锡青铜之间，套铬后容易发花，很少使用。

3) 高锡青铜。含 w_{Sn}量 40% ~55% 范围内，镀层呈银白色，亦称白青铜。硬度介于镍铬之间，抛光后有良好的反光性，在大气中不易氧化变色，在弱酸、碱液中很稳定，还具有良好的钎焊和导电性，可用作代银或代铬镀层，常用于日用五金、仪器仪表、餐具、反光器械等。该镀层较脆，有细小裂纹和孔隙，不适于在恶劣条件下使用，产品不能经受变形。电镀铜锡合金体系主要包括氰化物和焦磷酸盐电镀体系。

氰化物电镀铜锡合金的优点是镀层的成分和色泽容易控制，镀液分散能力好，改变镀液的组成和条件，可以获得低锡、中锡和高锡等一系列色泽的铜锡合金镀层。其缺点是镀液含有大量剧毒的氰化物，且操作温度较高，安全要求严格。

焦磷酸盐镀铜锡合金是应用最广的无氰镀铜锡合金。它又分为二价锡镀液和四价锡镀液。二价锡镀液的优点是镀层锡含量高，适于有防锈性能要求的产品；缺点是容易产生“亚铜粉”和毛刺，需不断用30%双氧水将亚铜氧化而形成可溶性的二价铜的焦磷酸盐配合物。四价锡镀液的优点是镀液稳定，不易产生“亚铜粉”和毛刺；缺点是镀层中锡的含量较低，只适于电镀低锡青铜。

(2) 镀铜锌合金　铜含量高于锌的铜锌合金俗称黄铜，应用最广的黄铜含 w_{Cu}为 68% ~75%。含 w_{Cu}为 70% ~80% 的铜锌合金呈金黄色，具有优良的装饰效果，它还可以进行化学着色而转化为其他色彩的镀层，广泛应用于灯具、日用五金、工艺品等方面。钢丝镀黄铜后能明显提高钢丝与橡胶的粘结力，因而国内外的钢丝轮胎均采用黄铜镀层作为钢丝与橡胶热压时的中间层。这一用途的黄铜镀层以 α 相为最好，要求镀层中铜含量 w_{Cu}严格控制在 (71 ±3)%，镀层中铜含量过高或过低均会影响它和橡胶的粘结力。

锌含量高于铜的铜锌合金通常称为白黄铜，它具有很强的抗腐蚀性能，可用作钢铁零件镀锡、镍、铬、银及其他金属的中间层。它已用于文教用品以及家用电器、日用五金等方面。

(3) 镀镍铁合金　镍铁合金通常比镍白，硬度、平整性和韧性比亮镍好，易于套铬，有利于零件镀后形变加工，并且成本较低等。镍铁合金镀层为阴极性镀层，它与铬之间的腐蚀电位比镍与铬之间小 0.05V。其防锈性能与亮镍相当。含 w_{Fe}10% ~15% 的合金镀层没有出现斑点的现象。把含 w_{Fe}30% ~40% 的高铁合金层作底层，含 w_{Fe}10% ~15% 的低铁合金层作表层，可组成双层镍铁镀层。防腐性能要求低的产品可用单层镍铁合金镀层，即中铁镀层（镀层含 w_{Fe}20% ~25%）。防腐性能要求高的产品，可用双层或三层镍铁合金镀层，即高铁-低铁或低铁-高铁-低铁镀层。

镍铁合金已广泛用于自行车、摩托车、缝纫机、家具、家用电器、日用五金、文教用品、塑料电镀件、玩具、建筑配件、皮箱零件、汽车配件等方面，绝大多数的镀镍产品都可用镍铁合金代替。

(4) 镀镍钴合金　镍钴合金可作为装饰合金和磁性合金，含 w_{Co}30% 以下的镍钴合金磁性较低，具有白色金属光泽、良好的化学稳定性和耐磨性，适用于手表零件的装饰镀层且不影响走时精度。装饰用镍钴镀层通常用含 w_{Co}15% 的合金层，钴含量越高镀层磁性越大。作为磁性合金，其含钴量 w_{Co} 均超过 30%。

镍钴合金具有较高的剩余磁通密度，一般为 0.5 ~1T（5 000 ~10 000GS），是 γ-Fe_2O_3 磁胶的二倍。电镀磁性合金和电镀防护——装饰性合金不同，它不仅要求严格控制合金镀层的成分、厚度和外观，而且还要求严格控制金属结晶的生长过程。目前，镍钴合金已被广泛用作电子计算机的磁鼓和磁盘的表面磁性镀层，其基体大都采用铝合金以达到体积小、质量轻和存贮密度大的要求。

5.2　化学镀

5.2.1　化学镀概述

在表面技术发展过程中，化学镀占有很重要的位置，它主要是利用合适的还原剂，使溶液中的金属离子有选择地在经催化剂活化的表面上还原析出成金属镀层的一种化学处理方法。在化学镀中，金属离子是依靠在溶液中得到所需的电子而还原成金属的。

还原剂的有效程度是用它的标准氧化电位来推断，如：次磷酸盐是一个强还原剂，能产生一个正值的标准氧化-还原电位 E^{θ}。但又不应过分地信赖 E^{θ} 值，因在应用中，由于溶液中不同的离子活度、超电位和类似其他因素的影响，会使 E^0 值有很大差异，但氧化和还原电位的计算，仍有助于预先估计不同还原剂的有效程度。若标准氧化还原电位太小或为负值，则金属还原将难以进行。

化学镀溶液的组成及其相应工作条件必须使反应只限在具有催化作用的制件表面发生，而溶液不应自己本身发生氧化还原，以免溶液自然分解，造成溶液过快地失效。

若被镀的金属本身是反应的催化剂，则化学镀的过程就具有自动催化作用，使反应不断进行，镀层的厚度也逐渐增加，将得到一定的厚度。除镍不具备自动催化作用外，钴、钯、铑都有自动催化作用。

对于塑料、陶瓷、玻璃等这些不具备自动催化表面的非金属制件，在化学镀前要进行特殊的预处理，使它们的表面活化而具有催化作用。

化学镀和电镀相比，所用的溶液稳定性较差，且溶液的维护、调整和再生都较复杂，而且成本高。虽然化学镀与电镀相比有以上的不足，但也有如下的优势：

1）镀层厚度均匀。

2）镀层密度大，孔隙小，外观良好。

3）无需电解设备及附件。

4）可在金属、非金属及半导体材料上进行化学镀。

5）不受电力线分布不均匀的影响，而且在几何形状复杂的镀件上也可得到厚度均匀的镀层。

现在，化学镀在工业生产中已被普遍采用，尤其在电子工业中起着重要作用。采用不同的还原剂，在化学镀中就能得到各种性能的镀层，所以在选定镀液时要认真考虑它的特性和经济性。目前，已有化学镀镍、铜、银、金、钴、钯、铂、锡，以及化学镀合金和化学复合镀层等工业。本节只讨论较常用的化学镀镍和镀铜。

在化学镀液中常用的还原剂有：次磷酸盐、甲醛、肼、硼氢化物、胺基硼烷和它们的衍生物等。

5.2.2 化学镀镍

化学镀镍早在1844年，由Wurtz在实验室内首先发现镍的还原反应，以后许多研究者对它又进行了进一步的研究。1946年，美国国家标准局（NBS）的二位科学家Brenner和Riddell，根据在试验中的偶然发现发表了一篇文章，描述了钢基体在碱性溶液中获得镍磷镀层的工艺条件。后来又进一步研究出更方便的酸性溶液，扩大应用到不同金属基体上的沉积镀层。通过研究，确立了次亚磷酸盐的作用，认为由次亚磷酸盐作还原剂，放出电子使 Ni^{2+} 还原得到镍镀层。从此化学镀镍迅速发展，成为化学镀中最广泛应用的一种方法。

现在，化学镀镍已形成了较完善的工艺，一般以次亚磷酸盐为还原剂的高温镀液，常用于钢和其他金属上的沉积镀层；以次亚磷酸盐为还原剂的中温碱性镀液，用于塑料和其他非金属基体上沉积镍层。以硼氢化物为还原剂的碱性镀液，常用于铜和铜合金基体上的沉积镍层。以胺基硼烷为还原剂的镀液温度略低于酸性镀液，也用于非金属或塑料基体上的沉积镍层。

由于化学镀镍层具有较好的耐磨性和抗腐蚀性，一般作为工程或功能性镀层，如铝基体表面经化学镀镍，即可获得可钎焊的表面，使铝表面具有钎焊性。在模具和铸件上进行化学镀是为了改善润滑性和耐磨性，脱模容易。尤其是化学镀镍磷槽液，由于配制成本低于化学镀镍硼槽液，槽液稳定，易于操作，所以在各个领域中得到了广泛的应用，在化学镀市场约占90%。

化学镀镍的需求量不断上升，是因为镀镍层具有优异的抗腐蚀性和耐磨性，镀层均匀、结晶细致、孔隙率低，使某些金属和非金属表面具有钎焊能力；镀液深镀能力好，化学稳定性高，操作简便等优点。但由于受工艺本身的限制，也有化学药品价格高、化学镀镍层脆性大、对一些金属（如铜、锡、镉和锌）的合金基体在化学镀镍前需先镀铜和沉积速度慢等不足。

1. 化学镀镍的基本原理

镍磷化学镀的基本原理是以次亚磷酸盐为还原剂，将镍盐还原成镍，同时使镀层中含有一定的磷。沉淀的镍膜具有自催化性，可使反应自动进行下去。关于Ni-P化学镀的具体反应机理，目前尚无统一认识，现在为大多数人所接受的是原子氢态理论：

1）镀液在加热时，通过次亚磷酸盐在水溶液中脱氢，而形成亚磷酸根，同时放出初生态原子氢，即

$$H_2PO_2^- + H_2O \rightarrow HPO_3^{2-} + H^+ + 2[H]$$

2）初生态的原子氢吸附催化金属表面而使之活化，使镀液中的镍阳离子还原，在催化金属表面上沉积金属镍，即

$$Ni^{2+} + 2[H] \rightarrow Ni^0 + 2H^+$$

3）随着次亚磷酸根的分解，还原成磷，即

$$H_2PO_2^- + [H] \rightarrow H_2O + OH^- + P$$

4）镍原子和磷原子共同沉积而形成Ni-P固溶体。

由此得出，其基本原理是通过镀液中离子还原，同时伴随着次亚磷酸盐的分解而产生磷原子进入镀层，形成过饱和的Ni-P固溶体。

为了使镀液稳定，镀速适当及镀层质量优良，在化学沉积镍磷合金过程中，除了需要及时地补充上述反应所消耗的主盐外，还需在镀液中加入适量的络合剂、稳定剂、缓冲剂和其他添加剂等。

(1) 镍盐　镍盐是镀液中的主盐，作为二价镍离子的供给源，使化学镀反应

得以连续进行。一般采用的镍盐有氯化镍、硫酸镍和醋酸镍。由于硫酸镍不易结块，且价廉易得，目前多数配方采用硫酸镍。

(2) 次磷酸盐　还原剂一般采用次磷酸盐，其作用是通过催化脱氢，提供活泼氢原子，把 Ni^{2+} 还原成金属，并使镀层中含有磷的成分。其次，次磷酸盐的浓度在一定范围内增加可加速 Ni^{2+} 的还原，提高镀速。

(3) 络合剂　镀液中加入络合剂的作用是使 Ni^{2+} 与络合剂生成稳定络合物，同时还可防止氢氧化物及亚磷酸盐沉淀。强络合剂对提高镀液稳定性有利，但使镀速降低。选择适当的络合剂可控制稳定性和镀速，改善镀层光亮度及耐蚀性，同时还可以改变还原反应的活化能，实现低温施镀。酸性镀液常用的络合剂有乳酸、氨基乙酸、羟基乙酸、柠檬酸、苹果酸、酒石酸、硼酸和水杨酸等。碱性镀液常用的络合剂有氯化铵、柠檬酸铵和焦磷酸铵等。目前，镀液中的络合剂正在向复合应用方向发展。

(4) 稳定剂　在施镀过程中，因种种原因不可避免地会在镀液中产生活性的结晶核心，为达到防止分解的目的而采用稳定剂。现在常用的稳定剂有铅离子、硫脲、锡的硫化物、硫代硫酸、偏硫氢化物、钼酸盐和碘酸盐等。

(5) 缓冲剂　在施镀过程中有 H^+ 产生，使镀液 pH 值下降，影响镀速和镀层性能。缓冲剂的作用是保证镀液 pH 值在工艺要求范围内。常用的缓冲剂有柠檬酸、丙酸、乙二酸、琥珀酸及其钠盐。

(6) 其他添加剂　镀液中加入少量的氟化物可提高镀速并有助于铝上镀覆，较多的氟化物则可提高镀层的硬度。镀液中加入磺化脂肪酸、硫酸脂等阴离子表面活性剂，可降低镀液与镀件的表面张力，提高浸润能力，有利于施镀过程中 H_2 气泡的逸出。

2. 化学镀镍层的性能

(1) 镍磷（Ni-P）镀层的性能　在前面已经说明，用次磷酸盐作还原剂的化学镀镍获得的镀层是 Ni-P 合金。这种镀层具有厚度均匀、硬度高、光滑，易于钎焊和抗腐蚀性好等特点，是一种独特的工程材料。镀层经低温处理后可弥散强化，获得更高的硬度，提高耐磨性。因此，镍磷镀层在工业中得到了广泛的应用，并可代替贵重和不易加工的合金。

化学镀镍层厚度的均匀性很好，是电镀层无法比拟的。一般电镀层的厚度变化很大，在盲孔处没有镀层。然而，化学镀镍只要表面能通过镀液都可获得均匀的厚度，无论形状多么复杂，均可得到均匀厚度的镀层。只有在沉积过程中气泡在表面聚集，阻碍镀液到达零件表面，才会造成镀层厚度不均，所以在放置零件时要避免上述情况的出现。在大多数情况下，化学镀层能精确控制厚度，所以可以省去镀后加工的问题。

在大多数金属基体上化学镀镍的附着力很好，开始的置换反应在具有催化金属表面发生，该催化表面在镀液中应具有除去亚微观污物的能力，使形成的金属沉积层和基体形成机械键结合。

对于非晶体或易钝化的金属基体，开始时表面不发生置换反应，附着力很差，但经过适当的处理和活化，镀层的键合强度大大增强。在使用除高强铝合金外的其他铝基体零件，经化学镀镍后必须在200℃左右下处理1.5h，用以提高镀层和基体的结合力。镀后热处理既可使镀层与基体间的相互扩散，也有除氢的作用。若铝基零件不进行处理，对其结合强度有很大的影响。

零件的前处理对镀层结合力也有很大影响。若处理不当，镀层与基体的键合强度受到破坏，产生位移，形成裂纹。

化学镀镍层的密度与它的含磷量成反比，这些镀层的热导性能和导电性能也是随镀层组分的变化而变化。在工业上使用的镀层中，一般电阻率是50～90μΩ·cm，热导率为4.185～5.441W/（m·K），所以，化学镀镍层比常用导体的导电性要低得多。

镀层中磷的含量对镀层的热膨胀系数有明显的影响，含磷量高的镀层的热膨胀系数接近钢的热膨胀系数。

镀层的磁性也要受到磷含量的影响。当镀层含磷量 $w_P > 10\%$ 时，镀层为非磁性的；但当含磷量较低时，镀层则略有磁性。若对镀层进行300℃以上的热处理，则可改善化学镀镍层的磁性。

化学镀镍层的机械特性与玻璃相似，具有较高的强度和弹性系数，但延展性能较差。化学镀镍层的延展性是随组分的变化而变化的，磷含量高、纯度高的镀层，伸长率为1～1.5%。虽然镀镍层的延展性不好，但由于一般镀层均很薄，所以仍能弯曲而不引起破坏。

硬度和耐磨性在工程上是非常重要的指标。未经任何热处理的化学镀镍层与许多硬化合金钢的硬度差不多。若经过热处理，由于镀层的时效硬化，它的硬度可达到1 100HV，与常用的镀硬铬层硬度相当。有时，镀层不允许高温热处理，因为在高温条件下会使零件变形或可能降低零件的强度。所以，有时在较低温度下经过较长时间的热处理也能获得所需要的硬度。因为化学镀镍层的硬度高，所以不管镀层是否经过热处理，它都具有较好的耐磨性。

化学镀镍层的钎焊性和耐蚀性也是很好的。在电子工业中轻金属元件采用化学镀镍可以提高钎焊性能。化学镀镍层是一种屏障镀层，屏障层把基体与周围环境可以隔离。镀镍层是无定形结构和易于钝化，所以耐蚀性能好，在许多情况下优于纯镍和铬合金。化学镀镍层在热处理后，耐蚀性有一定程度的下降，但仍较好。

（2）镍硼（Ni-B）镀层的性能　以硼氢化物或胺基硼烷作还原剂的槽液可获得Ni-B合金镀层，它的性能与Ni-P合金镀层的性能大致相同。Ni-B镀层的特点：Ni-B 合金镀层经过热处理后硬度会很高，能够超过镀硬铬；Ni-B 合金镀层具有优异的耐摩擦性和耐磨损性；Ni-B 合金镀层与高含磷的 Ni-P 合金镀层的密度接近，其熔点要比 Ni-P 合金镀层的熔点高，接近纯镍的熔点；含 w_B5% 的 Ni-B 合金镀层电阻率接近于 Ni-P 合金镀层；Ni-B 合金镀层的强度和延展性只有含高磷的 Ni-P 合金镀层的 20%；化学镀 Ni-B 合金同时也具有自然光泽性能。

一般 Ni-B 合金镀层的耐腐蚀性不如 Ni-P 合金镀层，但在碱性和溶剂的介质下，Ni-B 合金镀层有较好的耐蚀性，Ni-P 合金镀层略有腐蚀。但在酸性或含氨的溶液中，Ni-B 合金镀层有严重的腐蚀现象，而 Ni-P 合金镀层只有中等程度的腐蚀。

3. 化学镀镍溶液及工艺条件

以次亚磷酸钠作还原剂的化学镀镍溶液用得最广，分为酸性镀液和碱性镀液。其反应式分别为：

酸性镀液：$Ni^{2+} + H_2PO_2^- + H_2O \rightarrow Ni + H_2PO_3^- + 2H^+$

碱性镀液：$Ni^{2+} + H_2PO_2^- + 2OH^- \rightarrow Ni + H_2PO_3^- + H_2O$

氢气的产生：$H_2PO_2^- + H_2O \rightarrow H_2PO_3^- + H_2\uparrow$

磷的析出：$H_2PO_2^- + H^+ \rightarrow P + H_2O + H_2PO_3^-$

采用酸性镀液沉积速率快，可以获得耐蚀性好的镀层，但一般溶液温度高，所以能耗高。这类镀液一般含有 4～7g/L 镍离子，15～35g/L 次亚磷酸钠，pH 值4～6，温度 85～95℃。采用碱性镀液获得的镀层的磷含量比酸性镀液要低，镀层孔隙率较大，耐蚀性较差，但镀液稳定。碱性镀液适用于塑料、半导体等材料的镀覆；但由于镀液 pH 值高，为了避免沉淀析出，必须用大量络合能力强的络合剂，如柠檬酸盐、焦磷酸盐以及三乙醇胺等。表 5-2 和表 5-3 列出了以次亚磷酸盐为还原剂的化学镀镍溶液，但需指出的是，在技术文献中一般不提供完整的镀液配方。

表 5-2 酸性化学镀镍溶液组成及工艺条件 (g/L)

组成与工艺	1	2	3	4	5	6	7	8
硫酸镍	25	20	30	25	28	30	25	30
次亚磷酸钠	30	25	20	30	35	36	20	30
醋酸		12						
柠檬酸					20	15		
乙醇酸								
乳酸				27	30		20	
苹果酸			18				15	20
丙酸				2.2		5	12	16

（续）

组成与工艺	1	2	3	4	5	6	7	8
丁二酸（钠盐）			16			5		10
醋酸钠	20							
羟基乙酸钠	30					15		
氟化钠				0.5				
稳定剂 $Pb^{2+}/mg\cdot/L^{-1}$	2	1		2			2	
pH 值	5	4.5	5.5	4.5	4.8	4.8	5.0	5.5
温度/℃	90	93	90	88	87	90	90	85
镀速/$\mu m\cdot h^{-1}$	15		25				12	8
磷含量 w_P（%）	6～8			8～12	8～9		9～12	

表 5-3　碱性化学镀镍溶液组成和工艺条件　　（g/L）

组成与工艺	1	2	3	4	5	6
硫酸镍	20	30	25	30	33	30
次亚磷酸钠	15	25	30	30	17	30
柠檬酸钠	30	50			84	10
焦磷酸钠			50	60		
三乙醇胺				100		
氯化铵					50	30
pH 值	7～8.5	8	9～11	1	9.5	8
温度/℃	45	90	75	35	88	45
镀速/$\mu m\cdot h^{-1}$			20	3	10	8
磷含量 w_P（%）			7～8	4		3

4. 化学镀镍层的应用

（1）在模具工业中的应用　采用化学镀镍强化模具，既能保证硬度和耐磨性，又能起到固体润滑的效果。例如，黄铜零件拉深模是由 45 钢淬火和低温回火制成（50HRC），在使用过程中粘铜现象严重，极易拉伤零件，所以在生产过程中需要频繁地修理模具，有的加工几件或几十件就要进行修理。采用化学沉积镍磷合金层，厚度为 10μm，经热处理后铜模具表面硬度达到 1 000HV，连续加工 500 件仍不需要修模，而且零件表面质量明显提高。

化学镀镍应用模具有以下特点：

1）能提高模具表面硬度和耐磨性、抗擦伤和抗咬合，脱模容易，能延长模具的使用寿命。

2）化学镀镍层与基体结合强度高，能承受一定的切应力，适用于一般冲压模和挤压模。

3）镍磷合金层具有优良的抗蚀性，对塑料和橡胶制品模可以进行表面强化处理。

4）沉积层厚度可控制，模具表面尺寸超差时可重新沉积，修复到规定尺寸。

5）挤压模和注塑模等形状复杂的模具具有变形的问题，若表面沉积镍磷合金，其厚度均匀且无变形。

（2）在石油化学工业中的应用　化学镀 Ni-P 合金由于兼有优良的抗蚀和耐磨两大特点，加之其厚度均匀，能满足精密尺寸的要求，即使在管件和复杂零件的内表面，也能获得均匀的镀层。因此，化学镀镍在石油天然气开发和化工生产中成为一种具有优势的保护方法，是石油化工装备方面最新发展起来的一种结构材料。

石油天然气开发是在非常严酷的环境中进行的，不仅材料暴露在盐水、二氧化碳、硫化氢或其他腐蚀性很强的介质中，而且介质的温度、压力和速度也对材料起着很大的破坏作用。例如，中东某油田，生产的原油含 H_2S（55%），温度为 80℃，压力为 20MPa，高含量的 H_2S 引起严重腐蚀，未加保护层的球阀最多使用三个月就失效。采用英国生产的镀有 75μm Ni-P 合金镀层的球阀后，使用两年未发现问题，其耐蚀能力超过不锈钢。我国某油田化工厂引进的设备均采用镍磷合金镀层防护，耐蚀性能良好。

另外，化学镀 Ni-P 合金在反应器、换热器、连杆泵和泥浆泵等方面还有良好的应用。归纳起来，应用 Ni-P 合金镀层显示如下优越性：

1）Ni-P 合金镀层耐蚀性优良，可以起到防蚀作用。

2）Ni-P 合金镀层可以不断修复。

3）与不锈钢等耐蚀材料相比，Ni-P 合金镀层的耐蚀性毫不逊色，用它能够代替贵重材料，节约资金，降低成本。

4）Ni-P 合金镀层用化学沉积方法获得，对设备及零件的形状和尺寸没有严格限制。

（3）在汽车工业中的应用　化学镀 Ni-P 合金镀层在汽车工业中的应用包括两大类：一类是作为耐磨功能性镀层；另一类是作为塑料制品电镀前的准备。Ni-P 合金镀层用作汽车方面的功能性镀层，如发动机主轴、差动小齿轮、发电机散热器和制动器接头等。采用化学镀 Ni-P 合金镀层，可提高零件的耐热性、耐蚀性和焊接性。其中，如小齿轮轴是汽车驱动机械的主要部件，基材加工后镀 13～18μm 的化学镀 Ni-P 合金镀层，并在镀后进行热处理 2h，其硬度可达到 62HRC。由于镀层是非常均匀的，不需要加工就可保证公差要求和轴的对称性，而且在使用中发现噪声降低，这时因为镀后使其磨合性和耐磨性得到改善，使发动机构能平滑地运转所致。

随着汽车地轻量化，工程塑料制件的应用越来越多。据统计，美国用于每台汽车的塑料约 136kg。化学镀镍已可直接在非导体上沉积，使塑料表面导体化用来作为塑料件电镀前的准备。一般采用温度较低的碱性镀液，镀层厚度在0.25~0.5μm范围内，镀层的磷含量较低。

5.2.3 化学镀铜

化学镀铜主要应用于非导体材料的金属化处理、塑料制品、电子工业的印制线路板等，在计算机中多层印制电路板对层间电路的连接孔金属化有很高的要求，化学镀铜则能很好地解决这一问题。

$$Cu^{2+} + 2HCHO + 4OH^- \rightarrow Cu^0 + H_2\uparrow + 2H_2O + 2HCOO^-$$

上面是化学镀铜的反应式，它通过以甲醛作还原剂，是一种自催化还原反应，它可获得需要厚度的铜层。

1. 化学镀铜溶液及工艺条件

目前有许多种化学镀铜溶液，按络合剂可分为酒石酸盐型、EDTA二钠盐型和混合结合剂型三种；按镀铜层厚度可分为镀薄铜溶液和镀厚铜溶液；按还原剂种类，可分为甲醛、肼、次磷酸盐、硼氢化物等溶液；若按用途，则可分为塑料金属化、印刷电路板金属化等溶液。

化学镀铜的镀层为0.1~0.5μm，外观为粉红色，它的导电性、导热性、延展性均很好。它一般主要作为非金属、印制电路板孔金属化的导电层，然后再进行电镀加厚镀层。最近几年，高稳定的化学镀铜溶液已开始使用，它可使镀层厚度达到5μm以上。这样就使印制电路板孔金属化的工艺更加简单。下面介绍几种化学镀铜溶液和工艺条件：

(1) 适用于一般塑料电镀前的化学镀铜溶液

硫酸铜	(7~9) g/L
酒石酸钾钠	(40~50) g/L
甲醛（37%）	(11~13) mL/L
氢氧化钠	(7~9) g/L
温度	(25~32)℃
pH值（用NaOH调整）	11.5~12.5

需要空气搅拌。

(2) 适用于一般印制电路板孔金属化处理化学镀铜溶液

1) 配方一

硫酸铜	(10~15) g/L
酒石酸钾钠	(40~60) g/L
甲醛（37%）	(10~15) mL/L
氢氧化钠	(8~14) g/L
甲醇	(40~80) mL/L
亚铁氰化钾	(80~130) mg/L

温度　　(25~35)℃

pH 值（用 NaOH 调整）　　11.5~12.5

2）配方二

硫酸铜　　(10~15) g/L

EDTA 钠盐　　(30~45) g/L

甲醛（37%）　　(5~8) mL/L

氢氧化钠　　(7~15) g/L

α，α'-联吡啶　　(0.05~0.10) g/L

温度　　(25~40)℃

pH 值（用 NaOH 调整）　　12~13

需要空气搅拌。

(3) 高温高速高稳定的化学镀铜溶液，沉积速度每小时可达 5μm 以上

1）配方一

硫酸铜　　(6~10) g/L

EDTA 钠盐　　(30~40) g/L

甲醛（37%）　　(10~15) mL/L

氢氧化钠　　(7~10) g/L

α，α'-联吡啶　　(0.05~0.10) g/L

温度　　(60~70)℃

pH 值（用 NaOH 调整）　　12~13

需要空气搅拌。

2）配方二

硫酸铜　　10g/L

EDTA 钠盐　　20g/L

甲醛（37%）　　20mL/L

氢氧化钠　　10g/L

甲基二氯硅烷　　0.25g/L

温度　　65℃

pH 值（用 NaOH 调整）　　11.5~12.5

在化学镀铜溶液中，单络合剂的镀液有一定局限；用一定量的双络合剂或多络合剂的镀液可以镀厚铜，工作温度范围大，溶液稳定性更好。下面介绍一种含双络合剂的化学镀铜溶液及工艺条件：

硫酸铜 $CuSO_4 \cdot 5H_2O$　　16g/L

EDTA 二钠盐　　20g/L

酒石酸钾钠 $NaKC_4H_4O_6 \cdot 4H_2O$　　14g/L

氢氧化钠	10g/L
甲醛 HCHO（37%）	15mL/L
α，α'-联吡啶	20mg/L
亚铁氰化钾 $K_4[Fe(CN)_6]$	10mg/L
温度	(40～50)℃
pH 值（用 NaOH 调整）	12.5

2. 化学镀铜溶液中各组分的使用和影响

溶液中的铜盐是通过硫酸铜来提供铜离子，硫酸铜的含量对沉积速度有一定的影响。

另外，溶液中 pH 值控制合适，提高溶液中铜含量，沉积速度也有所增加。在不含稳定剂的溶液中，应采用低浓度镀液；而在含稳定剂的溶液中，铜离子的浓度可适当提高。

氢氧化钠起着提供碱性条件的作用，它可以调解溶液的 pH 值，以保证溶液的稳定性。在其他组分不变时，提高氢氧化钠含量，沉积速度则有所提高。但不能无限增加，当增至一定量时，铜的沉积速度则变化不大，溶液又易于分解。然而，氢氧化钠含量也不宜过低，过低会使沉积速度缓慢，直至停止。

在化学镀铜溶液暂停使用时，要用硫酸把 pH 值降至 10 以下，这样可以避免溶液自然分解降低甲醛作用，使反应停止。重新使用时，再用氢氧化钠溶液把 pH 值调整上去，达到工艺要求。

络合剂可以使铜离子以络离子状态出现，使 $Cu(OH)_2$ 在碱性条件下不易析出。常用的络合剂有 EDTA 钠盐和酒石酸钾钠两种。在化学镀铜溶液中加入合适的络合剂可以提高镀液的稳定性，使沉积速度提高，镀铜层的性能也有所改善。

还原剂在化学镀铜中起着重要作用，化学镀铜溶液中常用的还原剂为甲醛，但它必须在碱性条件下才有还原作用。不同的 pH 值条件，甲醛反应也不同，如：

在 pH > 11 的碱性条件下为

$$2HCHO + 4OH^- = 2HCOO^- + H_2\uparrow + 2H_2O + 2e$$

在中性或酸性条件下为

$$HCHO + H_2O = HCOOH + 2H^+ + 2e$$

甲醛的还原作用与溶液的 pH 值有很大关系，溶液中 pH 值越高，甲醛还原能力越强，铜的沉积速度也越快，但同时溶液自然分解也越快。所以甲醛的含量和 pH 值的合适范围，都要视配方不同而定。

在化学镀铜中还要加入如亚铁氰化钾、氰化钠、α，α'-联吡啶、甲醇、甲基二氯硅烷、2-硫基苯并噻・唑等稳定剂，来抑制反应和稳定溶液。因为在化学镀铜中除铜离子在催化表面上被甲醛还原成金属铜外，还有其他反应，如

$$2Cu^{2+} + HCHO + 5OH^- \rightarrow Cu_2O\downarrow + HCOO^- + 3H_2O$$

生成的 Cu_2O 还能被甲醛还原

$$Cu_2O + 2HCHO + 2OH^- \rightarrow 2Cu + H_2 + 2HCOO^- + H_2O$$

呈胶体状的氧化亚铜以细小的微粒分散在溶液中，难以用过滤的方法除去，如果与铜共沉积，会造成铜层疏松、粗糙、与基体结合力差等问题，而且这种铜微粒又会成为自催化中心，使溶液分解。使用了稳定剂，则可抑制上述反应，但稳定剂的添加量要合适，用量大了会使沉积速度显著减慢，甚至停止反应。

第 6 章　化学转化膜

化学转化膜是通过金属与溶液界面上的化学或电化学反应，在其表面形成的稳定的化合物膜层。按膜的主要组成物化学转化膜可以分为：氧化物膜、磷化物膜、铬酸盐膜、溶胶-凝胶膜等，这些膜层与基体结合牢固，具有优异的物理及力学性能，尤其是耐蚀性。

转化膜的形成实质上是一种人为控制的金属表面腐蚀过程。它不同于外加的膜层（如电镀层和化学镀层），在形成时必须有基体金属直接参加。膜形成的反应是比较复杂的，在总反应过程中包括各种电化学、物理化学和化学的过程，并且还可能有二次反应和副反应发生。

化学转化膜作为金属制件的防护层，其防护功能主要是依靠降低金属本身的化学活性，以提高它在环境介质中的热力学稳定性。除此之外，也依靠表面上的转化产物对环境介质的隔离作用。化学转化膜几乎在所有的金属表面都能生成，广泛地应用于机械、仪器仪表、电子等制造工业领域，作为防腐蚀和其他功能性的表面覆盖层。

6.1　氧化处理

6.1.1　钢铁的化学氧化

钢铁的化学氧化处理，是使其表面生成非常稳定的磁性氧化铁 Fe_3O_4 膜层。不同含碳量的材料采用不同的氧化温度，会得到不同色彩的膜层，如蓝色、黑色、咖啡色、褐色和樱桃红色等，因此该工艺也俗称“发蓝”或“发黑”。该工艺具有膜层光泽美观、工艺设备简单、价格低廉、生产效率高等优点，而且工件经处理后不会改变表面精度和外径尺寸，因此钢铁的氧化处理广泛用于机械零件，电子设备、精密光学仪器、弹簧和兵器等的防护装饰方面。

钢铁的氧化处理有化学、电化学等方法。目前工业上普遍采用的是碱性化学氧化法，这种方法是将钢铁件置于添加氧化剂（如硝酸钠或亚硝酸钠）的热强碱溶液中进行处理。在高温下（>100℃），金属铁与氧化剂和强碱作用，生成亚铁酸钠（Na_2FeO_2）和铁酸钠（$Na_2Fe_2O_4$），两者相互反应生成磁性氧化铁（Fe_3O_4），具体的反应式如下：

$$3Fe + NaNO_2 + 5NaOH = 3Na_2FeO_2 + H_2O + NH_3\uparrow$$

$$6Na_2FeO_2 + NaNO_2 + 5H_2O = 3Na_2Fe_2O_4 + 7NaOH + NH_3\uparrow$$

$$Na_2FeO_2 + Na_2Fe_2O_4 + 2H_2O = Fe_3O_4 + 4NaOH$$

从以上式子可以看出，反应中氧化剂大量的消耗，需要适当补加。苛性碱一般很少补加，虽然提高碱液浓度有利于亚铁酸钠和铁酸钠的生成，但是碱浓度过高反过来会加速已生成的氧化膜的溶解。工业上为了获得优质的氧化膜，常使用两种浓度不同的氧化溶液进行两次氧化。另外，在新配的溶液里应适量加些废钢料或加入低浓度的旧溶液，以增加槽液中的铁离子，获得满意的镀层。

氧化初期是金属铁的溶解，并在界面处形成氧化铁的过饱和溶液，进一步在金属表面个别的点上生成氧化物的晶胞，这些晶胞逐渐增长，直到互相接触生成连续的薄膜。为了得到适宜的生长速度和厚度，必须控制晶胞的形成数量，而它决定于苛性碱的浓度和温度，当然氧化剂的浓度也有一定的影响。

磁性氧化铁 Fe_3O_4 膜层非常的致密，能牢固地与金属表面结合，厚度约为 0.6～0.8μm。它在较干燥的空气中是稳定的，而在水或湿大气中保护作用较差，因此钢质件在氧化之后常要进行浸油处理。

碱性氧化法其中又分单槽法和双槽法，其工艺规范见表 6-1 和表 6-2。

表 6-1　单槽法钢铁氧化配方及工艺条件　(g/L)

组成及工艺条件	1	2
氢氧化钠（NaOH）	550～650	600～700
亚硝酸钠（$NaNO_2$）	150～200	200～250
重铬酸钾（$K_2Cr_2O_7$）		25～32
温度/℃	135～145	130～135
时间/min	15～60	15

表 6-2　双槽法钢铁氧化配方及工艺条件　(g/L)

组成及工艺条件	1		2	
	第一槽	第二槽	第一槽	第二槽
氢氧化钠（NaOH）	500～600	700～800	550～650	700～800
亚硝酸钠（$NaNO_2$）	100～150	150～200		
硝酸钠（$NaNO_3$）			100～150	150～200
温度/℃	135～140	145～152	130～135	140～150
时间/min	10～20	45～60	15～20	30～60

单槽法操作简单，目前使用较广泛，其中，配方 1 为通用氧化液，操作方便，膜层美观光亮，但膜层较薄；配方 2 氧化速度快，膜层致密，但光亮度稍差。双槽法是在两个浓度和工艺条件不同的氧化溶液中进行两次氧化处理。此法

得到的氧化膜较厚，耐蚀性较高，而且还能消除零件表面的红色挂灰。由配方1可获得保护性能好的蓝黑色光亮的氧化膜；由配方2可获得较厚的黑色氧化膜。

6.1.2 有色金属的化学氧化

1. 铝及其合金的化学氧化

化学氧化法因设备简单、成本低廉，在铝及其合金的防护装饰方面占有重要的地位。铝及其合金经化学氧化处理后，所得膜层厚度为0.5～4μm，膜层多孔，具有良好的吸附性，可作为有机涂层的底层，但其耐磨性和耐蚀性均不如阳极氧化膜好。化学氧化工艺的特点是设备简单，操作方便，生产效率高，成本低，适用于很难用阳极氧化方法获得完整氧化膜的大型、复杂、组合或微型零件的处理，如细长管形件的内壁、点焊件等。

铝及其合金的化学氧化方法有很多种，按其溶液的性质可分为碱性和酸性溶液两类。但所使用的溶液组成几乎都以碳酸钠作为基本成分，另外添加碱金属的铬酸盐、硅酸盐等作为缓蚀剂。铝在上述碱性溶液中的形成机理尚不清楚。铝在沸水中可以形成比自然氧化物膜更厚的膜层，其过程属于电化学性质，在局部电池的阳极上发生如下的反应：

$$Al \rightarrow Al^{3+} + 3e$$

与此同时在阴极上有：

$$3H_2O + 3e \rightarrow 3OH^- + \frac{3}{2}H_2$$

阴极反应导致金属/溶液界面液相区的碱度增加，于是进一步有如下反应，并生成 Al_2O_3 薄膜：

$$Al^{3+} + 3OH^- \rightarrow AlOOH + H_2O$$

$$2AlOOH \rightarrow \gamma - Al_2O_3 \cdot H_2O$$

铝与铝合金的化学氧化的工艺方法，只是在应用上简便、快速和经济的MBV方法出现之后才基本定型。MBV方法的溶液由碳酸钠和铬酸钠两个组分所组成，其浓度和工作温度范围比较宽。众多研究表明，两种MBV工艺中最佳浓度见表6-3。

表6-3 MBV工艺

工艺方案	无水碳酸钠/$g \cdot L^{-1}$	铬酸钠/$g \cdot L^{-1}$	重铬酸钠/$g \cdot L^{-1}$	温度/℃	时间/min
1	50	15	——	90～95	5～10
2	60	——	15	90～95	5～10

MBV方法得到的膜可以进行无机盐着色，但着色效果不好。MBV方法适用于纯铝、Al-Mg、Al-Mn、Al-Si以及Cu含量 $w_{Cu} < 4\%$ 的Al-Cu合金等。人们在MBV法的基础上改进并推出了诸如EW、Pylumin、VAW等新的氧化处理方法。

其中 EW 法应用最广，它所得的膜层的耐蚀性和耐磨性都较高，且适用于重金属含量高的铝合金，但它不能用作油漆的底层。

2. 铜及铜合金的化学氧化

利用化学氧化方法可以在铜及铜合金的表面上得到具有一定的装饰外观和防护性能的氧化铜膜层。膜层的成分主要是 CuO 或 CuO_2，颜色可以是黑色、蓝黑色、棕色等，厚度为 0.5 ~ 2μm。铜及其合金氧化处理后，表面应涂油或清漆，以提高氧化膜的防护能力。铜及其合金的氧化处理，广泛用于电子工业、仪器仪表、光学仪器、轻工产品及工艺品等的表面防护装饰。

关于铜的化学氧化机理存在着不同的见解，最有代表的是 Weber 的观点。他认为铜的化学氧化具有局部电池的电化学反应特征，在阳极上发生铜的氧化，其反应式如下：

$$Cu \rightarrow Cu^{2+} + 2e$$

阴极上有：

$$2H_2O + 2e \rightarrow 2OH^- + 2H$$

析出的氢随即被氧化剂所氧化而生成水。接下来的如下反应促成了氧化铜转化膜的生成：

$$Cu^{2+} + OH^- \rightarrow Cu(OH)^+ + OH^- \rightarrow Cu(OH)_2$$

$$Cu(OH)_2 \rightarrow CuO \cdot H_2O \rightarrow CuO + H_2O$$

在温度较高（如 60℃）的条件下，上述的反应将自左向右进行。虽然在形成氧化物膜的反应细节上存在着不同的见解，但过程的进行总包含着金属的溶解、中间产物的生成及氧化物的结晶（对结晶的方式，看法可能不一致）三个步骤，这是比较明确的。表 6-4 是典型的两种铜及铜合金的化学氧化工艺。

表 6-4　铜及铜合金的化学氧化工艺　(g/L)

溶液组成的质量浓度及工艺条件	1 号溶液（过硫酸盐）	2 号溶液（铜氨盐）
过硫酸钾（$K_2S_2O_8$）	10 ~ 20	
氢氧化钠（NaOH）	45 ~ 50	
碱式碳酸铜［$CuCO_3 \cdot Cu(OH)_2$］		40 ~ 50
氨水（$NH_3 \cdot H_2O$）		200mL/L
温度/℃	60 ~ 65	15 ~ 40
时间/min	5 ~ 10	5 ~ 15

1 号溶液采用过硫酸盐，它是一种强氧化剂，在溶液中分解为 H_2SO_4 和极活泼的氧原子，使零件表面氧化，生成黑色氧化铜保护膜。它适用于纯铜零件的氧化，为保证质量，铜合金零件氧化前应镀一层厚为 3 ~ 5μm 的纯铜。缺点是稳定

性较差，使用寿命短，在溶液配制后应立即进行氧化。

2 号溶液适用于黄铜零件的氧化处理，能得到亮黑色或深蓝色的氧化膜。装挂夹具只能用铝、钢、黄铜等材料制成，不能用纯铜作挂具，以防止溶液恶化。在氧化过程中须经常调整溶液和翻动零件，以防止缺陷的产生。

6.1.3 铝及铝合金的阳极氧化

在所有铝和铝合金的表面处理方法中，阳极氧化法是应用最为广泛的。阳极氧化是指在适当的电解液中，以金属作为阳极，在外加电流作用下使其表面生成氧化膜的方法。铝及铝合金的阳极氧化膜厚度可达几十至几百微米，不但具有良好的力学性能和耐蚀性能，而且还有较强的吸附性，采用各种着色方法后可以得到美观的装饰外表。

铝及其合金阳极氧化膜在工业上有以下几方面的应用：

(1) 作为防护层　阳极氧化膜在空气中有足够的稳定性，能够大大提高铝制品表面的耐蚀性能。

(2) 作为防护-装饰层　在硫酸溶液中进行阳极氧化得到的膜具有较高的透明度，经着色处理后能得到各种鲜艳的色彩，在特殊工艺条件下还可以得到具有瓷质外观的氧化层。

(3) 作为耐磨层　阳极氧化膜具有很高的硬度，可以提高制品表面的耐磨性。

(4) 作为绝缘层　阳极氧化膜具有很高的绝缘电阻和击穿电压，可以用作电解电容器的电介质或电器制品的绝缘层。

(5) 作为喷漆底层　阳极氧化膜具有多孔性和良好的吸附特性，作为喷漆或其他有机覆盖层的底层，可以提高漆或其他有机物膜与基体的结合力。

(6) 作为电镀底层　利用阳极氧化膜的多孔性，可以提高金属镀层与基体的结合力。

1. 阳极氧化的原理

铝是两性金属，铝表面氧化物膜的生成既与电位有关，也与溶液的 pH 值有关。从 Al 的电位—pH 图（图 6-1）可以看出，在 pH 范围在 4.45 ~ 8.38 之间，铝表面所生成的天然氧化层（$Al_2O_3 \cdot H_2O$）能够稳定的存在，但这种钝化膜只有几个分子层的厚度，因此在工业

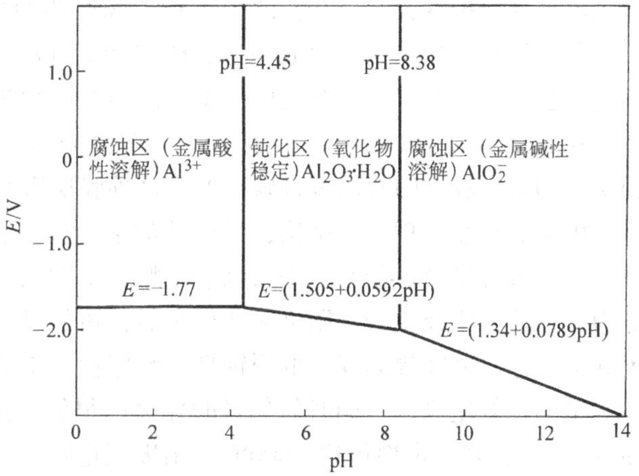

图 6-1　25℃时 Al 的电位-pH 图

上的应用价值是很有限的。一般认为，铝和铝合金在碱性和酸性两种电解液里都能进行阳极氧化，最常用的是酸性电解液，即图6-1中的金属酸性溶解区。

工业上铝及铝合金的进行阳极氧化时，所用的电解液一般为中等溶解能力的酸性溶液，如硫酸、铬酸、草酸等，铅作为阴极，仅起导电作用。

铝及铝合金进行阳极氧化时，由于电解质是强酸性的，阳极电位较高，因此阳极反应首先是水的电解，产生初生态的［O］，氧原子立即对铝发生氧化反应，生成氧化铝，即薄而致密的阳极氧化膜。阳极发生的反应如下：

$$H_2O - 2e \rightarrow O + 2H^+$$

$$2Al + 3O \rightarrow Al_2O_3$$

阴极只是起导电作用和析氢反应，在阴极发生下列反应：

$$2H^+ + 2e \rightarrow H_2 \uparrow$$

同时酸对铝和生成的氧化膜进行化学溶解，其反应如下：

$$2Al + 6H^+ \rightarrow 2Al^{3+} + 3H_2 \uparrow$$

$$Al_2O_3 + 6H^+ \rightarrow 2Al^{3+} + 3H_2O$$

因此氧化膜的生长与溶解同时进行，只是在氧化的不同阶段两者的速度不同，当膜的生长速度和溶解速度相等时，膜的厚度才达到定值。

2. 阳极氧化膜的结构和性能

铝及铝合金的氧化膜具有蜂窝状结构，如图6-2所示。其规则的微孔垂直于表面，其结构单元尺寸、孔径、壁厚和阻挡层厚等参数均可由电解液成分和工艺参数控制。一般来说，孔的长度（膜厚）为孔径的1 000倍以上。孔隙率通常在10%左右，硬质膜的孔隙率可以降至2%～4%，建筑用氧化膜的孔隙率约为11%。同时，可以通过封孔处理以提高其保护性，也可在孔隙中沉积特殊性能的物质而获得某些特殊功能，从而形成多种多样的功能性膜。在常用的硫酸、铬酸和草酸电解液中，由于硫酸对氧化膜的溶解作用最大，草酸的溶解作用最小，所以在硫酸电解液中得到的阳极氧化膜的孔隙率最高，可达20%～30%，故它的膜层也较软。但是这种膜层富有弹性，而且吸附能力最强。

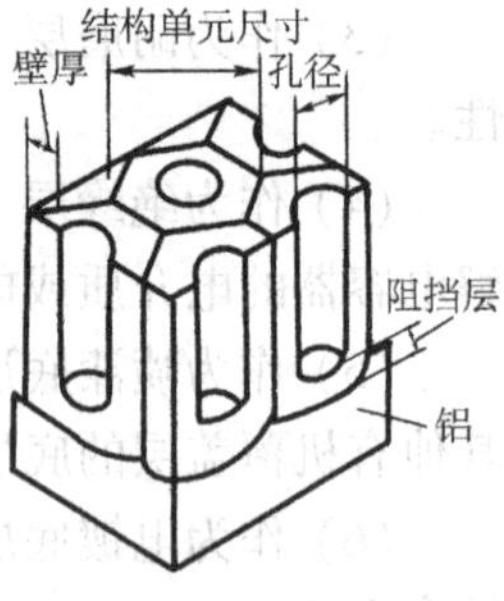

图6-2　阳极氧化膜的结构示意图

由于氧化膜呈现多孔结构，且微孔的活性较高，所以膜层有很好的吸附性。氧化膜对各种染料、盐类、润滑剂、石蜡、干性油、树脂等均表现出很高的吸附能力，因此，铝及铝合金阳极氧化处理后，再经过着色和封闭处理可以获得各种不同的颜色，并能提高膜层的耐蚀性、耐磨性。铝的阳极氧化膜的阻抗较高，是热和电的良好绝缘体。同时氧化膜的导热性很低，热导率为0.004 1～0.012 5J/cm·s·℃，其稳定性可达1 500℃。阳极氧化膜与基体金属的结合力很强，但它的塑性差，较大的脆性出现在垂直于膜层成长或增厚的方向，在受到较大冲击负荷和弯曲变形时会产生龟裂，从而降低膜的防护性能，所以氧化膜不适宜于在机械作用下使用，可以作为油漆层的底层。

3. 铝及铝合金的阳极氧化工艺

铝及铝合金的阳极氧化可在多种电解液中进行，如硫酸、铬酸盐、锰酸盐、硅酸盐、碳酸盐以及磷酸盐、硼酸、硼酸盐、酒石酸盐、草酸、草酸盐和其他有机酸盐等电解液。

铝阳极氧化电解液虽然各种各样，但在现代工业中主要采用硫酸、草酸、铬酸以及硼酸等四种酸。

不论使用哪种溶液，其浓度、温度、电流密度都有最佳值，而且所生成的膜各有自己的特点。一般纯铝及低成分铝合金的氧化膜硬度最高，而且氧化膜均匀一致。随着合金成分的含量增加，膜质变软，特别是重金属元素影响最大。直流氧化膜硬度比交流氧化膜高，直流和交流叠加使用时，可在一定范围内调节氧化膜硬度。

下面介绍目前工业上常用的三种铝及铝合金的阳极氧化工艺：

（1）硫酸阳极氧化　硫酸阳极氧化工艺几乎适用于所有铝及铝合金。在硫酸电解液中阳极氧化处理后，所得的氧化膜厚度有 5～20μm，它具有强吸附能力，较高的硬度，良好的耐磨性和抗蚀性能，膜层无色透明，极易染成各种美丽的色泽。该工艺具有溶液稳定、允许杂质含量范围较大的特点，与铬酸、草酸法比较，电能消耗少，操作方便，成本低。

硫酸阳极氧化配方及工艺条件见表 6-5。

表 6-5　硫酸阳极氧化配方及工艺条件

配方及工艺条件	1	2	3
硫酸（H_2SO_4）/g·L^{-1}	160～200	160～200	100～110
铝离子（Al^{3+}）/g·L^{-1}	<20	<20	<20
温度/℃	13～26	0～7	13～26
电压/V	12～22	12～22	16～24
电流密度/A·dm^{-2}	0.5～2.5	0.5～2.5	1～2
时间/min	30～60	30～60	30～60
阴极材料	纯铝或铅锡合金板	纯铝或铅锡合金板	
阴极与阳极面积比	1.5:1	1.5:1	1:1
搅拌	压缩空气搅拌	压缩空气搅拌	压缩空气搅拌
电源	直流电	直流电	交流电

影响氧化膜质量的因素有很多，如硫酸浓度、温度、电流密度、时间、杂质等。

1）硫酸浓度。氧化膜的生成速度与电解液中硫酸浓度有密切的关系。膜的增厚过程取决于膜的溶解与生长速度之比，通常硫酸浓度的增大，氧化膜溶解速度也增大（膜不易生长）；反之，浓度降低，膜溶解速度也减少（膜易生长）。图 6-3 为硫酸浓度对氧化膜的生成速度的影响。

在浓度较高的硫酸溶液中进行氧化时，所得的氧化膜孔隙率高，容易染色，但膜的硬度、耐磨性能均较差。而在稀硫酸溶液中所得的氧化膜，坚硬且耐磨，反光性能好，但孔隙率较低，适宜于染成各种较浅的淡色。

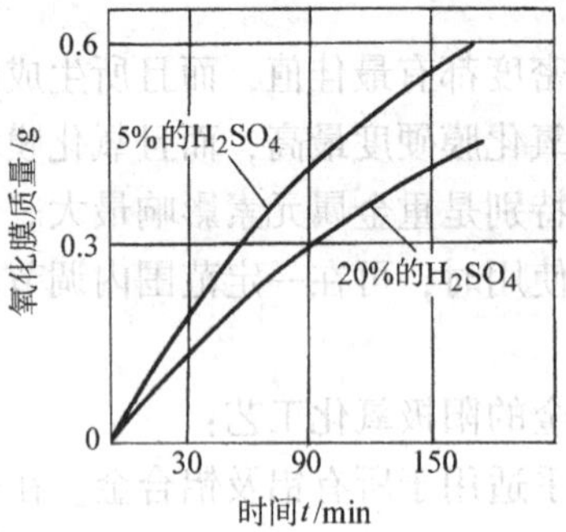

图 6-3　硫酸浓度（质量分数）对氧化膜生成速度的影响

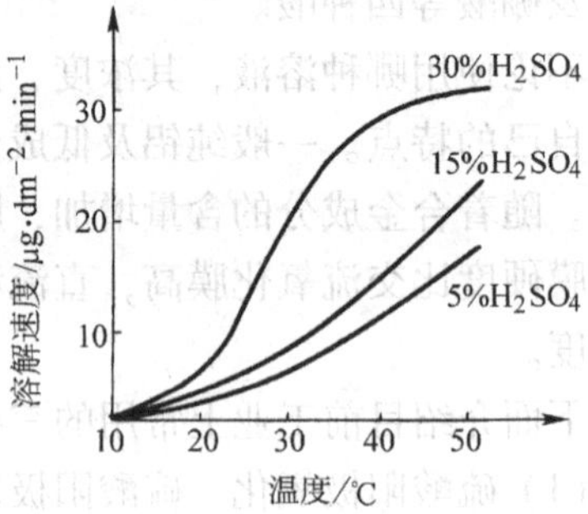

图 6-4　温度对膜溶解速度的影响

2）温度。电解液温度对氧化膜层的影响与硫酸浓度变化的影响基本相同，温度升高时，膜的溶解速度加大，膜的生成速度减小，如图 6-4、图 6-5 所示。

一般随电解液温度的升高，氧化膜的耐磨性降低。在温度为 18～20℃时，所得的氧化膜多孔，吸附性好，富有弹性，抗蚀能力强，但耐磨性较差。在装饰性硫酸阳极氧化工艺中，温度控制在 0～3℃，温度波动 ±1℃，硬度可达 400HV 以上；缺点是当制件受力发生形变或弯曲时，氧化膜易碎裂，溶液温度过低氧化膜发脆易裂。对于易变形的零件宜在温度 8～10℃氧化。

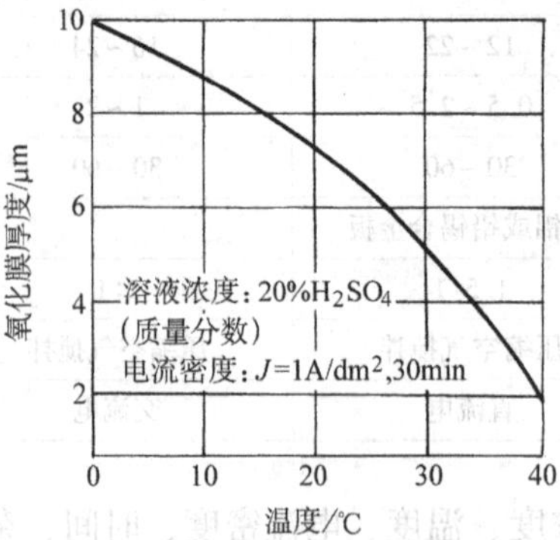

图 6-5　温度对膜成长速度的影响

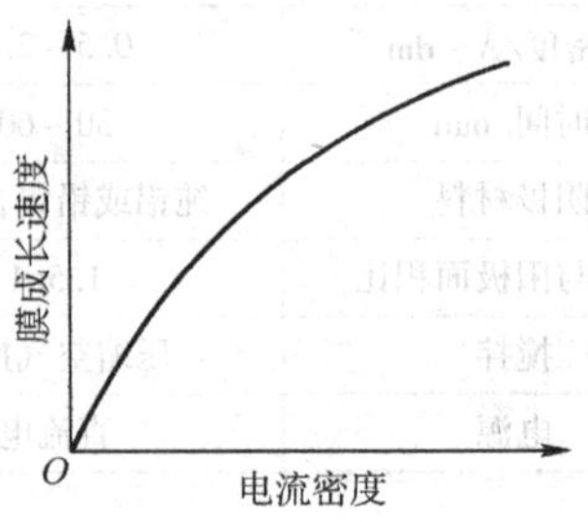

图 6-6　电流密度对膜成长速度的影响

3）电流密度。当铝制件通电氧化时，开始很快在铝制件表面生成一层薄而致密的氧化膜，此时电阻增大，电压急剧升高，阳极电流密度逐渐减少。电压继续升高至一定值时，氧化膜因受电解液的溶解作用在较薄弱部位开始被电击穿，促使电流通过，氧化过程继续进行。

电流密度对氧化膜的生长影响很大，如图6-6所示。在一定范围内提高电流密度，可以加速膜的生长速度；但当达到一定的阳极电流密度极限值后，氧化膜的速度增加的很慢，甚至趋于停止。这主要是因为在高电流密度下，氧化膜孔内的热效应加大，促使氧化膜溶解加速所致。

4）时间。氧化时间的确定取决于电解液的浓度、所需的膜厚和工作条件等。在正常情况下，当电流密度恒定时，膜的生长速度与氧化时间成正比。但当氧化膜生长到一定厚度时，由于膜的电阻加大，影响导电能力，而且由于温升，膜的溶解速度也加快，故膜的生长速度会逐渐减慢。

当进行厚的硬质阳极氧化时，氧化时间可延长至数小时。但操作时必须加大电流密度，而且对电解液进行强制冷却。通常，对于形状复杂或易变形的制品，其氧化时间不宜太长。

5）杂质。电解液中可能存在的杂质是 Cl^-、F^-、NO_3^- 和 Al^{3+}、Cu^{2+}、Fe^{2+} 等离子。当 Cl^-、F^-、NO_3^- 等阴离子含量高时，氧化膜的孔隙率大大增加，氧化膜表面变得粗糙和疏松。通常这些杂质在电解液中的允许含量为 $Cl^- < 0.05g/L$、$F^- < 0.01g/L$。因此必须严格控制水质，一般要求用去离子水或蒸馏水配制电解液。

电解液中 Al^{3+} 主要来源于阳极的溶解，当 Al^{3+} 含量增加时，往往会使制件表面出现白点或斑状白块，并使膜的吸附性能下降，造成染色困难。一般将 Al^{3+} 浓度控制在 20g/L 以下。

当铝制件中含铜、硅等元素时，随着氧化过程的进行，由于电解液中的阳极溶解作用，使合金元素 Cu^{2+}、Si^{2+} 不断集聚。当 Cu^{2+} 含量达 0.02g/L 时，氧化膜上会出现暗色条纹或黑色斑点。为了除去 Cu^{2+} 离子，可以用铝电极通直流电处理，阳极电流密度控制在（0.1~0.2）A/dm^2，让金属铜在阴极上析出。Si^{2+} 常以悬浮状态存在于电解液中，往往以褐色粉末状物吸附在阳极上，一般用滤纸或微孔管过滤机过滤排除。

（2）铬酸阳极氧化　1923年英国的本戈（Bengough）和斯图尔特（Stuart）发明了铝及铝合金制品在铬酸盐溶液中进行直流电解的阳极氧化法，以后对该法进行了一些改进，成为今日盛行的工业上实用的方法。

经铬酸阳极氧化得到的氧化膜厚度较薄，一般只有 2~5μm，因此制品仍能保持原来的精度和表面粗糙度，故该工艺适用于精密零件。但膜层的孔隙率较低，膜层质软，耐磨性较差。

表6-6为铬酸阳极氧化的工艺规范。

表 6-6　为铬酸阳极氧化的工艺规范

配方及工艺条件	1	2	3
铬酸/$g \cdot L^{-1}$	50 ~ 60	30 ~ 40	95 ~ 100
温度/℃	33 ~ 37	38 ~ 42	35 ~ 39
电流密度/$A \cdot dm^{-2}$	1.5 ~ 2.5	0.2 ~ 0.6	0.3 ~ 2.5
电压/V	0 ~ 40	0 ~ 40	0 ~ 40
时间/min	60	60	35

影响膜层质量的因素很多，一般铬酸浓度过低或电解液不稳定，会造成膜层质量的下降。电解液中的 Cl^-、SO_4^{2-}、Cr^{3+} 等都是有害离子。Cl^- 会引起零件的蚀刻；SO_4^{2-} 数量的增加会使氧化膜从透明变为不透明，并缩短铬酸液的使用寿命；Cr^{3+} 过多会使氧化膜变得暗而无光。

与硫酸阳极氧化相比，铬酸阳极氧化的溶液成本很高且电能消耗也很大，因此在使用上受到一定的限制。

(3) 草酸阳极氧化　用 2% ~ 10% 的草酸电解液，通以直流电或交流电进行阳极氧化处理，称为草酸阳极氧化。早期盛行于日本和德国，在日本称为“Alumite”法，在德国称为“Eloxal”法。

草酸阳极氧化能获得较厚的氧化膜，厚度约为 8 ~ 20μm，且富有弹性，耐蚀性好，具有良好的电绝缘性能。但该方法的成本高，为硫酸阳极氧化的 3 ~ 5 倍；溶液有毒性且稳定性较差。因此在应用方面受到一定的限制，一般在有特殊要求的情况下使用，如制作电气绝缘保护层、日用品的表面装饰等。表 6-7 列出草酸阳极氧化的工艺规范。

草酸阳极氧化工艺适用于纯铝及镁合金的阳极氧化，对含铜及硅的铝合金则不适用。该电解液对氯离子非常敏感，其质量浓度超过 0.04g/L 时膜层就会出现腐蚀斑点。三价铝离子的质量浓度也不允许超过 3g/L。

表 6-7　草酸阳极氧化的工艺规范

配方及工艺条件	1	2	3
草酸/$g \cdot L^{-1}$	27 ~ 33	50 ~ 100	50
温度/℃	15 ~ 21	35	35
电流密度/$A \cdot dm^{-2}$	1 ~ 2	2 ~ 3	1 ~ 2
电压/V	110 ~ 120	40 ~ 60	30 ~ 35
时间/min	120	30 ~ 60	30 ~ 60
电源	直流	交流	直流

4. 阳极氧化膜的着色和封闭

由于铝及铝合金的阳极氧化膜具有独特的蜂窝状结构，因此可以利用其强的吸附能力，再经一定的着色和封闭处理而获得各种鲜艳的色彩和提高膜层的耐蚀性、耐磨性。

着色必须在阳极氧化后立即进行，着色前应将氧化膜用冷水仔细清洗干净。而在工业生产中，经阳极氧化后的铝及其合金制品，不论着色与否都要进行封闭处理，以防止氧化膜的污染，并能提高氧化膜的耐蚀性和绝缘特性。

（1）着色　一般而言，最适用于进行着色的氧化膜，是从硫酸电解液中获得的阳极氧化膜。它能在大多数铝及铝合金上形成无色且透明的膜层，其孔隙的吸附能力也较强。氧化膜的常用着色方法是吸附着色法，所用色料为无机颜料或有机染料。另外，还有利用电化学反应来着色的电解着色法等。

1）无机颜料着色。无机颜料着色方法问世早，但目前已不甚流行，多被有机染料着色方法所取代。无机颜料着色机理主要是物理吸附作用，即无机颜料分子吸附于膜层微孔的表面，进行填充。该法着色色调不鲜艳，与基体结合力差，但耐晒性好。表 6-8 为无机颜料着色的工艺规范。

表 6-8　无机颜料着色的工艺规范

颜　色	组　成	质量浓度/$g\cdot L^{-1}$	温度/℃	时间/min	生成的有色盐
红色	醋酸钴 铁氰化钾	50～100 10～50	室温	5～10	铁氰化钾
蓝色	亚铁氰化钾 氯化铁	10～50 10～100	室温	5～10	普鲁士蓝
黄色	铬酸钾 醋酸钴	50～100 100～200	室温	5～10	铬酸铅
黑色	醋酸钴 高锰酸钾	50～100 12～25	室温	5～10	氧化钴

2）有机染料着色。当用有机染料着色时，阳极氧化膜组成中的新鲜的氧化铝将起到媒染剂的作用。有机染料着色的机理较复杂，一般认为有物理吸附和化学反应。着色所用的有机染料多为酸性直接染料。这些染料当中，有些是以物理吸附的形式进入氧化膜中，固色能力不良；另一些染料的固色性较好，可以认为是以化学吸附或与化学反应相结合的形式进入氧化膜的结果。表 6-9 为有机染料着色的工艺规范。

3）电解着色。电解着色是把经阳极氧化的铝及其合金放入含金属盐的电解液中进行电解，通过电化学反应，使进入氧化膜微孔中的重金属离子还原为金属原子，沉积于孔底无孔层上而着色。由电解着色工艺得到的彩色氧化膜，具有良好的耐磨性、耐晒性、耐热性、耐蚀性和色泽稳定持久等优点，目前在建筑装饰用铝型材上得到了广泛的应用。表 6-10 是电解着色的工艺规范。电解着色所用电压越高，时间越长，颜色越深。

表 6-9　有机染料着色的工艺规范

颜　色	染料名称	质量浓度/g·L^{-1}	温度/℃	时间/min	pH
红色	1. 茜素红（R）	5~10	60~70	10~20	
	2. 酸性大红（GR）	6~8	室温	2~15	4.5~5.5
	3. 活性艳红	2~5	70~80		
	4. 铝红（GLW）	3~5	室温	5~10	5~6
蓝色	1. 直接耐晒蓝	3~5	15~30	15~20	4.5~5.5
	2. 活性艳蓝	5	室温	1~5	4.5~5.5
	3. 酸性蓝	2~5	60~70	2~15	4.5~5.5
金黄色	1. 茜素黄（S）	0.3	70~80	1~3	5~6
	茜素红（R）	0.5			
	2. 活性艳橙	0.5	70~80	5~15	
	3. 铝黄（GLW）	2.5	室温	2~5	5~5.5
黑色	1. 酸性黑（ATT）	10	室温	3~10	4.5~5.5
	2. 酸性元青	10~12	60~70	10~15	
	3. 苯胺黑	5~10	60~70	15~30	5~5.5

表 6-10　电解着色的工艺规范

颜　色	组　成	质量浓度/g·L^{-1}	温度/℃	交流电压/V	时间/min
金黄色	硝酸银	0.4~10	室温	8~20	0.5~1.5
	硫　酸	5~30			
青铜色	硫酸镍	25	20	7~15	2~15
→褐色	硼　酸	25			
→黑色	硫酸铵	15			
	硫酸镁	20			
青铜色	硫酸亚锡	20	15~25	13~20	5~20
→褐色	硫　酸	10			
→黑色	硼　酸	10			
紫色	硫酸铜	35	20	10	5~20
→红褐色	硫酸镁	20			
	硫　酸	5			
黑色	硫酸钴	25	20	17	13
	硫酸铵	15			
	硼　酸	25			

(2) 封闭　自具有中等溶解能力的电解液中获得的阳极氧化膜，通常都要进一步进行封闭处理，其目的是使膜孔闭合以提高膜的防护性能和经久保持膜的着色

效果。封闭的方法有热水封闭法、蒸汽封闭法、重铬酸盐封闭法和水解封闭法等。

1）热水封闭法。一般认为，阳极氧化膜在热水中封闭是无定形氧化铝（Al_2O_3）的水合作用生成水合氧化铝（$Al_2O_3 \cdot H_2O$）晶体的化学过程。反应如下：

$$Al_2O_3 + nH_2O = Al_2O_3 \cdot nH_2O$$

式中 n 为 1 或 3。当 Al_2O_3 水合为一水合氧化铝（$Al_2O_3 \cdot H_2O$）时，其体积可增加约 33%；若生成三水合氧化铝（$Al_2O_3 \cdot 3H_2O$）时，体积增大几乎 100%。由于氧化膜表面及孔壁的 Al_2O_3 水合的结果，体积增大而使膜孔封闭。水合作用既可以在孔膜层的孔表面进行，也可以在密膜层的表面进行。

2）蒸汽封闭法。阳极氧化膜的蒸汽封闭原理与热水封闭法相同，它是在压力容器中进行的。饱和蒸汽的温度可在 100～200℃之间，较高的蒸汽压可以获得较好的封闭效果。最有效的封闭方法是把容器抽成真空令制件在其中放置 20min，然后通入蒸汽。这种封闭方法适合于处理罐、箱、塔和管子之类的大型制件的内表面。

3）重铬酸盐封闭法。相对于其他几种封闭方法来说，重铬酸盐封闭法的应用最广。用该方法处理后的氧化膜呈黄色，它的耐蚀性高，但不适用于装饰性使用。

此法是在较高的温度下将铝制件放入具有强氧化性的重铬酸盐溶液中，使氧化膜与重铬酸盐发生化学反应，反应产物为碱式铬酸铝及重铬酸铝就沉淀于膜孔中，同时热溶液使氧化膜层表面产生水合，加强了封闭作用。故可以认为是填充及水合的双重封闭作用。重铬酸盐发生的化学反应式如下：

$$2Al_2O_3 + 3K_2Cr_2O_7 + 5H_2O = 2AlOHCrO_4 + 2AlOHCr_2O_7 + 6KOH$$

通常使用的封闭溶液为含（50～70）g/L 的重铬酸钾水溶液，操作温度为 90～95℃，封闭时间为 15～25min，溶液中不得含有氯化物或硫酸盐。

4）水解封闭法。水解封闭法是用镍盐、钴盐或二者混合的水溶液作为介质进行阳极氧化膜的封闭处理。封闭过程既包括水合作用，同时还包括镍盐或钴盐在膜孔内生成氢氧化物沉淀的水解反应。镍盐、钴盐的极稀溶液被氧化膜吸附后，即发生如下的水解反应：

$$Ni^{2+} + 2H_2O = 2H^+ + Ni(OH)_2 \downarrow$$

$$Co^{2+} + 2H_2O = 2H^+ + Co(OH)_2 \downarrow$$

该法对于避免染料被湿气漂洗退色有良好的效果，所以此法不但适用于防护性阳极化膜，而且特别适用于着色阳极氧化膜的封闭处理。

6.2 磷化处理

磷化处理就是用含有磷酸、磷酸盐和其他化学药品的稀溶液处理金属，使金属表面发生化学反应，转变为完整的、具有中等防蚀作用的不溶性磷酸盐层的方法。该方法最早是由 W. A. Ross 于 1864 年提出，主要的思路是让金属（如钢）在适当的温度下与磷酸长时间接触，使金属表面发生化学转化。这种想法于 1906 年由 T. W. Coslett 提出具有生产应用的专利（Brit. pat，8677）。磷化处理在 40 年代末和 50 年代初发展迅速，并成为金属防腐所采用的一种广泛而有效的方法。磷化处理工艺简单，容易操作，成本低廉，所以普遍应用于机械、汽车、航空、造船和日用品制造工业等方面。

6.2.1 磷化膜

目前在磷化膜中发现的磷酸盐化合物约有 30 余种，存在于大多数磷化膜的主要磷酸盐有磷酸铁锌、磷酸锌、磷酸亚铁、酸性磷酸铁锰、酸性磷酸铁、酸性磷酸钙和磷酸钙锌等。磷化膜组成的主要部分由含有平均为 2 到 4 个分子水（通常是 4 个）的磷酸盐结晶组成。

磷化膜层以所生成的工艺不同，其厚度差别很大，通常在 1 ~ 15μm 范围，厚的磷化膜可达 50μm，但实际使用中通常采用是单位面积的膜层质量（以 g/m^2 表示）。根据膜重一般可分为薄膜（$<1g/m^2$），中等膜（$1 \sim 10g/m^2$）和厚膜（$>10g/m^2$）三种。

随着基体材料和磷化工艺的不同，磷化膜外观呈浅灰色至黑灰色。磷化膜具有多孔性，一般为磷化膜表面的 0.5% ~1.5%。这种多孔的晶体结构能显著改善制件表面的耐蚀性、吸附性、减摩性能等。磷化膜是电的不良导体，可作为绝缘膜。磷化膜在大气下较稳定，与钢的氧化膜相比，其耐蚀性高 2 ~10 倍，经填充、浸油或涂漆后，能进一步提高其耐蚀性。磷化膜可很好地吸收油、脂、皂等物质，以提高膜层的耐蚀能力，而且它的吸收性能几乎与其厚度无关。磷化膜还具有润滑性能，能与润滑油组合成优良的润滑剂。此外，磷化膜有脆性，当金属零件变形时容易剥落。

磷化处理是在含 Zn、Mn、Fe 的磷酸二氢盐与磷酸组成的溶液中进行的。金属的磷酸二氢盐可用通式（$Me(H_2PO_4)_2$）表示。磷化膜的形成机理可用如下反应表示：

$$Me^{2+} + 2H_2PO_4^- \leftrightarrow Me(H_2PO_4)_2$$

$$Me(H_2PO_4)_2 \leftrightarrow MeHPO_4 + H_3PO_4$$

$$3MeHPO_4 = Me_3(PO_4)_2 \downarrow + H_3PO_4$$

以上三个反应可合并为下式：

$$3Me^{2+} + 6H_2PO_4^- = Me_3(PO_4)_2 \downarrow + 4H_3PO_4$$

不溶性的 $Me_3(PO_4)_2$ 沉积在钢铁表面上形成磷化膜。

6.2.2 钢铁的磷化处理

当钢铁件进行磷化处理时，视溶液组成、工作温度、搅拌状况（包括喷淋法）和处理时间等成膜条件的不同，可以得到膜重从0.1 g/m^2 到45g/m^2（甚至更高）的膜层。钢铁经磷化处理后所得的磷化膜，主要用作涂料的底层、金属冷加工时的润滑层、金属表面保护层以及用作电机硅钢片的绝缘处理、压铸模具的防粘处理等。

钢铁磷化处理的主要施工方法有三种：浸渍法、喷淋法和浸喷组合法。浸渍法适用于高、中、低温磷化工艺，可处理任何形状的工件，并能得到比较均匀的磷化膜。喷淋法适用于中、低温磷化工艺，可处理大面积工件。

磷化工艺按温度分主要有高温磷化（90～98℃）、中温磷化（50～70℃）和常温磷化（20～25℃）三种。表6-11为各种工艺的规范。高温磷化处理的优点是磷化膜的耐蚀性能及结合力较好；但它的槽液加温时间长，溶液挥发量大，游离酸度不稳定，结晶粗细不均匀。中温磷化的游离酸度较稳定，容易掌握，磷化时间短，生产效率高，磷化膜耐蚀性能与高温磷化的基本相同；缺点是溶液较复杂，调整较困难。常温磷化的优点是不需加热，药品消耗少，溶液稳定，缺点是有些配方处理时间较长。

表6-11　钢铁磷化处理的配方及工艺规范　(g/L)

配方及工艺条件	高温		中温		常温	
	1	2	3	4	5	6
磷酸二氢锰铁盐	30～40		40		40～65	
磷酸二氢锌		30～40		30～40		50～70
硝酸锌		55～65	120	80～100	50～100	80～100
硝酸锰	15～25		50			
亚硝酸钠						0.2～1
氧化钠					4～8	
氟化钠					3～4.5	
乙二胺四乙酸			1～2			
游离酸度（点①）	3.5～5	6～9	3～7	5～7.5	3～4	4～6
总酸度（点①）	36～50	40～58	90～120	60～80	50～90	75～95
温度/℃	94～98	88～95	55～65	60～70	20～30	15～35
时间/min	15～20	8～15	20	10～15	30～45	20～40

① 点数相当于滴点10mL磷化液，使指示剂在pH3.8（对游离酸度）或pH8.2（对总酸度）变色时所消耗浓度为0.1mol/L氢氧化钠溶液的毫升数。

6.2.3 有色金属的磷化处理

有色金属中铝及铝合金是比较容易接受磷化处理的金属，其他能够接受磷化处理的还有锌、镁、钛及它们的合金。但它们处理后的性能远不及钢铁，应用范围也非常的小。

铝的磷化处理与钢相仿，但在铝上所得的这种膜层，其耐蚀性远低于用其他方法（如铬酸盐处理、阳极氧化等）所得的膜层。所以，铝的这种处理方法几乎不用于防护目的，惟一的使用场合是作为冷变形加工的前处理。铝及其合金的磷化液的组成是：

铬酐（CrO_3）	（7～12）g/L
磷酸（H_3PO_4）	（58～67）g/L
氟化钠（NaF）	（3～5）g/L

6.3 铬酸盐处理

铬酸盐处理是指使金属表面转化成以三价铬和六价铬组成的铬酸盐为主要组成的膜的一种工艺方法。该方法所用的介质一般是以铬酸、碱金属的铬酸盐或重铬酸盐为基本成分的溶液。金属经铬酸盐处理不但可以提高其抗蚀性能，还能提高金属同漆层或其他有机涂料的粘附能力，并能获得好的装饰外观，而且该工艺方法简便易行（工作温度多为室温），适用性广，所需的处理时间较短，因此应用十分普遍。

铬酸盐膜层可分为两种类型，即黄色与绿色的铬酸盐膜。铬酸盐主要用于铝材及锌材表面的成膜，也可在镉、铁、黄铜、铜、镁、锡、银等金属表面上析出。

6.3.1 铬酸盐膜的形成过程

铬酸盐膜的形成是因为六价铬化合物有以下性质：①在酸性溶液里铬酸盐是强氧化剂，会使金属表面上生成不溶性盐或增加天然氧化膜的厚度；②铬酸的还原物通常是不溶性的，例如 Cr_2O_3；③金属的铬酸盐（例如 $ZnCrO_4$）通常是不溶性的；④铬酸盐能参加许多复杂反应，而生成包括被处理金属离子在内的复合物沉积，当有些添加剂存在时更是如此。

各种金属在含有能起到活化作用的添加物的铬酸盐溶液中形成铬酸盐膜的过程大致相同，可分为以下三个步骤：

1）表面金属被氧化并以离子的形式转入溶液，同时氢在表面上析出。

2）所析出的氢促使一定数量的六价铬被还原为三价铬，并由于金属/溶液界面液相区 pH 的提高，三价铬便以氢氧化铬胶体的形式沉淀。

3）氢氧化铬胶体自溶液中吸附和结合一定数量的六价铬，构成具有某种组成的转化膜。

比如，当锌进行铬酸盐处理时有如下的反应发生：

$$Zn + H_2SO_4 \rightarrow ZnSO_4 + H_2$$

$$3H_2 + 2Na_2Cr_2O_7 \rightarrow 2Cr(OH)_3 + 2Na_2CrO_4$$

$$2Cr(OH)_3 + Na_2CrO_4 \rightarrow Cr(OH)_3 \cdot Cr(OH)CrO_4 + 2NaOH$$

可以看出，上述这些反应大致上表达了上面提到的铬酸盐膜形成的三个步骤。即始发反应、生成反应、以及获得组成转化膜的最终产物的反应。

虽步骤大致相同，但涉及到各种金属的铬酸盐膜形成过程中的反应细节，尤其是中间产物的形态，不但因受转化金属而异，而且即使同一金属也因不同的研究条件而存在着各种不尽一致的反应机理。

6.3.2 铬酸盐膜的组成与结构

铬酸盐膜主要由三价铬和六价铬的化合物，以及基体金属或镀层金属的铬酸盐组成。不同基体金属，采用不同的铬酸盐处理溶液，得到的膜层颜色和膜的组成也不相同，见表6-12。

表6-12 锌、镉、铝的铬酸盐膜的组成和颜色

基体金属	铬酸盐溶液组成	膜的组成	膜的颜色
锌	重铬酸钠、硫酸	α-Cr_2O_3、ZnO	黄绿色
	铬酸	α-CrOOH、$4ZnCrO_4 \cdot K_2O \cdot H_2O$	黄色
镉	铬酸或重铬酸盐	α-CrOOH、$Cr(OOH)_3$，γ-$Cd(OH)_2$	黄褐色
	重铬酸钠、硫酸	$CdCrO_4$、α-Cr_2O_3	绿黄色
铝	铬酸、氟化物、添加剂	α-$AlOOH \cdot Cr_2O_3$、α-CrOOH、$Cr(NH_3)_3NO_2CrO_4$	无色、黄色和红褐色
	铬酸、重铬酸盐	α-CrOOH、γ-AlOOH	褐色、黄色

膜层中的三价铬和六价铬组成含水的复合物。三价铬的复合物是膜的不溶部分，它使膜具有一定的硬度，同时也影响到膜的耐蚀性。六价铬化合物以夹杂形式或由于被吸附或化学键的作用，分散在膜的内部起填充作用。当膜受到轻度损伤时，可溶性的六价铬化合物能使该处再钝化。一般认为，铬酸盐膜中六价铬化合物的含量越多，其防蚀效果越好。

各种金属上的铬酸盐膜大都具有某种色泽特征，其深浅视受处理金属的种类、成膜工艺条件和后处理的方法等多种因素而定。铬酸盐膜的电阻率十分的低，膜层同基底金属的结合非常的好。

6.4 溶胶-凝胶成膜

溶胶-凝胶成膜是20世纪70年代发明的一项新工艺，它是指各种金属的有机或无机化合物加水分解引发缩聚反应，生成溶胶（高分子和微粒等分散在胶体溶液中），当缩聚反应进一步进行则生成凝胶（胶体粒子凝聚构成网状并呈胶质状态)，再经干燥、加热得到合成材料的方法。

溶胶-凝胶技术是一种制造陶瓷和玻璃的低温技术，与传统高温技术相比可以获得较高的纯度和均匀度。这种技术可用于生产各种形态的复合材料（主要为氧化物)，包括粉末、纤维、涂层、块体材料和多孔膜。采用溶胶-凝胶方法可以获得具有特殊的力学性能、化学保护、光、电、催化功能的涂层。

溶胶-凝胶的成膜物质一般是烷氧基有机硅烷，或者是元素周期表中Ⅲ、Ⅳ、Ⅴ族中的某些元素（如 Si、Ti、Al、In、Zr、Mn、B、Co、Cu、As、Au、Sn 等）的氯化物、硝酸盐、乙酸盐等。常见的有 $Si(OC_2H_5)_4$、$Al(OC_3H_7)_3$、$In(COCH_2COCH_3)_2$、$Zn(COCH_2COCH_3)_2$、$Pb(CH_3COO)_2$、$Y(C_{17}H_{35}COO)_3$、$Ba(HCOO)_2$、$Y(NO_3)_3\cdot 6H_2O$、$ZrOCl_2$、$AlOCl$、$TiCl_4$ 等。

6.4.1 溶胶-凝胶膜的制备过程

虽然用溶胶-凝胶方法得到的膜层形态可以多样，但其制备的过程和机理都是一样的。一般的，溶胶-凝胶制备过程的主要流程如下：

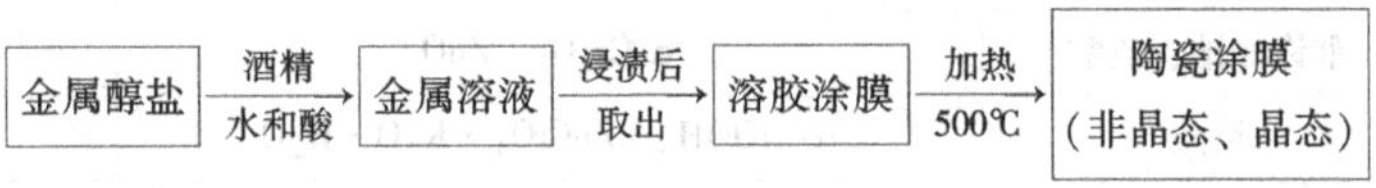

通常用烷氧基金属 $M(OR)_n$（M：金属，R：烷基）作溶胶原料，将酸加入烷氧基金属的乙醇溶液中，在催化剂作用下加水分解，发生聚合反应，生成带 M—O—M 结合键的胶体粒子，当胶体粒子的聚会度低时就形成溶胶。下面以四乙氧基硅烷的反应为例，其水解反应如下：

$$nSi(OC_2H_5)_4+4nH_2O \rightarrow nSi(OH)_4+4nC_2H_5OH$$

生成的 $Si(OH)_4$ 富有反应性，发生如下式那样聚合，形成以键接的 SiO_2 固体。

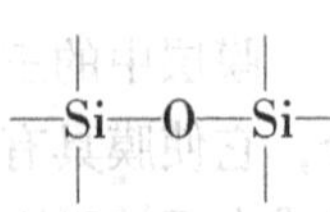

$$nSi(OH)_4 \rightarrow nSiO_2+2nH_2O$$

以上两式可综合为：$nSi(OC_2H_5)_4+2nH_2O \rightarrow nSiO_2+4nC_2H_5OH$

上式表示反应物全部参加反应的情况。实际上，加水分解和聚合的方式随反应条件不同而变化，是复杂的。为了获得最佳的膜层性能，烷氧基金属的加水分解速度和聚合反应速度的控制是非常重要的。对于以上反应，由于四乙氧基硅烷非常的稳定，因此只加水时其分解反应较慢，一般还需加入盐酸或氨作为催化剂以促进加水分解反应。而对于不稳定的烷氧基锆、烷氧基钛等，则需抑制加水分解反应，如采用在 N_2 或 Ar 干燥气氛中利用空气中的水加水分解，也可以添加稳定剂，如乙酰丙酮、β－二酮类等。

溶胶-凝胶膜的制备方法很多，有浸镀法、喷雾法、旋转法和滚动法等。最常用的是浸镀法。它是将金属基板浸入溶液后以一定的速度往上提拉，在提拉的过程中工件表面上会形成一层湿的膜层，再在适当的温度下对膜层进行热处理，这样就可以得到所需的溶胶-凝胶膜了。图6-7为浸镀法制备溶胶-凝胶的过程简图。这种方法对于大面积且需两面涂覆的极板和弯曲工件的表面镀膜较为简便和高效。

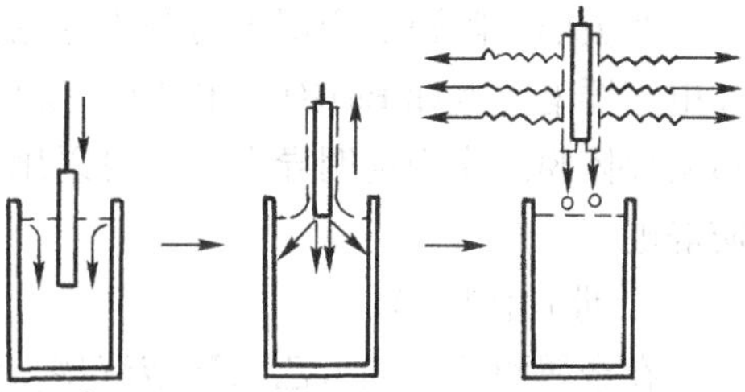

图6-7　浸镀法工艺流程简图

6.4.2　溶胶-凝胶膜的应用

目前用溶胶-凝胶法直接得到的材料，主要是氧化物膜。原则上几乎全部的氧化物都可以通过该法来制得，只要采用适当的水/醇盐比和粘度都可得到涂膜。但是，目前被研究较多的为功能性玻璃和陶瓷膜。

1. 保护性膜层

溶胶-凝胶膜可以作为保护性膜层，它能显著提高基体的抗氧化性、耐蚀性、耐磨性及化学耐久性等。基体可以是金属，也可以是硅半导体或玻璃。不少的研究表明，溶胶-凝胶膜（如 SiO_2、ZrO_2 等）可以提高不锈钢、碳钢、铁基板等的抗氧化能力，其中具有 ZrO_2 膜层的不锈钢其抗氧化能力比裸不锈钢强，甚至在800℃下还具有较好的抗氧化性能，但超过800℃就急剧下降了。又如，在碱石灰玻璃上制造 $In_2O\text{-}SnO_2$ 导电膜时，为了防止玻璃中的 Na^+ 扩散出来使导电性变坏，可先在玻璃上涂一层石英玻璃膜，然后再涂导电膜。再如，大部分玻璃都不抗碱腐蚀，但是如果采用含有 ZrO_2 的金属醇盐和乙基硅酸盐混和液溶胶得到的凝胶膜，可以改善其耐碱性。

另外，也可以利用溶胶-凝胶膜层制备各种功能的无机涂料，如耐热涂料、耐磨涂料、导电涂料、绝缘涂料等。

2. 功能性膜层

溶胶-凝胶技术在玻璃和陶瓷上制备的光学、电子、电磁等功能性膜层的应用最为广泛。

溶胶-凝胶制备的防反射膜层已被应用于汽车制造、建筑玻璃窗及太阳能收集器中，用来抑制可见的干扰反射光、增加太阳能收集率。$TiO_2\text{-}SiO_2$ 膜作为太阳的反射膜已被实用化。用 SiO_2 和不同过渡族金属氧化物组成的溶液-凝胶膜，对光线有不同的透过率，可用于玻璃窗遮断光线。TiO_2 用于太阳光遮断膜，按厚度不同可呈青、紫、绿等美丽的干涉色，可用于装饰。$In_2O\text{-}SnO_2$ 膜可反射红外线用于遮断膜。

用溶胶-凝胶法可以沉积 SiO_2 膜层而得到平面光波电路材料，用于电信和数据传输。也可用该法来制备纳米薄膜电极，用于电致变色显示技术。溶胶-凝胶技术还可应用于电池和太阳能电池。

在玻璃、陶瓷及金属上可制得导电膜、强介电性及磁性膜。强介电性膜可用在电容器上，例如 $BaTiO_3$、$PbTiO_3$ 和 $KTiO_3$ 膜。高温超导电膜 $YBa_2Cu_3O_{7-8}$ 作为透明导体膜。作为透明导电膜，可采用 $In_2O\text{-}SnO_2$ 或 $CdO\text{-}SiO_2$，该膜可用于塑料防静电。

3. 催化作用膜

在金属醇盐中加入乙二醇溶解物，使发生加水分解、聚合反应，通过用氢还原，使 Ni 和 Co 的金属粒子分散于氧化物载体中，制得催化膜。

用该法还可制得光电化学催化膜。在玻璃板上先预制一层 $In_2O\text{-}SnO_2$ 电导膜，并用乙丙氧基钛为主要的溶胶原料，在其上沉积 TiO_2，此膜具有光催化作用。

第 7 章　表面涂敷技术

7.1　涂料与涂装

涂料，以前通称为“油漆”，但是在现代应用中实际已经远远超过油漆的使用范围。涂料的施工称为涂装。在国民经济的发展过程中，涂料的研发和涂装技术得到了迅猛发展，发挥越来越重要的作用。

7.1.1　涂料的组成

涂料是一种有机混合物，对基体进行保护、装饰及防腐、绝缘等。涂料产品有数千种，包括油脂涂料、过氯乙烯涂料、橡胶涂料等 17 大类，但其物质组成一般分为成膜物质、颜料、溶剂、助剂四个部分，如图 7-1 所示。

1. 成膜物质

成膜物质一般由天然树脂、天然油脂或合成树脂构成。用油脂为主要成膜物质的涂料称油性涂料；用树脂为主要成膜物质的涂料称树脂涂料。成膜物质是构成涂料的基础，能够粘接涂料中其他组分，在基体上形成牢固连续附着的涂膜，决定着涂料的基本性能。成膜物质在储存期间相当稳定，涂敷工件表面后在一定条件下固化成膜。

- 涂料
  - 成膜物质
    - 天然树脂
    - 天然油脂
    - 合成树脂
  - 颜料（着色颜料、防锈颜料等）
  - 溶剂（有机物或水）
  - 助剂（固化剂、催干剂等）

图 7-1　涂料组成

2. 颜料

颜料是不溶于溶剂的微细粉状有色物质，通常为极小的结晶，能够均匀分散在介质中，如铁红、铬黄、滑石粉等。颜料可以遮盖和赋予涂层一定的色彩。另外，颜料可以改善涂膜力学性能、耐久性及流变性，增强涂膜的保护、装饰和防锈作用，同时可以降低涂料的成本。

3. 溶剂

溶剂是指有机溶剂或水等分散介质，用来分散或溶解成膜物质，调节涂料的粘度和流变性能。施工后又能够从涂膜中挥发，使涂料形成固态涂膜。在实际应用中，一般要根据成膜物质的特性、粘度和干燥时间选择适当的溶剂。溶剂的挥发速度必须适中，和涂膜的形成速度相适应，不能太快，也不能太慢。如油脂漆、天然树脂漆可用 200 号溶剂汽油或松节油作为溶剂，氨基醇酸烘漆则须用二甲苯为溶剂，并需要按照产品说明书调解涂料。

4. 助剂

助剂指润湿剂、催干剂、整流剂、防结皮剂、固化剂、增塑剂等，是组成涂料的辅助组分。助剂加入量一般不超过5%，也不能单独成膜，但是对涂料的储存性、施工性及涂膜的物理和化学性质却有重要的影响。

7.1.2 涂料的分类

涂料种类多达几千种，用途各异，存在着多种分类方法，一般有以下两种。

1. 根据成膜干燥机理分类

根据成膜干燥机理可将涂料分为两大类：

(1) 溶剂挥发类　涂料在成膜过程中不发生化学反应，只是溶剂挥发使涂料干燥成膜。这类涂料一般为自然干燥型涂料，容易重新涂装，如硝基漆、乙烯漆类。

(2) 固化干燥类　这类涂料的成膜物质一般是相对分子质量较低的线性聚合物，可溶解于特定的溶剂中，经涂装、溶剂挥发后，就可通过化学反应交联固化成膜。由于已经转化成体型网状结构，以后不再溶解于溶剂中。这类涂料还可细分为：

1）气干型涂料。它与空气中的氧或潮气反应而交联固化成膜。如油脂漆和天然树脂漆，涂料中干性油的双键组成（桐油、亚麻油或梓油等），通过自动氧化机理聚合成膜。这类涂料可在常温下干燥成膜。若要保持储存稳定性，必须紧闭储蓄盖，隔绝空气。

2）烘烤型涂料。这种涂料中由两种或两种以上成膜物质相互起化学反应而交联固化成膜。如氨基醇酸烘漆，主要成膜物质是氨基甲酸脂和氨基树脂，这两个组分在常温下不会发生明显的化学反应，而经涂覆后加热到一定温度时才能交联固化成膜。

3）两罐装涂料。它也是两种成膜物质互起化学反应而交联固化成膜，但两组分在使用前应分罐包装。例如聚氨酯漆，是由氨基甲酸脂的预聚物和含羟基树脂分罐包装，使用时按一定比例混合，涂覆后即能交联成膜。

4）辐射固化涂料。它通过辐射能引发漆膜内的含乙烯基成膜物质和活性溶剂进行自由基或阳离子聚合，从而固化成膜。因电子束的能量较高，用150～300keV的加速电压已足够产生自由基，而紫外线的能量约为电子束的$1/10^4$,不足以产生自由基，因此在光（紫外）固化涂料中必须加入光敏剂，然后在紫外线能量的辐照下可以离解而形成自由基或路易斯酸，从而发生自由基或阳离子聚合而固化成膜。

2. 以主要成膜物质为基础分类

按照国家规定，目前我国涂料产品以涂料中的主要成膜物质为基础来分类的。如果主要成膜物质是由两种以上的树脂混合组成的，则按成膜物质中起决定作用的一种树脂作为分类的依据。按此方法，将成膜物质分为17大类，相应的涂料产品也分为17大类，见表7-1。

表7-1　成膜物质分类及命名代号

序号	成膜物质类别	命名代号	主要成膜物质
1	油脂	Y	天然植物油、鱼油、合成油等
2	天然树脂	T	松香及其衍生物、虫胶、乳酪素动物胶、大漆及其衍生物等
3	酚醛树脂	F	酚醛树脂、改性酚醛树脂、二甲苯树脂
4	沥青	L	天然沥青、煤焦沥青、硬脂酸沥青、石油沥青
5	醇酸树脂	C	甘油醇酸树脂、改性醇酸树脂、季戊四醇及其他醇类的醇酸树脂等
6	氨基树脂	A	脲醛树脂、三聚氰胺甲醛树脂
7	硝基纤维素	Q	硝基纤维素、改性硝基纤维素
8	纤维酯、纤维醚	M	乙酸纤维、苄基纤维、乙基纤维、羟甲基纤维、乙酸丁酸纤维等
9	过氯乙烯树脂	G	过氯乙烯树脂、改性过氯乙烯树脂
10	烯类树脂	X	聚二乙烯基乙炔树脂、聚乙烯共聚树脂、聚醋酸乙烯及其共聚物、聚乙烯醇缩醛树脂、聚苯乙烯树脂、含氟树脂等
11	丙烯酸树脂	B	丙烯酸树脂、丙烯酸共聚树脂及其改性树脂
12	聚酯树脂	Z	饱和聚酯树脂、不饱和聚酯树脂
13	环氧树脂	H	环氧树脂、改性环氧树脂
14	聚氨基甲酸酯	S	聚氨基甲酸酯
15	元素有机聚合物	W	有机硅、有机钛、有机铝
16	橡胶	J	天然橡胶及其衍生物、合成橡胶及其衍生物
17	其他	E	以上16类以外的成膜物质，如无机高分子材料

7.1.3　常用涂料的性能

1. 酚醛树脂涂料

本类涂料可分为两类：

(1) 改性酚醛树脂涂料　以松香改性酚醛树脂涂料为主，特点是干得快、耐水、耐久，价格低廉，广泛用作建筑和家用涂料。

(2) 纯酚醛树脂涂料　由纯酚醛树脂和植物油熬制而成，涂层的耐水性、耐化学腐蚀性、耐候性、绝缘性都非常优异，多用于船舶、机电产品等。

2. 醇酸树脂涂料

由多元醇、多元酸和脂肪酸经缩聚而得到的一种特殊的聚酯树脂。此涂料成膜后具有良好的柔韧性、高的附着力和强度、颜料与填料能均匀分散、颜色均匀、遮盖力好等优点。缺点是耐水性较差。这类涂料的产量在我国涂料中居首位，使用面极广。

3. 氨基树脂涂料

主要有以下四种涂料：

(1) 氨基醇酸烘漆　目前应用最广的工业用漆。其成膜温度低，时间短，具有良好的耐化学药品性，不易燃烧，绝缘好。

(2) 酸固化型氨基树脂涂料　常温下能固化成膜，光泽好，外观丰满，但是耐温度和耐水性较差，主要用于木材、家具等涂装。

(3) 氨基树脂改性的硝化纤维素涂料　氨基树脂增强了硝基透明涂料的耐候、保光等性能，提高了固体组分含量。

(4) 水溶性氨基树脂涂料　其物化性能优于溶剂型氨基醇酸树脂，但耐老性不及溶剂型的好。

4. 丙烯酸树脂涂料

丙烯酸树脂是由丙烯酸或其酯类或（和）甲基丙烯酸酯单体经加聚反应而成，有时还用其他乙烯系单体共聚而成。这类涂料可分热塑性和热固性两类。共同点是：涂膜高光泽，耐紫外线照射，长期保持色泽和光亮，耐化学药品和耐污性较好。它们用途广泛，主要用于轿车、冰箱、仪器仪表等。

5. 聚氨基甲酸酯涂料

这类涂料成膜后坚硬耐磨，附着力好，防腐性能特别好。它广泛用于化工、石油、航空、机车、木器、建筑等，兼作防护与装饰之用。

7.1.4　涂料成膜机理

涂料首先是一种流动的液体，在基材表面涂布完成之后形成一层坚韧的薄膜，这个过程是玻璃化温度不断升高的过程。不同形态和组成的涂料有不同的成膜机理，这由涂料中的成膜物质性质决定。根据涂料成膜物质的性质，涂料成膜方式可以分为两大类：由非转化型成膜物质组成的涂料以物理方式成膜；由转化型成膜物质组成的涂料以化学方式成膜。

1. 物理成膜方式

依靠涂料内的溶剂或分散剂的直接挥发或聚合物粒子凝聚得到涂膜的过程，称为物理成膜方式。物理成膜方式具体包括溶剂挥发成膜方式和聚合物凝聚成膜方式两种。

(1) 溶剂挥发成膜方式　指溶剂挥发后，涂膜粘度增大到一定程度形成固态涂膜的过程，如硝酸纤维素漆、沥青漆及橡胶漆等。为了获得优良的涂膜，溶剂的选择非常重要。假如溶剂挥发太快，浓度升高很快，表面涂料因粘度过高而失去流动性，使涂膜不平整；另外，溶剂蒸发时散热很快，表面可能降至雾点，使水凝结在涂膜中，此时涂膜失去透明性而发白或者涂膜的强度降低。涂膜的干燥速度和干燥程度直接与所用溶剂或分散介质的挥发能力相关。同时也和溶剂在涂膜中的扩散程度、成膜物质的化学结构、相对分子质量和玻璃化温度以及膜厚等有关。

(2) 聚合物凝聚成膜方式　指依靠涂料中成膜物质的高聚物粒子在一定条

件下互相凝聚成为连续的固态涂膜的过程，如水乳胶涂料、非水分散型涂料和有机溶胶等。这是分散型涂料的主要的成膜方式。在分散介质的同时，高聚物粒子接近、接触、挤压变形而聚集起来，最后由粒子状态聚集变为分子状态聚集而形成连续的涂膜。粉末涂料用静电或热的方法将其附在基材表面，在受热条件下高聚物热熔、凝聚成膜，在此过程中还常伴随高聚物的交联反应。

2. 化学成膜方式

化学成膜指在加热或其他条件下，使涂敷在基材表面上的低分子量聚合物成膜物质发生交联反应，生成高聚物，获得坚韧涂膜的过程。为了使涂膜中的结构交联，将未交联的线型聚合物，或者轻度支链化的聚合物溶于溶剂中配成涂料，然后在涂敷成膜后发生交联。另外，可以用简单的低分子化合物配成涂料，待涂成膜后再令其发生交联反应。因此根据不同的过程将化学成膜机理分为两类：漆膜的直接氧化聚合，即涂料在空气中的氧化交联或与水蒸气反应；涂料组分之间发生化学反应的交联固化。

(1) 氧化聚合型　氧化聚合型涂料一般指油脂或油脂改性涂料。油脂组分大多为干性油，即混合的不饱和脂肪酸的甘油脂。以天然油脂为成膜物质的油脂涂料，以及含油脂成分的天然树脂涂料、酚醛树脂涂料和环氧酯涂料等涂料涂敷成膜后，与空气中的氧发生反应，产生游离基并引起聚合，最后可形成网状高分子结构。异氰酸酯能够与空气中的水分发生聚合反应。随着涂料中的溶剂蒸发，交联反应随之进行。等交联反应完成后，涂膜不能再溶于原来的溶剂，甚至一些涂膜在任何溶剂中都不溶。分子量大的涂膜干得快，空气必须透入到整个涂膜中才能充分固化。在整个使用期中，涂膜与空气反应仍然慢慢进行，因此在室温下这种交联过程是比较缓慢的。油脂的氧化速度与所含亚甲基基团数量、位置和氧的传递速度有关。利用钴、锰、铅等金属可促进氧的传递，加速含有干性油组分涂料的成膜。

(2) 交联固化型　反应交联固化的基本条件是涂料中所用树脂要有能反应的官能团，而固化剂要有活性元素或活性基团，把一般为线型结构的树脂交联成网状结构涂膜而完成固化反应。影响因素主要是温度、催化剂及引发剂等。环氧树脂漆是典型的以固化剂固化成膜的涂料，氨基树脂漆可以作为热固化漆的典型例子。

7.1.5　涂膜防护机理

1. 屏蔽机理

金属表面涂敷涂料获得涂膜之后，使金属表面与外界环境隔离，这种对金属的保护作用称为屏蔽作用。实际上由于高聚物都具有一定的透气性，结构气孔的平均直径都在 $10^{-4} \sim 10^{-6}$mm，而水和氧分子直径为 $10^{-5} \sim 10^{-7}$mm，当涂层较薄时很容易通过。因此这样的涂膜并不能起到保护金属的作用。

涂膜的屏蔽作用与成膜物质性质、溶剂用量与挥发性能、填料种类、涂装工艺及膜厚等因素有关。例如，当高聚物分子链上支链少、极性基团多以及体型结构的交联密度大时，透气性较小，屏蔽作用好。为了提高涂膜的屏蔽作用，应该选择透气性小的成膜物质和屏蔽性大的固体填料，以及通过增加涂敷层数等手段使涂膜致密无孔。

2. 防腐机理

利用涂料中有防腐性的颜料和金属反应，使金属表面钝化或生成保护性物质，从而提高涂膜的保护作用。另外，一些油料在金属皂的催干作用下生成降解产物，也能起到有机缓蚀剂的作用。具有防腐性能的颜料分为碱性颜料、可溶性颜料和金属粉末颜料等。

常用碱性颜料包括红丹、一氧化二铅、铅酸铅等铅的化合物，还有一些新开发的不含铅的碱性颜料。当水分或酸性物质通过涂膜渗透时，碱性颜料和这些物质中和，使涂膜和金属的界面保持微碱性，从而发挥防腐作用。可溶性颜料以铬酸锌等铬酸盐应用最多。由于可溶性铬酸根离子具有强氧化作用，可以使金属表面钝化，起到防腐作用。金属粉末颜料主要是锌粉。

3. 渗透机理

电解质对涂膜的渗透问题有两种观点：一是电解质通过涂膜的毛细管结构进入；二是电解质通过涂膜本身内部扩散渗透。目前扩散观点更为人们接受，可以这样认为：水分子首先由外部渗入涂膜，聚集于有羧基等亲水基团存在的地方；离子由外部向水滴扩散，然后发生离子交换；离子从一个水滴转移到另一个水滴，在涂膜内扩散。扩散过程中离子穿透聚合物外壁是离子扩散的控制步骤。以 Na 和 Cl 做为示踪原子，测定了涂膜内离子的扩散系数 D，可列出下式。

$$M = M_0\ (4/d)\ \sqrt{Dt/\pi}$$

$$M = M_0\{1 - (8/\pi^2)\ \exp[(-\pi^2/d^2)\ Dt]\}$$

式中，M_0 为涂膜内含示踪原子的总量；M 为 t 时间内溶液中示踪原子的量；d 为涂膜厚度；D 为膜内离子的扩散系数；t 为时间。

为提高涂膜性能，需要增大颜料浓度，渗透性将逐渐减少。然而，当颜料浓度超过临界颜料体积浓度时，涂膜的透气性却急剧增加。

4. 涂膜的综合防蚀作用

前已述及，涂料的防蚀机理大致归纳有二：其一是防止涂膜外的腐蚀介质穿透涂膜侵蚀基材；其二是依靠防锈颜料起到对腐蚀的抑制作用。在实践中，这两种功能并非截然分开的，而是相辅相成的：一是涂膜应有尽可能高的阻隔外部介质侵入的功能，使通过涂膜到达基体的腐蚀性介质尽可能少；二是有微量腐蚀介质透过涂膜侵入基体时，颜料也能保护基体不受损害。当然，在实际中这两种功能的作用会有不同的侧重。

7.1.6 涂装工艺

使涂料在被涂的表面形成涂膜的全部工艺过程称为涂装工艺。具体涂装工艺应根据工件的材质、形状、使用要求、涂装用工具、涂装时的环境、生产成本等加以合理选用。涂装工艺一般工序为：涂前表面预处理→涂布→干燥固化。

1. 涂前表面预处理

为获得优质涂层，涂前表面预处理是非常重要的。预处理主要有以下内容：清除工件表面的各种污垢；对清洗过的金属工件进行各种化学处理，以提高涂层的附着力和耐蚀性；若前道切削加工未能消除工件表面的加工缺陷和得到合适的表面粗糙度，则在涂前要用机械方法进行处理。

2. 涂布

目前涂布方法很多，主要有手工涂布法、静电涂布法、电泳涂布法、粉末涂布法、空气涂布法、幕式涂布法、气溶胶涂布法等。本书以手工涂布法、静电涂布法和电泳涂布法为例作简单介绍，具体细节请查阅相关资料。

（1）手工涂布法

1）刷涂。用刷子涂漆的一种方法。

2）揩涂。用手工将蘸有稀漆的棉球揩试工件，进行装饰涂装的方法。

3）滚刷涂。用一直径不大的空心圆柱，表层由羊毛与合成纤维制作的多孔吸附材料构成，蘸漆后对表面进行滚刷，效率较高。

4）刮涂。采用刮刀对粘稠涂料进行厚膜涂布。

（2）静电涂布法　以接地的工件为阳极，涂料雾化器或电栅作为阴极，两极接高压而形成高压静电场，在阴极产生电晕放电，使喷出的漆滴带电并进一步雾化，带电漆滴受静电场作用沿电力线方向被高效地吸附在工件上。

（3）电泳涂布法　将工件浸渍在水溶性涂料中作为阳极（或阴极），另设一与其相对应为阴极（或阳极），在两极间通直流电，通过电流产生的物理化学作用，使涂料涂布在工件表面。电泳涂布可分为阳极电泳（工件是阳极，涂料是阴离子型）和阴极电泳（工件是阴极，涂料是阳离子型）两种。

3. 干燥固化

涂料主要依靠溶剂挥发及熔融、缩合、聚合等物理或化学作用而成膜。大致分成以下三种成膜类型：

（1）非转化型　这里又分为两种类型：溶剂挥发类，是溶剂挥发后固态的漆基留附在工件上形成漆膜，温度、风速、蒸汽压等是影响成膜的因素；熔融冷却类，是在加热熔融后冷却成膜的。

依靠溶剂挥发或熔融后冷却等物理作用而成膜的，为了使成膜物质转变成流动的液态，必须将其溶解或熔化，而转化成液态后，就能均匀分布在工件表面。

由于成膜时不伴随化学反应，所形成的漆膜能被再溶解或热熔。

(2) 转化型　主要有缩合反应类、氧化聚合反应类、聚合反应类、电子束聚合类和光聚合类。本类涂料的漆基本身是液态或受热能熔融的低分子树脂，通过化学反应变成固态的网状结构的高分子化合物，所形成的漆膜不能再被溶剂溶解或受热熔化。

(3) 混合型　成膜过程兼有物理和化学作用，包括挥发氧化聚合型涂料、挥发聚合型和加热熔融固化型涂料。

7.2 表面粘结

表面粘接技术指以高分子聚合物和一些特殊功能填料（如石墨、二硫化钼、金属粉末、陶瓷粉末和纤维）组成的复合材料涂敷于零件表面，实现特定用途(如耐磨、抗蚀、绝缘、导电、保温、防辐射等) 的一种表面工程技术。该技术以原料品种多、原料丰富、价格低廉、密度小、绝缘性好、导热低、优异的耐蚀性、独特的多功能性以及加工方便灵活等特点，在表面工程中有极其广泛的应用。

7.2.1 粘结剂的组成与分类

1. 粘结剂的组成

粘结剂又称粘合剂，俗称胶。它由基料、固化剂、填料和辅助材料配合而成。

(1) 基料　又称粘料或胶料，它把各种材料包容并牢固地粘附在被粘物的表面上，形成涂层。基料与填料需要有良好的结合强度，而且形成涂层后还应该具有较高的机械强度和优质的耐油性、耐水性、稳定性、抗衰老性能等。常用的基料有：环氧树脂、酚醛树脂、聚氨酯、有机硅树脂、不饱和聚酯等。

(2) 固化剂　也称硬化剂或熟化剂，它和基料发生化学反应，形成网状体型结构产物，将粘结剂的各种组分包络在网状体中，形成涂层。由于固化剂的性质和加入量对涂层的固化条件及物理化学性能有巨大影响，因此需要慎重选择固化剂种类和加入量。

(3) 填料　填料是为改善粘结剂的工艺性能、耐久性、强度或降低成本等作用而加入的一种非粘性固体物质。根据不同的性能要求，选择不同的填料和加入量。填料种类很多，如提高硬度的石英、铁粉、碳化硼等；提高涂层耐热性的石棉粉、二氧化钛等；提高导电性的银粉、铜粉等。在实际应用时，可以同时两种或多种填料并用，发挥不同填料的特性，满足多方面的性能要求。

(4) 辅助材料　辅助材料包括增韧剂、促进剂、稀释剂、稳定剂等，主要作用是改善涂层的性能，如韧性、粘结强度、使用寿命等。

2. 粘结剂的分类

按照不同的分类标准，粘结剂有不同的类型。粘结剂具体分类如图 7-2 所示。

- 粘结剂
  - 按基料分
    - 无机粘结剂
    - 有机粘结剂
      - 天然粘结剂
      - 合成粘结剂
  - 按物理形态分
    - 胶液（包括溶液、乳液、无溶剂液体）
    - 胶糊（糊状）
    - 胶粉
    - 胶棒
    - 胶膜
    - 其他形态的胶
  - 按固化方式分
    - 水基蒸发型
    - 溶剂挥发型
    - 热熔型
    - 化学反应型
    - 压敏型
  - 按受力情况分
    - 结构粘结剂（能传递较大的力）
    - 非结构粘结剂（不能传递较大的力）
  - 按用途分（包括各种材料、制件、产品以及特种功能用胶）

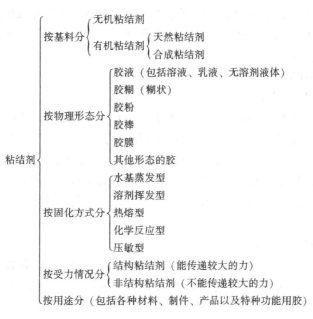

图 7-2 粘结剂分类

7.2.2 粘结原理

粘结是一个复杂的过程，主要包括表面润湿、粘结剂分子向被粘物工件表面移动、扩散和渗透、粘结剂与被粘物形成物理和机械结合等。有关粘结的理论很多，如机械结合理论、溶解度参数理论、吸附理论、扩散理论、静电理论、化学键理论、抛锚理论等。在此以溶解度参数理论为例，作简要说明。

根据热力学理论，如果粘结两相混合前后的吉布斯自由能变化 ΔG 是负值，则混合可以自发进行，即

$$\Delta G = \Delta H - T\Delta S \leqslant 0$$

式中，ΔH 为混合前后焓的变化；ΔS 为混合前后熵的变化；T 为混合时的温度。

根据 Flory 理论可知，高分子与高分子混合时 ΔS 很小，ΔH 为正时 ΔG 都大于零，因此这两种物质很难相混。为了使 $\Delta G \leqslant 0$，需要 ΔH 尽可能小。通过理论推算可得：

$$\Delta H = V_m \varphi_1 \varphi_2 z\ (\delta_1 - \delta_2)^2$$

式中，V_m 为混合系的总体积；φ_1 为分子 1 的体积分数；φ_2 为分子 2 的体积分数；z 为配位数；δ 为溶解度参数。

通常 $\Delta H \geqslant 0$，当 $\delta_1 = \delta_2$ 时，ΔH 达极小值，即粘结剂和被粘物的溶解度参数之差接近零时，粘结强度最高。

不同的理论对粘结问题作出了不同的回答，每种理论都有一定的局限性。例如溶解度参数理论仅适合液态粘结剂用于高分子固体，上述的 ΔH 公式是在弱相互作用条件下推得的，因而在强相互作用下（例如强极性键、氢键和酸-碱结合）的场合便不能使用。

7.2.3 主要粘结剂及其应用

1. 环氧树脂粘结剂

由环氧树脂为基料添加适当的固化剂、稀释剂、增韧剂、填料等配制而成，是一种热固性树脂粘结剂。其优点是粘结强度高，收缩率小，优良的耐化学药品性能和电气性能，易于施工；缺点是粘结接头脆性大，耐热性能不理想。环氧树脂是在固化剂作用下通过进一步聚合的交联固化而实现粘结的。

环氧树脂粘结剂可用于各种材料的粘结，还有密封、绝缘、防漏、紧固、装饰等功能，用途十分广泛。

2. 酚醛树脂粘结剂

它是以酚醛树脂为基料的粘结剂。未改性的酚醛树脂粘结剂可以分为三大类：酚钡树脂胶、醇溶性酚醛树脂胶和水溶性酚醛树脂胶。这些胶主要用于粘结木材、木质层压板、胶合板、泡沫塑料及其他多孔性材料。酚醛树脂粘结剂可用某些柔性高分子进行改性。例如用丁腈橡胶改性的酚醛-丁腈橡胶粘结剂，柔韧性好，粘结力强，耐水、耐盐雾、耐汽油、耐工业醇等化学介质，广泛用于各种金属、陶瓷、玻璃、塑料和纤维等的粘结。

3. 脲醛树脂粘结剂

它是由脲醛树脂、固化剂、填充剂、发泡剂、防臭剂和防老剂等组成，广泛用于胶合板生产和竹、木制品的粘结。其特点是成本低、公害小、制造简单；但是耐水性及粘结强度比酚醛树脂胶差。

4. 聚氨酯粘结剂

主要原料有异氰酸酯、多元醇、含羟基的聚醚、聚酯和环氧树脂、填料、催化剂、溶剂等。其特点是低温性能优异，耐磨性、耐疲劳性、耐震性良好，粘附性极高以及好的粘结工艺；但是，耐热性能及长期耐湿热性能较差。主要类型包括多异氰酸酯、溶剂型聚氨酯、单组分聚氨酯、水乳型聚氨酯四种。其广泛应用于金属、橡胶、织物、塑料、木材、皮革等的粘结，以及储存液氮、液氧和液氢等极低温设备的粘结。

5. 聚酰亚胺粘结剂

以聚酰亚胺树脂为基料制成的粘结剂是一种耐高温的特种粘结剂，可以在280℃高温长期使用，间断使用温度可达420℃或更高，耐辐射及低温，对金属粘结力强。缺点是在碱性条件下容易水解。聚酰亚胺粘结剂主要对铝合金、钛合金、陶瓷及复合材料等结构的粘结。

6. 厌氧粘结剂

以丙烯酸或特殊丙烯酸酯为基料的粘结剂。其特点是在空气（氧）接触下存放 1 ~2 年不会固化，但当与空气（氧）隔绝时几分钟到几十分钟就会固化。它用量少，较好的渗透性、密封性及耐化学品，但是对多孔、大缝隙材料不适合使用。厌氧粘结剂主要用于机械制造和设备安装等。

除了上述六种粘结剂外，还有氰基丙烯酸酯粘结剂、橡胶型粘结剂、聚硫橡胶密封胶、压敏粘结剂、光敏粘结剂、无机粘结剂等，在此不再一一叙述。

7.3 堆焊

堆焊是指将具有一定使用性能的材料借助一定的热源手段熔覆在基材表面，使母材具有特殊使用性能或使零件恢复原有形状尺寸的工艺方法。因此，堆焊既可用于修复材料的缺陷，亦可用于强化材料或零件的表面，使材料具有新的性能，如高的耐磨性、良好的耐蚀性等。

7.3.1 异种金属堆焊的基本原理

由于焊层金属和基体金属的化学成分和晶格类型存在差别，在界面的过渡区层中不可避免的会引起晶格畸变，从而造成晶格的各种缺陷。由于靠近熔合区各段上焊缝的结晶特点不同，可能由于成分的变化而形成不良的过渡层，从而使焊接质量恶化。

在熔焊条件下，熔池的结晶中心是未被熔化的基体金属的晶粒，结晶新相的原子就附着在结晶中心的上面。焊缝冷却后，熔合区主要是由基体金属和焊缝金属相互熔合的合金组成。由于是异种金属焊接，在熔合区的焊缝边界上会产生化学成分介于基体金属与焊缝金属之间的过渡层。过渡层的厚度随焊接电流的增大而减小。

在堆焊过程中，固态基体金属与液态金属相互作用必定引起熔合区内某种程度的异扩散。异扩散速度的大小取决于温度、接触时间、浓度梯度和原子的迁移率。异扩散形成的扩散过渡层往往会损害焊层的性能。

7.3.2 堆焊层组织结构

焊缝的一次结晶组织近似于铸锭的结晶组织。由于熔池体积很小，冷却速度迅速，主要是柱状晶组织，等轴晶组织较少。如果基体是钢，在界面附近由于过热会引起基体金属晶粒的长大。基体金属或焊层金属在冷却过程中有相变发生，会发生二次结晶。二次结晶所得组织符合一般的固体相变结晶规律。分析焊缝的微观组织可以发现，两种金属尽管合金化特性彼此差别很大，但只要它们的晶格相同，基体金属和焊缝金属的熔合区就有相容性。而且只要熔合区内没有组织的畸变，金相组织类型相同的异种金属接头、晶界的吻合也是清晰的。

对于组织类型不同的钢，熔合区内出现从一种晶格过渡到另一种晶格的单原子层，过渡层总是存在一定的应力。在珠光体钢上堆焊奥氏体钢时，熔合区仍保留有与γ和δ铁的结晶晶格方向相适应的结晶条件，即有共同的结晶方向。但是金相分析时，在界面上只能见到从奥氏体侧向珠光体钢的明显过渡，而不是结晶方向一致的共同晶粒。只有采用一定的处理措施，在熔合区上可以观察到和基体以及奥氏体完全一致的晶界。堆焊产生的过渡层常常是硬度很高的脆性马氏体。在堆焊或焊后的使用过程中，此区域容易形成裂纹。

异种金属堆焊时在熔合区中会发生异扩散，在焊缝金属熔合线附近形成一个化学成分变化不定的扩散过渡层。在珠光体上堆焊奥氏体不锈钢时，碳钢一侧出现粗大柱状铁素体晶粒，而奥氏体一侧出现一条较多碳扩散的高硬度黑带。对于多组元体系扩散是由化学梯度决定。在10号碳钢上堆焊Cr22Ni15时，焊后有一条细的碳扩散层，经回火后此扩散层明显加宽。

7.3.3 常用堆焊材料与堆焊方法

1. 常用堆焊材料

常用堆焊材料有铁基、镍基、钴基、碳化钨基和铜基等。

(1) 铁基堆焊合金

1) 低合金钢堆焊材料

① 珠光体类的堆焊材料。含碳的质量分数一般在0.5%以下，合金元素的质量分数在5%以下，以Mn、Cr、Mo、Si为主要合金元素。堆焊层组织以珠光体为主，硬度为20～38HRC。其特点是堆焊层性能优良，具有中等的硬度和一定的耐磨性、易加工等。

② 马氏体类堆焊材料。含碳的质量分数为0.1%～1.0%之间，个别的高达1.5%，另外还有低或中等含量的合金元素。根据碳含量可以把这类合金分为低碳、中碳和高碳马氏体钢堆焊合金。这类堆焊合金的组织为马氏体，有时也会出现少量的珠光体、贝氏体和残余奥氏体。堆焊层硬度为25～65HRC，主要取决于碳含量和转变成马氏体的数量，并受到冷却速度和合金元素含量的影响。

2) 中、高合金钢及合金铸铁堆焊材料

① 高速钢及热作工具钢、冷作工具钢堆焊材料。高速钢淬火组织为马氏体加碳化物，具有较高的热硬性和良好的耐磨性能。热作工具钢含碳量比高速钢堆焊材料低，具有较高的高温硬度、较高的强度和抗冲击性及高的高温抗氧化性和耐磨性。冷作工具钢有较高的常温硬度和抗粘着磨损性能。

② 高锰钢及铬锰钢堆焊材料。高锰钢含碳的质量分数为0.7%～1.2%，锰的质量分数为10%～14%，组织为奥氏体，硬度200HBS，几乎全部以铸件形式

应用。铬锰钢堆焊材料和高锰钢堆焊材料具有相似的金相组织和相近的冷作硬化作用，在低应力磨料磨损条件下耐磨性差，但是在重冲击时因表面冷作硬化，耐磨性大大提高。高锰钢及铬锰钢堆焊材料主要用于该类钢铸件缺陷的补焊和磨损件的修复。

③ 高铬钢及铬镍钢堆焊材料。这类钢具有优良的耐蚀性和一定的高温抗氧化性。Si、C、B 等元素含量较高的铬镍锰奥氏体钢堆焊材料还具有优良的耐磨性、耐冷热疲劳性、耐气蚀性、耐磨性和耐中高温擦伤性能。锰的质量分数为5% ~8% 的铬镍锰奥氏体钢堆焊材料和铁素体含量相当高的 Cr29Ni9 型堆焊材料，还具有高韧性、较高的冷作硬化性、耐气蚀性和耐磨性。铬镍不锈钢堆焊材料和高铬不锈钢堆焊材料包括焊条、焊丝、带极和合金粉末。

④ 合金铸铁堆焊材料。按照成分和堆焊层的金相组织可分为马氏体、奥氏体和高铬合金铸铁三大类。

马氏体合金铸铁堆焊材料以 C-Cr-Mo、C-Cr-W、C-Cr-Ni 和 C-W 为主要的合金系统。碳的质量分数一般控制在 2% ~5%，铬的质量分数多在 10% 以下，合金元素总的质量分数一般不超过 25%。这类合金由马氏体 + 残余奥氏体 + 含有合金碳化物的莱氏体组成，堆焊层硬度为 50 ~60HRC，具有很高的耐磨料磨损性能。

奥氏体合金铸铁堆焊材料中碳的质量分数为 2.5% ~4.5%，铬的质量分数为 12% ~28%，组织为奥氏体 + 莱氏体共晶。其堆焊层硬度为 45 ~55HRC，具有良好的耐低应力磨料磨损性能，适用于受中度冲击及低应力磨料磨损和腐蚀条件下工件的堆焊。

高铬合金铸铁堆焊材料中碳的质量分数为 1.5% ~6%，铬的质量分数为15% ~35%。该类合金含有合金碳化物和硼化物，硬度高，耐磨性好，具有一定的耐热、耐蚀和抗氧化性能。

(2) 镍基堆焊材料　在镍基堆焊材料中除了高镍堆焊材料用于铸铁堆焊时常作为过渡层外，其他常用镍基堆焊材料是 Ni-Cr-B-Si 型、Ni-Cr-Mo-W 型以及近年来开发研制的 Ni-Cr-W-Si（如 NDG-20）和 Ni-Mo-Fe（如 Ni60Mo20Fe20）。Ni-Cr-B-Si 型堆焊材料具有较低的熔点（1 040℃），较好的润湿性和流动性，主要用于粉末离子堆焊和氧-乙炔喷涂。Ni-Cr-Mo-W 型堆焊材料硬度低，加工性好，主要用来抗腐蚀，也可用作高温耐磨堆焊材料。

(3) 钴基堆焊材料　主要指钴铬钨堆焊材料，即通常所说的斯太利合金，含铬的质量分数为 25% ~33%，钨的质量分数为 3% ~21%。该堆焊层在 650℃ 左右仍能保持较高的硬度。此外，堆焊层具有一定的耐蚀性能和优良的抗粘着磨损性能。

(4) 铜基堆焊材料　铜基堆焊材料分为纯铜、黄铜、青铜和白铜四种。形式有焊条、焊丝和堆焊用带极。铜基堆焊材料具有较好的耐大气、耐海水和耐各种酸碱溶液的腐蚀，耐气蚀和金属间磨损的性能，常用于以铁基材料为母材的双金属零件的制备或磨损工件的修补。

(5) 碳化钨堆焊材料　碳化钨是硬质合金的重要成分。堆焊用的碳化钨分为铸造碳化钨和烧结碳化钨两类。铸造碳化钨中碳的质量分数为3.7%～4.0%，钨的质量分数为95%～96%，它是WC-W_2C的混合物。这类合金硬度高，耐磨性好，但脆性大，加工过程中容易碎裂脱落。当加入质量分数为5%～15%的钴可以降低熔点，增加韧性。

2. 常用堆焊方法

(1) 氧-乙炔堆焊　氧-乙炔火焰的温度较低（3 050～3 100℃），将它应用于堆焊时能得到非常小的稀释率（1%～10%）和小于1mm厚的均匀薄堆焊层。同时，该堆焊方法设备简单、使用方便、成本低。其缺点是生产率低、工人的劳动强度大。该法一般用于堆焊较小的零件，如内燃机排气阀阀面、农机零件等。

(2) 焊条电弧堆焊　焊条电弧堆焊的设备简单、机动灵活、成本低，应用实心堆焊焊条和管状焊条能获得范围较大的堆焊合金，因此应用范围广。但是，它的稀释率较高、生产率较低、堆焊层不太平整，堆焊后的加工量较大，因此通常应用于少量零件的修复和强化。

(3) 埋弧堆焊　单丝埋弧堆焊的熔深大、稀释率高（30%～60%）、生产率中等。多丝埋弧堆焊电弧可以周期性的从一根焊丝移向另一根焊丝，熔敷率大大提高，而稀释率大为降低。带极埋弧堆焊是用金属带来代替焊丝作电极，其熔深浅，稀释率低，熔敷率很高。

(4) 气体保护和自保护明弧堆焊　熔化极气体保护堆焊是用CO_2、Ar或混合气体作为保护气体，它有较高的熔敷率，但是稀释率也较高（15%～25%）。非熔化极惰性气体保护堆焊，主要以手工送进各种合金焊丝进行堆焊。这种方法的保护效果好，合金元素的过渡系数高，稀释率比熔化极气体保护堆焊低，但是生产率低，保护气体昂贵。不加保护气体的自保护药芯焊丝的明弧堆焊的设备简单、方便灵活，但是堆焊时的飞溅较大。

(5) 振动电弧堆焊　细直焊丝相对于零件表面作一定频率和振幅的振动，使焊丝和工件间产生短路和脉冲放电，从而使焊丝可以在较低的电压（12～22V）并以较小的熔滴稳定而均匀地过渡到工件表面，形成一层薄而均匀的堆焊层。特点是熔深浅、热影响区小、零件变形小、生产率高、劳动条件也较好等一系列优点。但是电弧区保护作用差，焊层含氢量高，堆焊层组织和硬度不均匀等。因此常向电弧区喷射一定量的水蒸气、二氧化碳等或采用焊剂作为保护介质。

(6) 电渣堆焊　熔敷率最高，极板电渣堆焊的熔敷率可达150kg/h，堆焊的厚度也很大，但是稀释率不高。缺点是堆焊层严重过热，焊后需要热处理，堆焊层一般不能太薄。因此，它适用于需要较厚堆焊层、堆焊表面形状比较简单的大中型零件。

（7）等离子弧堆焊　由于等离子弧的温度很高，有高的堆焊速度和高的熔敷率，稀释率很低（最低可达5%左右）。缺点是设备成本高，堆焊时有很强的紫外线辐射和臭氧污染，需要有效的保护。

7.4　热喷涂

热喷涂技术是使用某种方式的热源，使喷涂材料加热至熔融或半熔融状态，用高压气流将其雾化，并以一定速度喷射到经过预处理的零件表面，从而形成涂层的表面加工技术。

7.4.1　热喷涂种类与特点

1. 热喷涂种类

热喷涂技术主要根据热源分类，目前热源有五种类型。采用这些热源加热熔化不同形态的喷涂材料，即形成了不同热喷涂方法，如图7-3所示。

- 热喷涂方法
  - 气体燃烧热源
    - 线材火焰喷涂
    - 棒材火焰喷涂
    - 粉末火焰喷涂
    - 超音速火焰喷涂
    - 粉末火焰喷涂
  - 气体放电热源
    - 电弧喷涂
    - 等离子喷涂
      - 大气离子喷涂
      - 真空离子喷涂
      - 保护气氛等离子喷涂
      - 水稳等离子喷涂
      - 超音速等离子喷涂
    - 等离子喷焊
  - 电热热源
    - 电容放电喷涂
    - 感应加热喷涂
  - 爆炸热源
    - 燃气重复爆炸喷涂
    - 线材电爆喷涂
  - 激光热源
    - 激光喷涂
    - 激光喷焊

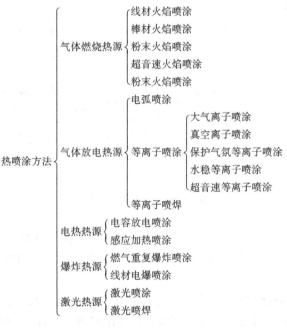

图7-3　热喷涂种类

2. 热喷涂特点

热喷涂技术作为一种对材料表面改性的重要手段，和其他表面技术相比有其自己与众不同的特点，主要包括以下几个方面：

（1）热喷涂方法多　热喷涂具体方法有十几种，可以选择合适的方法对零件进行热喷涂。

（2）热喷涂材料种类广泛　金属及其合金、陶瓷、塑料、尼龙以及它们的复合材料等都可以作为喷涂材料。

（3）基体材料使用范围广　几乎所有的固体材料表面都可以热喷涂，一般也不受零件尺寸及场地限制，既可以大面积喷涂，也可以进行局部喷涂。

（4）基体材料受影响小　喷涂时可使基体控制在较低温度，所以基体变形小、组织和性能变化小，保证了基体质量基本不受影响。

（5）涂层厚度可以控制　涂层厚度从几十微米到几微米，可以根据要求确定。

（6）操作环境较差　存在粉尘、烟雾和噪声等问题，因此需要加强防护措施。

7.4.2　热喷涂原理

热喷涂技术利用热源将喷涂材料融化或软化，借助热源本身动力或外加的压缩空气流，将喷涂材料雾化成微粒形成快速的离子流，然后喷射到基材表面获得表面涂层。尽管热喷涂技术方法很多，但是喷涂过程、涂层形成和涂层结构基本相同。

1. 喷涂过程

热喷涂过程如图 7-4 所示，喷涂材料从进入热源到形成涂层可以划分为以下四个阶段：

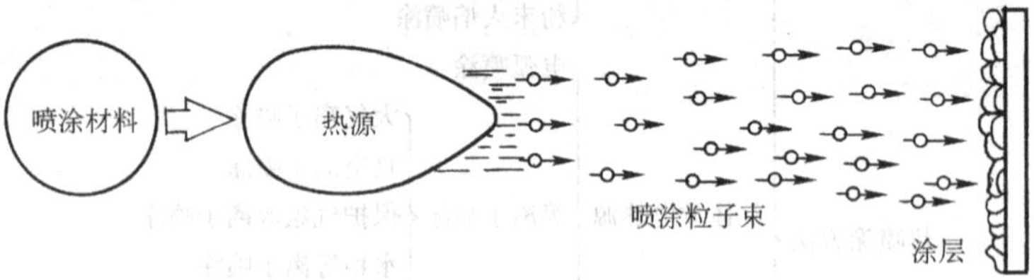

图 7-4　热喷涂过程示意图

（1）喷涂材料的熔化　粉末喷涂材料进入热源高温区域，被加热到熔化态或软化态；线材喷涂材料的端部在热源高温区加热熔化，熔化的材料以熔滴形式存在于线材端部。

（2）熔化的喷涂材料的雾化　对于线材喷涂时，端部的熔滴在外加压缩气流或热源自身射流的作用下脱离线材端部，并雾化成细小熔滴向前喷射；在粉末喷涂时，不存在粉末的细化和雾化过程，直接在压缩气流或热源射流推动下发生喷射。

（3）粒子的飞行阶段　熔化或软化的微细颗粒首先被气流或射流加速，当飞行一定距离后速度又减小。

（4）粒子的喷涂阶段　具有一定速度和温度的微细粒子到达基材表面，发生强烈的碰撞。

2. 涂层的形成

粒子在碰撞基体表面或撞击已经形成的涂层的瞬间，把动能转化为热能后传给基体，同时粒子在凹凸不平的表面发生变形，形成扁平状粒子，并且迅速凝固成涂层。喷涂的粒子不断飞向基材表面，产生碰撞-变形-冷凝的过程，变形粒子与基材之间及粒子与粒子之间相互交叠在一起，形成涂层。涂层形成过程如图 7-5 所示。

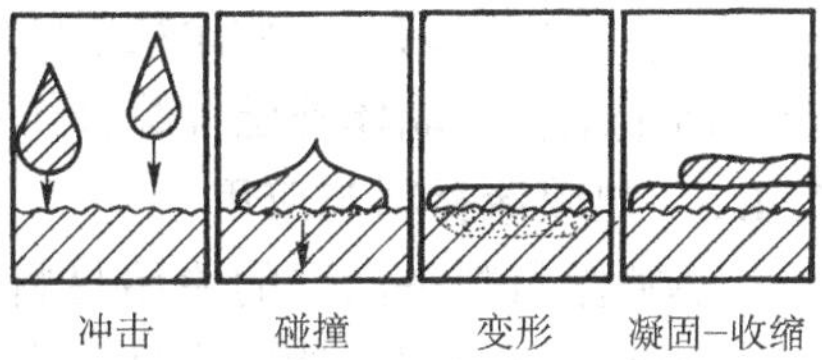

图 7-5　热喷涂涂层形成过程示意图

3. 涂层的结合机理

涂层的结合包括涂层与基材的结合及涂层之间的结合。前者的结合强度称为结合力，后者的结合强度称为内聚力。

(1) 涂层与基体间的结合机理　目前尚未存在统一的定论，已经提出以下几种类型：

1) 机械结合。熔融态的粒子撞击到基材表面后铺展成扁平状的液态薄层，嵌合在起伏不平的表面形成机械结合，又称为抛锚效应。

机械结合与基材表面的粗糙程度密切相关。如果对基体不进行粗化处理，而进行抛光处理，热喷涂层的结合力很弱；相反，使用喷砂、粗车、车螺纹或化学腐蚀等方法粗化基体表面，涂层与基体的结合强度提高。

2) 物理结合。当高速运动的熔融粒子撞击基体表面后，若界面两侧紧密接触的距离达到原子晶格常数范围内时，产生范德华力，提高基体与涂层间的结合强度。

基体表面的干净程度直接影响界面两侧喷涂粒子与基体间的原子距离，因此要求表面非常干净且处于活化状态。喷砂可使基体表面呈现异常清洁的高活性的新鲜金属表面，然后立即喷涂能够增加物理结合程度，从而提高基体与涂层的结合强度。

3) 扩散结合。当熔融的喷涂粒子高速撞击基体表面形成紧密接触时，由于变形和高温的作用，基体表面的原子得到足够的能量，使涂层与基体之间产生原子扩散，形成扩散结合。扩散的结果使在界面两侧微小范围内形成一层固溶体或金属间化合物，增加了涂层与基体之间的结合强度。

4) 冶金结合。当基体预热，或喷涂粒子有高的熔化潜热，或喷涂粒子本身发生放热化学反应（如 Ni/Al）时，熔融态的粒子与局部熔化的基体之间发生“焊合”现象，产生“焊点”，形成微区冶金结合。由于凝固时间（或化学反应时间）很短，“焊点”不可能很强，但是对粒子与基体间及粒子间都会产生增强作用。在喷涂具有放热型反应的粘结底层时，在基体表面微区内，特别是在喷砂后的突出尖部，接触瞬间温度可高达基体的熔点，容易产生这种结合方式。

（2）涂层间结合　喷涂粒子间的结合是以机械结合为主，物理结合、扩散结合、冶金结合、晶体外延等综合作用也有一定效果。

7.4.3　热喷涂材料与应用

热喷涂材料是涂层的原始材料，在很大程度上决定了涂层的物理和化学性能。在此主要介绍热喷涂线材、热喷涂粉末和复合材料粉末及应用。

1. 热喷涂线材

线材包括碳钢丝、不锈钢丝、铝丝、铜丝、复合喷涂丝及镍、铜、铝的合金丝等。

（1）碳钢及低合金丝　最常用的是85优质碳素结构钢丝和T8A碳素工具钢丝，一般使用电弧喷涂，用于喷涂曲轴、机床等常温工作的、需耐磨的机械零件表面及磨损部位的修复。

（2）不锈钢丝　主要用于强度和硬度较高、耐蚀性要求不高的场合。1Cr18Ni9Ti等奥氏体不锈钢在多数氧化性介质中和某些还原性介质中有较好的耐蚀性，用于喷涂水泵轴等。另外，不锈钢涂层收缩率大，容易开裂，适合喷涂薄层。

（3）铝丝　铝在室温下大气中可形成致密坚固的Al_2O_3氧化膜。纯铝除大量喷涂钢铁件外，还可以作为钢的抗高温氧化涂层、导电涂层和改善电接触涂层。

（4）铜及铜合金丝　铜主要用于电器开关的导电涂层、塑料和水泥等建筑表面的装饰涂层；黄铜涂层用于修复磨损及较差的工件。铝青铜的强度高于一般的青铜，耐海水、硫酸和盐酸的腐蚀，可作为打底涂层，常用于水泵叶片、活塞及轴瓦等的喷涂。

（5）复合喷涂丝　采用机械方法将两种或更多种材料复合压制成喷涂线材。不锈钢、镍、铝等组成的复合喷涂丝，利用镍、铝的放热反应使涂层与多种基体金属结合牢固，改善了涂层的综合性能；另外，喷涂参数易于控制，便于火焰喷涂。目前，它是正在扩大使用的喷涂材料，主要用于油泵转子、轴承、汽缸衬里和机械导轨表面的喷涂，也可用于碳钢和耐蚀钢磨损件的修补。

2. 热喷涂粉末

粉末材料可以分为金属及合金粉末、陶瓷粉、复合材料粉末和塑料颗粒等。

（1）金属及合金粉末　喷涂合金粉末不需要或不能进行重熔处理。喷涂粉末按照用途分为打底层粉末和工作层粉末。打底层粉末用来增加涂层与基体的结合强度，工作层粉末来保证涂层要求的使用性能。工作层粉末熔点要低，涂层具有较高的伸长率。

喷涂合金粉末中加入了强烈的脱氧元素如Si、B等，具有良好的自熔剂作用。常用该种粉末有镍基、钴基、铁基及碳化钨等四种系列。

（2）陶瓷材料粉末　陶瓷属高温无机材料，是金属氧化物、碳化物、硼化物、硅化物等的总称。其特点是硬度高，熔点高，脆性大。常用的陶瓷粉末有氧化物、碳化物。氧化物陶瓷粉末绝缘性能好，热导率低，高温强度高，特别适合热屏蔽和电绝缘涂层。碳化物往往采用钴包碳化钨或镍包碳化钨，防止喷涂时产生严重的失碳现象。

（3）复合材料粉末　按照涂层功能复合粉末有硬质耐磨复合粉末、耐高温和隔热复合粉末、耐蚀和抗氧化复合粉末、绝缘和导电复合粉末及减摩润滑复合粉末等。硬质耐磨复合粉末的芯核材料为各种碳化物硬质颗粒，包覆材料为金属和合金。减摩润滑复合粉末的芯核材料是固体润滑剂颗粒，如石墨、MoS_2、PTFE等，包覆材料为金属。耐高温和隔热复合粉末分为金属型、陶瓷型和金属陶瓷型，涂层具有耐高温或隔热等功能。绝缘复合粉末由陶瓷氧化物组成，用热喷涂法可在导体表面制备电绝缘性能优异的涂层。

（4）塑料颗粒　塑料具有良好的防粘、低摩擦系数和特殊的物理化学性能。热喷涂塑料颗粒要求热分解温度要远高于熔化温度，颗粒熔融后粘度要低，粒度不能过大或过小，否则会造成难熔或引起过热分解。许多热塑性的树脂，如聚乙烯树脂、EVA 树脂及尼龙等是热喷涂用的主要材料。聚乙烯树脂耐热温度仅为60℃左右，但是其膜层的耐药品性、耐水性良好，而且价格便宜。EVA 树脂具有优异的熔融流动性，可以形成色彩鲜艳的漂亮涂层，另外有良好的粘着性、耐候性、低温韧性和耐药品性。喷涂用尼龙主要是尼龙 11 和尼龙 12，熔点 180℃左右，熔体流动性好，具有良好的可弯性、耐磨性、耐冲击性和低温物理性能，但耐酸性、耐候性较差。此外，热固性环氧树脂也被成功地用于热喷涂。环氧树脂是热固性塑料，颗粒熔化附着的同时发生固化反应，耐药品性特别好，但耐候性较差。

7.4.4　喷涂层的性能测试与质量检验

涂层的性能反映了涂层的质量。涂层性能包括工艺性能、物理性能和化学性能。工艺性能指涂层的结合强度、厚度、密度（或气孔率）、耐磨性；物理性能包括热膨胀系数、热导率、比热容及金相组织；化学性能指化学成分、耐蚀性等。

1．工艺性能检测

（1）结合性能

1）切格试验。它适用于铝、锌等软涂层。这是一种定性检验涂层与基体结合性能试验。方法为：用特定的切割工具，按一定间距在涂层上切割至基体成为小方格，观察方格中有无涂层从基体上剥落。然后用粘胶带粘在涂层上，迅速拉下胶带，观察破断状态，以此考察涂层与基体的结合性能。

切割工具为硬质刀具，形状如图 7-6。胶带由甲乙双方商定（布胶带），带宽 25mm。操作可以在试样（100mm × 50mm × 2mm）或产品上进行，拉力应大于 9N。划出方格尺寸见表 7-2。

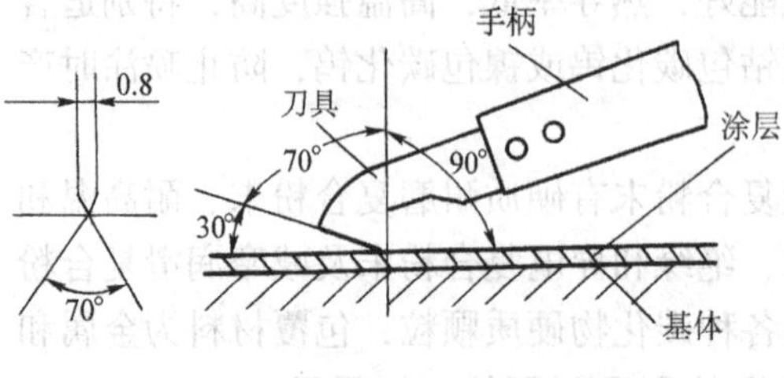

图 7-6　切割刀具及切割角度

表 7-2　方格尺寸

涂层厚度/μm	切格区近似面积/mm^2	划痕间距/mm
<200	15 × 16	3
>200	25 × 25	5

2）拉力试验。这是定量测定涂层与基体结合强度试验。方法是：将两个试样端面用胶粘结（其中一个试样端面喷涂金属层），然后放在拉力试验机上拉伸直到涂层与基体脱开，即可算出结合强度，如图 7-7 所示。

操作及计算：在圆柱试样 A 不开螺孔的端面进行粗糙处理，并喷涂制成涂层（0.2 ~ 0.3mm），再将此涂层面与同尺寸的圆柱试件 B 的端面（同粗化处理）用粘结剂（如环氧树脂）粘结，再在材料试验机上作拉伸实验。加载速度为 980N/min，直至试样拉开。按下式计算结合强度

$$\sigma = \frac{F}{S}$$

式中，F 为拉断载荷（N）；S 为涂层面积（mm^2）；σ 为结合强度（N/mm^2）。

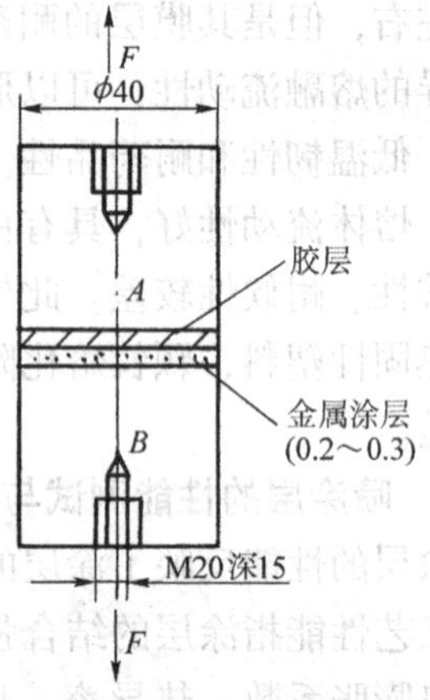

图 7-7　拉力试验

（2）厚度测定　常用测厚方法有磁性测量（无损）和断面显微（破坏）测量两种。

1）磁性测厚法。利用涂层和基体导磁性不同来测涂层厚度。基本原理由图 7-8 可见，在测头线圈中通电成为电磁铁，非磁性涂层（如 Al、Zn 等）是不导磁的，其作用相当于磁路中的气隙。气隙的大小与导磁的大小成正比。磁通量大小反过来又影响线圈中电流的大小。电流变化通过电路放大后即可显示出气隙（涂层）的厚度。具体操作可按照各种磁性测厚仪的要求测量。

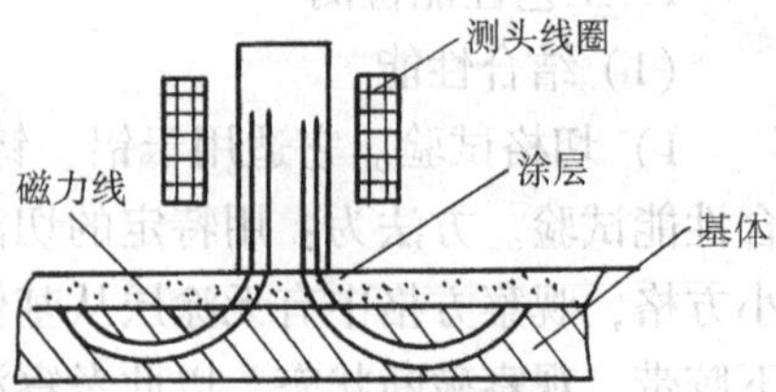

图 7-8　磁性测厚

2）断面显微测厚法。从工件上沿边长取 20mm 正方形试片，断面在金相显微镜下

观察。一般沿试样一个边平均取10个点测量，然后取平均值，精确度可达1μm。

（3）密度测量　用称量法测定。测定干燥试样的质量与总体积之比，即为密度。

操作及计算：将试样放在105～120℃炉中进行烘干，得到干燥质量m_1（单位g)；将干燥试样称量后放入烧杯水中，并减压排气，无气泡后取出成为泡水试样；将泡水试样用细金属丝（直径0.5mm以下）吊挂于水中，此时称得总质量与吊金属丝质量之差为泡水试样在水中质量m_2（单位g)；从水中取出试样擦干，称量得泡水试样质量m_3（单位g)。按下式计算涂层密度D，即

$$D = \frac{m_1}{V_{总}} = \frac{m_1}{\dfrac{m_3 - m_2}{D_{液}}} = \frac{m_1 D_{液}}{m_3 - m_2}$$

式中，$D_{液}$为试验温度下水的密度（g/cm^3)；$V_{总}$为试样总体积。

（4）耐磨性判定　将涂层制成试样，在专用试验机上进行耐磨试验。根据一定时间后涂层消耗程度来判断耐磨性。优点：试验周期短，影响因素易控制，试验条件可选择，试验数据重复性好。缺点：试验条件与实际条件有差别。若试验机选择不当，则差别更大。

2. 物理及化学性能检测

（1）物理性能检测

1）热膨胀系数、比热容、热导率测定与一般材料测试方法相同。

2）金相观测：试样预制要小心，必要时用树脂浸渗。观测的主要内容是氧化物及其他夹杂、气孔及气孔率、涂层与基体界面。

（2）耐蚀性检验方法

1）中性盐雾试验，按GB6458进行27h试验。

2）盐水浸泡试验。

试样尺寸：150mm×75mm×3mm半浸或100mm×50mm×2mm全浸均可。制备试样两枚，其中一枚用作比较的参照标准。

溶液：NaCl试剂+蒸馏水。浓度0.43～0.6mol/L。

操作：将一枚试样竖直吊挂于容量500mL的恒温箱中，温度为（40±1)℃。溶液每天更换一次。在72h试验周期内，除更换试液时中断外必须连续进行。试验后先用水洗净、干燥并对比检查。

（3）其他化学性能测定　可以用化学分析方法确定涂层成分；电解萃取法分析相成分；X射线衍射法确定涂层的相结构；SEM界面分析、电子探针点或线分析等。

7.5　电火花表面涂敷

电火花表面涂敷指利用电能的高能量密度对表面强化处理的工艺，它是通过

火花放电的作用，把作为电极的导电材料熔渗进金属工件的表层，从而形成合金化的表面强化层，使工件表面的物理、化学性能和力学特性得到改善。目前，该工艺在模具、刀具和机械零件的强化与修复方面得到较为广泛的应用。

7.5.1　电火花表面涂敷的原理

电火花表面涂敷的基本原理，是储能电源通过电极以10～1 000Hz的频率在电极与工件之间产生火花放电，在5～10s内电极与工件接触的部位达到8 000～25 000℃的高温，使放电能量在时间和空间上高度集中，同时由于放电的热作用、电磁力作用和机械作用而产生极大的放电作用力，将熔化的电极材料扩散到工件表面，这就是所谓的电蚀现象。电极材料与工件材料产生冶金结合形成强化层。

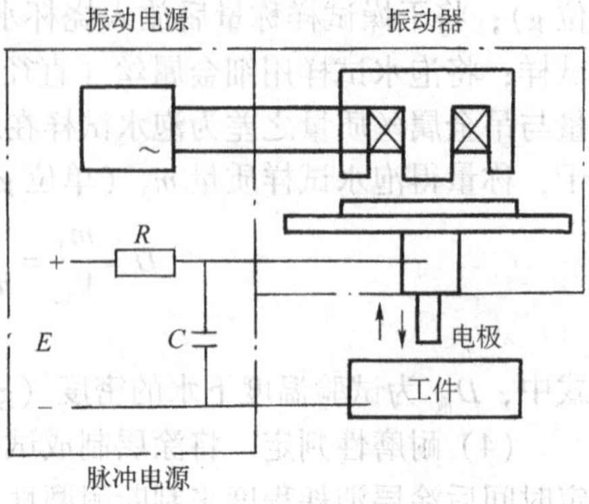

图7-9　电火花表面涂敷设备结构原理图

图7-9是电火花表面涂敷设备的结构原理图。设备主要由振动电源、脉冲电源和振动器构成，由振动电源向振动器供电，振动器工作，使夹持在振动器上的电极作上下往复运动或旋转运动，而脉冲电源向电极和工件供电，使二者之间产生火花放电。采用X射线衍射仪、金相显微镜、TEM、SEM、显微硬度计等现代科学仪器对强化层（涂敷层）分析结果表明，强化层是由电极材料与工件材料组成的新合金层，大致组成如图7-10所示。合金层组织较细，具有较高的硬度，较好的耐高温性能和耐磨性。厚度可达5～150μm，硬度可以达到1 200Hv以上，相当于72HRC以上。

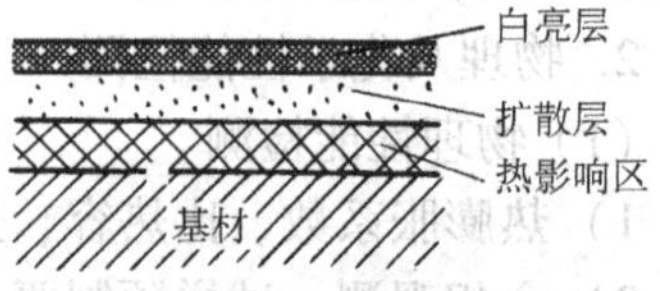

图7-10　强化层组成示意图

7.5.2　电火花表面涂敷层的特性

根据电火花表面涂敷原理可知，涂敷层是电极与工件之间经过多次放电后形成的。由于火花放电会产生瞬时高温，在工件表面发生高温物理冶金作用，形成高硬度、高耐磨性和抗蚀性的强化层，从而显著提高工件的使用寿命。涂敷层具有其独特的特性，主要表现在表面形貌、金相组织、厚度、元素分布、结构、硬度、耐磨性、耐蚀性、残余应力状态等。

1. 表面形貌

电火花涂敷工艺制备的涂层表面形貌与传统的机械加工得到形貌不同。机械加工形成的表面形貌是由切削刃或磨料运动痕迹形成的，存在一定规律的方向性。对于电火花涂敷工艺而言，表面是经过多次放电所形成的强化点的融合和重叠的结果，因此由无数密集的强化点和放电凹坑构成涂层，宏观上呈现银灰色的桔皮状。如果工件表面粗糙程度要求粗，涂敷后即可使用，否则需要对涂层研磨抛光。

2. 金相组织

涂敷层具有较高的耐蚀性能，金相组织呈白亮色。它是由电极材料和工件材料的过渡元素组成的。由电极材料 YG8 和工件材料 GCr15 制备的白亮涂层，是由电极材料和工件材料的元素及其化合物以及氧化物、氮化物组成，用普通的光学显微镜无法分辨组织。由电镜分析可知，其组织主要由一些特殊结构的碳化物组成。

3. 厚度

涂敷层的厚度包含白亮层厚度和扩散层厚度两部分。由于用常规的金相分析方法较难分辨出扩散层，根据大量实验表明，白亮层厚度和强化后工件的增厚量相近，通常近似地用白亮层厚度表示涂敷层的厚度。

4. 化学元素分布

电火花涂敷层的化学成分与电极和基体金属材料的化学成分以及周围介质相关，而化学成分的分布情况和制备工艺有关。在电火花放电过程中，产生的温度可高达 10 000℃左右，电极和工件材料的各种元素及空气电离产生的氮离子等都发生强烈的扩散。

5. 组织结构

电火花表面涂敷工艺不是简单的镀覆过程，而是由组成电极和工件的各种元素及空气中氮等电离的离子，在电火花强化过程中发生强烈而复杂的熔渗、扩散和重新合金化、氮化等物理化学反应，使涂层中产生一系列特殊结构的碳化物，从而改善工件的机械、物理和化学性能。在电极材料 Cr_2B、基体材料 3Cr2W8V 条件下，涂层组织为细树枝晶，相结构主要为 Cr_2B 及 α-Fe。

6. 显微硬度

测量显微硬度的方法：将试件的断面经过磨制、抛光和腐蚀而形成金相断面，然后用 71 型显微硬度计在 1N 试验力下分别测量各个区域的硬度值。白亮层的显微硬度一般在 1 000HM 左右，有的甚至达到 1 600HM。这是由于白亮层内存在高硬度的碳化物（W_2C、Cr_7C_3、CrC）等结构的缘故。过热影响区的显微硬度比基体组织略有下降，而基体组织的硬度保持不变。另外，由于电极材料或基体材料的不同，涂层的显微硬度都存在差别。

7. 耐磨损性

涂敷层的耐磨损性是一种综合的力学性能，对刀具、模具和工件的耐用程度起着关键性的作用。与机械加工表面相比，电火花表面涂敷层有更好的耐磨损性能。这是涂敷层的表面形貌、组织结构和性能综合影响的结果。表面形貌有利于贮存润滑油并减少摩擦；由于涂敷层的特殊相结构而具有高的硬度；回火处理使组织稳定和均匀化，并且降低残余内应力。

8. 耐蚀性

经过电火花表面涂敷后的工件比未经强化的同类金属材料的耐蚀性高得多，在有腐蚀性的介质中工作时其化学稳定性和可靠性较高。

9. 残余应力

在制备涂敷层时，由于在脉冲放电中形成的瞬时高温，使放电微区的金属熔化或汽化。在熔化的金属熔滴中，电极材料和工件材料产生熔渗、扩散和重新合金化，随后又迅速地被基体金属所冷却凝固，形成强化层。在此过程中，涂敷层产生较大的热应力和组织应力。对涂敷层进行回火处理能够降低应力，提高力学性能。

7.5.3 电火花表面涂敷的应用

经几十年来的应用表明，电火花涂敷工艺应用在以下几方面能够取得明显的技术经济效果。

1. 表面强化

1）模具强化，如冷冲模、压弯模、拉伸模、挤压模、压铸模和某些热冲、热锻模具，经强化后可提高寿命 0.5 ~2 倍。

2）刀具强化。如车刀、刨刀、铣刀、钻头、统刀、拉刀、推挤刀、丝锥和某些齿轮刀具，强化后能提高使用寿命 1 ~3 倍。

3）机器零件强化。易摩擦磨损的机器零件，如机床导轨、工夹具、导向件、滚轮、凸轮等，强化后可延长使用期限。部分应用实例见表 7-3。

表 7-3 机械零件电火花表面强化的应用实例

工、模具及机械零部件	电火花强化处理后的效果
高速钢刀具	寿命一般提高 1 ~3 倍
冲不锈钢的模具	刃口刃磨寿命提高 6 倍
ϕ260mm 铸铁轧辊	轧制寿命提高两倍，成本低，能源消耗下降
45 钢锻模	使用寿命提高 0.5 ~2 倍

2. 表面修补

量具（游标卡尺、千分尺、塞规、卡板等）、机械零件（独颈套筒、机床导轨、夹具和轧辊等）和模具，在磨损超差之后，利用电火花表面涂敷能使工件表面微量增厚的作用，可以进行微量修补，使这些要报废的产品能够重新使用。

3. 表面涂覆

主要用于提高医疗器械的表面防蚀能力而对工件覆银和覆金。电火花强化技术除了前面所述的应用外，还可以利用电火花强化机进行电火花穿孔加工，模具等工件工作表面的打毛，以及在工具、试件上刻字、打标志等。

7.6 热浸镀

是将一种基体金属浸在熔融态的另一种低熔点金属中，在其表面形成一层金属保护膜（浸镀层）的方法。热浸镀层金属一般为锌（熔点 419.5℃）、铝（熔点 658.7℃）、锡（231.9℃）、铅（熔点 327.4℃）。钢铁是最广泛使用的基体材料，铸铁以及铜等金属也有采用热浸镀工艺的。

7.6.1 热浸镀原理

把需要处理的工件放入低熔点的熔融态金属液中，工件表面发生溶解、扩散或反应等物理化学过程，随后离开镀槽时工件表面带出金属液形成涂层。热浸镀原理现用在钢件上热浸镀锌和热浸镀铝来解释。

1．热浸镀锌原理

镀锌层形成过程：①铁基表面被锌液溶解形成铁锌合金相层；②合金层中的锌原子进一步向基体扩散，形成锌铁固溶体；③合金层表面包络一薄锌层。根据 Zn-Fe 合金相图 7-11 可知，普通低碳钢在标准热浸镀温度（450～470℃）时，可能仅形成 δ_1、ζ、Γ、η 等四个相层。

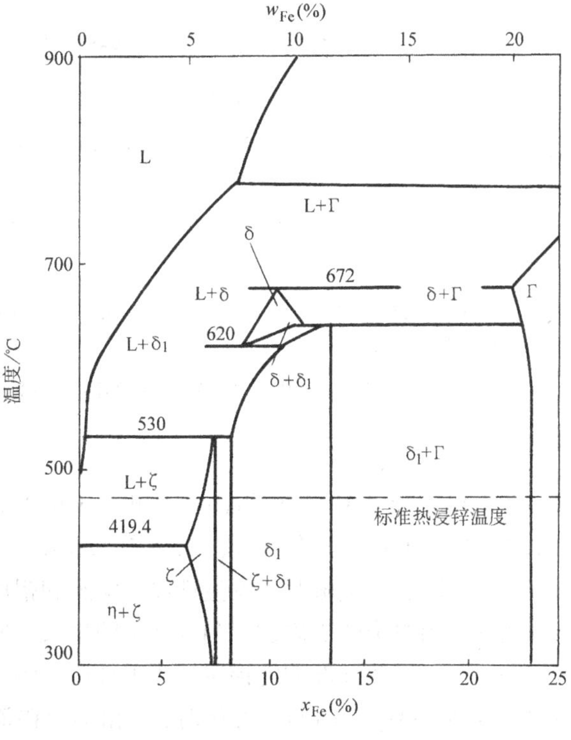

图 7-11 Zn-Fe 二元相图

当经过溶剂化处理的工件进入熔融锌槽中，工件表面的溶剂离开基体，使铁基体与熔锌反应，铁被溶解，形成锌在 α 铁中的固溶体。由于相互扩散，生成铁锌合金化合物。工件离开镀锌槽时，带出纯的熔融锌，覆盖在合金层上，形成纯锌层。图 7-12 为钢基体热浸镀锌层显微结构。在钢基体上的是致密的 δ_1 合金相层，上面是 ζ 层，最外层是 η 层为纯锌层。合金层的硬度：δ_1 相维氏硬度 244HV，ζ 相维氏硬度

179HV，钢铁基体维氏硬度为70HV。因此合金层耐摩擦且不易剥落。

热浸锌层与基体结合强度高，有一定的韧性、硬度和耐磨性。当锌的腐蚀产物ZnO、Zn（OH)$_2$及$ZnCO_3$转化为ZnO_3·Zn（OH）膜（厚度0.01mm左右）时，比锌层的钝化膜有更好的化学稳定性，耐蚀性好。锌层具有阴极保护作用，基体铁受到保护。

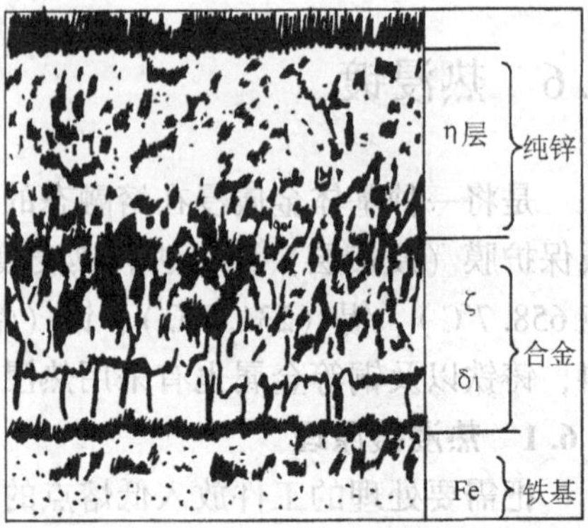

图7-12 钢基体热浸镀锌层显微结构

热浸镀锌方法分为干法热浸镀锌、氧化还原法热浸镀锌、湿法热浸镀锌等。干法热浸镀锌是常用的一种方法，它是先把工件预处理后的清洁表面进行溶剂处理，干燥后再把工件浸入熔融锌液中。溶剂处理可以去除工件表面残存的铁盐，将预处理后新生成的锈层溶解，活化钢件表面，提高锌液浸润铁基体的能力，增加镀层与基体的结合力。干法热浸镀锌采用的溶剂配方见表7-4。

表7-4 干法热浸镀锌用溶剂成分及处理规范

编号	溶剂成分	溶剂温度/℃	处理时间/min
1	$ZnCl_2$（600～800g/L）+NH_4Cl（80～120g/L）+乳化剂（1～2g/L）水溶液	50～60	5～10
2	$ZnCl_2$（614g/L）+$AlCl_3$（76g/L）+乳化剂（1～2g/L）水溶液	60±5	<1
3	$ZnCl_2$（550～650g/L）+NH_4Cl（68～89g/L）+乳化剂（甘油丙三醇）水溶液	45～55	3～5
4	35%～40%$ZnCl_2$·NH_4Cl（或$ZnCl_2$·$3NH_4Cl$）水溶液	50～60	2～5

2. 热浸镀铝原理

图7-13为Fe-Al二元相图，η相（Fe_2Al_5）和θ（$FeAl_3$），熔点分别为1 173℃和1 160℃，前者含w_{Al}（52.7～55.4)%，后者含w_{Al}（58～59.4)%。当液态铝和固态铁接触时，发生铁原子溶解和铝原子的化学吸附，形成铁铝化合物以及铁、铝原子的扩散过程和合金层的生长。所形成的镀铝层分两层：靠近基体的铁铝合金层及外部的纯铝层。当工件浸入铝液时，铝中铁浓度增大，形成金属间化合物$FeAl_3$（θ相）。开始时，θ相不向铝液内部生长，同时在工件（铁）表面产生铝的固液体。两种金属原子（Al和Fe）相互扩散达到一定时产生Fe_2Al_5

（η 相），沿 C 轴快速生长形成柱状晶。同时，Fe 穿过 $FeAl_3$ 向铝中渗透。当 Al 进一步扩散时，Fe_2Al_5 变为 $FeAl_3$。由于 Fe_2Al_5 的生长及铁向铝中的快速扩散，使铝在铁中固溶区消失，η 相成为扩散层主要成分。钢材镀铝后耐热性能和耐蚀性大幅度提高，对光、热有良好的反射性。

对于钢管以及钢件的热浸镀铝常常使用溶剂法。它利用溶剂的化学作用对已经除油除锈的钢材在进入铝液槽之前保护其表面不再氧化，并进一步对其活化，使铝液和钢材表面浸润，而且进行化学反应及扩散，形成合金层。图 7-14 为钢材的溶剂法热浸镀铝工艺流程图。

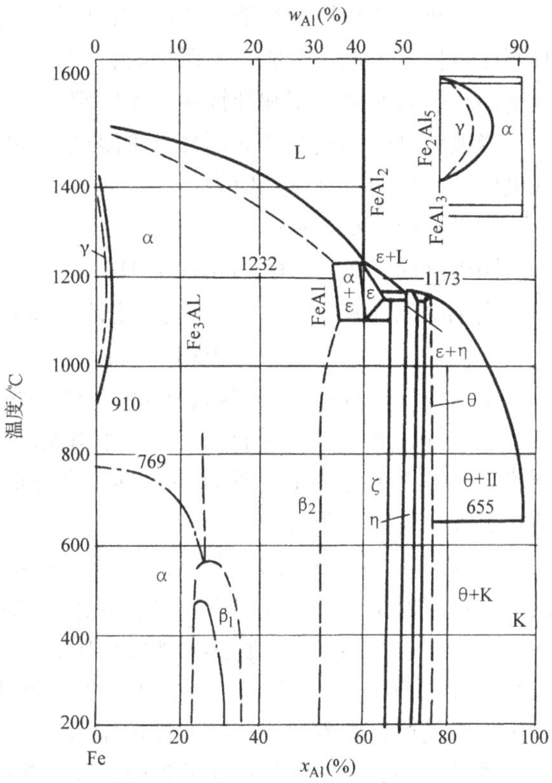

图 7-13　Fe-Al 系相图

工件—碱洗—酸洗—助镀—烘干—涂溶剂—浸镀铝—水淬—成品

图 7-14　溶剂法钢材热浸镀铝工艺流程图

7.6.2　热浸镀镀层性能及应用

热浸镀制品，由于镀层金属与基体金属的相互作用的结果，而使热浸镀层的结构常常形成具有不同成分与性质的层次。靠近基体的内层含有较多基体的成分，而接近表面的为最富有镀层金属（纯金属）。在表层纯金属与基体之间是合金层。

合金层是由两种金属组成的中间金属化合物。这一部分的镀层有少量的基体金属和微量夹杂物，因而使其结构与性能也与纯金属有所不同。一般来说，合金层较纯金属要脆的多，而且对镀层的力学性能也是有害的。因此，在热浸镀操作中都要求把镀层厚度，特别是合金层厚度控制在一定范围内。热浸镀工艺由于对镀层金属的厚度不易精确控制，因而使镀层金属在整个表面上的分布也不是很均匀的。热浸镀的镀层一般较厚，因此能在某些腐蚀环境中长期使用（如镀锌和镀铝等），或作为抗特种介质腐蚀的防蚀镀层。

1. 热浸镀锌层的性能与应用

(1) 热浸镀锌层的性能　热浸镀锌层的性能主要是耐蚀性。锌在大气中开始时腐蚀较快，但很快生成一层保护膜，使腐蚀速率显著减慢。如果镀锌层使连续致密的，则其腐蚀速率和纯锌层并无区别。

当镀锌制品的钢基体局部暴露于湿气或导电介质中时，构成原电池，产生腐蚀电流。发生的电化学反应为：

阳极反应：$Zn\text{-}2e \rightarrow Zn^{2+}$

阴极反应：$O_2 + 2H_2O + 4e \rightarrow 4OH^-$

当 Zn^{2+} 和 OH^- 离子浓度达到一定浓度值时，就会产生如下反应：

$$Zn^{2+} + 2OH^- \rightarrow Zn(OH)_2 \rightarrow ZnO \cdot H_2O$$

如果大气未被污染，例如 $pH > 5.2$ 时，腐蚀结果就可能产生难溶性化合物，如氢氧化锌、氧化锌或碳酸锌等。这些腐蚀产物以沉淀形式析出，并构成致密的薄膜，其厚度可达8μm。这种薄膜具有良好的附着性，并且不易溶于水，对于防止腐蚀是及其重要的。

在镀锌层没有破坏的情况下，它和其他隔离性防蚀层一样，可以起到隔离作用。当锌层发生破坏并显出铁点时，锌作为铁-锌电池的阳极被溶解，铁只起传导电子作用，受到保护。在热浸镀锌层中，直接和铁接触的镀层组成部分是含铁较高的（约20%）Γ相，与含铁10%的 δ_1 及纯锌层一样具有比铁低的电位，与铁组成电池后仍起着牺牲阳极的保护作用。

镀锌层的其他性能指镀层的粘附性能和焊接性能。在通常的锌液组成和正常的工艺条件下，镀锌层有良好的粘附性能，可以满足加工成形时的要求，制品不会出现锌层脱落现象。在应用镀锌钢板时，常常需要点焊和缝焊的，一般比焊低碳钢时电流增大10%～15%或延长通电与停电时间。

(2) 热浸镀锌层的应用　热浸镀锌层钢材作为耐蚀材料广泛应用于国民经济各部门，主要用途见表7-5。

表7-5　热浸镀锌层钢材的主要应用

种　类	用　途
热镀锌板带	1. 建筑行业：屋顶板，内、外壁材料，围栏，百叶窗，排水道及其他建筑器材等 2. 交通运输业：汽车车体，运输器械制造的面板与底板等 3. 机器制造业：各种机器、家用电器与通风装置的壳体，仪表箱，信号与开关箱等 4. 器具方面：各种橱柜，公文柜，箱子，槽，罐，水管，烟筒等
热镀锌钢管	1. 一般配管用：水、煤气、蒸汽与空气的用管，电线套管与农村喷灌管等 2. 石油化工用：油井管，输油管，油加热器冷凝冷却器等 3. 建筑业：建筑构件，脚手架，暖房结构架，电视塔及桥梁结构等
热镀锌钢丝	1. 通信与电力工程方面：电报电话，有线广播及铁道闭塞信号架空线，铠装电线和电缆，高压输电导线 2. 一般用途：牵拉，编织，结扎以及普通民用等
镀锌钢件	供水暖，电信构件，灯塔与一般日用五金零部件等

2. 热浸镀铝层的性能与应用

(1) 热浸镀铝层的性能　热浸镀铝层有良好的耐热性、耐蚀性及对光和热的良好反射性。

1) 耐热性（抗高温氧化性）。镀铝钢材在大气中在450℃以下可以长期使用，而且不改变颜色。在500℃以上开始出现氧化增重和变色。镀铝后的钢和原来未表面处理时相比，使用温度可提高200℃。Q235钢镀铝后抗高温氧化性能优于0Cr17Mn13Mo2N，提高抗高温氧化能力100倍以上。

2) 耐蚀性。镀铝钢材具有优异的耐大气腐蚀性，特别是在含有SO_2、H_2S、NO_2、CO_2等工业大气的环境下。在大气条件下，浸镀铝比浸镀锌有更好的耐蚀性能，其腐蚀量仅为热浸镀锌钢的1/10～1/5。

3) 对光和热的反射性。镀铝钢材对光和热的反射能力与表面形成致密光泽的Al_2O_3膜有关，在500℃以下仍然保持很高的反射率，此时镀铝钢板比不锈钢板表面温度低近50℃。表7-6列出镀铝钢材与镀锌钢材在不同温度下的反射率。由于镀铝钢板的反射率高，用它做炉子内衬时，在相同的条件下可以提高炉膛温度，即提高炉子的热效率。

表7-6　镀铝和镀锌钢材的反射率　(%)

温度/℃	镀铝板	镀锌板
100	80	80
450	80	20

(2) 热浸镀铝层的应用　镀铝钢板分为纯铝镀层钢板和铝硅镀层钢板。前者的耐蚀性好，常用于耐蚀条件；后者的耐热性好，通常用于耐热条件。耐热方面的用途有汽车排气系统材料，例如消音器与排气管、烘烤炉和食品烤箱、粮食烘干设备、烟筒等。耐蚀方面的用途，主要以大型建筑物的屋顶板和侧壁、瓦垅板、通风管道、汽车底板和驾驶室、包装用材、水槽、冷藏设备等。

镀铝钢丝通常有两类：较软的低碳钢丝一般用作编织网、篱笆、安全网等；较硬的高碳钢丝主要用于架空通信电缆、架空地线、舰船用钢丝绳等。

镀铝钢管主要用于石油加工工业中的管式炉管、热交换器管道；用于含硫气体、硝酸、甘油、甲醛、浓醋酸等输送管道；炼焦化学工业中的苯及吡啶车间热交换器、分馏塔和冷凝器；食品工业中的各种管道等。此外，镀铝管经过扩散退火后在蒸汽锅炉管道上应用也很广泛。

第 8 章　表面改性技术

表面改性是指采用某种工艺手段使材料表面获得与其基体材料的组织结构、性能不同的一种技术。材料经表面改性处理后，既能发挥基体材料的力学性能，又能使材料表面获得各种特殊性能（如耐磨，耐腐蚀，耐高温，合适的射线吸收、辐射和反射能力，超导性能，润滑，绝缘，储氢等）。

表面改性技术可以掩盖基体材料表面的缺陷，延长材料和构件的使用寿命，节约稀、贵材料，节约能源，改善环境，并对各种高新技术的发展具有重要作用。表面改性技术的研究和应用已有多年历史。20 世纪 70 年代中期以来，国际上出现了表面改性热，表面改性技术越来越受到人们的重视。

8.1　金属表面形变强化

8.1.1　表面形变强化原理

表面形变强化是提高金属材料疲劳强度的重要工艺措施之一。基本原理是通过机械手段（滚压、内挤压和喷丸等）在金属表面产生压缩变形，使表面形成形变硬化层，此形变硬化层的深度可达 0.5 ~ 1.5mm。在此形变硬化层中产生两种变化：一是在组织结构上，亚晶粒极大地细化，位错密度增加，晶格畸变度增大；二是形成了高的宏观残余压应力。奥赫弗尔特以喷丸为例，对于残余压应力的产生提出两个方面的机制：一方面由于大量弹丸压入产生的切应力造成了表面塑性延伸；另一方面，由于弹丸的冲击产生的表面法向力引起了赫芝压应力与亚表面应力的结合。根据赫芝理论，这种压应力在一定深度内造成了最大的切应力，并在表面产生了残余压应力，其分布如图 8-1 所示。表面压应力可以防止裂纹在受压的表层萌生和扩展。在大多数材料中这两种机制并存。在软质材料情况下第一种机制占优势；而在硬质材料的情况下第二种机制起主导作用。经喷丸和滚压后，金属表面产生的残余压应力的大小，不但与强化方法、工艺参数有关，还与材料的晶体类型、强度水平以及材料在单纯拉伸时的硬化率有关。具有高硬化率的面心立方晶体的镍基或铁基奥氏体热强合金，表面产生的压应力高，可达材料自身屈服点的 2 ~4 倍。材料的硬化率越高，产生的残余压应力越大。

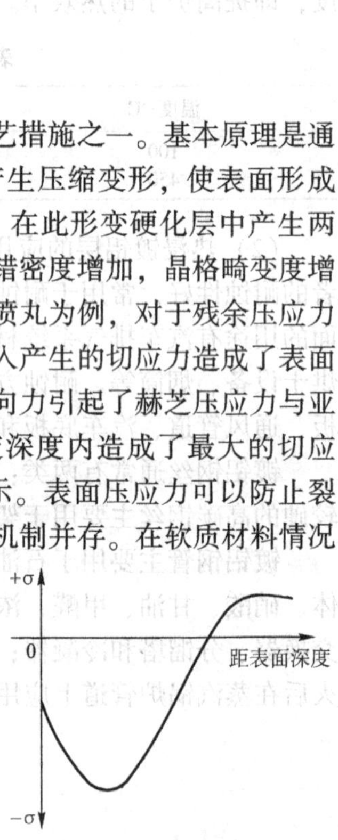

图 8-1　喷丸形成的残余应力示意图

此外，一些表面形变强化手段还可能使表面粗糙度略有增加，但却使切削加工的尖锐刀痕圆滑，因此可减轻由切削加工留下的尖锐刀痕的不利影响。

所以，喷丸表面强化层有着与未喷丸表面以及内层材料完全不同的表面形貌、组织结构和应力状态。圆滑的表面形貌、高密度的位错和细小的亚晶粒，提高了材料的屈服强度和疲劳强度。表面残余压应力的存在，可部分抵消引起零件疲劳破坏的循环拉应力或者使零件表面始终处于压应力状态，使疲劳源的形成进一步得到抑制，疲劳裂纹的扩展也被延缓，从而显著地提高了零件的抗疲劳性能和耐应力腐蚀性能。

即使在中温条件下，只要喷丸表面强化层的组织无明显回复，上述的强化效果仍将保留。如果处在高温，由于喷丸表面强化层内发生了回复与再结晶，表面残余压应力基本消失，但再结晶使零件表面层形成了一层不同于心部的细晶粒层，此细晶粒层可提高零件的高温疲劳强度。

8.1.2 表面形变强化的主要方法及应用

1. 表面形变强化的主要方法

表面形变强化是近年来国内外广泛研究应用的工艺之一，强化效果显著，成本低廉。常用的金属表面形变强化方法主要有滚压、内挤压和喷丸等工艺，尤以喷丸强化应用最为广泛。

(1) 滚压　图 8-2a 为表面滚压强化示意图。目前，滚压强化用的滚轮、滚压力大小等尚无标准。对于圆角、沟槽等可通过滚压获得表层形变强化，并能在表面产生约 5mm 深的残余压应力，其分布如图 8-2b 所示。

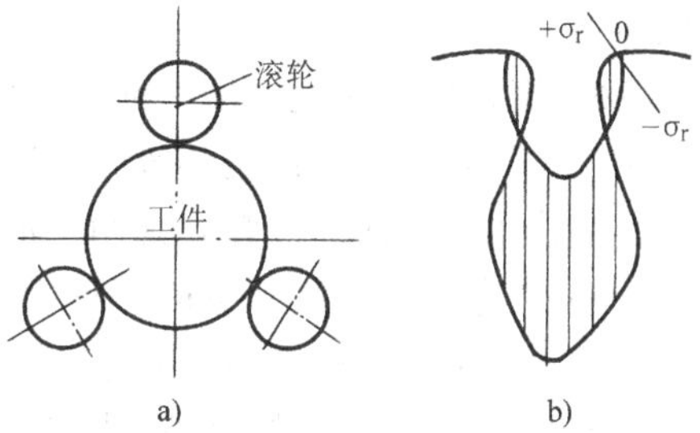

图 8-2　表面滚压强化示意图

(2) 内挤压　内孔挤压是使孔的内表面获得形变强化的工艺措施，效果明显。美国已发表专利。

(3) 喷丸　喷丸是国内外广泛应用的一种在再结晶温度以下的表面强化方法，即利用高速弹丸强烈冲击零部件表面，使之产生形变硬化层并引起残余压应力。喷丸强化已广泛用于弹簧、齿轮、链条、轴、叶片、火车轮等零部件，可显著提高抗弯曲疲劳、抗腐蚀疲劳、抗应力腐蚀疲劳、抗微动磨损、耐点蚀（孔蚀）能力。

2. 喷丸表面形变强化工艺及应用

(1) 喷丸材料

1) 铸铁弹丸。铸铁弹丸是最早使用的金属弹丸。铸铁弹丸碳的质量分数为 2.75% ~3.60%，硬度很高为 58 ~65HRC，但冲击韧度低。弹丸经退火处理后，硬度降至30～57HRC，可提高弹丸的韧性。铸铁弹丸的尺寸 d＝0.2～1.5mm。使用中，铸铁弹丸易于破碎，损耗较大，需要及时分离排除破碎的弹丸，否则会影响零部件的喷丸强化质量。目前这种弹丸已很少使用。

2）铸钢弹丸。铸钢弹丸的品质与碳含量有很大关系。其碳的质量分数一般为0.85%～1.20%，锰的质量分数为0.60%～1.20%。目前，国内常用的铸钢弹丸成分为 w_C0.95%～1.05%，w_{Mn}0.6%～0.8%，w_S0.4%～0.6%，w_{P+S}≤0.05%。

3）钢丝切割弹丸。当前使用的钢丝切割弹丸是用碳的质量分数一般为0.7%的弹簧钢丝（或不锈钢丝）切制成段，经磨圆加工制成的。常用钢丝直径 d＝0.4～1.2mm，45～50HRC为最佳。钢弹丸的组织最好为回火马氏体或贝氏体。使用寿命比铸铁弹丸高20倍左右。

4）玻璃弹丸。这是近十几年发展起来的新型喷丸材料，已在国防工业和飞机制造业中获得广泛应用。玻璃弹丸 SiO_2 的质量分数为67%以上，直径 d＝0.05～0.40mm范围，硬度46～50HRC，脆性较大，密度2.45～2.55g/cm^3。目前，市场上按弹丸直径分为≤0.05mm、0.05～0.15mm、0.16～0.25mm和0.26～0.35mm等四种。

5）陶瓷弹丸。弹丸硬度很高，但脆性较大。喷丸后表层可获得较高的残余压应力。

6）聚合塑料弹丸。是一种新型的喷丸介质，以聚合碳酸酯为原料，颗粒硬而耐磨，无粉尘，不污染环境，可连续使用，成本低，而且即使有棱边的新丸也不会损伤工件表面。该弹丸常用于消除酚醛或金属零件的毛刺和耀眼光泽。

7）液态喷丸介质。包括二氧化硅颗粒和氧化铝颗粒等。二氧化硅颗粒粒度为40～1 700μm。很细的二氧化硅颗粒可作为液态喷丸介质，用于抛光模具或其他精密零件的表面。喷丸时用水混合二氧化硅颗粒，利用压缩空气喷射。氧化铝颗粒也是一种广泛应用的喷丸介质。电炉生产的氧化铝颗粒粒度为53～1 700μm，其中颗粒小于180μm的氧化铝可用于液态喷丸光整加工，但喷射工件中会产生细屑。氧化铝干喷，则用于花岗岩和其他石料的雕刻、钢和青铜的清理及玻璃的装饰加工。

应当指出，强化用的弹丸与清理、成形、校形用的弹丸不同，必须是圆球形，不能有棱角毛刺，否则会损伤零件表面。

一般来说，黑色金属制件可以用铸铁丸、铸钢丸、钢丝切割丸、玻璃丸和陶瓷丸。有色金属如铝合金、镁合金、钛合金和不锈钢制件，则需采用不锈钢丸、玻璃丸和陶瓷丸。

（2）喷丸强化用的设备　喷丸采用的专用设备，按驱动弹丸的方式可分为机械离心式喷丸机和气动式喷丸机两大类。喷丸机又有干喷式和湿喷式之分。干喷式工作条件差，湿喷式是将弹丸混合在液态中成悬浮状，然后喷丸，因此工作条件有所改善。

1）机械离心式喷丸机。机械离心式喷丸机又称叶轮式喷丸机或抛丸机。工作时，弹丸由高速旋转的叶片和叶轮离心力加速抛出。弹丸的速度取决于叶轮转速和弹丸的质量。通常，叶轮转速为 1 500 ~ 3 000r/min，弹丸离开叶轮的切向速度为 45 ~ 75m/s。这种喷丸机功率小，生产效率高，喷丸质量稳定，但设备制造成本较高，主要用于要求喷丸强度高、品种少批量大、形状简单尺寸较大的零部件。

2）气动式喷丸机。气动式喷丸机以压缩空气驱动弹丸达到高速度后撞击工件的表面。这种喷丸机工作室内可以安置多个喷嘴，其方位调整方便，能最大限度地适应受喷零件的几何形状。另外，可通过调节压缩空气的压力来控制喷丸强度，操作灵活，一台喷丸机可喷多个零件，适用于要求喷丸强度低、品种多、批量少、形状复杂、尺寸较小的零部件。它的缺点是功耗大，生产效率低。

气动式喷丸机根据弹丸进入喷嘴的方式又可分为吸入式、重力式两种。吸入式喷丸机结构简单，多使用密度较小的玻璃弹丸或小尺寸金属弹丸，适用于工件尺寸较小、数量较少、弹丸大小经常变化的场合，如实验室等。重力式喷丸机结构比吸入式复杂，适用于密度和直径较大的金属弹丸。

不论哪一类设备，喷丸强化的全过程必须实行自动化，而且喷嘴距离、冲击角度和移动（或回转）速度等的调节都稳定可靠。喷丸设备必须具有稳定重现强化处理强度和有效区的能力。

（3）喷丸强化工艺参数的确定　合适的喷丸强化工艺参数要通过喷丸强度试验和表面覆盖率试验来确定。

1）喷丸强度试验。将一薄板试片紧固在夹具上进行单面喷丸。由于喷丸面在弹丸冲击下产生塑性伸长变形，喷丸后的试片产生凸向喷丸面的球面弯曲变形，如图 8-3 所示。

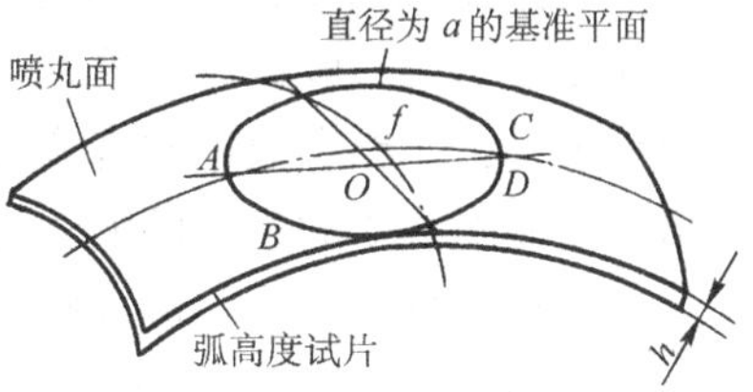

图 8-3　单面喷丸试片的变形及弧高度的测量位置

试片凸起大小可用弧高度 f 表示。弧高度 f 与试片厚度 h、残余压应力层深度 d 以及强化层内残余应力平均值 σ 之间有如下关系：

$$f = \frac{3a^2(1-\nu)\sigma d}{4Eh^2}$$

式中，E 为试片弹性模量；ν 为泊松比；a 为测量弧高度的基准圆直径。

试片材料一般采用具有较高弹性极限的 70 弹簧钢。试片尺寸应根据喷丸强度来选择，常用的三种试片尺寸参见表 8-1。

当用试片 A（或Ⅱ）测得的弧高度 $f<0.15$mm 时，应改用试片 N（或Ⅰ）来测

表 8-1 三种弧高度试片的规格

规 格	试片代号		
	N（或Ⅰ）（73～76HRC）	A（或Ⅱ）（44～50HRC）	C（或Ⅲ）（44～50HRC）
厚度/mm	0.79±0.025	1.3±0.025	2.4±0.025
平直度/mm	±0.025	±0.025	±0.025
长×宽/（mm×mm）	$(76\pm0.2)\times19_{0}^{-0.1}$	$(76\pm0.2)\times19_{0}^{-0.1}$	$(76\pm0.2)\times19_{0}^{-0.1}$
表面粗糙度/μm	0.63～1.25	0.63～1.25	0.63～1.25
使用范围	低喷丸强度	中喷丸强度	高喷丸强度

量喷丸强度；当用试片 A（或Ⅱ）测得的弧高度 $f>0.6$mm 时，则应改用试片 C（或Ⅲ）来测量喷丸强度。

对试片进行单面喷丸时，初期的弧高度变化速率快，随后变化趋缓；当表面的弹丸坑占据整个表面（即全覆盖率）之后，弧高度无明显变化，这时的弧高度达到了饱和值。由此作出的弧高度与时间关系曲线如图 8-4 所示。饱和点所对应的强化时间一般均在 20～50s 范围之内。

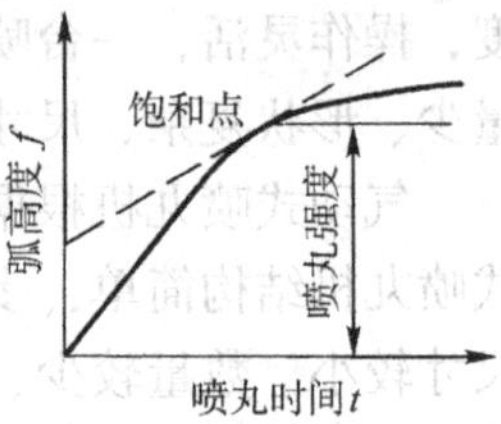

图 8-4 弧高度 f 与喷丸时间 t 的关系

当弧高度 f 达到饱和值，试片表面达到全覆盖率时，以此弧高度 f 定义为喷丸强度。喷丸强度的表示方法是 0.25C 或 $f_C=0.25$，字母或脚码代表试片种类，数字表示弧高度 f 值（单位为 mm）。

2）表面覆盖率试验。喷丸强化后表面弹丸坑占有的面积与总面积的比值称为表面覆盖率。一般认为，喷丸强化零件要求表面覆盖率达到表面积的 100% 即全面覆盖时，才能有效地改善疲劳性能和抗应力腐蚀性能。但是，在实际生产中应尽量缩短不必要的过长的喷丸时间。

（4）旋片喷丸工艺 旋片喷丸工艺是喷丸工艺的一个分支和新领域。美国波音公司已制定通用工艺规范并广泛用于飞机制造和维修工作。20 世纪 80 年代初，旋片喷丸工艺在我国航空维修中得到应用，并在其他机械设备的维修中逐步推广。旋片喷丸工艺由于设备简单、操作方便、成本低及效率高等突出优点而具有很广阔的发展前景。

1）旋片喷丸介质。旋片喷丸的旋片是把弹丸用胶粘剂粘结在弹丸载体上所制成。常用弹丸有钢丸、碳化钨丸等，但需经特殊表面处理（如钢丸应采用磷化处理），以增加胶粘剂对弹丸表面的浸润性与亲和力，提高旋片的使用寿命。常用的胶粘剂为 MH-3 聚氨酯，其弹性、耐磨性和硬度均较优良。弹丸的载体是用尼龙织成的平纹网或锦纶制成的网布。制成的旋片被夹缠在旋转机构上高速旋转，并反复撞击零件表面而达到形变强化目的。

2）旋片喷丸用设备。风动工具是旋片喷丸的动力设备。要求压缩空气流量可调、输出扭矩和功率适当、噪声小、质量轻等。常用设备有美国的 ARO，最高转速达 12 000r/min，质量 1 100g；我国的 Z6-2 型风动工具最高转速达 17 500r/min，质量 900g，功率 184W，噪声 85dB。旋片喷丸适用于大型构件、不可拆卸零部件和内孔的现场原位施工。

（5）金属喷丸表面质量及影响因素

1）金属喷丸表层的塑性变形和组织变化。金属的塑性变形来源于晶面滑移、孪生、晶界滑动、扩散性蠕变等晶体运动，其中晶面间滑移最重要。晶面间滑移是通过晶体内位错运动而实现的。金属表面经喷丸后，表面产生大量凹坑形式的塑性变形，表层位错密度大大增加。而且还会出现亚晶界和晶粒细化现象。喷丸后的零件如果受到交变载荷或温度的影响，表层组织结构将产生变化，由喷丸引起的不稳定结构向稳定态转变。例如，渗碳钢表层存在大量残留奥氏体，喷丸时这些残留奥氏体可能转变成马氏体而提高零件的疲劳强度；奥氏体不锈钢特别是镍含量偏低的不锈钢喷丸后，表层中部分奥氏体转变为马氏体，从而形成有利于电化学反应的双相组织，使不锈钢的抗蚀能力下降。

2）弹丸粒度对喷丸表面粗糙度的影响。表 8-2 为四种粒度的钢丸喷射（速度均为 83m/s）热轧钢板的实测表面粗糙度 R_a。由表可见，表面粗糙度随弹丸粒度的增加而增加。但在实际生产中，往往不采用全新的粒度规范的球形弹丸，而采用含有大量细碎粒的弹丸工作混合物，这对受喷表面质量也有重要影响。表 8-3 列出了新弹丸和工作混合物对低碳热轧钢板喷丸后表面粗糙深度的实测值 R_t，可见，用工作混合物喷射所得表面粗糙深度较小。

表 8-2　弹丸直径对表面粗糙度的影响

弹丸粒度	弹丸名义直径/mm	弹丸类型	表面粗糙度 R_a/μm
S-70	0.2	工作混合物	4.4～5.5～4.5
S-110	0.3	工作混合物	6.5～7.0～6.0
S-230	0.6	新钢丸	7.0～7.0～8.5
S-330	0.8	新钢丸	8.0～10.0～8.5

表 8-3　新弹丸和工作混合物对低碳热轧钢板喷丸后表面粗糙深度的影响

弹丸粒度	表面粗糙深度 R_t/μm	
	新弹丸	工作混合物
S-70	20～25	19～22
S-110	35～38	28～32
S-170	44～48	40～46

3）弹丸硬度对喷丸表面形貌的影响。弹丸硬度提高时塑性往往下降，弹丸工作时容易保持原有锐边或破碎而产生的新锐边；反之，硬度低而塑性好的弹

丸，则能保持圆边或很快重新变圆。因此，不同硬度的弹丸工作时将形成有各自特征的工作混合物，直接影响受喷工件的表面结构。具有硬锐边的弹丸容易使受喷表面刮削起毛，锐边变圆后起毛程度变轻，起毛点分布也不均匀。

4）弹丸形状对喷丸表面形貌的影响。球形弹丸高速喷射工件表面后，将留下直径小于弹丸直径的半球形凹坑，被喷面的理想外形应是大量球坑的包络面。这种表面形貌能消除前道工序残留的痕迹，使外表美观。同时，凹坑起储油作用，可以减少摩擦，提高耐磨性。但实际上，弹丸撞击表面时，凹坑周边材料被挤压隆起，凹坑不再是理想半球形；另一方面，部分弹丸撞击工件后破碎（玻璃丸、铸铁丸甚至铸钢丸均可能破碎），弹丸混合物包含大量碎粒，使被喷表面的实际外形比理想情况复杂得多。

锐边弹丸喷丸后的表面与球形弹丸喷射的表面有很大差别，肉眼感觉比用球形弹丸喷射的表面光亮。细小颗粒的锐边弹丸更容易使受喷表面出现所谓的“天鹅绒”式外观。另外，细小颗粒的锐边弹丸对工件表面有均匀轻微的刮削作用，经刮削的表面起毛使光线散射，微微出现银色的闪光。

5）受喷材料性能、弹丸对喷丸表层残余应力的影响。喷丸处理能改善零件表层的应力分布。喷丸后的残余压应力来源于表层不均匀的塑性变形和金属的相变，其中以不均匀的塑性变形最重要。工件喷丸后，表层塑性变形量和由此导致的残余压应力与受喷材料的强度、硬度关系密切。材料强度高，表层最大残余压应力就相应增大。但在相同喷丸条件下，强度和硬度高的材料，压应力层深度较浅；硬度低的材料产生的表面压应力层较深。

常用的渗碳钢经喷丸后，表层中的残留奥氏体有相当大的一部分将转变成马氏体，因相变时体积膨胀而产生压应力，从而使得表层残余压应力场向着更大的压应力方向变化。

在相同喷丸压力下，采用大直径弹丸喷丸后的表面压应力较低，但压应力层较深；采用小直径弹丸喷丸后的表面压应力较高，但压应力层较浅，而且压应力值随深度下降很快。对于表面有凹坑、凸台、划痕等缺陷或表面脱碳的工件，通常选用较大的弹丸以获得较深的压应力表面层，使表面缺陷造成的应力集中减小到最低程度。表 8-4 列出了不同直径铸钢丸喷射 20CrMnTi 渗碳钢造成的表层残余应力分布。采用直径大的弹丸喷丸，虽然表面残余应力较小，但压应力层的深度增加，疲劳强度变化不是很显著（见表 8-5）。

表 8-6 为不同弹丸材料对残余应力的影响。可以发现，由于陶瓷丸和铸铁丸硬度较高，喷丸后残余应力也较高。

喷丸速度对表层残余应力有明显影响。试验表明，当弹丸粒度和硬度不变，提高压缩空气的压力和喷射速度，不仅增大了受喷表面压应力，而且有利于增加变形层的深度，试验结果见表 8-7。

表 8-4 铸钢丸直径对 20CrMnTi 渗碳钢喷丸表面的残余应力的影响

工件材料	弹丸材料	弹丸直径/mm	残余应力值/MPa			
			表面	剥层 0.04mm	剥层 0.06mm	剥层 0.12mm
20CrMnTi 渗碳钢（渗层深 0.8 ~ 1.2mm，58HRC ~ 64HRC）	铸钢丸 45 ~ 50HRC	0.3 ~ 0.5	-850	-750	-400	
		0.5 ~ 1.2	-500	-950		-320
		1.0 ~ 1.5	-400	-820		-600

表 8-5 钢弹丸尺寸对疲劳强度的影响

钢弹丸直径/mm	工件材料	工件表面状态	弯曲疲劳试验	
			应力幅 σ_a/MPa	断裂循环周数 N
0.8	18CrNiWA（厚 3mm）	未喷	600	1.40×10^5
	18CrNiWA（厚 3mm）	喷丸	600	$>1.04\times10^7$
	18CrNiWA（厚 3mm）	喷丸	700	3.97×10^7
1.2	18CrNiWA（厚 3mm）	喷丸	700	$>1.04\times10^7$

表 8-6 不同弹丸材料对残余应力的影响

弹丸材料	弹丸直径/mm	残余应力/MPa		
		表面	剥层（0.09mm）	剥层（0.12mm）
铸钢丸	0.5 ~ 1.0	-500	-900	-325
切割钢丸	0.5 ~ 1.0	-500	-1 100	-400
铸铁丸	0.5 ~ 1.0	-600	-1 150	-550
陶瓷丸	片状	-1 000		

表 8-7 压缩空气压力、喷丸直径对残余应力的影响

压缩空气压力/MPa	1	2	3	4	5	6	7
喷丸直径（试片 A）/mm	0.06	0.08	0.15	0.16	0.18	0.19	0.20
表面残余应力/MPa	-573	-675	-950	-900	-850	-900	-875
剥层残余应力/MPa	-500	-500	-700	-1 100	-1 100	-1 300	-1 350

6）不同表面处理后的表面残余应力的比较。通常低合金钢经不同表面处理后的表面残余应力及疲劳极限见表 8-8。表面滚压强化可获得最高的残余应力。经喷丸或滚压后，疲劳极限也明显提高。

表 8-8 不同表面处理后的表面残余应力及疲劳极限

表面状态	疲劳极限/MPa	疲劳极限增量/MPa	残余应力/MPa	硬度 HRC
磨削	360	0	-40	60 ~ 61
抛光	525	165	-10	60 ~ 61
喷丸	650	290	-880	60 ~ 61
喷丸 + 抛光	690	330	-800	60 ~ 61
滚压	690	330	-1 400	62 ~ 63

（6）喷丸强化的效果检验　喷丸强度的试验不仅是确定弧高度 f，同时又是控制和检验喷丸质量的方法。在生产过程中，将弧高度试片与零件一起进行喷丸，然后测量试片的弧高度 f。如 f 值符合生产工艺中规定的范围，则表明零件的喷丸强度合格。这是控制和检验喷丸强化质量的基本方法。

检验喷丸强化的工艺质量就是检验表面强化层深度和层内残余压应力的大小和分布。弧高度试片给出的喷丸强度，是金属材料的表面强化层深度和残余应力分布的综合值。若需了解表面强化层的深度、组织结构和残余应力分布情况，还应进行组织结构分析和残余应力测定等一系列检验。

被喷丸的零件表面粗糙度明显增加，而且表面层晶格发生严重畸变，表面层原子活性增加，有利于化学热处理。但是经喷丸的零件使用温度应低于该材料的再结晶温度，否则表面强化效果将降低。

（7）喷丸强化的应用实例

1）20CrMnTi 圆辊渗碳淬火回火后进行喷丸处理，残余压应力为 -880MPa，寿命从 55 万次提高到 150~180 万次。

2）40CrNiMo 钢调质后再经喷丸处理，残余压应力为 -880MPa，寿命从 4.6×10^5 次提高到 1.04×10^7 次以上。

3）铝合金 LD2 经喷丸处理后，寿命从 1.1×10^6 次提高到 1×10^8 次以上。

4）在质量分数为 3% 的 NaCl 水溶液中工作的 45 钢，经喷丸处理后，其疲劳强度 σ_{-1} 从 100MPa 提高到 202MPa。

5）铝合金（$w_{Zn}=6\%$、$w_{Mg}=2.4\%$、$w_{Cu}=0.7\%$、$w_{Cr}=0.1\%$）悬臂梁试样，经喷丸处理后，应力腐蚀临界应力从 357MPa 提高到 420MPa。

6）耐蚀镍基合金（Hastelloy 合金）鼓风机叶轮在 150℃ 热氮气中运行，六个月后发生应力腐蚀破坏。经喷丸强化并用玻璃珠去污，运行了四年都未发生进一步破坏。Hastelloy 合金 B_2 反应堆容器在焊接后，经局部喷丸以对产生的应力腐蚀裂纹进行修复，在未喷丸的表面重新出现裂纹，而经喷丸处理的部分几乎未产生进一步破裂。

7）液体火箭推进剂容器的钛制零部件，未喷丸强化时在 40℃ 下使用 14h 就发生应力腐蚀破坏；容器内表面经玻璃珠喷丸强化后，在同样条件下试验 30 天还没有产生破坏。

此外，喷丸和其他形变强化工艺在汽车工业中的变速箱齿轮、宇航飞行器的焊接齿轮、喷气发动机的铬镍铁合金（1nconel718）涡轮盘等制造中获得应用。

8.2　表面热处理

表面热处理是指仅对零部件表层加热、冷却，从而改变表层组织和性能而不改变成分的一种工艺，是最基本、应用最广泛的材料表面改性技术之一。当工件表面层快速加热时，工件截面上的温度分布是不均匀的，工件表层温度高且由表及里逐渐降低。如果表面的温度超过相变点以上达到奥氏体状态时，随后的快冷可获得马氏体组织，而心部仍保留原组织状态，从而得到硬化的表面层。也就是说，通过表面层的相变达到强化工件表面的目的。

表面热处理工艺包括：感应加热表面淬火、火焰加热表面淬火、接触电阻加热表面淬火、浴炉加热表面淬火、电解液加热表面淬火、高能束表面淬火及表面保护热处理等。

8.2.1 感应加热表面淬火

1. 感应加热表面处理的基本原理

在生产中常用工艺是高频和中频感应加热淬火，近年来又发展了超音频、双频感应加热淬火工艺。其交流电流频率范围见表 8-9。

表 8-9 感应加热淬火用交流电流频率

名　　称	高　　频	超　音　频	中　　频	工　　频
频率范围/Hz	$(100\sim500)\times10^3$	$(20\sim100)\times10^3$	$(1.5\sim10)\times10^3$	50

(1) 感应加热的物理过程　当感应线圈通以交流电后，感应线圈内即形成交流磁场，置于感应线圈内的被加热零件引起感应电动势，所以在零件内将产生闭合感应电流即涡流。在每一瞬间，涡流的方向与感应线圈中电流方向相反。由于被加热的金属零件的电阻很小，所以涡电流很大，从而可迅速将零件加热。对于铁磁材料，除涡流加热外，还有磁滞热效应，可以使零件加热速度更快。

(2) 感应电流透入深度　感应电流透入深度，即从电流密度最大的工件表面到电流值为表面的 1/e（e = 2.718）处的距离，可用 Δ 表示。Δ 的值（单位为 mm）可根据下式求出：

$$\Delta = 56.386\sqrt{\frac{\rho}{\mu f}} \tag{8-1}$$

式中，f 为电流频率（Hz）；μ 为材料的磁导率（H/m）；ρ 为材料的电阻率（Ω·cm）。

超过失磁点的电流透入深度称为热态电流透入深度（$\Delta_{热}$）；低于失磁点的电流透入深度称为冷态电流透入深度（$\Delta_{冷}$）。热态电流透入深度比冷态电流透入深度大许多倍。对于钢，$\Delta_{热}$ 和 $\Delta_{冷}$ 的值（单位均为 mm）为：

$$\Delta_{冷} \approx \frac{20}{\sqrt{f}} \qquad \Delta_{热} \approx \frac{500}{\sqrt{f}} \tag{8-2}$$

(3) 硬化层深度　由于工件内部传热能力较大，硬化层深度总小于感应电流透入深度。频率越高，涡流分布越陡，接近电流透入深度处的电流越小，发出的热量也就比较小，又以很快的速度将部分热量传入工件内部，因此在电流透入深度处不一定达到奥氏体化温度，所以也不可能硬化。如果延长加热时间，实际硬化层深度可以有所增加。硬化层深度取决于加热层深度、淬火加热温度、冷却速度和材料本身淬透性等因数。

(4) 感应加热表面淬火后的组织和性能　快速加热时在细小的奥氏体内有大量亚结构残留在马氏体中，所以感应加热表面淬火获得的表面组织是细小隐晶马氏体，碳化物呈弥散分布。表面硬度比普通淬火时高 2～3HRC，耐磨性提高。喷水冷却时差别更大。表层因相变体积膨胀而产生压应力，降低缺口敏感性，提高疲劳强度。感应加热表面淬火工件表面氧化、脱碳小，变形小，质量稳定。感应加热表面淬火加热速度快，热效率高，生产率高，易实现机械化和自动化。

2. 中、高频感应加热表面热处理

感应加热是一种用途极广的热处理加热方法，可用于退火、正火、淬火、各种温度范围的回火以及各种化学热处理。感应加热类型和特性见表 8-10。

表 8-10　感应加热类型和特性

特　性	感应加热类型	
	传导式加热（表层加热）	透入式加热（热容量加热）
含义	热透入深度小于淬硬层深度，超过 $\Delta_{热}$ 的淬硬层，其温度的提高来自热传导	热透入深度大于淬硬层深度，淬硬层的热量由涡流产生，层内温度基本均匀
热能产生部位	表面	淬硬层内为主
温度分布	按热传导定律	陡，接近直角
表面过热度	快速加热时较大	小（快速加热时也小）
非淬火部位受热	较大	小
加热时间	较长（按分计），特别在淬硬深度大、过热度小时	较短（按秒计），当淬硬深度大、过热度小时也相同
劳动生产率	低	高
加热热效率	低；当表面过热度 $\Delta_T = 100℃$ 时，$\eta = 13\%$	高，当表面过热度 $\Delta_T = 100℃$ 时，$\eta > 30\%$

感应加热方式有同时加热和连续加热。用同时加热方式淬火时，零件需要淬火的区域整个被感应器包围，通电感应加热到淬火温度后迅速冷却淬火，可以直接从感应器的喷水孔中喷水冷却，也可以将工件移出感应器迅速浸入淬火槽中冷却。此法适用于大批量生产。用连续加热方式淬火时，零件与感应器相对移动，使加热和冷却连续进行。它适用于淬硬区较长、设备功率又达不到同时加热要求的情况。

选择功率密度要根据零件尺寸及其淬火条件而定。电流频率越低、零件直径越小及所要求的硬化层深度越小，则所选择的功率密度值应越大。高频淬火常用于零件直径较小、硬化层深度较浅的场合；中频淬火常用在大直径工件和硬化层深度较深的场合。

3. 超高频感应加热表面热处理

（1）超高频感应加热淬火　又称超高频冲击淬火或超高频脉冲淬火，是利用27.12MHz超高频率极强的集肤效应，使0.05～0.5mm厚的零件表层在极短的时间内（1～500ms）加热至上千摄氏度，其能量密度可达100～1 000W/mm^2，仅次于激光和电子束，加热速度为104～106℃/s，加热停止后表层主要靠自身散热迅速冷却，自身冷却速度高达106℃/s，达到淬火目的。由于表层加热和冷却极快，畸变量较小，不必回火，淬火表层与基体间看不到过渡带。超高频感应加热淬火主要用于小、薄的零件，如录音器材、照相机械、打印机、钟表、纺织钩针、安全刀等零部件，可明显提高质量，降低成本。

（2）大功率高频脉冲淬火　频率一般为200～300kHz（对于模数小于1的齿轮使用1 000kHz），振荡功率为100kW以上。因为降低了电流频率，增加了电流透入深度0.4～1.2mm，故处理的工件较大。一般采用浸冷或喷冷，以提高冷却速度。大功率高频脉冲淬火在国外已较为普遍地应用于汽车行业，同时在手工工具、仪表耐磨件、中小型模具上的局部硬化也得到应用。

普通高频淬火、超高频感应加热淬火和大功率高频脉冲淬火技术特性的比较见表8-11。

表8-11　普通高频淬火、超高频感应加热淬火和大功率高频脉冲淬火技术特性

技术参数	普通高频淬火	超高频感应加热淬火	大功率高频脉冲淬火
频率	(200～300) kHz	27.12MHz	(200～1 000) kHz
发生器功率密度	200W/cm^2	(10～30) kW/cm^2	(1.0～10) kW/cm^2
最短加热时间	(0.1～5)s	(1～500) ms	(1～1 000) ms
稳定淬火最小表面电流穿透深度	0.5mm	0.1mm	
硬化层深度	(0.5～2.5) mm	(0.05～0.5) mm	(0.1～1) mm
淬火面积	取决于连续步进距离	(10～100) mm^2 (最宽3mm/脉冲)	(100～1 000) mm^2 (最宽10mm/脉冲)
感应器冷却介质	水	单脉冲加热无需冷却	通水或埋入水中冷却
工件冷却	喷水或其他冷却	自身冷却	埋入水中或自冷
淬火层组织	正常马氏体组织	极细针状马氏体	细马氏体
畸变	不可避免	极小	极小

4. 双频感应加热淬火和超音频感应加热淬火

（1）双频感应加热淬火　对于凹凸不平的工件如齿轮等，当间距较小时，任何形状的感应器都不能保持工件与感应器的施感导体之间的间隙一致。因而，间隙小的地方电流透入深度就大，间隙大的地方电流透入深度就小，难以获得均匀的硬化层。要使低凹处达到一定深度的硬化层，难免使凸出处过热；反之，低凹处得不到硬化层。

双频感应加热淬火是采用两种频率交替加热，较高频率加热时，凸出处温度较高；较低频率加热时，则低凹处温度较高。这样凹凸处各点温度趋于一致，可以均匀硬化。

(2) 超音频感应加热淬火　使用双频感应加热淬火，虽然可以获得均匀的硬化层；但设备复杂，成本也较高，所需功率也大，而且对于低淬透性钢，高、中频淬火都难以获得凹凸零部件均匀分布的硬化层。若采用20～50kHz的频率可实现中小模数齿轮（$m=3\sim6$）表面的均匀硬化层。由于频率大于20kHz的波称为超音频波，所以这种处理称为超音频感应热处理。在上述模数范围内一般所采用的频率按下式计算：

$$f_1=\frac{6\times10^5}{m^2} \tag{8-3}$$

式中，f_1 为齿根电流频率的值（Hz）；m 为齿轮模数。

如果模数超过这个范围，最好采用双频感应加热淬火。齿顶电流频率 f_2（单位为Hz）由下式确定：

$$f_2=\frac{6\times10^6}{m^2} \tag{8-4}$$

一般 $f_2/f_1\approx3.33$。

5. 冷却方式和冷却介质的选择

感应加热淬火冷却方式和冷却介质，可根据工件材料、形状、尺寸、采用的加热方式以及硬化层深度等综合考虑确定。常用冷却介质列于表8-12。

表8-12　感应加热淬火常用的冷却介质

序号	冷却介质	温度范围/℃	简要说明
1	水	15～35	用于形状简单的碳钢件，冷速随水温、水压（流速）而变化。水压0.10～0.4MPa时，碳钢喷淋密度为10～40m³/（cm²·s）；低淬透性钢为100m³/（cm²·s）
2	聚乙烯醇水溶液①	10～40	常用于低合金钢和形状复杂的碳钢件，常用碳的质量分数为0.05%～0.3%，浸冷或喷射冷却
3	乳化液	<50	用切削油或特殊油配成乳化液，其质量分数为0.2%～24%，常用5%～15%，现逐步淘汰
4	油	40～80	一般用于形状复杂的合金钢件。可浸冷、喷冷或埋油冷却。喷冷时，喷油压力为0.2～0.6MPa，保证淬火零件不产生火焰

① 聚乙烯醇水溶液配方为（质量分数）：聚乙烯醇≥10%，三乙醇胺（防锈剂）≥1%，苯甲酸钠（防腐剂）≥0.2%，消泡剂≥0.02%，余量为水。

8.2.2　火焰加热表面淬火

火焰加热表面淬火是应用氧-乙炔或其他可燃气体对零件表面加热，随后淬火冷却的工艺。与感应加热表面淬火等方法相比，具有设备简单、操作灵活、适用钢种广泛、零件表面清洁、一般无氧化和脱碳、畸变小等优点。常用于大尺寸和质量大的工件，尤其适用于批量少、品种多的零件或局部区域的表面淬火，如大型齿轮、轴、轧辊和导轨等。但加热温度不易控制，噪声大，劳动条件差，混合气体不够安全，不易获得薄的表面淬火层。

1. 氧-乙炔火焰特性

氧-乙炔火焰分为中性焰、碳化焰和氧化焰，其火焰又分为焰心区、内焰区和外焰区三层。其特性见表 8-13。火焰加热表面淬火的火焰选择有一定的灵活性，常用氧、乙炔混合比 1.5 的氧化焰。氧化焰较中性焰经济，减少乙炔消耗量 20% 时，火焰温度仍然很高，而且可降低因表面过热而产生废品的危险。

表 8-13 氧-乙炔焰分类及特性比较

火焰类别	混合比 β①	焰　心	内　焰	外　焰	最高温度/℃	备　注
氧化焰	>1.2，一般为 1.3～1.7	淡紫蓝色	蓝紫色	蓝紫色	3 100～3 500	无碳素微粒层，有噪声。含氧越高，火焰越短，噪声越大
中性焰	1.1～1.2	蓝白色圆锥形，焰心长，流速快，温度≥950℃	淡桔红色，还原性，焰长 10～20mm，距焰心 2～4mm 温度最高 3 150℃	淡蓝色，氧化性，1 200℃～2 500℃	3 050～3 150	焰心外面分布有碳素微粒层
碳化焰	<1.1，一般为 0.8～0.95	蓝白色，焰心较长	淡蓝色，乙炔量大时内焰较长	桔红色	2 700～3 000	可能有碳素微粒层，火焰层间无明显轮廓

① β 指氧气与乙炔的体积比。

2. 火焰加热表面淬火方法和工艺参数的选择

火焰加热表面淬火方法可分为同时加热和连续加热两种，其操作方法、工艺特点和适用范围见表 8-14。

表 8-14 火焰加热表面淬火方法

加热方法	操作方法	工艺特点	适用、范围
同时加热	固定法（静止法）	工件和喷嘴固定，当工件被加热到淬火温度后喷射冷却或浸入冷却	用于淬火部位不大的工件
	快速旋转法	一个或几个固定喷嘴对（75～150）r/min 旋转的工件表面加热一定时间后冷却（常用喷冷）	适用于处理直径和宽度不大的齿轮、轴颈、滚轮等
连续加热	平面前进法	工件相对喷嘴作（50～300）mm/min 直线运动，距喷嘴火孔（10～30）mm 处设有冷却介质喷射孔，使工件淬火	可淬硬各种尺寸平面型工件表面
	旋转前进法	工件以 50～300mm/min 速度围绕固定喷嘴旋转，距喷嘴火孔 10～30mm 设冷却介质喷射	用于制动轮、滚轮、轴承圈等直径大表面窄的工件
	螺旋前进法	工件以一定速度旋转，喷嘴轴向配合运动，得螺旋状淬硬层	获得螺旋状淬硬层
	快速旋转前进法	一个或几个喷嘴沿 75～150r/min 旋转的工件定速移动，加热和冷却工件表面	用于轴、锤杆和轧辊等

工艺参数的选择应考虑火焰特性、焰心至工件表面距离、喷嘴或工件移动速度、淬火介质和淬火方式、淬火和回火的温度范围等。

3. 火焰淬火的质量检验

(1) 外观　表面不应有过烧、熔化、裂纹等缺陷。

(2) 硬度　表面硬度应符合表8-15的规定。

表8-15　表面硬度的波动范围

工件类型		表面硬度波动范围（不大于）			
		HRC		HV	
		≤50	>50	≤500	>500
火焰淬火回火后，只有表面硬度要求的零件	单件	6	5	75	105
	同一批件	7	6	95	125
火焰淬火回火后，有表面硬度、力学性能、金相组织、畸变量要求的零件	单件	5	4	55	85
	同一批件	6	5	75	105

8.2.3　接触电阻加热表面淬火

接触电阻加热表面淬火是利用触头（铜滚轮或碳棒）与工件间的接触电阻热使工件表面加热，并依靠自身热传导来实现冷却淬火。这种方法设备简单，操作灵活，工件变形小，淬火后不需回火。接触电阻加热表面淬火能显著提高工件的耐磨性和抗擦伤能力；但淬硬层较薄（0.15～0.30mm），金相组织及硬度的均匀性都较差。目前，该工艺多用于机床铸铁导轨的表面淬火，也用于汽缸套、曲轴、工模具等的淬火。

8.2.4　浴炉加热表面淬火

将工件浸入高温盐浴（或金属浴）中，短时加热，使表层达到规定淬火温度，然后激冷的方法称为浴炉加热表面淬火。此方法不需添置特殊设备，操作简便，特别适合于单件小批量生产。所有可淬硬的钢种均可进行浴炉加热表面淬火，但以中碳钢和高碳钢为宜，高合金钢加热前需预热。

浴炉加热表面淬火的加热速度比高频和火焰淬火低，采用的浸液冷却效果没有喷射强烈，所以淬硬层较深，表面硬度较低。

8.2.5　电解液加热表面淬火

电解液加热表面淬火原理如图8-5所示。工件淬火部分置于电解液中为阴极，金属电解槽为阳极。电路接通，电解液产生电离，阳极放出氧，阴极工件放出氢。氢围绕阴极工件形成气膜，产生很大的电阻，通过的电流转化为热能将工件表面迅速加热到临界点以上温度。电路断开，气膜消失，加热的工件在电解液中实现淬火冷却。此方法设备简单，淬火变形小，适用于形状简单小件的批量生产。

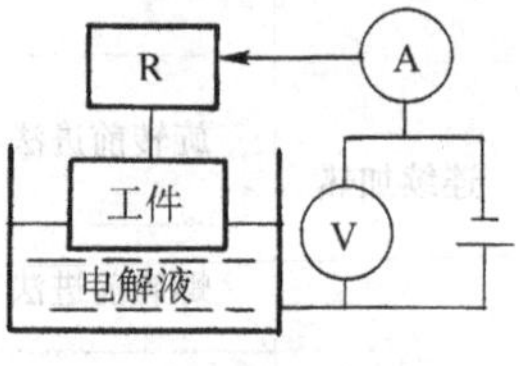

图8-5　电解液加热表面淬火原理

电解液可用酸、碱或盐的水溶液，质量分数为5% ~18%的Na_2CO_3溶液效果较好。电解液温度不可超过60℃，否则，影响气膜的稳定性和加速溶液蒸发。常用电压160~180V，电流密度4~10A/cm^2。加热时间由试验决定。

8.2.6 高能束加热表面淬火

高能束表面淬火包括激光、电子束、等离子体和电火花等表面淬火，其原理和应用分别参见激光、电子束、等离子体和电火花等表面处理相应章节。

8.2.7 表面光亮热处理

对高精度零件进行光亮热处理有两种方法，即真空热处理和保护热处理。最先进的方法是真空热处理。真空热处理设备投资大，维护困难，操作技术比较复杂。保护热处理分为涂层保护和气氛保护两种。气氛保护热处理的工艺多种多样，有的设备投资大，气体消耗多，成本高，因此常采用保护气体箱。涂层保护热处理具有投资少，操作简便，目前国内研制的涂层的自剥性和保护效果还不能令人满意，价格也较贵，但涂料品种多，工艺成熟，应用广泛。表面光亮热处理在各种钢等材料的淬火、固溶、时效、中间退火、锻造加热或热成形时均可应用。

1. 涂层保护光亮热处理

(1) 涂层的一般要求　涂料应耐高温、抗氧化、稳定、不与零件表面反应，并能防止零件表面在加热时烧损、脱碳或形成氧化皮；涂料应安全无毒，成本低，操作简单；涂层在室温下具有一定强度，操作过程不易脱落（但在一次处理后能自行脱落）。

(2) 涂层成分　一般热处理涂层多数采用有机材料与无机材料混合配制而成。这类涂料在常温下可以通过有机粘结剂组成均匀完整的涂层。在热处理加热时，涂层中的有机组分被分解或炭化，而其余的组分如玻璃、陶瓷等材料则转变为一层均匀致密的无机涂层，能隔绝周围气氛对金属的作用。冷却后，由于涂层与金属的热胀系数不同，涂层能自行脱落；从而起到保护被处理金属表面的作用。表8-16~表8-18分别列出了英、美和我国主要热处理涂料配方。

表8-16　英国主要热处理涂料配方

牌号	成分/kg															物理性质		
	膨润土	滑石粉	高岭土	山石母粉	丙烯酸树脂	染料	甲苯	三氯乙烯	2A玻璃料	2B玻璃料	钾玻璃	钠玻璃	氧化硅	氧化铝	颜色	密度/g·cm^{-3}	剥落性	使用温度/℃
B-12	7.5	3.0	1.0		8.0	0.5	410L								红	0.9－0.95		600~1100
B-22	12.0	7.0		7.0	11.0	0.5		380L								1.32－1.46		
B-104	12.0		6.1	4.0	3.5	0.5	196L		9.3	9.3	5.1	7.0	4.6	2.9	黄	0.05~1.02	自剥	1000~1250
B-204	2.0		6.1	4.0	3.5	0.5		190L	9.3	9.3	5.1	7.0	4.6	2.9	蓝紫	1.49~1.55		

表 8-17 美国主要热处理涂料配方

编号		成分/kg															使用温度/℃
		膨润土	帖土	水	BaO	K2O	MgO	Li_2O	CaO	ZnO	Sb_2O_3	B_2O_3	Al_2O_3	SiO_2	TiO_2	P_2O_5	
1	底层	0.5	9.0	30.0		2.0	24.0	1.0					23.0	50.0			870～1 100
	面层	0.5	9.0	30.0		8.5		3.8	5.4	1.5	2.5	3.2	1.0	37.4	19.9	2.5	565～705
2	底层	0.5	9.0	30.0		8.0	19.0						18.0	55.0			870～1 100
	面层	0.5	9.0	30.0	5.1	30.0			5.8			25.8	4.5	23.6	1.9		565～705

表 8-18 我国主要热处理涂料配方

编号	各组成物的质量分数（%）											用途
	03 玻璃料	04 玻璃料	11 玻璃料	氧化铬	氧化铝	云母氧化铁	钛白粉	滑石粉	膨润土	30% 虫胶液	80% 乙醇 +20% 丁醇	
1		20	15	4		8		10	3	20	20	30CrMnSiA 中温处理
2	10	10	26	2	6			4	2	20	20	1Crl8Ni9Ti、GH1140 等处理
3	3	6	35				11		3	21	21	

我国热处理涂料有定型产品，涂料配方中除上述 3 种外，常用的还有 1306 号涂料，其成分为（质量分数）：Al 23.67%，C6.47%，K5.52%，Na 0.16%，Si25.3%，余量为氧及其他微量元素。

（3）涂覆工艺

1）涂料必须存放在 10～20℃环境中，并有一定有效期。使用前搅匀并用铜网过滤，再用溶剂调节涂料粘度。

2）零件表面必须彻底清除铁锈、氧化皮、油脂和油漆等污物，且存放时间不宜超过 24h，操作时戴干净手套。

3）涂层应致密、厚度均匀，最好在通风的恒温间进行。可采用浸涂、刷涂和喷涂。

4）按规定进行热处理。

（4）涂料的应用　涂料可用于保护零件热处理表面质量，防止和减少表面脱碳。1306 号涂料用于镍基高温合金时，热处理后涂层能完全自剥，表面呈灰白氧化色，不产生氧化皮。3 号涂料涂于 30CrMnSiA 上于 900℃ 热处理；涂于 CrWMn 上于 840℃热处理，加热时间均为 60min，处理后涂层自剥，材料表面为银灰色，无腐蚀现象。4 号涂料用于国产不锈钢 1Cr18Ni9Ti 和高温合金 GH1140，在 1 050℃加热 15～20min，无论空冷或水冷，涂层均能自剥。水冷的零件表面呈银灰色，局部有轻微氧化色。空冷的零件表面为蓝氧化色，无腐蚀现象。

涂料可减少热处理中零件尺寸和质量的变化。3 号涂料涂于 30CrMnSiA 上于 900℃热处理，一般在保温 1～3h 时，其热处理损耗只有不涂涂层材料的 1/5～

1/6。在上述试验条件下，无论涂何种涂层，大多数情况下零件尺寸膨胀 0.005 ~ 0.01mm，少数情况下尺寸减少不超过 0.005mm。而不涂涂层的材料尺寸减少为 0.05 ~ 0.5mm。

金相检验表明，涂层不产生晶间腐蚀，使用 1306 号涂料晶界氧化深度为 0.006 9 ~ 0.013 8mm，而未涂涂层的氧化深度为 0.020 ~ 0.035mm，并未发现元素渗入问题。研究还表明，涂层不影响材料的淬透性，也不影响常规力学性能和高温疲劳性能。

2. 惰性气体保护光亮热处理

常用惰性气体有 Ar、He。由于 N_2 与钢几乎不发生反应，所以 N_2 相对于钢来说也是惰性气体。用惰性气体保护在光亮状态下加热，应特别注意气体中杂质的种类和数量，氧的体积分数应低于 $(1 \sim 2) \times 10^{-6}$，水分量在露点 -70℃ 以下。

3. 真空热处理

真空热处理的最大优点是能得到良好的光亮面。金属在真空中加热时，将产生脱氧、油脂分解、氧化物的离解等现象。真空热处理后可得到光亮的金属表面，但要注意合金元素蒸发的影响，如不锈钢真空热处理时会产生脱铬现象，使耐蚀性明显下降。

8.3 金属表面化学热处理

8.3.1 概述

1. 金属表面化学热处理过程

金属表面化学热处理是利用元素扩散性能，使合金元素渗入金属表层的一种热处理工艺。其基本工艺过程是：首先将工件置于含有渗入元素的活性介质中加热到一定温度，使活性介质通过分解（包括活性组分向工件表面扩散以及界面反应产物向介质内部扩散）并释放出欲渗入元素的活性原子，活性原子被工件表面吸附并溶入表面，溶入表面的原子向金属表层扩散渗入形成一定厚度的扩散层，从而改变工件表层的成分、组织和性能。

2. 金属表面化学热处理的目的

（1）提高金属表面的强度、硬度和耐磨性　如渗氮可使金属表面硬度达到 950 ~ 1 200HV；渗硼可使金属表面硬度达到 1 400 ~ 2 000HV 等，因而工件表面具有极高的耐磨性。

（2）提高材料疲劳强度　如渗碳、渗氮、渗铬等渗层中由于相变使体积发生变化，导致表层产生很大的残余压应力，从而提高疲劳强度。

（3）使金属表面具有良好的抗粘着、抗咬合的能力和降低摩擦系数　如渗硫等。

(4) 提高金属表面的耐蚀性　如渗氮、渗铝等。

3. 化学热处理渗层的基本组织类型

(1) 形成单相固溶体　如渗碳层中的α铁素体相等。

(2) 形成化合物　如渗氮层中的ε相（$Fe_{2-3}N$），渗硼层中Fe_2B等。

另外，一般可同时存在固溶体、化合物的多相渗层。

4. 化学热处理后的性能

化学热处理后的金属表层、过渡层与心部，在成分、组织和性能上有很大差别。强化效果不仅与各层的性能有关，而且还与各层之间的相互联系有关。如渗碳表面层的碳含量及其分布、渗碳层深度和组织等均可影响材料渗碳后的性能。

5. 化学热处理种类

根据渗入元素的活性介质所处状态不同，化学热处理可分以下几类：

(1) 固体法　包括粉末填充法、膏剂涂覆法、电热旋流法、覆盖层（电镀层、喷镀层等）扩散法等。

(2) 液体法　包括盐浴法、电解盐浴法、水溶液电解法等。

(3) 气体法　包括固体气体法、间接气体法、流动粒子炉法等。

(4) 等离子法　参见等离子处理有关章节。

8.3.2 渗硼

渗硼主要是为了提高金属表面的硬度、耐磨性和耐蚀性。它可用于钢铁材料、金属陶瓷和某些有色金属材料，如钛、钽和镍基合金。这种方法成本较高。

1. 渗硼原理

渗硼就是把工件置于含有硼原子的介质中加热到一定温度，保温一段时间后，在工件表面形成一层坚硬的渗硼层。

在高温下，供硼剂硼砂（$Na_2B_4O_7$）与介质中SiC发生反应：

$$Na_2B_4O_7 + SiC \rightarrow Na_2O \cdot SiO_2 + CO_2 + O_2 + 4[B]$$

若供硼剂为B_4C，活性剂为KBF_4，则有以下反应：

$$KBF_4 \xrightarrow{(加热)} KF + BF_3$$

$$4BF_3 + 3SiC + 1.5O_2 \rightarrow 3SiF_4 + 3CO + 4B$$

$$\underline{3SiF_4 + B_4C + 1.5O_2 \rightarrow 4BF_3 + SO_2 + CO + 2Si}$$

$$(SiF_4)$$

$$B_4C + 3SiC + 3O_2 \rightarrow 4B + 2Si + SiO_2 + 4CO$$

$$(BF_3)$$

2. 渗硼层的组织

硼原子在γ相或α相中的溶解度很小，当硼含量超过其溶解度时，就会产生硼的化合物Fe_2B（ε）。当硼的质量分数大于8.83%时，会产生FeB（η´）。当硼含量在6%～16%时，会产生FeB与Fe_2B白色针状的混合物。一般希望得到单相的Fe_2B。铁-硼相图如图8-6所示。

钢中的合金元素大多数可溶于硼化物层中（例如铬和锰）。因此认为硼化物是（Fe，M$)_2$B或（Fe，M）B更为恰当（其中M表示一种或多种金属元素）。碳和硅不溶于硼化物层，而被硼从表面推向硼化物前方而进入基材。这些元素在碳钢的硼化物层中的分布示意地表示于图8-7。硅在硼化物层前方的富集量可达百分之几。这会使低碳铬合金钢硼化物层前方形成软的铁素体层。只有降低钢的含硅量才能解决这一问题。碳的富集会析出渗碳体或硼渗碳体（例如$Fe_3B_{0.8}C_{0.2}$）。

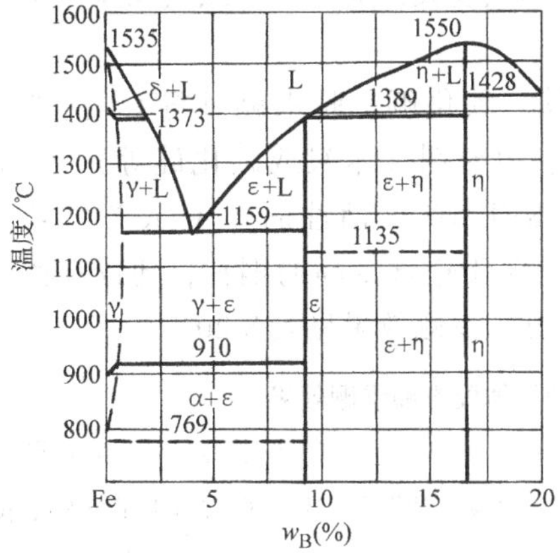

图8-6 铁-硼相图（部分）

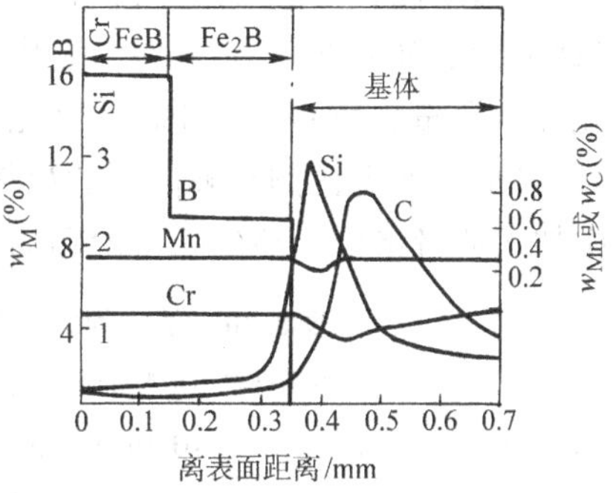

图8-7 渗硼表面元素分布示意图

3．渗硼层的性能

1）硬度很高，如Fe_2B的硬度为1 300～1 800HV；FeB的硬度为1 600～2 200HV。由于FeB脆性大，一般希望得到单相的、厚度为0.07～0.15mm的Fe_2B层。如果合金元素含量较高，由于合金元素有阻碍硼在钢中的扩散作用，则渗硼层厚度较薄。硼化铁的物理性能参见表8-19。

表8-19 硼化铁的物理性能

硼化铁类型	w_B（%）	晶格常数	密度 /$g \cdot cm^{-3}$	线胀系数 (200～600)℃	弹性模量 /MPa	硼在铁中的扩散系数 (950℃) /$cm^2 \cdot s^{-1}$
Fe_2B	8.83	正方（a=5.078，c=4.249）	7.43	7.85×10^{-6}/℃	3×105	1.53×10^{-7}（扩散区）
FeB	16.23	正交（a=4.053，b=5.495，c=2.946）	6.75	23×10^{-6}/℃	6×105	1.82×10^{-8}（硼化物层）

2）在盐酸、硫酸、磷酸和碱中具有良好的耐蚀性，但不耐硝酸。

3）热硬性高，在800℃时仍保持高的硬度。

4）在600℃以下抗氧化性能较好。

4. 渗硼方法

（1）固体渗硼　固体渗硼在本质上属于气态催化反应的气相渗硼。供硼剂在高温和活化剂的作用下形成气态硼化物（BF_2、BF_3），它在工件表面不断化合与分解，释放出活性硼原子不断被工件表面吸附并向工件内扩散，形成稳定的铁硼化物层。

固体渗硼是将工件置于含硼的粉末或膏剂中，装箱密封，放入加热炉中加热到950～1 050℃保温一定时间后，工件表面上获得一定厚度的渗硼层方法。这种方法设备简单，操作方便，适应性强，但劳动强度大，成本高。欧美国家多采用固体渗硼。常用的固体渗硼有：

1）粉末渗硼。粉末是由供硼剂（硼铁、碳化硼、脱水硼砂等）、活性剂（氟硼酸钾、碳化硅、氯化物、氟化物等）、填充剂（木炭或碳化硅等）组成。如配方（质量分数）：B_4C5%（供硼剂）+$KBF_4$5%（活性剂）+SiC%（填充剂）。各成分所占比例与被渗硼的材料有关。对于铬含量高的钢种，建议在渗硼粉中加入适量铬粉。部分固体渗硼的材料配方和渗硼效果见表8-20。

表8-20　部分固体渗硼材料的具体配方和渗硼效果

编号	渗硼材料组成物的质量分数（%）									渗硼工艺		渗硼层	
	B_4C	B-Fe	$Na_2B_4O_7$	KBF_4	NH_4HCO_3	SiC	Al_2O_3	木炭	活性炭	温度/℃	时间/h	组织	厚度/μm
1		7		6	2	余量		20		850	4	双相	140
2		5		7		余量		8	2	900	5	单相	95
3		10		7		余量		8	2	900	5	单相	95
4	1			7		余量		8	2	900	5	单相	90
5	2			5		余量	MnFe: 10			850	4	单相	110
6		20		5	5		70			850	4	单相	85
7	5			5		余量	Fe_2O_3: 3			850	4	单相	120
8		25		5		余量				850	4	单相	55
9			30		Ns_2CO_3: 3	Si: 7		石墨60		950	4	单相	160

2）膏剂渗硼。膏剂渗硼是将供硼剂加一定比例的粘结剂组成一定粘稠膏状物涂在工件表面上进行加热渗硼处理。若膏剂渗硼是在高频感应加热条件下进行，不仅可以得到与炉子加热条件下相同的渗硼层，而且可大大缩短渗硼时间。膏剂渗硼的配方有：

① 由碳化硼粉末（0.063～0.056mm）50%和冰晶石50%组成，用水解四乙氧基甲硅烷作粘结剂组成膏状物质。渗硼前，先在200℃干燥1h后再进行渗硼。

② B_4C（0.1mm）5% ~50% + 冰晶石（粉末状）5% ~50% + 氟化钙（0.154mm）40% ~49%。混合后用松香30% + 酒精70%调成糊状，涂在工件上获得厚度 >2mm 的涂层。然后晾干密封装箱，最后装入加热炉中进行渗硼。

（2）气体渗硼　与固体渗硼的区别是供硼剂为气体。气体渗硼需用易爆的乙硼烷或有毒的氯化硼，故没有用于工业生产。

（3）液体渗硼　也叫盐浴渗硼。这种方法应用广泛。它主要是由供硼剂硼砂 + 还原剂（碳酸钠、碳酸钾、氟硅酸钠等）组成的盐浴，生产中常用的配方有：$Na_2B_4O_7$80% + SiC20%或 $Na_2B_4O_7$80% + Al10% + NaF10%等。

（4）等离子渗硼　等离子渗硼可用与气体渗硼类似的介质，目前还没有工业应用的处理工艺。

（5）电解渗硼　电解渗硼是在渗硼盐浴中进行的。工件为阴极，用耐热钢或不锈钢坩埚作阳极。这种方法设备简单，速度快，可利用便宜的渗剂。渗层相的组成和厚度可通过调整电流密度进行控制。它常用于工模具和要求耐磨性和耐蚀性强的零件。

5．钢铁材料渗硼

渗硼最合适的钢种为中碳钢及中碳合金钢。渗硼后为了改善基体的力学性质，应进行淬火 + 回火处理，但应注意以下几点：

1）渗硼件应尽量减少加热次数并用缓冷。

2）渗硼温度高于钢的淬火温度时，渗硼后应降到淬火温度后再进行淬火。

3）渗硼温度低于钢的淬火温度时，渗硼后应升到淬火温度后再进行淬火。

4）淬火介质仍使用原淬火介质，但不宜用硝盐分级与等温处理。

5）渗硼粉中 B_4C 含量对不同钢种的硼化物层中 FeB 相的影响见表8-21。

表8-21　渗硼粉中 B_4C 含量对不同钢种的硼化物层中 FeB 相的影响（900℃渗硼5h）

钢　　种	B_4C 的质量分数（%）			
	2.5	5	7.5	10
XC15（法国结构钢，相当于我国15钢）	A	A	B	C
C45（法国结构钢，相当于我国45钢）	A	A	B	C
42CrMo4	A	B	C	D
61CrSiV5	A	B	C	E
XC100（法国弹簧钢）	A	B	C	E
100Cr6	A	C	D	E
145Cr6	B	D	E	E
奥氏体不锈钢	E	E	E	E

注：A——不含 FeB；B——仅边角处有 FeB；C——个别锯齿有 FeB；D——FeB 末形成封闭层；E——FeB 形成封闭层。

6）渗硼在生产中的应用实例（见表8-22）。

表 8-22 渗硼应用实例

模具名称	模具材料	被加工材料	寿命（件/模）		使用单位
			淬火 + 回火	渗硼	
冷镦六方螺母凹模	Cr12MoV	Q235 钢	(0.3 ~ 0.5) 万	(5 ~ 6) 万	北京标准件厂
冷冲模	CrWMn	25 钢	(300 ~ 500) 千	(0.5 ~ 1) 万	北京机电研究所
冷轧顶头凸模	65Mn	Q235 钢螺母	(0.3 ~ 0.4) 万	2 万	沙市标准件厂
热锻模	5CrMnMo	齿轮 40Mn2	300 ~ 500	600 ~ 700	江西机械厂

6. 有色金属渗硼

有色金属渗硼通常是在非晶态硼中进行的。某些有色金属如钛及其合金必须在高纯氩或高真空中进行，且必须在渗硼前对非晶硼进行除氧。大多数难熔金属都能渗硼。

钛及其合金的渗硼最好在 1 000 ~ 1 200℃ 进行。在 1 000℃ 处理 8h 可得 12μm 致密的 TiB_2 层；15h 后为 20μm。硼化物层与基体结合良好。

钽的渗硼也用类似条件获得单相硼化钽层。在 1 000℃ 渗硼 8h 可得 12μm 的渗层。镍合金 I N-100（美国牌号）在 940℃ 渗硼 8h 获得 60μm 厚的硼化物层。

8.3.3 渗碳、渗氮

渗碳、渗氮等可提高材料表面硬度、耐磨性和疲劳强度，在工业中应用十分广泛。

1. 渗碳方法

结构钢经渗碳后，能使零件工作表面获得高的硬度、耐磨性、耐侵蚀磨损性、接触疲劳强度和弯曲疲劳强度，而心部具有一定强度、塑性、韧性的性能。常用的渗碳方法有三种：

(1) 气体渗碳 气体渗碳是目前生产中应用最为广泛的一种渗碳方法，工业上一般有井式炉滴注式渗碳和贯通式气体渗碳两种，它是在含碳的气体介质中通过调节气体渗碳气氛来实现渗碳的目的。按渗碳介质气氛中的基本渗剂可分为甲烷（CH_4）、丙烷（C_3H_8）和丁烷（C_4H_{10}）等数种，渗碳活性随渗剂组成的比例不同而不同。一般气体渗碳多用 930℃ 的高温处理，但渗碳后还是采用较低的淬火温度为好。例如，合金渗碳钢常用的渗碳工艺是：930℃ 渗碳几小时后再在同样温度下扩散 1 ~ 2h，然后降到 800℃ 油淬，最后经 130 ~ 150℃ 充分回火。

(2) 液体渗碳 液体渗碳是将被处理的零件浸入盐浴渗碳剂中，通过加热使渗碳剂分解出活性的碳原子来进行渗碳。液体渗碳剂的基剂是氰化钠（NaCN），为了防止分解和避免渗碳过度等缺陷，还需添加氯化盐（$BaCl_2$、NaCl 和 KCl）或其他盐类，构成二元或三元系盐浴后才能使用。质量分数为 $Na_2CO_3$75% ~ 85%、NaCl10% ~ 15%、SiC8% ~ 15% 就是一种熔融的渗碳盐浴配方，10 钢在 950℃保温 3h 后可获得总厚度为 1.2mm 的渗碳层。

液体渗碳具有设备简单、操作方便、质量稳定、处理温度较低和减少零件变形等特点，所以在工业上特别是精密零件的生产中应用较多。

（3）固体渗碳　固体渗碳是一种传统的渗碳方法，它使用固体渗碳剂，其中木炭是渗碳基剂，碳酸钡是促渗剂。固体渗碳温度一般为 900～950℃，在此高温下木炭与渗碳钢及空隙中的空气等构成 Fe-C-O 平衡系，并在渗碳钢表面发生界面反应而进行渗碳。为了使渗层在较短时间内达到一定温度和碳浓度，被渗件须在高温下经受长时间保温，从而引起晶粒粗化。因此渗碳钢一般经两次淬火：第一次是为细化晶粒而加热到 A_3 点以上的高温淬火；第二次是加热到 A_1 点以上，在大约 800～850℃范围内进行淬火。

（4）渗碳新工艺　为了提高表面渗碳的效率，缩短工艺周期，提高生产率和得到高质量的工件，人们开发了许多渗碳新工艺，如高温渗碳、等离子渗碳、真空渗碳、高频渗碳和放电渗碳等。

1）高温渗碳。渗碳是一种受扩散制约的工艺过程，而扩散系数是热力学温度的指数函数，因此，提高渗碳温度就可以获得较高的生产率。例如，将渗碳温度从 900℃提高到 950℃，时间就可以缩短一半；若将温度再从 950℃提高到 1 010℃，时间则几乎又缩短了一半。

高温渗碳中粗化的晶粒可通过渗碳后再加热到奥氏体而得到细化，但时间不能缩短，因此，高温渗碳最好是选用高温渗碳钢。这种钢除了能防止晶粒长大之外，还具有优良的渗碳性能。例如，用含 w_{Si}1.1%、w_{Cr}1.1%、w_{Mo}0.25%的高温渗碳钢，在 1 050℃下渗碳 30～90min，渗碳层深度较浅，但组织较细，而且力学性能不会降低。

2）等离子渗碳。等离子渗碳是目前继高温渗碳之后发展起来的一种新技术，在后面一节中专门讨论。

3）真空渗碳。新发展起来的真空渗碳工艺能够缩短热处理周期时间，提高工件的力学性能，并具有与等离子渗碳相类似的许多优点。真空渗碳是在真空中进行的一个不平衡的增碳扩散型渗碳工艺。与气体渗碳相比，真空渗碳完全没有氧存在，钢材表面很洁净，渗层均匀，不会发生渗碳淬火后的表面异常层。由于处理温度高，渗碳时间可显著地缩短。

真空渗碳工艺由以下几个过程组成：

①把工件放入炉内，将炉内气压降至 1.33Pa，然后加热到 820～1 040℃长时间保温，使工件的温度均匀化。

②向炉内通入纯碳氢化合物气体（甲烷或丙烷）或碳氢化合物的混合气体，使炉内气压达到 4×10^4Pa，使碳氢化合物气体在工件表面分解增碳。同时，在工作温度下提供饱和碳至奥氏体的溶解度。渗碳完毕后，将炉内气压降至

1.33Pa，进行扩散处理。

③渗碳和扩散处理结束后，向炉内通入N_2，冷至500～600℃后再加热到淬火温度，使晶粒细化，然后进行淬火冷却。

4）高频感应加热渗碳。简称高频渗碳，可直接加热工件，炉温可大大降低，同时气体仅在钢材的表面发生分解而使之渗碳，分解气体通过对流，使工件表面经常地保持着一定的碳势。

采用高频渗碳，如果精心设计感应圈，则可使之只加热所需加热的部位，从而实现局部渗碳，并可缩短渗碳的时间，而且费用也可降低40%。

5）放电与电解渗碳。放电渗碳是切断电解液中的加热电流，利用电解急冷淬火的这一原理用于渗碳的一种工艺方法。用作电解渗碳的电解液，其溶剂或溶质都必须有碳源。从生产角度看，二乙醇的NaCl饱和溶液是较为适宜的电解液。在这种电解液中浸入与碳不发生活性反应的阳极板和被处理钢材（阴极），当在两极间加上0～240V的连续可变直流电压时，就会产生放电现象。电解液的溶剂或溶质所产生的渗碳性气体将包围被处理钢材，通过气体放电作用，使钢材表面的碳浓度迅速提高，可在2～3min的短时间内进行渗碳。工件经5min放电渗碳后，其表面碳浓度可达1.59%C，渗碳深度为0.3mm，硬度达800HV。

电解渗碳是把低碳钢零件置于盐浴中加热，利用电化学反应使碳原子渗入工件表层。这是一种新型的渗碳方法。渗碳介质以碱土金属碳酸盐为主，加一些调整熔点和稳定盐浴成分的溶剂。阳极为石墨，工件作阴极，通以直流电后盐浴电解产生CO，CO分解产生新生态活性碳原子渗入工件表层。

2. 渗氮方法

渗氮是在含有氮原子的介质中，将工件加热到一定温度，钢的表面被氮原子渗入的一种工艺方法。渗氮工艺复杂，时间长，成本高，所以只用于耐磨、耐蚀和精度要求高的耐磨件，如发动机气缸、排气阀、阀门、精密丝杆等。

钢经渗氮后获得高的表面硬度，在加热到500℃时硬度变化不大，具有低的划伤倾向和高的耐磨性，可获得500～1 000MPa的残余压应力，使零件具有高的疲劳极限和高耐蚀性。在自来水、潮湿空气、气体燃烧物、过热蒸汽、苯、不洁油、弱碱溶液、硫酸、醋酸、正磷酸等介质中均有一定的耐蚀性。

（1）渗氮的分类　渗氮按渗氮温度高低可分为低温渗氮和高温渗氮。

低温渗氮是指渗氮温度低于600℃的各种渗氮方法。渗氮层的结构主要决定于Fe-N相图。主要渗氮方法有气体渗氮、液体渗氮、离子渗氮等。低温渗氮主要用于结构钢和铸铁。目前广泛应用的是气体渗氮法，即把需渗氮的零件放入密封渗氮炉内，通入氨气，加热至500～600℃，氨发生以下反应：

$$2NH_3 = 3H_2 + 2[N]$$

生成的活性氮原子[N]渗入钢表面，形成一定深度的渗氮层。

根据 Fe-N 相图，氮溶入铁素体和奥氏体中，与铁形成 γ'相（Fe_4N）和 ε 相（$Fe_{2-3}N$），也溶解一些碳，所以渗氮后工件最外层是白色 ε 相或 γ'相，次外层是暗色 $\gamma'+\varepsilon$ 共析体层。

高温渗氮是指渗氮温度高于共析转变温度（600～1 200℃）下进行的渗氮。主要用于铁素体钢、奥氏体钢、难熔金属（Ti、Mo、Nb、V 等）的渗氮。

（2）洁净渗氮　洁净渗氮是利用某些化学物质除去工件表面氧化膜及油污层的渗氮方法。这些化学物质在炉内分解产生具有强烈的化学活性的气体，与工作表面的氧化物作用获得洁净表面，并加速渗氮过程。常用的化学物质有氯化铵、四氯化碳、氯化钠、氯化钙、聚乙烯树脂及盐酸等，前两者应用最广。加氯化铵洁净渗氮，一般可使渗氮周期缩短一半，单位时间内氮消耗量可减少 50%。以四氯化碳和盐酸作催渗物质，其效果与氯化铵相近。

（3）高温渗氮及分段渗氮　随着渗氮温度升高，原子扩散速度增大，加速渗氮过程。在一般渗氮温度范围内，渗氮层深度和渗氮温度以近似直线关系增大，但硬度随之下降，零件变形量增大。因此，在满足硬度要求的条件，可适当提高温度以缩短渗氮周期。例如，某精密零件常在450℃渗氮，如在560℃左右渗氮，就可使渗氮时间缩短一半。对于硬度要求不高，需要抗蚀性的渗氮，可在600～700℃进行，渗氮时间可缩短到0.5～1.5h。

为了能缩短渗氮时间且保持较高硬度，可采用两段渗氮法。第一阶段温度较低，一般为510～520℃，使工件表面形成高度弥散的氮化物颗粒，从而保证高硬度；第二阶段温度为530～550℃，加速氮原子扩散，可缩短渗氮时间，但不会使氮化物明显聚集。两段渗氮法可使渗氮时间由 80h 缩短至 50h 左右，渗层硬度梯度也有所改善。

（4）催渗渗氮　催渗渗氮即在渗氮介质中添加一种或几种起催渗作用的物质，如加氮渗氮和加钛渗氮。

加氮渗氮是在氨中加氮的混合气体中进行. 加氮量的体积分数为 30%～90%，可显著加速渗氮过程，并改善渗层组织，降低脆性和提高 ε 和 γ 相的稳定性。实验表明，在渗氮开始阶段，扩散层的形成速度可提高 50% 以上。这种渗氮方法的原理，主要是惰性氮的稀释作用，抑制氨的分解；活性氢原子减少，提高钢表面对活性氮原子的吸收，增大表层固溶体中氮浓度，加速氮原子向工件内扩散。

加钛渗氮是在镀钛渗氮基础上发展起来的。在工件上镀一层钛，然后渗氮，有一定的催渗作用。加钛渗氮法是利用海绵钛催渗渗氮的方法，就是首先将少量氯化铵放在不锈钢的小盒底部，其上再依次加一层硅砂和一层海绵钛，然后将盒放在炉罐底部进行渗氮。反应所产生的活性钛原子，被吸附在工作表面，有利于吸氮，加大表面氮浓度，加速氮向工件内扩散。另外，钛还可向钢内渗入，形成高度弥散的氮化钛。因此，加钛渗氮除可缩短1/2~2/3时间外，还可提高钢的硬度。钛不仅可以提高Fe-N的共析温度，使渗氮能在较高温度下进行，而且可提高氮在铁中的扩散系数。

(5) 电解气相催渗渗氮　将一定成分的电解气体供入渗氮炉中，供入的方法有：①将电解气通入供氮气流中；②将氨通入电解槽中，然后将电解气带入炉中；③用氮等气体作为载气带入电解气。这种渗氮方法可起到显著的催渗作用，一般渗氮时间可缩短1/2~2/3。电解液分为酸性和碱性两种。前者主要为含氯离子的溶液，最简单的配方是将氯化钠溶于硫酸或盐酸中，有的则加氯化铵、氯化钠、海绵钛、甘油等；后者主要为甲醇或乙醇为基的氯化物碱性溶液。

在电解催渗渗氮过程中，电解所产生的氯和氯化氢起主要作用，这与洁净渗氮相似。这种渗氮特别适用于不锈钢，无需除去表面氧化膜即可直接装炉渗氮。此外，电解气含有氧和水，可起到加氧渗氮的作用，水的存在能使氯及氯化氢与金属表面作用。电解气中的氮可起加氮渗氮作用，含氢量增加可降低氮势，有利于降低某些钢的脆性。

电解催渗渗氮可在较高温度下进行，可获得较高的硬度和合格的金相组织，渗层较厚。与洁净渗氮相比，这种渗氮法还可调节电解气供入量，保持稳定的渗氮过程。此外，渗氮设备不复杂、成本低廉、操作方便，具有大规模生产的条件，很有推广价值。

(6) 渗氮新工艺　新的渗氮方法包括电接触加热渗氮、磁场加速渗氮、高频感应加热渗氮、超声波渗氮、电解渗氮和高压渗氮等。等离子渗氮将在下面一节中讨论。

1）电接触加热渗氮是直接向工件通电加热，可使工件迅速达到渗氮温度，周围氨的温度仍低于分解温度，只有氨与工件表面接触时才能分解产生活性氮原子，这样就减少了氨的分解，减轻了氨分解气体的阻碍作用，使活性氮原子保持高浓度和迅速被金属吸收并向内扩散。渗氮时间可缩短到一般炉内渗氮的1/8~1/5，可显著降低耗氨和耗电量。

2）磁场加速渗氮过程。试验表明，在磁场强度为25~30Oe㊀的工频激磁磁场中进行渗氮，比一般纯氨渗氮快2~3倍，而且可有效地消除钢的脆性，显著提高其疲劳强度和耐磨性。磁场加速渗氮的原理，被认为是磁场作用，使钢的组织变得具有一定方向性，加速氮在钢中的扩散。

3）高频感应加热渗氮兼有上述两种渗氮方法的优点，而且，工件在高频磁场中还产生磁致伸缩效应，有利于进一步促进氮原子的扩散。这种工艺比较成熟，已成功地应用于小零件的生产。渗氮温度通常为500~550℃，温度再升高，

㊀ Oe是非法定单位，1Oe=79.6A/m。

工件硬度下降，渗氮时间一般为0.5～3h，继续延长时间，渗层增厚并不明显。

4）超声波可用于气体渗氮和盐浴液体渗氮。气体渗氮时，工件与超声波振荡器连在一起。液体渗氮时，将振荡器的振头放在盐浴中。由于超声波引起的弹塑性变形与金属晶格间的相互作用，位错密度增大，形成大量过剩形变空位，促进氮原子的扩散，并可提高金属表面的吸附能力，加速渗氮过程。

5）电解渗氮是指通电电解盐浴软氮化，常用盐的成分为 NaCN 和 Na_2CO_3，在电流作用下发生电解反应。氰化物分解产生 CN^- 离子，移向工件（阳极）起渗氮作用。此外，还常加入活性钛作催渗剂，这种方法可获得很大的渗氮速度和很高的渗层硬度。例如，20 钢在 600℃渗氮 2h，渗层深度达 0.15～0.3mm，硬度为 1 200HV。35 钢在 750℃和电流密度 $50A/dm^2$ 条件下渗氮 2h，渗层深度达 5mm，最高硬度达 1 250HV。

6）高压渗氮是在（5～55）$\times 10^5$Pa 下进行。零件放在密封罐中，与热水加热的氨瓶相连。当温度升高时罐内的压力提高，在高压作用下表层金属中位错密度增大，从而提高表面活性和吸氮能力，加速渗氮的进行。

（7）渗氮工艺的应用范例

1）结构钢渗氮。任何珠光体类、铁素体类、奥氏体类以及碳化物类的结构钢都可以渗氮。为了获得具有高耐磨、高强度的零件，可采用渗氮专用钢种(38CrMoAlA)。近年来出现了不采用含铝的结构钢的渗氮强化。结构钢渗氮温度一般选在 500～550℃，渗氮后可明显提高疲劳强度。

2）高铬钢渗氮。工件经酸洗或喷砂去除氧化膜后才能进行渗氮。为了获得耐磨的渗层，高铬铁素体钢常在 560～600℃进行渗氮。渗氮层深度一般为 0.12～0.15mm。

3）工具钢渗氮。高速钢切削刃具短时渗氮可提高寿命0.5～1 倍。推荐渗层深度为0.01～0.025mm，渗氮温度为 510～520℃。对于小型工具（$<\phi$15mm）渗氮时间为 15～20min；对较大型工具（ϕ16～30mm）为 25～30min；对大型工具为60min。上述规范可得到高硬度（1 340～1 460HV），热硬性为700℃时仍可保持 700HV 的硬度。Cr12 模具钢经 150～520℃、8～12h 的渗氮后，可形成 0.08～0.12mm 的渗层，硬度可达1 100～1 200HV，热硬性较高，耐磨性比渗氮高速钢还要高。

4）铸铁除白口铸铁、灰铸铁、不含 Al、Cr 等合金铸铁外均可渗氮，尤其是球墨铸铁的渗氮应用更为广泛。

5）难熔合金也可以进行渗氮，用于提高硬度、耐磨性和热强性。

6）钛及钛合金离子渗氮，经 850℃ 8h 后可得到 TiN 渗层，层深为 0.028mm，硬度可达800～1 200HV。

7）钼及钼合金离子渗氮，经 1 150℃以上温度渗氮 1h，渗氮层深度达

150μm，硬度达300～800HV。

8）铌及铌合金渗氮，在1 200℃渗氮可得到硬度>2 000HV的渗氮层。

8.3.4 渗金属

渗金属方法是使工件表面形成一层金属碳化物的一种工艺方法，即渗入元素与工件表层中的碳结合形成金属碳化物的化合物层，如（Cr、Fe）$_7C_3$、VC、NbC、TaC等，次层为过渡层。此类工艺方法适用于高碳钢，渗入元素大多数为W、Mo、Ta、V、Nb、Cr等碳化物形成元素。为了获得碳化物层，基材中碳的质量分数必须超过0.45%。

1. 渗金属层的组织

渗金属形成的化合物层一般很薄，约0.005～0.02mm。层厚的增长速率符合抛物线定则 $x^2=kt$，式中，x 为层厚；k 是与温度有关的常数；t 为时间。经过液体介质扩渗的渗层组织光滑而致密，呈白亮色。当工件中碳的质量分数为0.45%时，工件表面除碳化物层外还有一层极薄的贫碳α层。当工件碳的质量分数大于1%时，只有碳化物层。

2. 渗金属层的性能

渗金属层的硬度极高，耐磨性很好，抗咬合和抗擦伤能力也很高，并且具有摩擦系数小等优点。表8-23是在1N负荷测得的显微硬度值。

表8-23 渗金属层的硬度HM

渗　层	Cr12	GCr15	T12	T8	45
铬碳化物层	1765～1877	1404～1665	1404～1482	1404～1482	1331～1404
钒碳化物层	2136～3380	2422～3259	2422～3380	2136～2280	1580c～1870
铌碳化物层	3254～3784	2897～3784	2897～3784	2400～2665	1812～2665
钽碳化物层	1981～2397	2397	2397～2838	1981	

3. 渗金属方法

（1）气相渗金属法

1）在适当温度下，可从挥发的金属化合物中析出活性原子，并沉积在金属表面上与碳形成化合物。一般使用金属卤化物作为活性原子的来源。其工艺过程是将工件置于含有渗入金属卤化物的容器中，通入 H_2 或 Cl_2 进行置换还原反应，使之析出活性原子，然后活性原子进行渗入金属过程。

2）使用羰基化合物在低温下分解的方法进行表面沉积。例如W（CO）$_6$ 在150℃条件下能分解出W的活性原子，然后渗入金属表面形成钨的化合物层。

（2）固相渗金属法　固相渗金属法中应用较广泛的是膏剂渗金属法。它是将渗金属膏剂涂在金属表面上，加热到一定温度后，使元素渗入工件表层。一般膏剂的组成如下：

1）活性剂。多数是纯金属粉末（粒径0.050～0.071mm）。

2）熔剂。其作用是与渗金属粉末相互作用后形成相应的化合物的各种卤化物（被渗原子的载体）。

3）粘结剂。一般用四乙氧基甲硅烷，它起粘结作用并形成膏剂。

4. 渗铬

（1）渗铬层的组织和性能　中碳钢渗铬层有两层，外层为铬的碳化物层，内层为α固溶体。高碳钢渗铬，在表面形成铬的碳化物层，如 $(Cr、Fe)_7C_3$、$(Cr、Fe)_{23}C_6$、$(Fe、Cr)_3C$ 等，层厚仅有0.01～0.04mm，硬度为1 500HV。

工件渗铬后可显著改善在强烈磨损条件下以及在常温、高温腐蚀介质中工作的物理、化学、力学性能。中碳钢、高碳钢渗铬层性能均优于渗碳层和渗氮层，但略低于渗硼层。特别是高碳钢渗铬后，不仅能提高硬度，而且还能提高热硬性，在加热到850℃后仍能保持1 200HV左右的高硬度，超过高速钢。同时渗铬层也具有较高的耐蚀性，对碱、硝酸、盐水、过热空气、淡水等介质均有良好的耐蚀性，但不耐盐酸。渗铬件能在750℃以下长期工作，有良好的抗氧化性，但在750℃以上工作时不如渗铝件。

（2）渗铬方法

1）气体渗铬。在气体渗铬介质条件下进行，采用接触法直接电加热或高频感应加热可加快气体渗铬速度。

2）固体膏剂渗铬。它是利用活性膏剂进行渗铬的方法。一般膏剂组成如下：

① 渗铬剂：金属铬或合金铬粉末，其尺寸为0.050～0.071mm。

② 熔剂：形成铬的卤化物后再与金属表面反应，常用冰晶石。

③ 粘结剂：品种较多，其中以水解硅酸乙酯效果较好。

5. 渗钛

渗钛的目的是为了提高钢的耐磨蚀性和气蚀性，同时也可提高中、高碳钢的表面硬度和耐磨性。常见的渗钛方法有以下几类：

（1）气体渗钛

1）气相渗钛。如工业纯铁在 $TiCl_4$ 蒸气和纯氩中发生置换反应，产生活性钛原子，高温下向工件表面吸附与扩散：

$$TiCl_4 + 2Fe \rightarrow 2FeCl_2 \uparrow + [Ti]$$

若此过程采用电加热，可缩短渗钛时间。

若渗钛温度为950～1 200℃，V（$TiCl_4$ 蒸气）：V（Ar的体积）=10:90时，炉内加热速度为1℃/s，保温时间为9min，无渗钛层。若采用电加热，加热速度为100～1 000℃/s，保温时间为3～8min，可得到20～70μm厚的渗钛层。可见，快速加热可缩短渗钛时间。

2）蒸气渗钛。它是在 $TiCl_4$ 和 Mg 蒸气混合物中进行渗钛。Mg 起还原剂的作用，载气是用净化过的氩气。把 $TiCl_4$ 带进放置有熔化金属 Mg 的反应室中，则 $TiCl_4$ 与 Mg 的蒸气相互作用获得原子钛［Ti］：

$$TiCl_4 + 2Mg \rightarrow 2MgCl_2 + [Ti]$$

在 1 150℃下用 $TiCl_4 + Ar$ 的混合气渗钛，1h 后才见到渗钛层。而在同一温度下用 $TiCl_4 + Ar + Mg$ 进行渗钛，1h 后可见到 20 ~ 80μm 厚的渗钛层。

（2）活性膏剂渗钛法　活性膏剂渗钛法是一种固体渗钛法。在活性膏剂中，主要成分是活性钛源（质量分数为：Ti30.05%、Si5.16%、Al17.08%），其数量为 70% ~ 95%。此外，还加入冰晶石，其主要作用是去除工件表面的氧化物，促使氟化钛的形成，而氟化钛是原子钛的供应源。实践证明，使用 Ti95% + NaF5%或用（Fe-Ti）40% + Ti55% + NaF5%的膏剂成分效果最好。同样，快速加热能缩短渗钛时间。

（3）液体渗钛　液体渗钛是使用电解或电解质方法进行渗钛。电解时采用可溶性钛作阳极，电解液为 $KCl + NaCl + TiCl_2$。电解在充氩气下进行。最佳电流密度视过程的温度不同而在 0.1 ~ 0.3A/cm^2 的范围内变化，温度为 800 ~ 900℃时，渗钛层可达几十微米，扩散层仅几微米。

6. 渗铝

渗铝是指铝在金属或合金表面扩散渗入的过程。许多金属材料如钢、合金钢、铸铁、热强钢和耐热合金、难熔金属和以难熔金属为基的合金、钛、铜和其他材料都可进行渗铝。渗铝的主要目的在于提高材料的热稳定性、耐磨性和耐蚀性，适用于石油、化工、冶金等工业管道和容器、炉底板、热电偶套管、盐浴坩埚和叶片等零件。

（1）渗铝层的性能　当钢中铝的质量分数大于 8% 时，其表面能形成致密的铝氧化膜。但铝含量过高时，钢的脆性增加。

低碳钢渗铝后能在 780℃ 以下长期工作，低于 900℃ 以下能较长期工作，900 ~ 980℃仍可比未渗铝的工件寿命提高 20 倍。因此，渗铝的工件抗高温氧化性能很好。

此外，渗铝件还能抵抗 H_2S、HO_2、CO_2、H_2CO_3、HNO_3、液氮、水煤气等的腐蚀，尤其是抵抗 H_2S 腐蚀能力最强。

（2）渗铝方法　工业上获得应用的渗铝方法主要有三种。

1）固体粉末渗铝。固体粉末渗铝是用粉末状混合物来进行的，其主要成分为铝粉、铝铁合金或铝钼合金粉末、氯化物或其活性剂、氧化铝（惰性添加剂）等。粉末渗铝在专用的易熔合金密封的料罐中进行。在固体渗铝中，常用方法之一是活性膏剂渗铝，它是一种由铝粉、冰晶石和不同比例的其他组分的粉末混合剂，并用水解乙醇硅酸乙酯作为粘结剂涂在工件表面，厚度为3~5mm，在70~100℃温度下烘干20~30min。为了防止氧化，可用特殊涂料覆盖层作为保护剂涂在活性膏剂层的外面。膏剂渗铝的最佳成分（质量分数）为（Fe-Al）88%、硅粉10%、NH_4C12%（活化剂）。

2）在铝浴中渗铝。工件在铝浴或铝合金浴中于700~850℃保温一段时间后，就可在表面得到一层渗铝层。这种方法的优点是渗入时间较短，温度不高，但坩埚寿命短，工件上易粘附熔融物和氧化膜，形成脆性的金属化合物。为降低脆性，往往在渗铝后进行扩散退火。

3）表面喷镀铝再扩散退火的渗铝法。在经过喷丸处理或喷砂处理的构件表面，使用喷镀专用的金属喷镀装置（电弧喷镀/火焰喷镀等）按规定的工艺规程喷镀铝。铝层厚度0.7~1.2mm。为防止铝喷镀层熔化、流散和氧化，应在扩散退火前采用保护措施，然后在920~950℃进行4~6h扩散退火。

7. 渗钒

渗钒是在粉末混合物（供钒剂钒铁、活化剂NH_4Cl和稀释剂Al_2O_3的混合物）或硼砂盐浴中进行的。希望获得VC型单相碳化钒层。渗钒的目的主要是改善耐磨性能。渗钒层硬度可达3 000~3 300HV，且有良好的延展性。

8.3.5 渗其他元素

1. 渗硅

渗硅是将含硅的化合物通过置换、还原和加热分解得到的活性硅，被材料表面所吸附并向内扩散，从而形成含硅的表层。渗硅的主要目的是提高工件的耐蚀性、稳定性、硬度和耐磨性。渗硅层表面的组织为白色均匀、略带孔隙的含硅的α-Fe固溶体。渗硅层的硬度为175~230HV，若把多孔的渗硅层工件置入170~220℃油中浸煮后，则其有良好的减摩性。渗硅层具有一定的抗氧化和抗还原性酸类的性质，但高温抗氧化性不如渗铝、渗铬，它只能在750℃以下工作。由于渗硅层的多孔性，使其应用受到了限制。常用的渗硅方法有以下几种：

（1）气体渗硅　气体渗硅是用碳化硅为渗硅剂，通入1 000℃高温的氯气形成四氯化硅，然后再与工件表层产生置换反应，使工件表面获得渗硅层。

（2）电解渗硅　电解渗硅是将工件放入碳酸盐、硅酸盐氟化物和熔剂的电解液中，在950~1 100℃的温度下加热电解后，就可在工件上获得一层渗硅层。

（3）粉末状混合物中渗硅　粉末渗硅是将含硅的粉末状渗硅剂（硅、硅铁、硅钙合金等）、填充剂（氧化铝、氧化镁等）、活化剂（卤化物，如NH_4Cl、NH_4F、NaF等）按一定比例混合装箱并将工件埋入混合物中，加热到高温下进行渗硅的方法。

2. 渗硫

渗硫的目的是在钢铁零件表面生成FeS薄膜，以降低摩擦系数，提高抗咬合性能。工业上应用较多的是在 150 ~ 250℃进行的低温电解渗硫。电解渗硫周期短，渗层质量较稳定，但熔盐极易老化。低温电解渗硫主要用于经渗碳淬火、渗氮后淬火或调质的工件。渗层 FeS 膜厚度为 5 ~ 15μm。若处理不当，除 FeS 外，可出现 FeS_2、$FeSO_3$ 相，使减摩性能明显降低。渗硫剂成分和工艺参数见表8-24。

表 8-24　渗硫剂成分和工艺参数

序号	渗硫剂成分（质量分数）	工艺参数 温度/℃	工艺参数 时间/min	工艺参数 电流密度/A·dm^{-2}	备　注
1	75% KCN + 25% NaCNS	180 ~ 200	10 ~ 20	1.5 ~ 3.5	零件为阳极，盐槽为阴极，到温度后计时因 FeS 膜生成速度高，保温 10min 后增厚甚微，故无需超过 15min
2	75% KCN + 25% NaCNS + 0.1% $K_4Fe(CN)_6$ + 0.9% $K_3Fe(CN)_6$	180 ~ 200	10 ~ 20	1.5 ~ 2.5	
3	73% KCNS + 24% NaCNS + 2% $K_4Fe(CN)_6$ + 0.07% KCN + 0.03% NaCN，通氨气搅拌，流量 59m^3/h	180 ~ 200	10 ~ 20	2.5 ~ 4.5	
4	(60 ~ 80)% KCNS + (20 ~ 40)% NaCNS + (1 ~ 4)% $K_4Fe(CN)_6$ + Sx 添加剂	180 ~ 250	10 ~ 20	2.5 ~ 4.5	
5	(30 ~ 70)% NH_4CNS + (70 ~ 30)% KCNS	180 ~ 200	10 ~ 20	3 ~ 6	

8.3.6　表面氧化和着色处理

在水蒸气中对金属 Fe 进行加热时，在金属表面将生成 Fe_3O_4。处理温度约 550℃左右。通过水蒸气处理后，金属表面的摩擦系数将大为降低。用阳极氧化法可使铝、镁表面生成氧化铝、氧化镁膜，改善耐磨性等性能。

金属着色是金属表面加工的一个环节。用硫化法和氧化法等可使铜及铜合金生成氧化亚铜（Cu_2O）或氧化铜（CuO）的黑色膜。钢铁包括不锈钢也可着黑色。铝及铝合金可着灰色和灰黑色等多种颜色，起到了美化装饰作用。

表面氧化和着色处理已在有关章节中作专门论述。

8.3.7　电化学热处理

大多数化学热处理处理时间长，局部防渗困难，能耗大，设备和材料消耗严重和污染环境等。若采用感应、电接触、电解、电阻等直接加热进行化学热处理，即电化学热处理对上述问题有某些改善，获得了较快的发展。

1．电化学热处理的特点

一般认为，电化学热处理之所以比普通化学热处理优越，主要有以下原因：

1）电化学热处理比一般化学热处理的温度高得多，加速了渗剂的分解和吸附；而且，随着温度的升高，工件表面附着物易挥发或与介质反应，工件表面更清洁，更有活性，也促进了渗剂的吸附。

2）快速电加热大都是先加热工件，渗剂可直接镀或涂在工件表面上。由于加热从工件开始，加热速度快，保温时间短，渗剂不易挥发和烧损，有利于元素渗扩。

3）特殊的物理化学现象加速渗剂分解和吸附过程。

4）由于电化学热处理比一般化学热处理的温度高得多，大大提高了渗入元素的扩散速度。

5）快速电加热在工件内部和介质中形成大的温度梯度，不但有利于界面上介质的分解，而外层介质温度低而不会氧化或分解，因此有利于渗剂的利用。

2. 电化学渗金属

常用的电化学渗金属的元素有 Cr、Al、Ti、Ni、V、W、Zn 等。

(1) 钢铁电化学渗铬　工业纯铁（碳的质量分数 <0.02%）表面镀铬，通交流电，以不同速度加热到温后保温 2min，测得渗铬层厚度见表 8-25。可见，随加热速度提高，渗层厚度明显增加。

表 8-25　加热速度和温度对纯铁镀铬渗层厚度的影响

加热速度 /℃·s⁻¹	渗层厚度/μm							
	915℃	930℃	950℃	1 000℃	1 050℃	1 100℃	1 150℃	1 200℃
0.15	1.5	1.5	2	4	12	23	40	61
50	3	4	5	8	18	31	56	94
3 000	6	7	9	14	23	42	104	130

涂膏法电加热渗铬也是一种有效渗铬方法。在需要渗铬的表面刷涂或喷涂或浸渍一层渗铬膏剂。膏剂质量分数为：75% 铬粉（粒度 0.063 ~ 0.080mm）+ 25% 冰晶石（Na_2AlF_6）。涂膏剂时可用硅酸乙酯粘结剂粘结。工件用 2kW 的 3MHz 高频电源感应加热，渗铬温度为 1 250℃，从膏剂干燥到渗铬完成约 75s。渗层厚度约 0.05mm。工件可直接在空气中冷却，也可在水中淬火。这种渗铬方法比普通渗铬方法所化时间少得多。

(2) 钢的电加热化学渗铝　传统的渗铝工艺温度高（1 100℃以上），时间长（30h 以上），工件变形大。渗铝后工件心部性能变坏，需重新热处理。电加热渗铝可克服上述缺点。

快速电加热渗铝的方法主要有粉末法、膏剂法、气体法、液体法和喷铝后高频加热复合处理法。粉末法是将铝粉与特制的氯化物混合，在 600 ~ 650℃化合成铝的氯化物。也可使用 FeAl 与 NH_4Cl 或 FeAl + Al_2O_3 + NH_4Cl 等物质。对于 35CrMoA 钢，电加热 800 ~ 1 000℃ 25s，可得到 20μm 的渗层；纯铁在 1 200 ~ 1 300℃加热 8s，可获得 300μm 的渗层。

常用膏剂渗铝的配方有 80% FeAl + 20% Na_2A1F_6、68% FeAl + 20% Na_2A1F_6 + 10% SiO_2 + 2% NH_4C1、75% Al + 25% Na_2AlF_6、98% FeAl + 2% I_2 等。一般认为 88% FeAl + 10% SiO_2 + 2% NH_4Cl 配方较好。粘结剂可用亚硫酸纸浆溶液，以 50℃/s 的速度加热至 1 000℃保温 1min，渗层达 22 ~ 28μm。

喷铝的4Cr9Si2和4Cr10Si2Mo钢用高频加热至700℃，保温10～20s，渗层达15～20μm；加热至900℃，渗层达130μm。

8.3.8 真空化学热处理

真空化学热处理是在真空条件下加热工件，渗入金属或非金属元素，从而改变材料表面化学成分、组织结构和性能的热处理方法。

1. 真空化学热处理的物理和化学过程

真空化学热处理由三个基本的物理和化学过程所组成：

1）活性介质在真空加热条件下可防止氧化，分解、蒸发形成的活性分子活性更强，数量更多。

2）在真空中材料表面光亮无氧化，有利于活性原子的吸收。

3）在真空条件下，由于表面吸收的活性原子的浓度高，与内层形成更大的浓度差，有利于表层原子向内部扩散。

2. 真空化学热处理的优缺点

真空化学热处理可用于渗碳、渗氮、渗硼等各种非金属元素和金属元素，工件不氧化，不脱碳，表面光亮，变形小，质量好；渗入速度快，生产效率高，节省能源；环境污染少，劳动条件好。其缺点是设备费用大，操作技术要求高。

8.4 离子束表面扩渗处理

离子束表面扩渗是利用低真空中气体辉光放电产生的离子轰击工件表面，使表面成分、组织结构及性能发生改变的处理方法。它与传统的固、液、气态中的扩渗原理不同，是近几年物质的第四态——等离子体在扩渗领域的应用。

离子扩渗的历史可追溯到1920年，德国的Franz、Skaupy开始利用惰性气体中的辉光放电加热金属工件。1930年德国的Bernhard、Berghaus和美国的John J. Egan同时取得了气体放电离子渗氮法的专利。但是由于当时的电子技术落后，只能在小电流下试用。直到第二次世界大战后的50、60年代，才使离子轰击扩渗技术逐步在工业上获得应用。

8.4.1 等离子体的物理概念

等离子体是一种电离度超过0.1%的气体，通过辉光放电获得的等离子体实际上是正离子、负离子、分子、中性原于、电子、光子等各种粒子的集合体。等离子体整体呈中性，但含有相当数量的电子和离子，表现出相应的电磁学等性能，如等离子体中有带电粒子的热运动和扩散，也有在电场作用下的迁移。等离子体是一种物质的能量较高的聚集状态，被称为物质第四态。利用粒子热运动、电子碰撞、电磁波能量法以及高能粒子等方法可获得等离子体，但低温产生等离子体的主要方法是利用气体辉光放电。具有足够能量的粒子与中性的气体原子或分子相撞，会使其处于激发态，成为活性原子或离子。这些活性原子或离子比较容易被金属表面吸收，进入金属内部。

离子扩渗的基本工作原理如图 8-8 所示。以工件为阴极，容器壁为阳极，调节溶剂送气和抽气速率，使维持 133 ~ 1 333Pa 的压力，极间施以 300V 以上的直流电压，使产生辉光放电。

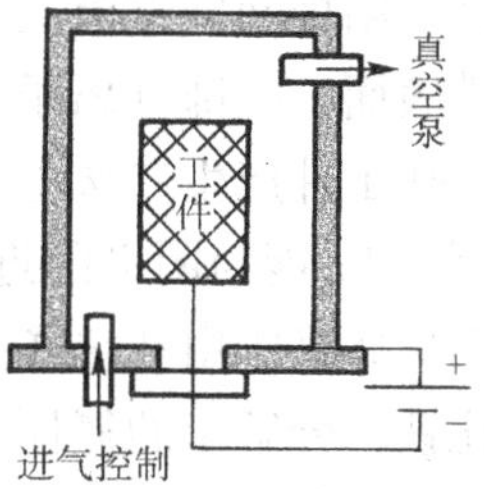

图 8-8　离子扩渗装置示意图

离子轰击阴极工件表面时将发生一系列物理、化学现象，包括中性原子或分子从阴极表面分离出来的阴极溅射现象（也可看作蒸发过程）、阴极溅射出来的粒子与靠近阴极表面等离子体中活性原子结合的产物吸附在阴极表面的凝附现象、阴极二次电子的发射现象以及局部区域原子扩散和离子注入等现象。

离子扩渗处理有以下优点：

1）由于离子对表面的轰击可使表面高度活化，加之离子和随离子一起冲击表面的活性原子都易被表面吸收，因而扩渗速度特快。例如，在指定的温度和氮化层深度时，离子渗氮比气体渗氮的时间缩短 1 倍。低温离子氮碳共渗（又称离子软氮化）比气体渗氮所需时间将缩短 75% 以上。

2）可方便地通过调整渗剂气成分、有关电参数和气体参数控制扩渗层组织，从而实现对扩渗层的要求。

3）由于离子的轰击作用，可以去除氧化膜和钝化膜，对于那些易氧化或钝化的金属不锈钢，特别适合。而且，因氧的分压很低，氧化作用被抑制，所以工件不氧化，不脱碳，表面净化，脱脂，脱气，因而处理后的工件表面质量好。

4）辉光放电可均匀地覆盖于工件表面处理，便于形状复杂工件的处理，因而适宜于形状复杂或带狭缝、沟槽、深孔、不通孔等工件的处理，而且变形特小。

5）易实现工艺过程的计算机控制，无公害污染，劳动条件好。

8.4.2　离子渗氮

辉光离子渗氮又称离子渗氮或离子氮化，是一种在压力低于 10^5Pa 的渗氮气氛中，利用工件（阴极）与阳极间稀薄含氮气体产生辉光放电进行渗氮的工艺。人们已普遍认为这是一种成熟的工艺技术，已用于结构钢、不锈钢、耐热钢的渗氮，并由黑色金属发展到有色金属渗氮，特别在钛合金渗氮中取得良好效果。

离子渗氮设备不但引入了计算机控制技术，实现了工艺参数优化和自动控制，还研制发展了脉冲电源离子渗氮炉、双层辉光离子渗金属炉等，达到了节能、节材、高效的目的。

1. 离子渗氮的理论

(1) 溅射和沉积理论　这一理论是由 J. Kolbel 于 1965 年提出的。他认为，离子渗氮时，渗氮层是通过反应阴极溅射形成的。在真空炉内，稀薄含氮气体在阴极、阳极间的直流高压下形成等离子体，N^+、H^+、NH_3^+ 等正离子轰击阴极工件表面，一部分离子直接渗入工件表面，另一部分离子轰击的能量可加热阴极，使工件产生二次电子发射，同时产生阴极溅射，从工件上打出 C、N、O、Fe 等。Fe 能与阴极附近的活性氮原子形成 FeN，由于背散射又沉积到阴极表面，FeN 受高温作用和离子轰击分解，按 $FeN \rightarrow Fe_2N \rightarrow Fe_3N \rightarrow Fe_4N$ 顺序分解为低价氮化铁，分解出的氮原子大部分渗入工件表面内，一部分返回等离子区。

(2) 氮氢分子离子化理论　M. Hudis 在 1973 年提出了分子离子化理论。他对 40CrNiMo 钢进行离子渗氮研究得出，溅射虽然明显，但不是离子渗氮的主要控制因素。他认为对渗氮起决定作用的是氮氢分子离子化的结果，并认为氮离子也可以渗氮，只不过渗层不那么硬，深度较浅。

(3) 中性原子轰击理论　1974 年，Gary. G. Tibbetts 在 N_2-H_2 混合气中对纯铁和 20 钢进行渗氮，他在离试样 1.5mm 处加一网状栅极，之间加 200V 反偏压进行试验，得出对离子渗氮起作用的实质上是中性原子，NH_3 分子离子化的作用是次要的。但他未指出活性的中性氮原子是如何产生的。

(4) 碰撞离析理论　我国科学家认为，无论在 NH_3、N_2-H_2 或纯 N_2 中，只要满足离子能量条件，就可以通过碰撞裂解产生大量活性氮原子进行渗氮。

显然，上述四种理论都有一定的实验和理论分析基础，氮从气相转移到工件表层可能并不限于一种模式，哪种模式起主要作用可能与辉光放电的具体条件如气体种类、成分、压力、电压等有关。

2. 离子渗氮的主要特点

1) 离子渗氮速度快，尤其浅层渗氮更为突出。例如，渗氮层深度为 0.3～0.5mm 时，离子渗氮的时间仅为普通气体渗氮的 1/3～1/5。这是由于：① 粒子轰击将金属原子从试样表面轰击出来，使其成为活性原子，并且，由于高温活化，C、N、O 这类非金属元素也会从金属表面分离出来，使金属表面氧化物和碳化物还原，同时也对表面产生了清洗作用；② 试样表面对轰击出来的 Fe 和 N 结合形成的 FeN 吸附，提高试样表面氮浓度，Fe 还有对 NH_3 分解出氮的催化作用，也提高氮浓度；③ 阴极溅射产生表面脱碳，增加位错密度等，加速了氮向内部扩散的速度。

2) 热效率高，节约能源、气源。

3) 渗氮的氮、碳、氢等气氛可调整控制，可获得 5～30μm 深的脆性较小的 ε 相单相层或≤8μm 厚的韧性 γ 相单相层，也可获得韧性更好的无化合物的渗氮层。

4) 离子渗氮可使用氨气，压力很低，用量极少，所以污染低，劳动条件好。

5）离子渗氮温度可在低于400℃以下进行，工件畸变小；但准确测定工件温度较麻烦，不同零件同炉渗氮时各部位温度难以均匀一致。

6）可用于不锈钢、粉末冶金件、钛合金等有色金属的渗氮。由于存在离子溅射和氢离子还原作用，工件表面钝化膜在离子渗氮过程中可清除，也可局部渗氮。

7）由于设备较复杂，投资大，调整维修较困难，对操作人员的技术要求较高。

3. 离子渗氮的工艺

离子渗氮的工艺参数见表8-26。

表8-26　离子渗氮的工艺参数

工艺参数	选择范围	备　注
辉光电压	一般保温阶段保持在500～700V	与气体电离电压、炉内真空度以及工件与阳极间距离有关
电流密度	0.5～15mA/cm^2	电流密度大，加热速度快；但电流密度过大，辉光不稳定，易打弧
炉内真空度	133.322～1 333.22Pa，常用266～533Pa（辉光层厚度为5～0.5mm）	当炉内压力低于133.322Pa时达不到加热目的；当炉内压力高于1 333.22Pa时，辉光将受到破坏而产生打弧现象，造成工件局部烧熔
渗氮气体	液氨挥发气，热分解氨或氮、氢混合气	液氨使用简单，但渗层脆性大；体积比为1:3的氮、氢混合气可改善渗层性能；调整氮、氢混合气氮势，可控制渗层相组成
渗氮温度	通常450～650℃	一般不含铝的钢采用500～550℃的一段渗氮工艺；含铝的钢采用二段渗氮法，第一阶段520～530℃，第二阶段560～580℃
渗氮时间	渗氮层深度为0.2～0.6mm时，渗氮时间约8～30h	渗层深度可用公式$\delta = k\sqrt{Dt}$计算。式中，δ为渗层深度；k为常数；D为扩散系数；t为渗氮时间

8.4.3 离子渗碳与离子碳氮共渗

离子渗碳（也称等离子体渗碳）及离子碳氮共渗，和离子渗氮相似，是在压力低于10^5Pa的渗碳气或碳氮混合气氛中，利用工件（阴极）与阳极间产生辉光放电进行渗碳或同时渗碳氮的工艺。

1. 离子渗碳

离子渗碳是目前渗碳领域较先进的工艺技术，是快速、优质、低能耗及无污染的新工艺。离子渗碳原理与离子渗氮相似，工件渗碳所需活性碳原子或离子可以从热分解反应或通过工作气体电离获得。以渗碳气丙烷为例，在等离子体渗碳中反应过程如下：

$$C_3H_8 \xrightarrow[900\sim1\,000^{\circ}C]{\text{辉光放电}} [C] + C_2H_6 + H_2$$

$$C_2H_6 \xrightarrow[900\sim1\,000^{\circ}C]{\text{辉光放电}} [C] + CH_4 + H_2$$

$$CH_4 \xrightarrow[900\sim1\,000^{\circ}C]{\text{辉光放电}} [C] + 2H_2$$

式中，[C] 为活性碳原子和离子。

离子渗碳具有高浓度渗碳、高渗层渗碳以及对于烧结件和不锈钢等难渗碳件进行渗碳的能力。渗碳速度快，渗层碳浓度和深度容易控制，渗层致密性好。渗剂的渗碳效率高，渗碳件表面不产生脱碳层，无晶界氧化，表面清洁光亮，畸变小。处理后的工件耐磨性和疲劳强度比常规渗碳件高。

2. 离子碳氮共渗

其基本原理同离子渗碳相似，只是通入的气体中含有氮原子。渗速比普通碳氮共渗快 2 ~4 倍。在一定设备条件下，可采用碳-氮复合离子渗，即“渗碳-渗氮”或“渗氮-渗碳”交替进行，以获得渗层组织是碳化物 + 氮化物的复合层。这种复合离子渗工艺，不仅时间短，而且渗层性能也好。

8.4.4 离子渗金属及其他元素

在低真空下，利用辉光放电即低温等离子体轰击的方法，可使工件表面渗入金属元素，如渗钼、铝、硅、硼、钨、钛等。另外，还可以进行多种元素的复合渗和表面合金化处理，以获得更好的表面性能。如 10 钢离子渗钨后再渗氮，耐蚀性为只渗钨的 3 ~4 倍；碳钢经离子渗铝后再离子渗氮，表面硬度达 1 600HV。离子渗金属的方法有：

1）向真空工作室有控制地适量通入欲渗元素的氯化物蒸发气体，如离子渗钛时通入 $TiCl_4$，离子渗硼时通入 BCl_3，离子渗硅时通入 $SiCl_4$ 蒸气，通过调节蒸发器的温度和蒸发面积控制输入工作室的流量；同时，按一定比例向工作室通入工作气体氢或氢与氩的混合气。以工件为阴极，在阴极与阳极间施加直流电压，产生稳定的辉光放电，辉光放电促进获得欲渗元素的反应，并加速在基体中的扩散过程。

2）利用双层辉光放电，产生欲渗金属元素的离子（如钼、钨等）轰击工件表面，渗入工件内部。

在离子扩渗炉通常的阴极与阳极之间，插入一个用欲渗元素金属丝制成的栅极，栅极与阴极的电压差为 80 ~200V，相对阳极而言它也是一个阴极。栅极可以通过自身的电阻加热。

进行离子渗金属时，在阴极和栅极附近同时出现辉光，所以称为双层辉光。此时，栅极在辉光放电加热和本身电阻加热的双重作用下，升温到白炽化程度，欲渗元素离子不断地从栅极金属丝被轰击出来，供给工件渗金属的需要。

利用上述方法1）通入 $TiCl_4$ 和氢的混合气体，或通入 $TiCl_4$、CCl_4 和氢的混合气体，在3～10Pa下辉光放电，在900℃保温4h，获得了厚达20μm的TiC层，硬度为4 000～5 500HV。

利用上述方法2）已成功地进行了离子渗钨、钼、铬、钛等金属，实现表面合金化。试验表明，离子渗钨获得的合金层的厚度随处理温度、增加处理时间的提高而增加。离子渗铬获得表层最大含铬量（质量分数）超过20%，合金层厚度超过300μm。

离子渗硅在 $SiCl_4$ 蒸气和氢的混合气中进行，气压 $9.3 \times 10^2 \sim 2.7 \times 10^3$ Pa，电压400～750V。工业纯铁800℃2h渗硅，能获得厚度40μm的渗硅层。工业纯铁和45钢渗硅层的显微组织由 Fe_3Si 组成，多孔性不明显。而普通固体渗硅温度超过1 000℃，时间4h以上，渗硅层中多孔。显然，离子渗硅比固体渗硅要优越得多。

8.5 高能束表面处理

8.5.1 激光表面处理

激光表面处理是高能束表面处理技术中的一种最主要的手段。在一定条件下它具有传统表面处理技术或其他高能束表面处理技术不能或不易达到的特点，这使得激光表面处理技术在表面处理的领域内占据了一定的地位。目前，国内外对激光表面处理技术进行了大量的试验研究，有的已用在生产上，有的正逐步为实际生产所采用，已获得了很大的技术经济效果。

激光表面处理的目的是改变表面层的成分和显微结构。激光表面处理工艺包括激光相变硬化、激光熔覆、激光合金化、激光非晶化和激光冲击硬化等（图8-9），从而提高表面性能，以适应基体材料的需要。激光表面处理的许多效果是与快速加热和随后的急速冷却分不开的。加热和冷却速度可达 $10^6 \sim 10^8$℃/s。目前，激光表面处理技术已用于汽车、冶金、石油、机车、机床、军工、轻工、农机以及刀具、模具等领域，并正显示出越来越广泛的工业应用前景。

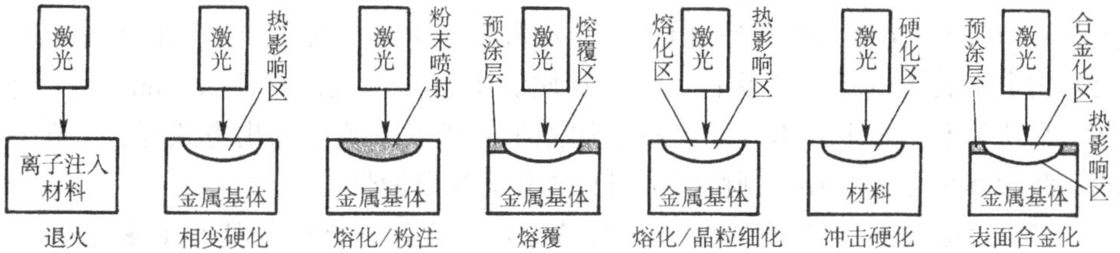

图8-9　激光表面热处理技术简图

1. 激光的特点

(1) 高方向性 激光光束的发散角可以小于一到几个毫弧度，可以认为光束基本上是平行的。一般的平行平面型谐振腔的激光发射角 θ 由下式表示：

$$\theta = 2.44\lambda / d$$

式中，d 为工作物质直径；λ 为激光波长。

(2) 高亮度性 激光器发射出来的光束非常强，通过聚焦集中到一个极小的范围之内，可以获得极高的能量密度或功率密度，聚集后的功率密度可达 $10^{14}W/cm^2$，焦斑中心温度可达几千度到几万度，只有电子束的功率密度才能和激光相比拟。

(3) 高单色性 激光具有相同的位相和波长，所以激光的单色性好。激光的频率范围非常狭，比过去认为单色性最好的光源如 Kr^{86} 灯的谱线宽度还小几个数量级。

2. 激光器的种类

激活介质（也称工作物质）、激活能源和谐振腔三者结合在一起称为激光器。现已有几百种激光器。主要有：

① 固体激光器：晶体固体激光器（如红宝石激光器、钕-钇铝石榴石激光器等）和玻璃激光器（如钕离子玻璃激光器）。

② 气体激光器：中性原子气体激光器（如 He-Ne 激光器）、离子激光器（如 Ar^+ 激光器，Sn、Pb、Zn 等金属蒸气激光器）、分子气体激光器（如 CO_2、N_2、He、CO 以及它们的混合物激光器）、准分子气体激光器（如 Xe 激光器）。

③ 液体激光器：螯合物激光器、无机液体激光器、染料激光器

④ 半导体激光器（砷化镓激光器）。

⑤ 化学激光器。

这些激光器发生的激光波长有几千种，最短的 21nm，位于远紫外区；最长的 4mm，已和微波相衔接。X 光区的激光器也将问世。

(1) 固体激光器

1) 红宝石激光器。最早投入运行的激光器是红宝石激光器，至今也还是最重要的激光器之一。红宝石是一种天然矿石，其实是刚玉（$A1_2O_3$）晶体中某些 Al^{3+} 被 Cr^{3+} 所代替成为红色而称为红宝石（如果被 Ti 代替则成为蓝色，称为蓝宝石）。作为激光材料通常是由 Cr_2O_3（约占总质量的 0.05%）与 $A1_2O_3$ 的熔融混合物中用晶体生长方式获得。激活物质红宝石呈棒状，直径为 10mm 或再粗些，长几毫米到几十毫米。红宝石采用光泵浦激发方式，输出方式通常为脉冲式，激光波长为 0.69μm。脉冲 Xe 灯可以作为光泵浦灯。

2) 钕-钇铝石榴石激光器。又称 YAG 激光器，激活物质是钇铝石榴石（$Y_3A1_5O_{12}$）晶体中掺入质量分数为 1.5% 左右的钕而制成。其激光是近红外不可见光，保密性好，其工作方式可以是连续的，也可以是脉冲式的，激光波长为

1.06μm，波长短，金属材料的吸收率高，并可以采用光纤传输，所以 YAG 激光在材料加工中的优势越来越明显，有取代 CO_2 激光器的趋势。目前，商品化 YAG 激光器的输出功率已经达到 6kW。不易变形零件的表面处理应选用连续 YAG 激光器，否则应选用脉冲输出的激光器。

固体激光器输出功率高，广泛用于工业加工方面，且可以做到小而耐用，适用于野外作业。

（2）CO_2 气体激光器　目前工业上用来进行表面处理的激光器，大多为大功率 CO_2 气体激光器。CO_2 气体激光器是目前可输出功率最大的激光器，效率高达33%，比较实用的多为 2.5～5kW，商品化激光器的输出功率已经达到 35kW。100kW 的激光器已经研制出来，但还未商品化。下面简单介绍 CO_2 气体激光器的特点和工作原理。

1）CO_2 气体激光器的特点。CO_2 气体激光器是以 CO_2 气体为激活物质，发射的是中红外波段激光，波长为 10.6μm。一般是连续波（简称 CW），但也可以脉冲式地工作。其特点是：

① 电-光转换效率高，理论值可达40%，一般为10%～20%。其他类型的激光器如红宝石的仅为2%。

② 单位输出功率的投资低。

③ 能在工业环境下长时间连续稳定工作。

④ 易于控制，有利于自动化。

2）CO_2 气体激光器的简单原理。CO_2 是一种三原子气体。C 原子在中间，两个 O 原子各在一边呈直线排列。虽然分子的能态系由电子能态 E_0、振动能态 E_N 及转动能态 E_r 组成，但在发射激光的过程中，CO_2 分子的电子能态并不改变，仅振动能态起主要作用。其振动形态有：两个 O 原子均同时接近和远离 C 原子的对称振动能态，称为 100 能级；两个 O 原子同时一个接近一个远离的非对称振动能态，称为 001 能级。此外还有作弯曲振动的形态，但和发射 CO_2 激光没有关系。CO_2 激光器中的工作气体还有 N_2、He 等，以提高输出功率，其比例大致如下（体积比）：

$$V(CO_2):V(N_2):V(He)=1:1.5:6$$

其中 CO_2 是激活物质；He 有使整个气体冷却及促进下能级空化的作用；N_2 的作用为放电的电子首先冲击它，使它从基态激发到第一激发能级上。由于氮分子只有两个原子，故只有一个振动模。其能量为 0.29eV，和 CO_2 分子的非对称振动 001 能级（0.31ev）很接近。由于氮分子多于 CO_2 分子，就很容易使 CO_2 分子激发到 001 能级。这样 CO_2 的 001 能级就对对称振动 100 能级（0.19eV）形成了“粒子数反转”。当 CO_2 分子从 001 能级跃迁到 100 能级时，辐射出波长为10.6μm的激光。

3）工业用大功率CO_2激光器

① 直管型（纵向流动）激光器：管壳大都由石英玻璃制成，多在准封离状态下使用，即换一次气体工作一段时间后，排除旧气换成新气再重新工作。一般设计功率为50W左右，常见的多为50～600W。这种激光器在长时间工作中由于气体发热及劣化、管子变形等原因，功率不易维持，常出现达不到设计功率一半的情况。

采用气体纵向快速流动的激光器功率达2～5kW，电-光转换效率可达20%～25%，发散角仅0.6～2mrad，输出稳定性很好。其缺点是噪声大，造价昂贵。

② 横流型激光器：横流型激光器的主要特点是放电方向、气体流动方向均与光轴垂直。阴极为管型，阳极为许多小块状拼成的板形物。放电距离仅100～150mm，所以放电电压低，仅1 000V左右。由于气体在放电区停留时间短，可以注入的电功率更高，因而较小的体积可获得更大的输出功率。

（3）准分子激光器　准分子激光器的单光子能量高达7.9eV，比大部分分子的化学键能高，因此能深入材料表面内部进行加工。CO_2激光和YAG激光的红外能量是通过热传递方式耦合进入材料内部的，而准分子激光不同。准分子的短波长易于聚焦，有良好的空间分辨率，可使材料表面的化学键发生变化，而且大多数材料对它的吸收率特别高，所以可用于半导体工业、金属、陶瓷、玻璃和天然钻石的高清晰度无损标记、光刻等精密冷加工。也可用于表面重熔、固态相变、合金化、熔覆、化学气相沉积和物理气相沉积等。

（4）液体激光器　这类激光器中主要的是染料激光器。它的激活物质是某些有机染料在乙醇、甲醇或水等液体中的溶液。激活物质制备简单，更换染料可以使激光器在从近红外到近紫外的任何波长得到振荡。

3. 激光与材料的相互作用

（1）激光的产生　处于热平衡状态物体的原子和分子中的各粒子是按统计规律分布的，且大都处于低能级状态。原子受激发到高能级后不稳定，会很快自发跃迁到低能级态。原子处于高能级激发态的平均时间称为该原子在这一能级的平均寿命。通常处于激发态的原子平均寿命极短，对于平均寿命较长的能级称为亚稳态能级。如红宝石中铬离子E_3能级的平均寿命为0.001μs，而E_2能级的平均寿命达几个毫秒，比E_3能级的平均寿命长几百万倍。氦、氖、氩、钕离子、二氧化碳分子等也有这种亚稳态能级。

某些具有亚稳态能级结构的物质受外界能量激发时，可能使处于亚稳态能级的原子数目大于处于低能级的原子数目，此物质被称为激活介质，处于粒子数反转状态。如果这时用能量恰好与此物质亚稳态与低能态的能量差相等的一束光照射此物质，则会产生受激辐射，输出大量频率、位相、传播和振动方向都与外来光完全一致的光，这种光称为激光。

(2) 激光的模　激光的模系指激光束在截面上能量分布的形式。

在激活介质（放大器）两端各加一块放大镜 M_1、M_2，其中 M_1 为全反射镜；M_2 为部分反射镜，组成激光器的谐振腔，如图 8-10 所示。受激光放大或增益是激活介质中的正过程。同时存在光通过介质产生折射和散射损耗以及通过透镜和反射镜产生透射、衍射、吸收等损耗的逆过程。当增益大于损耗时，沿谐振腔轴向传播光的一部分将从激光输出镜射出。若此光波经 $2L$ 光程后与初始光波位相相同，则满足谐振条件。其位相差为

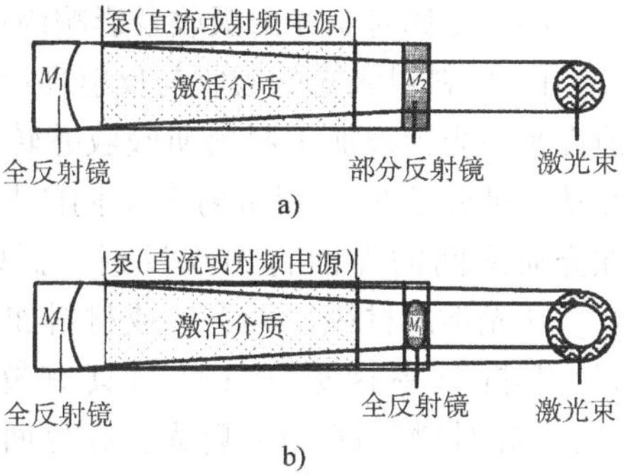

图 8-10　激光器谐振腔
a) 稳定型　b) 非稳定型

$$\Delta\phi = (2\pi/\lambda)\ 2L = 2q\pi$$

式中，λ 为激活介质中光的波长；q 为正整数，称为纵模序数。上式可改写为

$$L = q\lambda/2$$

这就是沿 +Z 方向传播的波与沿-Z 方向返回的波形成稳定驻波场的条件。这种沿腔轴方向形成的驻波场称为纵模。具有一个频率的纵模激光器称为单纵模激光器；具有几个频率的纵模激光器称为多纵模激光器。

稍微偏离腔轴的近轴光线在两镜之间作“Z 字形”传播，当这种光克服损耗而逐渐放大，在轴横截面上可形成各种复杂稳定的光强图案（图 8-11 和图 8-12），称为激光的模，用 TEM_{mnq} 标记。TEM 表示横电磁波，m、n 和 q 分别为光斑在 X、Y 和 Z 方向上节线的数目（q 值很大，通常省略）。TEM_{00} 称为基横模（基模），其余的横模称为低阶模与高阶模。基模光斑呈圆形，能量较集中。基模与低

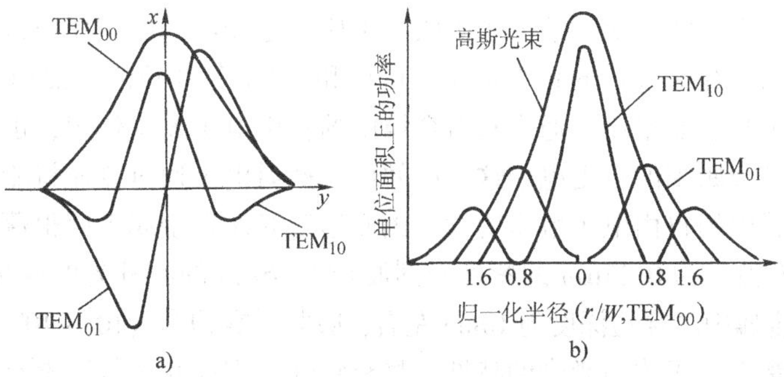

图 8-11　激光模式
a) 振幅变化　b) 强度分布

阶模通常用于激光加工和处理，如焊接、切割等。高阶模由于强度分布较均匀，常用于材料表面均匀加热，可避免局部熔化。

(3) 金属对激光的吸收及影响因素

1) 材料对激光的吸收与反射理论。激光处理的前提是激光为被加工材料所吸收并转化为热。当激光从一种介质传播到折射率不同的另一种介质时，在介质之间的界面将出现反射、折射、透射和吸收。从光学薄材料（如空气或材料加工时的保护气氛，其折射率接近于 1）到具有复折射率为 $n_c = n + jk$ 的材料的垂直入射光，在界面处的反射率 R 为

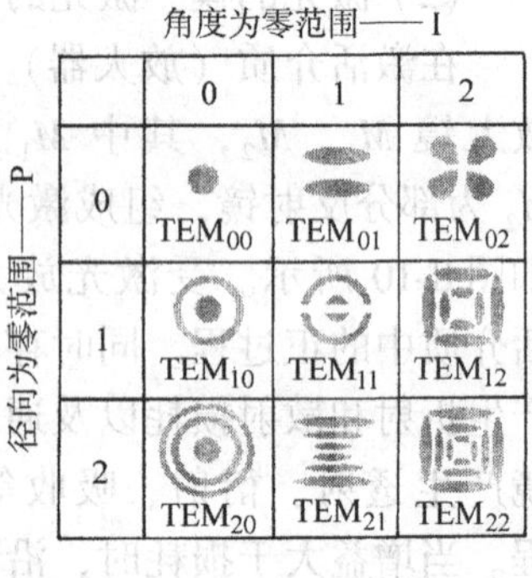

图 8-12　不同模式光强图案

$$R = \left| \frac{n_c - 1}{n_c + 1} \right|^2 = \frac{(n-1)^2 + k^2}{(n+1)^2 + k^2}$$

反射率描述了入射激光功率（能量）被反射的部分。进入材料内部的激光，按朗伯定律，光强随穿透距离的增加按指数规律衰减，深入表层以下 z 处的光强 $I(z)$ 为

$$I(z) = (1-R)\ I_0 e^{-az}$$

式中，R 为材料表面对激光的反射率；I_0 为入射激光束的强度；$(1-R)\ I_0$ 为表面（$z=0$）处的透穿光强；a 为材料的吸收系数，常用单位是 cm^{-1}。

吸收系数 a 对应的材料特征值是吸收指数 k，两者之间的关系为：

$$a = 4\pi k / \lambda$$

λ 为辐射激光的波长。吸收指数 k 是材料的复折射率 n_c 的虚部。对于非透明的材料，被材料吸收的激光功率部分 A 可以通过 R 求得，即

$$A = 1 - R = \frac{4n}{(n+1)^2 + k^2}$$

光在材料表面的反射、透射和吸收，本质上是光波的电磁场与材料相互作用的结果。金属中存在大量的自由电子，CO_2 和 YAG 等红外激光照射到金属材料表面时，由于光子能量小，通常只对金属中的自由电子发生作用，也就是说能量的吸收是通过金属中的自由电子这个中间体，然后电子通过碰撞将能量传递给晶格。由于金属中的自由电子数密度大，因而透射光波在金属表面很薄的表层内被吸收。通过对波长为 0.25μm 的紫外光到波长 10.6μm 的红外光的测量结果表明：光波在各种金属中的穿透深度为 10nm 左右，吸收系数约为 $(10^5 \sim 10^6)\ cm^{-1}$。

金属对激光的吸收与激光的特性、材料特性及表面状态等因素有关。

2) 波长对吸收率的影响。金属对激光波长的吸收因金属不同而异。一般而言，随着波长的缩短，金属对激光的吸收率通常将增加。多数金属对 10.6μm 波

长的 CO_2 激光的吸收率不足10%，而对1.06μm波长的YAG激光的吸收率普遍较高。表8-27为室温下几种金属对不同波长激光的反射率。

表8-27 某些金属对YAG和 CO_2 激光的反射率 (%)

金　属	波长0.9~1.1μm	波长9~11μm	金　属	波长0.9~1.1μm	波长9~11μm
Au	94.7	97.7	Al	73.3	96.9
Ag	96.4	99.0	W	62.3	95.5
Cu	90.1	98.4	Sn	54.0	87.0
Fe	65.0	93.8	Si	28.0	28.0
Mo	58.2	94.5	钢（w_C1%）	63.1	92.8~96.0

3）偏振对吸收率的影响。激光束垂直入射时，吸收与激光束的偏振无关，但是当激光束倾斜入射时，偏振对吸收的影响变得非常重要。例如，CO_2 激光照射不锈钢时，对于平行偏振光，激光吸收率在入射角为85°时具有最大值，相应地吸收率可以达到80%左右，而在0°和90°时有最小值。垂直偏振光则相反，随着入射角的增大，吸收率持续下降。

4）激光功率密度对吸收率的影响。所谓功率密度是指单位光斑面积内的功率大小。不同功率密度的激光作用于材料时会引起材料物态的不同变化，从而影响材料对激光的吸收率。功率密度较低时，金属吸收激光能量只引起材料表层温度的升高，但维持固相不变。随着温度的升高，吸收率将缓慢增加。当激光功率密度在 10^4 ~ 10^6 W/cm² 量级范围内时，材料表层将发生熔化，这就是激光熔覆所需的功率密度。如果金属在熔化前其表面为理想的镜面，则伴随金属的熔化，吸收率将会有明显的提高；但是，对于实际金属零件表面，或者固态金属是以粉末形式存在时，熔化并不总是伴随吸收率的提高，相反可以导致吸收率的降低。当激光功率密度达到 10^6 W/cm² 数量级时，材料表面在激光束的照射下强烈汽化并形成深熔小孔，金属对激光的吸收率急剧提高，可达90%以上。当激光功率密度超过 10^7 W/cm² 数量级时，将出现等离子体对激光的屏蔽现象。因此，这一功率一般只适用于采用脉冲激光进行诸如打孔、冲击硬化等加工工艺。

5）材料特性对吸收率的影响。如前所述，红外激光与金属的相互作用主要是通过自由电子这个中间体。自由电子数密度越大，自由电子受迫振动产生的反射波越强，材料表面的反射率越高。同时，自由电子数密度越大，也就意味着该金属的导电性越好。因此，一般来说，导电性越好的金属对红外激光的吸收率越低。

6）表面状态对吸收率的影响。即使是同一种金属，吸收率的实验数据也表现出很大的离散性。这种离散性主要是由于实际试样的表面质量与理想表面质量不同所致。实验测得的吸收率不仅仅是由金属的固有性质决定，在很大程度上是由试样表面的光学性质决定的。因此，实际金属表面的吸收率由两部分组成——金属的光学性质所决定的固有吸收率和表面光学性质所决定的附加吸收率。附加吸收率由表面粗糙度、各种缺陷、杂质以及氧化层和其他吸收物质层决定。通常随着表面粗糙度的增加，吸收率增大。与镜面相比，普通金属试样粗糙度引起的附加吸收率可以提高一倍。

氧化层对吸收的影响取决于氧化物的厚度和激光波长。通常情况下，铝表面的自然氧化铝层是很薄的（$<10\mu m$）。在准分子激光产生的紫外区 $\lambda \leqslant 220\mu m$，薄的氧化膜层的附加吸收超过金属的固有吸收；但是，同样的氧化铝膜对 CO_2 激光却几乎是完全透明的。然而，采用阳极氧化处理铝表面所得到的氧化铝厚膜对 CO_2 激光的吸收率接近100%。

4. 激光表面处理技术

（1）激光束加热金属的过程　激光束向金属表面层的热传递，是通过“逆韧致辐射效应"（Inverse Bremsstrahlung Effect）实现的。金属表层和其所吸收的激光进行光-热转换。当光子和金属的自由电子相碰撞时，金属导带电子的能级提高，并将其吸收的能量转化为晶格的热振荡。由于光子能穿过金属的能力极低（仅为 10^{-4}mm 的数量级），故仅能使其极表面的一薄层温度升高。由于导带电子的平均自由时间只有 10^{-3}s 左右，因此这种热交换和热平衡的建立是非常迅速的。从理论上分析，在激光加热过程中，金属表面极薄层的温度可在微秒（10^{-6}s）级、甚至纳秒（10^{-9}s）级或皮秒（10^{-12}s）级内就能达到相变或熔化温度。这样形成热层的时间远小于激光实际辐照的时间，其厚度明显远低于硬化层的深度。

（2）激光处理前表面的预处理　材料的反射系数和所吸收的光能取决于激光辐射的波长。激光波长越短，金属的反射系数越小，所吸收的光能也就越多。由于大多数金属表面对波长 10.6μm 的 CO_2 激光的反射率高达90%以上，严重影响激光处理的效率。而且金属表面状态对反射率极为敏感，如表面粗糙度、涂层、杂质等都会极大改变金属表面对激光的反射率，而反射率变化1%，吸收能量密度将会变化10%。因此在激光处理前，必须对工件表面进行涂层或其他预处理。常用的预处理方法有磷化、黑化和涂覆红外能量吸收材料（如胶体石墨、含炭黑和硅酸钠或硅酸钾的涂料等）。磷化处理后对 CO_2 激光吸收率约为88%，但预处理工序烦琐，不易清除，其工艺过程见表8-28。黑化方法简单，黑化溶液如胶体石墨和含炭黑的涂料可直接刷涂或喷涂到工件表面，激光吸收率高达90%以上。

（3）激光处理工艺及应用

1）激光表面强化。激光表面淬火的应用实例见表8-29。

2）激光表面涂敷

① 激光涂敷陶瓷层：火焰喷涂、等离子喷涂和爆燃枪喷涂等热喷涂的方法广泛用来进行陶瓷涂敷。但所有这些方法都不能令人满意，因为它们获得的涂层

表 8-28 磷化处理工艺过程

工序号	工序名称	黑化工序溶液配方	黑化条件		备注
			温度/℃	时间/s	
1	化学脱脂	磷酸三钠 50~70g/L，碳酸钠 25~30g/L，氢氧化钠 20~25g/L，硅酸钠 4~6g/L，水余量	80~90	3~5	脱脂槽，蛇形管蒸汽加热
2	清洗	清水	室温	2	冷水槽
3	酸洗除锈	质量分数为 15%~20%的硫酸或盐酸水溶液	室温	2~3	酸洗槽
4	清洗	清水	室温或 30~40	2~3	清水槽
5	中和处理	碳酸钠 10~20g/L，肥皂 5~10g/L，水余量	50~60	2~3	中和槽
6	清洗	清水	室温	2	清水槽
7	磷化处理	碳酸锰 0.8~0.9g/L，硝酸锌 36~40g/L，磷酸（质量分数为 80%~85%）2.5~3.5ml/L，水余量	60~70	5	磷酸槽，蛇形管蒸汽加热

表 8-29 激光表面淬火实例

材料或零件名称	采用的激光设备	效果	应用单位
齿轮转向器箱体内孔（铁素体可锻铸铁）	5 台 500W 和 12 台 1 000WCO_2 激光器	每件处理时间 18s，耐磨性提高 9 倍，操作费用仅为声频淬火或渗碳处理的 1/5	美国通用汽车公司 Saginaw 转向器分部
EDN 系列大型增压采油机气缸套（灰铸铁）	5 台 500WCO_2 激光器	15min 处理一件，提高耐磨性，成为该分部 EMD 系列内燃机的标准工艺	美国通用汽车公司电力机车分部
轴承圈	1 台 1kWCO_2 >激光器	用于生产线，每分钟淬 12 个	美国通用汽车公司
操纵器外壳	CO_2 激光器	耐磨性提高 10 倍	美国通用汽车公司
渗碳钢工具	2.5kWCO_2 激光器	寿命比原来提高 2.5 倍	美国通用汽车公司
中型卡车轴管圆角	5kWCO_2 激光器	每件耗时 7s	美国光谱物理公司
特种采油机缸套	每生产线 4 台 5kWCO_2 激光器	每 2min 处理一个缸套（包括辅助时间），大大提高耐磨性和使用寿命	美国通用汽车公司
汽车转向机导管内壁	每生产线 3 台 2kW 激光器	每天淬火 600 件，耐磨性提高 3 倍	美国福特汽车公司塞金诺转向器公司
轿车发动机缸体内壁	“975” 4kW 激光器	取消了缸套，提高了寿命	(意)菲亚特汽车公司
汽车缸套	3.5kW 激光器	处理一件需 21s	(意)菲亚特汽车公司
汽车与拖拉机缸套	国产 1~2kWCO_2 激光器	提高寿命约 40%，降低成本 20%，汽车缸套大修期从（10~15）万 km 提高到 30 万 km。拖拉机缸套寿命达 8 000h 以上	西安内燃机配件厂
手锯条（T10 钢）	国产 2kWCO_2 激光器	使用寿命比国标提高 61%，使用中无脆断	重庆机械厂
发动机气缸体	4 条生产线 2kWCO_2 激光器	寿命提高一倍以上，行车超过 20 万 km	中国第一汽车制造厂
东风 4 型内燃机汽缸套	2kWCO_2 激光器	使用寿命提高到 50 万 km	大连机车车辆厂
2—351 组合机导轨	2kW CO_2 激光器	硬度和耐磨性远高于高频淬火的组织	第一汽车制造厂

（续）

材料或零件名称	采用的激光设备	效　果	应用单位
硅钢片模具	美国 820 型 1.5kWCO_2 激光器	变形小，模具耐磨性和寿命提高约10倍	天津渤海无线电厂
采油机气缸套	HJ-3 型千瓦级 CO_2 激光器	可取代硼缸套，耐磨性和配副性优良	青岛激光加工中心
转向器壳体	2kW 横流 CO_2 激光器	耐磨性比未处理的提高4倍	江西转向器厂

含有过多的气孔、熔渣夹杂和微观裂纹，而且涂层结合强度低，易脱落，这会导致高温时由于内部硫化、剥落、机械应变降低、坑蚀、渗盐和渗氧而使涂层早期变质和破坏。若使用激光进行陶瓷涂敷，即可避免产生上述缺陷，提高涂层质量，延长使用寿命。

② 有色金属激光涂履：激光表面涂覆可以从根本上改善工件的表面性能，很少受基体材料的限制，这对于表面耐磨、耐蚀和抗疲劳性都很差的铝合金来说意义尤为重要。但是，有色金属特别是铝合金表面实现激光涂覆比钢铁材料困难得多。因铝合金与涂覆材料的熔点相差很大，而且铝合金表面存在高熔点、高表面张力、高致密度的 $A1_2O_3$ 氧化膜，所以涂层易脱落、开裂、产生气孔或与铝合金混合生成新合金，难以获得合格的涂层。研究表明，避免涂层开裂的简单方法是工件预热。一般铝合金预热温度为 300 ~ 500℃；钛合金预热温度为 400 ~ 700℃。西安交通大学等对 ZAlSi7Mg（ZL101）铝合金发动机缸体内壁进行激光涂覆硅粉和 MoS_2，获得 0.1 ~ 0.2mm 的硬化层，其硬度可达基体的 3.5 倍。

3）激光表面非晶态处理。激光加热金属表面至熔融状态后，以大于一定临界冷却速度激冷至低于某一特征温度，防止晶体成核和生长，从而获得非晶态结构，也称为金属玻璃。这种方法称为激光表面非晶态处理，又称激光上釉。非晶态处理可减少表层成分偏析，消除表层的缺陷和可能存在的裂纹。非晶态金属具有高的力学性能，在保持良好韧性的情况下具有高的屈服点和非常好的耐蚀性、耐磨性以及特别优异的磁性和电学性能。

纺纱机钢令跑道表面硬度低，易生锈，造成钢令使用寿命低，纺纱断头率高。用激光非晶化处理后，钢令跑道表面的硬度提高至 1 000HV 以上，耐磨性提高 1 ~3 倍，纺纱断头率下降 75%，经济效益显著。汽车凸轮轴和柴油机铸钢套外壁经激光表面非晶态处理后，强度和耐蚀性均明显提高。激光表面非晶态处理对消除奥氏体不锈钢焊缝的晶界腐蚀也有明显效果，还可用来改善变形镍基合金的疲劳性能等。

4）激光表面合金化。激光表面合金化是一种既改变表层的物理状态，又改变其化学成分的激光表面处理技术。方法是用镀膜或喷涂等技术把所需合金元素涂敷在金属表面（预先或与激光照射同时进行），这样，激光照射时使涂敷层与基体表面薄层熔化、混合，而形成物理状态、组织结构和化学成分不同的新的表层，从而提高表层的耐磨性、耐蚀性和高温抗氧化性等。

美国通用汽车公司在汽车发动机的铝气缸组的活门座上熔化一层耐磨材料，选用激光表面合金化工艺获得性能理想、成本较低的活门座零件。在 Ti 基体表面先沉积 15nm 的 Pb 膜，再进行激光表面处理，形成几百纳米深的 Pb 的摩尔分数为 4% 的表面合金层，具有较高的耐蚀性能。由 Cr-Cu 相图可知，用一般冶金方法不可能产生出 Cr 的摩尔分数大于 1% 的单相 Cu 合金，但用激光表面合金化工艺可获得铬的平均摩尔分数为 8% 的、深约 240nm 的表面合金层，在电化学试验时表面出现薄的氧化铬膜，保护 Cu 合金不发生阳极溶解，耐蚀性能显著提高。

由于激光功率密度、加热深度可调，并可聚焦在不规则零件上，激光表面合金化在许多场合可替代常规的热喷涂技术，得到广泛的应用。

5）激光气相沉积。激光气相沉积是以激光束作为热源在金属表面形成金属膜，通过控制激光的工艺参数可精确控制膜的形成。目前已用这种方法进行了形成镍、铝、铬等金属膜的试验，所形成的膜非常洁净。用激光气相沉积可以在低级材料上涂覆与基体完全不同的具有各种功能的金属或陶瓷，这种方法节省资源效果明显，受到人们的关注。

采用 CO_2 连续激光辐照 $TiCl_4+H_2+CO_2$ 或 $TiCl_4+CH_4$ 的混合气体，由于激光的分解作用，在石英板等材料上可化学气相沉积 TiO_2 或 TiC 薄层。

采用短波长激光照射 Al（CH_3） 和 Si_2H_6，或它们与 NO_2 的混合气体，利用激光的分解作用，可在基体表面形成 Al 和 Si（或 Al_2O_3 和 SiO_2） 薄层。日本等国已成功研制制造金刚石薄膜的激光化学气相沉积装置。

在真空中采用连续 CO_2 激光把陶瓷材料蒸发沉积到基材表面，可以在软的基材表面获得硬度达 2 000 ~4 500HV 的非晶 BN 薄层。

8.5.2 电子束表面处理

电子束表面改性技术与激光技术一样，都是在最近十几年迅速发展起来的表面加工技术。电子束加工技术使用更方便，可以较灵活地调节加热面积、加热区域和材料表面的能量密度，并且电子束的能量利用率更高，可以高达 95%。由于电子束在材料表面的作用范围为 0.01 ~0.2mm，因此利用电子束可以对材料的表层进行加热，使其达到某一所需温度或使材料熔化，即可以对材料进行表面改性。根据材料的表面层熔化与否，可以分为：① 固相加工——表面淬火（硬化）；② 液相加工——表面熔凝、合金化、熔覆和非晶化。

高速运动的电子具有波的性质。当高速电子束照射到金属表面时，电子能深入金属表面一定深度，与基体金属的原子核及电子发生相互作用。电子与原子核的碰撞可看作为弹性碰撞，因此能量传递主要是通过电子束的电子与金属表层电子碰撞而完成的。所传递的能量立即以热能形式传与金属表层原子，从而使被处理金属的表层温度迅速升高。这与激光加热有所不同，激光加热时被处理金属表面吸收光子能量，激光并未穿过金属表面。目前电子束加速电压达125kV，输出功率达150kW，能量密度达10^3MW/m^2，这是激光器无法比拟的。因此，电子束加热的深度和尺寸比激光大。

1. 电子束表面处理主要特点

(1) 加热和冷却速度快　将金属材料表面由室温加热至奥氏体化温度或熔化温度仅几分之一到千分之一秒，其冷却速度可达10^6~10^8℃/s。

(2) 与激光相比使用成本低　电子束处理设备一次性投资比激光少（约为激光的1/3），每瓦约8美元，而大功率激光器每瓦约30美元；电子束实际使用成本也只有激光处理的一半。

(3) 结构简单　电子束靠磁偏转动、扫描，而不需要工件转动、移动和光传输机构。

(4) 电子束与金属表面耦合性好　电子束所射表面的角度除3°~4°特小角度外，电子束与表面的耦合不受反射的影响，能量利用率远高于激光。因此电子束处理工件前，工件表面不需加吸收涂层。

(5) 电子束是在真空中工作　以此保证在处理中工件表面不被氧化，但带来许多不便。

(6) 电子束能量的控制比激光束方便　通过灯丝电流和加速电压很容易实施准确控制。根据工艺要求，很早就开发了微机控制系统。

(7) 与激光辐照的主要区别在于产生最高温度的位置和最小熔化层的厚度
电子束加热时熔化层至少几个微米厚，这会影响冷却阶段固-液相界面的推进速度。电子束加热时能量沉积范围较宽，而且约有一半电子作用区几乎同时熔化。电子束加热的液相温度低于激光，因而温度梯度较小，激光加热温度梯度高且能保持较长时间。

(8) 电子束易激发X射线　特别强调的是X射线辐射对人体有损害，因此需引起人们的重视。X射线随屏蔽厚度呈指数递减，因此加速电压低于60W时，电子枪和工作室的壁厚可以起到屏蔽效果，但应防止某些缝隙的X射线泄露，注意防护。

2. 电子束表面处理工艺

(1) 电子束表面相变强化处理　用散焦方式的电子束轰击金属工件表面，控制加热速度为10^3~10^5℃/s，使金属表面加热到相变点以上，随后高速冷却（冷却速度达10^8~10^{10}℃/s），产生马氏体等相变强化。此方法适用于碳钢、中碳低合金钢、铸铁等材料的表面强化处理。例如，用2~3.2kW电子束处理45钢和

T7 钢的表面，束斑直径为6mm，加热速度为3 000 ~ 5 000℃/s，钢的表面生成隐针和细针马氏体，45 钢表面硬度达 62HRC；T7 钢表面硬度达 66HRC。

（2）电子束表面重熔处理　利用电子束轰击工件表面使表面产生局部熔化并快速凝固，从而细化组织，达到硬度与韧性的最佳配合。对某些合金，电子束重熔可使各组成相间的化学元素重新分布，降低某些元素的显微偏析程度，改善工件表面的性能。目前，电子束重熔主要用于工模具的表面处理上，以便在保持或改善工模具韧性的同时，提高工模具的表面强度、耐磨性和热稳定性。如高速钢孔冲模的端部刃口经电子束重熔处理后，获得深 1mm、硬度为 66 ~ 67HRC 的表面层，该表层组织细化，碳化物极细，分布均匀，具有强度与韧性的最佳配合。

由于电子束重熔是在真空条件下进行的，表面重熔时有利于去除工件表层的气体，因此可有效地提高铝合金和钛合金表面处理质量。

（3）电子束表面合金化处理　先将具有特殊性能的合金粉末涂敷在金属表面上，再用电子束轰击加热熔化，或在电子束作用的同时加入所需合金粉末使其熔融在工件表面上，在工件表面上形成一层新的具有耐磨、耐蚀、耐热等性能的合金表层。电子束表面合金化所需电子束功率密度约为相变强化的 3 倍以上，或增加电子束辐照时间，使基体表层的一定深度内发生熔化。

（4）电子束表面非晶化处理　电子束表面非晶化处理与激光表面非晶化处理相似，只是所用的热源不同而已。利用聚焦的电子束所特有的高功率密度以及作用时间短等特点，使工件表面在极短的时间内迅速熔化，而传入工件内层的热量可忽略不计，从而在基体与熔化的表层之间产生很大的温度梯度，表层的冷却速度高达 $10^4 \sim 10^8$℃/s。因此，这一表层几乎保留了熔化时液态金属的均匀性，可直接使用，也可进一步处理以获得所需性能。

3. 电子束表面处理的应用

1）汽车离合器凸轮电子束表面处理。汽车离合器凸轮由 SAE5060 钢（美国结构钢）制成，有 8 个沟槽需硬化。沟槽深度 1.5mm，要求硬度为 58HRC。采用 42kW 六工位电子束装置处理，每次处理 3 个，一次循环时间为 42s，每小时可处理 255 件。

2）薄形三爪弹簧片电子束表面处理。三爪弹簧片材料为 T7 钢，要求硬度为 800HV。用 1.75kW 电子束能量，扫描频率为 50Hz，加热时间为 0.5s。

3）美国 SKF 工业公司与空军莱特研究所共同研究成功了航空发动机主轴轴承圈的电子束表面相变硬化技术。用 Cr 的质量分数为 4.0%、Mo 的质量分数为 4.0% 的美国 50 钢所制造的轴承圈，容易在工作条件下产生疲劳裂纹而导致突然断裂。然而，采用电子束进行表面相变硬化后，在轴承旋转接触面上得到 0.76mm 的淬硬层，有效地防止了疲劳裂纹的产生和扩展，提高了轴承圈的寿命。

8.5.3 高密度太阳能表面处理

太阳能表面处理是利用聚焦的高密度太阳能对零件表面进行局部加热，使表面在短时间（0.5s~数秒）内升温到所需温度，然后冷却的处理方法。

1. 太阳能表面处理设备

（1）高温太阳炉结构　太阳炉由抛物面聚焦镜、镜座机电跟踪系统、工作台、对光器、温度控制系统以及辐射测量仪等部件组成。常用的高温太阳炉的主要技术参数为：抛物面聚焦镜直径1 560mm，焦距663mm，焦点6.2mm，最高加热温度3 000℃，跟踪精度即焦点漂移量小于±0.25mm/h，输出功率达1.7kW。

（2）太阳炉加热特点

1）加热范围小，具有方向性，能量密度高；加热温度高，升温速度快。

2）加热区能量分布不均匀，温度呈高斯分布。

3）能方便实现在控制气氛中加热和冷却；操作和观测安全。

4）光辐射强度受天气条件的影响。

2. 太阳能表面淬火

（1）单点淬火　用聚焦的太阳光束对准工件表面扫描，获得与束斑大小相同的硬化带，这种工艺称为太阳能单点淬火。可淬硬的材料与其他高能密度热处理相同。

（2）多点淬火　在单点淬火中，一次扫描硬化带最大宽度约7mm左右。因此，若需更宽的硬化带，必须采用多点搭接的扫描方式；但在搭接处会产生回火现象。这种回火现象造成金属表面硬度呈软硬间隔分布，有利于提高工件表面在磨粒磨损条件下的耐磨性。

3. 太阳能表面处理的应用

太阳能表面处理从节能的角度来看优点是很突出的。在表面淬火、碳化物烧结、表面耐磨堆焊等方面很有发展前途，是一种先进的表面处理技术。

（1）太阳能相变硬化　太阳能表面淬火是一种自冷淬火，可获得均匀的硬度，而且方法简便。太阳能淬火后的耐磨性比普通淬火（盐水淬火）的耐磨性好。表8-30为太阳能表面淬火硬化实例。

表8-30　太阳能表面淬火硬化实例

被处理零件名称	零件材料	工艺参数	表面硬度
气门阀杆顶端	40Cr（气门），4Cr9Si2（排气门）	太阳能辐［射］照度0.075W/cm^2，加热时间2.49s	53HRC
直齿铰刀刃部	T10A	太阳能辐［射］照度0.075W/cm^2，加热速度4mm/s	851HV
超级离合器	40Cr	多点扫描	50~55HRC

（2）太阳能合金化处理　太阳能合金化使工件表面获得具有特殊性能的合金

表面层。表 8-31 为太阳能合金化处理应用实例。

表 8-31　太阳能合金化处理应用实例

工件材料	太阳能辐［射］照度/$W\cdot cm^{-2}$	扫描速度/$mm\cdot s^{-1}$	合金化带宽/mm	合金化带深/mm
45 钢	0.075	2.34	2.60	0.036
	0.077	2.30	2.89	0.039
	0.093	3.87	3.90	0.051
	0.091	3.71	4.16	0.066
T8 钢	0.091	4.11	3.97	0.060
	0.091	4.06	4.20	0.075
20Cr 钢	0.091	4.11	4.42	0.090

（3）太阳能表面重熔处理　太阳能表面重熔处理是利用高能密度太阳能对工件表面进行熔化-凝固的处理工艺，以改善表面耐磨等性能。铸铁件表面经太阳能表面重熔处理后，硬化区可达 4 ~ 7mm，表面硬度达 860 ~ 1 000HV，表面平整。尤其以珠光体球墨铸铁的表面质量最佳，抗回火能力强，经 400℃回火后仍能保持 700HV，具有良好的耐磨性能。

4. 几种高能束表面改性技术用于金属表面热处理的比较

高能密度表面改性技术用于金属热处理的方法有激光、电子束、太阳能、超高频感应脉冲和电火花等。它们在工艺和处理结果等方面有许多类似的地方。表 8-32 比较了它们的特性。

表 8-32　各种高能束表面改性技术的比较

表面改性技术	优　点	缺　点
激光	灵活性好、适应性强，可处理大件、深孔等；可流水线生产	表面粗糙度高，处理前需涂吸光材料，光-电转换效率低，设备一次性投资高
电子束	表面光亮，真空利于去除杂质，热电转换效率达 90%；设备和运行成本比激光低；输出稳定性达 1%，比激光（2%）高	需真空条件，处理灵活性和适应性差，只能处理小尺寸工件，生产效率较低
电火花	设备简单，耗电少，处理费用低	需配用不同性能电极，电极消耗大
超高频感应脉冲	设备比激光、电子束简单，成本较低	需按零件形状配感应线圈，需加冷却液

8.6　离子注入表面改性

离子注入是将所需物质的离子（例如 N^+、C^+、O^+，Cr^+、Ni^+、Ti^+、Ag^+、Ar^+ 等非金属或金属离子），在电场中加速成具有几万甚至几百万电子伏能量的载能束高速轰击工件表面，使之注入工件表面一定深度的真空处理工艺，也属于 PVD 范围。离子注入将引起材料表层的成分和结构的变化，以及原子环境和电子组态等微观状态的扰动，由此导致材料的各种物理、化学或力学性能发生变化。

20 世纪 50 年代，离子注入技术已开始在半导体工业中应用，并取得了成功，从而激发了人们将它应用于金属、陶瓷和高分子聚合物等工程材料的表面改性，并逐步成为最活跃的研究方向之一。离子注入在表面非晶化、表面冶金、表面改性和离子与材料表面相互作用等方面都取得了可喜的研究成果，特别是在工件表面合金化方面取得了突出的进展。用离子注入方法可获得高度过饱和固溶体、亚稳定相、非晶态和平衡合金等不同组织结构形式，大大改善了工件的使用性能。目前，离子注入在微电子技术、生物工程、宇航、医疗等高技术领域获得了比较广泛的应用，尤其是在工具和模具制造工业的应用上效果突出。最近，离子注入又与各种沉积技术、扩渗技术相结合形成复合表面处理新工艺，如离子辅助沉积（IAC）、离子束增强沉积（IBED）等离子体浸没离子注入（PSⅡ）以及 PSⅡ-离子束混合等，为离子注入技术开拓了更广阔的前景。

8.6.1 离子注入的原理

离子束和电子束基本类似，也是在真空条件下将离子源产生的离子束经过加速、聚焦后使之作用在材料表面。所不同的是，除离子与电子的电荷相反带正电荷外，主要是离子的质量比电子要大千万倍。例如，氢离子的质量是电子的 7.2 万倍。由于质量较大，故在同样的电场中加速较慢，速度较低。但一旦加速到较高速度时，离子束比电子束具有更大的能量。高速电子在撞击材料时，质量小速度大，动能几乎全部转化为热能，使材料局部熔化、气化。它主要通过热效应完成。而离子本身质量较大，惯性大，撞击材料时产生了溅射效应和注入效应，引起变形、分离、破坏等机械作用和向基体材料扩散，形成化合物产生复合、激活的化学作用。

离子注入装置包括离子发生器、分选装置、加速系统、离子束扫描系统、试样室和排气系统。从离子发生器发出的离子由几万伏电压引出，进入分选部，将一定的质量/电荷比的离子选出。在几万至几十万伏电压的加速系统中加速获得高能量，通过扫描机构扫描轰击工件表面。离子进入工件表面后，与工件内原子和电子发生一系列碰撞。这一系列碰撞主要包括三个独立的过程：

（1）核碰撞　入射离子与工件原子核的弹性碰撞。碰撞结果使固体中产生离子大角度散射和晶体中产生辐射损伤等。

（2）电子碰撞。入射离子与工件内电子的非弹性碰撞，其结果可能引起离子激发原子中的电子或使原子获得电子、电离或 X 射线发射等。

（3）离子与工件内原子作电荷交换。

无论哪种碰撞都会损失离子自身的能量，离子经多次碰撞后能量耗尽而停止运动，作为一种杂质原子留在固体中。

研究表明，具有相同初始能量的离子在工件内的投影射程符合高斯函数分布。因此注入元素在离表面 x 处的体积离子数 $n(x)$ 为：

$$n(x)=n_{max}e^{-\frac{1}{2}x^2}$$

式中，n_{max}为峰值体积离子数。

设 N 为单位面积离子注入量（单位面积的离子数）；L 是离子在固体内行进距离的投影；d 是离子在固体内行进距离的投影的标准偏差。则注入元素的距表面 x 处体积离子数可由下式求出：

$$n(x)=\frac{N}{d\sqrt{2\pi}}\exp\left[-\frac{(x-L)^2}{2d}\right]$$

离子进入固体后对固体表面性能发生的作用除了离子挤入固体内的化学作用外，还有辐照损伤（离子轰击产生晶体缺陷）和离子溅射作用，它们在改性中都有重要意义。

8.6.2 沟道效应和辐照损伤

高速运动的离子在注入金属表层的过程中与金属内部原子发生碰撞。由于金属是晶体，原子在空间呈规则排列。当高能离子沿晶体的主晶轴方向注入时，可能与晶格原子发生随机碰撞，若离子穿过晶格同一排原子附近而偏转很小并进入表层深处，这种现象称为沟道效应。显然，沟道效应必然影响离子注入晶体后的射程分布。实验表明：离子沿晶向注入，则穿透较深；离子沿非晶向注入，则穿透较浅。实验还表明：沟道离子的射程分布随着离子剂量的增加而减少，这说明入射离子使晶格受到损伤；沟道离子的射程分布受到离子束偏离晶向的显著影响；并且随着靶温的升高沟道效应减弱。

离子注入除了在表面层中增加注入元素含量外，还在注入层中增加了许多空位、间隙原子、位错、位错团、空位团、间隙原子团等缺陷。它们对注入层的性能有很大影响。具有足够能量的入射离子，或被撞出的离位原子，与晶格原子碰撞，晶格原子可能获得足够能量而发生离位，离位原子最终在晶格间隙处停留下来，成为一个间隙原子，它与原先位置上留下的空位形成空位-间隙原子对，这就是辐照损伤。只有核碰撞损失的能量才能产生辐照损伤，与原子碰撞一般不会产生损伤。

辐照增强了原子在晶体中的扩散速度。由于注入损伤中空位数密度比正常的高许多，原子在该区域的扩散速度比正常晶体的高几个数量级。这种现象称辐照增强扩散。

8.6.3 离子注入的特征

离子注入提供的新技术与现有的电子束和激光束等表面处理工艺不同，其突出的特点是：

1）离子注入法不同于任何热扩散方法，注入元素的种类、能量和剂量均可选择，可注入任何元素，且不受固溶度和扩散系数的影响。因此，用这种方法可能获得不同于平衡结构的特殊物质，即其他方法不能得到的新合金相，并且与基体结合牢固，无明显界面和脱落现象，是开发新型材料的非常独特的方法。

2）离子注入一般在常温或低温下进行，但离子注入温度和注入后的温度可以任意控制，且在真空中进行，不氧化，不变形，不发生退火软化，表面粗糙度一般无变化，可作为最终工艺。

3）可控性和重复性好。通过改变离子源和加速器能量，可以调整离子注入深度和分布；通过可控扫描机构，不仅可实现在较大面积上的均匀化，而且可以在很小范围内进行局部改性。

4）可获得两层或两层以上性能不同的复合材料，复合层不易脱落。注入层薄，工件尺寸基本不变。

5）离子注入在表面产生压应力，可提高工件的抗疲劳性能。

6）通常离子注入层的厚度不大于1μm，离子只能直线行进，不能绕行，对于复杂的和有内孔的零件不能进行离子注入，设备造价高，所以应用还不广泛。

8.6.4 离子注入表面改性的机理

1. 离子注入提高硬度、耐磨性和疲劳强度的机理

研究表明，离子注入提高硬度是由于注入的原子进入位错附近或固溶体产生固溶强化的缘故。当注入的是非金属元素时，常常与金属元素形成化合物，如氮化物、碳化物或硼化物的弥散相，产生弥散强化。离子轰击造成的表面压应力也有冷作硬化作用，这些都使得离子注入表面硬度显著提高。

离子注入之所以能提高耐磨性，其原因是多方面的。离子注入能引起表面层组分与结构的改变。大量的注入杂质聚集在因离子轰击产生的位错线周围，形成柯氏气团，起钉扎位错的作用，使表层强化，加上高硬度弥散析出物引起的强化，提高了表面硬度，从而提高耐磨性。另一种观点认为，耐磨性的提高是离子注入引起摩擦系数的降低起主要作用。还有观点认为可能与磨损粒子的润滑作用有关，因为离子注入表面磨损的碎片比没有注入的表面磨损碎片更细，接近等轴，而不是片状的，因而改善了润滑性能。

有人认为，离子注入改善疲劳性能是因为产生的高损伤缺陷阻止了位错移动及其间的凝聚，形成可塑性表面层，使表面强度大大提高。分析表明，离子注入后在近表面层可能形成大量细小弥散均匀分布的第二相硬质点而产生强化，而且离子注入产生的表面压应力可以压制表面裂缝的产生，从而延长了疲劳寿命。

2. 离子注入提高抗氧化性的机理

离子注入显著提高了材料抗氧化性。这是由于：

1）注入元素在晶界富集，阻塞了氧的短程扩散通道，防止氧进一步向内扩散。

2）形成致密的氧化物阻挡层。某些氧化物，如 Al_2O_3、Cr_2O_3、SiO_2 能形成

致密的薄膜，其他元素难以扩散通过这种薄膜，起到了抗氧化的作用。

3）离子注入改善氧化物的塑性，减少氧化产生的应力，防止氧化膜开裂。

4）注入元素进入氧化膜后改变了膜的导电性，抑制阳离子向外扩散，从而降低氧化速率。

3. 离子注入提高耐蚀性的机理

离子注入形成致密的氧化膜，改变表面电化学性能，提高耐蚀性。如 Cr^{+} 注入 Cu，能形成一般冶金方法不能得到的新亚稳态表面相，改善了铜的耐蚀性能；用 Pb^{+} 注入 Ti 后，在沸腾的浓度为 lmol/L 的 H_2SO_4 中耐蚀电位接近纯铅，使耐蚀性大大提高。

8.6.5 离子注入的应用

1. 注入冶金学

注入冶金学是一门新学科。它利用离子注入作为物理冶金的一种研究手段，注入冶金学包括两大研究领域：制备新合金系统；测定金属和合金的某些基本性质。

(1) 离子注入金属表面合金化　离子注入金属表面会改善材料的耐磨性、耐蚀性、硬度、疲劳寿命和抗氧化性等。其原因是多方面的。以下从微观角度分析离子注入改善性能的可能机制。

1）辐照损伤强化。离子注入产生的辐照损伤增加了各种缺陷的密度，改变了正常的晶格原子的排列。但研究表明，辐照本身不能改善材料耐磨性。耐磨性和耐蚀性的改善与注入元素的化学作用有关。注入离子阻止位错滑移，从而使表面层强化并降低表面疲劳裂纹的形成可能性，但对疲劳裂纹的扩展影响不大。

2）固溶强化。离子注入可获得过饱和度很大的固溶体，固溶强化效果较强。而且注入离子对位错的钉扎作用也使材料得到强化。

3）沉淀强化。注入元素可能与基体材料中的元素形成各种化合物，使表面离子注入层产生沉淀强化，如 Ti^{+} 注入含有 C 的钢或合金中，有可能形成 TiC 微粒沉淀。

4）非晶态化。当离子注入剂量达到一定值时，可使基体金属形成非晶态表面层。因此可降低钢的摩擦系数，提高耐磨性。由于非晶态表面没有晶界等缺陷，可显著提高耐蚀性能。

5）残余压应力。离子注入可产生很高的残余压应力，有利于提高材料表层的耐磨性和疲劳性能。

6）表面氧化膜的作用。离子注入引起温度升高和元素扩散的增加，使氧化膜增厚和改性，从而降低摩擦系数；通过改变注入的离子种类可改变氧化膜的性质，如氧化膜的致密性、塑性和导电性等。

(2) 离子注入用于材料科学研究

1）注入元素位置的测定。轻元素的晶格位置对金属的性能起决定性作用。尤其氢在金属中具有高溶解度与扩散系数，并且与晶格缺陷杂质产生交互作用，所以了解氢的位置具有很大的实用意义。美国萨达实验室用氢的同位素氘注入铬、钼、钨，靶温 90K。用核反应 D（^{3}He，P）^{4}He 分析和沟道技术测量，发现其晶格位置主要是四面体的位隙，经加热后在铬与钼中 D 转移到八面体间隙位置，而在钨中仍留在四面体间隙位置。

用离子注入形成置换固溶体。波特（Poata）将 Au^+ 和 W^+ 在室温下沿 Cu <110> 沟道方向注入，然后离子背散射测定 <110> 沟道方向角扫描谱，铜谱与金谱完全重合，说明注入的金原子 100% 处于置换铜晶格原子位置。同样的固溶体也在 Au^+ 注入到银与钯中获得。

2）扩散系数的测定。在室温将 Cu^+ 注入单晶铍，然后扩散退火，用离子背散射沟道方法测定扩散前后铜在铍中的分布，从而测出铜在铍中的扩散系数接近 $10^{-15}cm^2/s$，这是用通常方法不可能测出的。

3）离子注入可增强扩散。离子注入过程中杂质的位移可加快几个数量级，这是由于离子注入引起大量间隙原子与空位，促进了固相反应、沉淀析出等过程。如 Al 中注入（0.8～3）$\times 10^6 Zn^+/cm^2$ 后，用 80kev，1.4×10^{13} 离子$/cm^2 \cdot s$ 的 Ne^+ 通量照射，发现 Zn^+ 在 Al 中扩散系数增加 10^6 倍（50℃），而且对温度不敏感。

4）利用离子注入还可进行相变和相图的研究。离子注入可使合金化学组分发生变化，因此在具有相变状态附近组分的合金中，注入离子使化学组分进入相变态领域，就会产生相变。此外形变也可以引起相变，如已知不锈钢利用加工形变可产生 $\gamma \to \varepsilon \to \alpha$ 相变，因此只要使离子注入造成的形变在临界形变以上，就可发生相变，采用离子注入方法是相当容易实现的。但是，改变化学组分一般需要注入相当多的离子，才能引起相变。

离子注入可同时注入多种元素，而且注入的量可严格控制，因此离子注入是一种很好的多元相图研究方法。

2. 离子注入在表面改性中的应用

（1）离子注入在高精度零件上的应用　离子注入可以满足高精度零件综合性能表面处理的要求。轴承和齿轮是具有严密尺寸公差的零件，只适合进行少数常规表面改性处理；此外，剥离的威胁也使得在这些零件进行镀覆处理变得非常危险。离子注入处理可以保持高精度轴承和齿轮的尺寸完整性和表面粗糙度，而且在注入层与基体材料之间不存在明显的界面，从而消除了存在于硬质镀层中的剥离危险。

在有润滑条件下，经过钛和碳离子注入处理的钢表面与对磨面的滑动磨损抗力有明显改善，注入钛和碳离子的表面不仅大量减少滑动磨损，而且明显减少磨损的可变化性。这种处理的结果使离子注入的零件表面形成一层氧化层，这样使滑动表面之间的金属与金属的接触磨损减至最小。

钛和碳离子注入到高精度仪器轴承上是提高合金耐咬合磨损性能的有效方法。离子注入可以改善仪器轴承性能的原因，是在界面层润滑条件下消除了滚珠与滚道之间的粗糙接触及冷焊。在轴承上的成功应用是离子注入的重大突破。采用离子注入处理技术可以很方便而且低成本地处理大量尺寸较小的滚珠轴承。这种技术适宜处理滚珠轴承的滚珠和滚道。对用于航天飞机发动机的燃料氧化剂涡轮泵轴承的试验证明，离子注入处理能使滚珠轴承的性能得到明显改善。特别是在液氮环境条件下，将注入钛和碳离子的不锈钢滚珠与注入铬和氮离子钢滚道对磨，其耐磨性和没有处理过的钢比较可提高两个数量级。

用离子注入法注入铬、钽或类似的物质，是提高钢耐蚀性的有效方法。当在钢样品的固溶体中注入铬时，便形成一层钝化层，它可以保护钢基体免受液态氯化物的侵蚀。采用铬离子注入处理最大的气轮机主轴，可获得令人满意的耐蚀性效果。

由于钽能显著改善铁基合金的耐磨损和耐蚀性能，所以钽离子注入轴承和齿轮可减少在滑动和咬合情况下不同钢制零件的摩擦和磨损。美国已将注入钽离子的齿轮应用于气轮机的压缩机和直升飞机发动机的传动系统。试验证明，注入钽离子的齿轮性能明显优于普通齿轮，并在很多情况下大大减少咬合磨损。大量试验证明，同时注入钛和碳离子的轴承和驱动齿轮的性能明显改善。

国外生产的电冰箱、洗衣机等的活塞门，材料基本与我国的相同，甚至用普通低碳钢，由于采用了所谓“专利性”离子注入处理工艺，使用寿命是我国同类产品的几倍到几十倍。有的钢铁材料经离子注入后耐磨性可提高100倍以上。铝、不锈钢中注入He^+，铜中注入B^+、He^+、Al^+和Cr^+离子，金属或合金耐大气腐蚀性明显提高。其机理是离子注入的金属表面上形成了注入元素的饱和层，阻止金属表面吸附其他气体，从而提高金属耐大气腐蚀性能。在低温下向工件注入氢或氘离子可提高韧脆转变温度，并改善薄膜的超导性能。在钢表面注入氮和稀土，可获得异乎寻常的高耐磨性。如在En58B（国外牌号）不锈钢表面注入低剂量的Y^+（$5\times10^{15}/cm^2$）或其他稀土元素，同时又注入$2\times10^{17}/cm^2$的氮离子，磨损率起初阶段减少到原来的0.11%，5h后磨损率为原来的3.3%。铂离子注入到钛合金涡轮叶片中，在模拟高温发动机运行条件下进行试验，结果表明疲劳寿命提高100倍以上。表8-33是离子注入在提高金属材料性能上的部分应用实例。

离子沉积法是把离子束溅射和离子注入结合起来的一种表面处理技术，它可以在轴承上和相类似的零件上产生一层粘着紧密的固体润滑剂。把软的有韧性的元素如金、银、铝注入并沉积在轴承零件上，用离子沉积法处理的轴承能在重负荷和高温条件下的真空设备中连续运转几百个小时，并明显减少在运转过程中所

表 8-33 离子注入在提高金属材料性能上的应用实例

离子种类	母材	改善性能	适用产品
$Ti^{+}+C^{+}$	Fe 基合金	耐磨性	轴承、齿轮、阀、模具
Cr^{+}	Fe 基合金	耐蚀性	外科手术器械
$Ta^{+}+C^{+}$	Fe 基合金	抗咬合性	齿轮
P^{+}	不锈钢	耐蚀性	海洋器件、化工装置
C^{+}、N^{+}	Ti 合金	耐磨性、耐蚀性	人工骨骼、宇航器件
N^{+}	Al 合金	耐磨性、脱模能力	橡胶、塑料模具
Mo^{+}	Al 合金	耐蚀性	宇航、海洋用器件
N^{+}	Zr 合金	硬度、耐磨性、耐蚀性	原子炉构件、化工装置
N^{+}	硬 Cr 层	硬度	阀座、搓丝板、移动式起重机
Y^{+}、Ce^{+}、Al^{+}	超合金	抗氧化性	涡轮机叶片
$Ti^{+}+C^{+}$	超合金	耐磨性	纺丝模口
Cr^{+}	铜合金	耐蚀性	电池
B^{+}	Be 合金	耐磨性	轴承
N^{+}	WC + Co	耐磨性	工具、刀具

产生的噪声。

(2) 离子注入在工模具等方面的应用 离子注入处理已广泛应用于工模具的表面处理，在这方面大多数成功的例子是用于如塑料、纸张、合成纤维、软织物等材料成型、切割和钻孔的工模具。这些工模具都遭受到适度的粘着和腐粒磨损，并在某些情况下由于腐蚀加速了磨损的过程。这种类型的工模具包括用于高品质穿孔和聚合物板切割的高速钢冲模、塑料和纸张印痕切割溜刀。

用离子注入法可处理切割纸币的刀片，打标记的穿孔底板和针也是用离子注入法处理的。在这些应用中，氮离子的注入是最普通的处理。改变注入离子的种类，用钛和碳离子注入这类工具，已取得了很大的成功。

连续压制非铁棒的热轧轧辊是用工具钢制造的，工作时经受剧烈的粘着磨损。用钍和碳离子注入轧辊能够提高使用寿命 6 倍以上，并且已经生产出光滑以及具有更低表面粗糙度的轧辊。

近年来已在压制压塑盘的模板上进行过大量的注入钛和碳的试验，离子注入处理可以提高这些模板的脱模率和使用寿命。对各种不同的用于工程塑料和热固化塑料的模具，使用离子注入处理都能得到满意的结果。尤其是用氮离子镀镍的纤维光学耦合器模具，可以显著增加它的硬度和耐磨性。

氮离子注入处理用于冲制或压制热轧钢和奥氏体不锈钢的高速钢外冲头和模具，可以增加它们的使用寿命 10 ~ 12 倍。我国生产的各类冲模和压制模一般寿命为 2 000 ~5 000 次，而英、美、日本的同类产品采用各种离子注入后寿命达 50 000次以上。

(3) 离子注入在生物医学材料中的应用　在矫形医学领域内，离子注入法对减少钛基全关节取代物的磨损非常有效，其优越的耐磨性是由于增加了钛合金的硬度。

实验表明，钛合金注入氮和碳离子后，显微硬度增加到原来的3倍。最近的研究表明，将氮离子注入钛合金中，可以改变这种合金的双相结构（α和β相），并使之变得不受腐蚀剂的浸蚀。氮离子的注入可使得钛合金的摩擦系数从0.49减至0.15，大量以钛为基础的人造关节，腕，肩、手指和脚趾，通常都是用离子注入法进行处理的。例如，用作人工关节的钛合金Ti-6Al-4V耐磨性差，用离子注入N^+后，耐磨性提高1 000倍，生物兼溶性能也得到改善，与骨骼配合良好。在全关节取代物中，钛部件连接支靠在超高分子的聚乙烯表面。Ti-6Al-4V合金在耐磨损方面的改进对矫形医学的推广有着重大的意义。

(4) 离子注入在其他方面的应用　20世纪80年代开始把离子注入应用于陶瓷材料。研究表明，注入陶瓷的离子会形成亚稳的置换固溶体或间隙固溶体而产生固溶强化。由于离子注入产生的缺陷可引起缺陷强化或由于阻碍位错运动引起硬化。离子注入还可以消除表面裂纹或减小裂纹的严重程度，或在表面产生压应力层，从而提高材料的力学性能。

利用离子注入还可以提高有机聚合物的耐蚀性、导电性、抗氧化性及其他性能。例如，在15-8PDA聚丁二炔试样上注入N^+离子，注入量为$10^{18}/m^2$，使该材料在可见光范围内吸收谱完全损失，成为透明的膜。这是由于15-8PDA失去骨干结合，导致化学改性或链的断裂所致。注入N^+离子剂量增加时，膜逐渐变为暗灰色，吸收谱具有传导膜特性。在高离子剂量下，其结构发生重大变化，电导率显著增加，这是由于离子束辐照下聚合物发生碳化引起的。例如，离子注入聚苯硫醚（PPS），电导率提高14个数量级。研究还发现，离子注入能提高天然高分子和合成高分子材料的使用寿命。用Al、Sn、Ni、O、P、B、Si、C等元素的离子注入尼龙、棉纤维、合成纤维，都得到较好的结果。例如用Al^+离子注入尼龙（注入量为$10^{20}/m^2$，16keV），其使用寿命为原来的4倍以上。

(5) 离子注入表面改性技术的发展动向　用离子注入法进行金属材料表面改性，已开始由基础研究进入应用阶段，由实验室逐步走向工业生产。为了满足工业生产的实际需要，离子注入改性技术已在单纯的一次离子注入基础上发展了轰击扩散镀层、离子束增强沉积法和不同能量的重叠注入法等。目前，离子注入表面改性技术已广泛地用于宇航尖端零件、化工零件、医学矫形材料以及模具、刀具和磁头的表面改性。离子注入表面改性技术不仅成功地用于金属材料的表面改性，而且为陶瓷材料和高分子材料的改性技术开拓了新的方向。

轰击扩散镀层技术，是在基体金属上预先用电子束蒸发台或溅控发射台沉积一层$(3\sim8)\times10^{-8}$m厚的待合金化元素，如Cr、Ti、Ni等，然后用N或惰性气体离子进行轰击，利用注入离子的直接反冲、级联碰撞混合作用及辐射来增加扩散效应，使镀层元素进入基体材料中。该技术的进一步发展，出现了离子束与蒸发沉积混合束形成合金薄膜技术，它综合了蒸发沉积速率高与注入混合两种技术的优点，弥补了离子注入层较浅的弱点，提高了效率，增加了工艺的灵活性。

美国威斯康辛大学 Conrad 等人于 1987 年发表了等离子源离子注入技术。这一技术是将被注入的工件放置在等离子体中加上 10 ~ 100kV 的脉动负偏压。注入束流达到 100 ~ 1 000mA（现有离子注入设备的典型值为 10mA），这就使生产率大为提高，克服了现有离子注入工业化的障碍——生产率低。此外，注入离子来自包围工件的等离子体，对复杂工件可实现均匀注入，而现有离子注入还是利用单方向的束流，对复杂工件的均匀注入还是一难题。Conrad 等的研究结果表明，等离子源离子注入具有良好的工业应用前景。

金属材料表面改性的程度，在很大程度上决定于基体中注入离子的实际数量，注入量越大，改性越显著。单一能量注入工艺的缺陷是受饱和浓度的限制，当注入离子浓度达到饱和浓度后，继续增加剂量无助于提高基体中注入离子的数量。采用不同能量的重叠注入工艺则能展宽饱和浓度区域，增加实际注入量，提高材料表面性能。

金属、陶瓷等工程材料的表面改性通常需要大的离子注入剂量，而注入成分的纯度没有半导体工业那样严格，因此在离子注入装备方面有了较大的改变。1986 年美国加州大学 L. G. Brown 等人成功开发的金属蒸气真空弧（Metal Vapor Vacuum Arc，简称 MEVVA）源，为制造各种强流金属离子注入机奠定了良好的基础，并且可以提供 48 种金属元素离子束。

总之，离子注入技术作为机械工程材料表面处理的一种新方法，其应用领域正在向纵深发展，它的有效性和灵活性，将会吸引越来越多的工程技术人员采用它。

第9章　气相沉积技术

气相沉积技术是通过气相材料或使材料气化后沉积于固体材料或制品（基片）表面并形成薄膜，从而使基片获得特殊表面性能的一种新技术。近40年来，气相沉积技术发展迅速，已在现代工业中得到广泛应用并展示了更为广阔的发展和应用前景。

9.1　薄膜的特征与分类

9.1.1　薄膜的定义与特征

薄膜是一类用特殊方法获得的，依靠基体支撑并具有与基体不同的结构和性能的二维材料。薄膜材料具有如下主要特征：

（1）厚度　薄膜通常具有亚微米级至微米级的厚度。但是随着制备技术的发展和科学技术的要求，薄膜厚度范围的内涵也在扩展，如纳米级厚度的纳米薄膜和近毫米厚的金刚石膜也都被称为薄膜。

（2）有基体支撑　这里所讨论的薄膜是一类依附于固体表面并得到其支撑而存在，并具有与支撑固体不同结构和性能的二维材料。

（3）特殊的结构和性能　由于形成方式的不同，薄膜材料与块体材料具有不同的微结构和性能。例如，块体金属材料Au、Al、Ti等，通过特殊的压力加工可以形成厚度为微米级甚至更薄的“薄膜”状。但我们并不把这种材料称为“薄膜”而是称为“箔”，如金箔、铝箔、钛箔等。因为尽管它们的厚度与薄膜相当，但它们的微结构和性能却更接近块体材料。

（4）特殊的形成方式　薄膜是依靠原子尺度的粒子在另一固体表面生长而成的二维材料，因而通常具有一些特殊的微结构和性能特征，例如薄膜内部存在空位、孔隙、位错等缺陷，还会产生很大的内应力，以及与基体材料结合所形成的界面结合等。

9.1.2　薄膜的种类与应用

1. 薄膜的种类

薄膜材料种类繁多，按薄膜本身的特征，可以对其作如下主要分类：

（1）以材料种类划分　有金属、合金、陶瓷、半导体、化合物、高分子材料薄膜等。

（2）以晶体结构划分　有单晶、多晶、纳米晶、非晶以及各种外延生长薄膜。

（3）以厚度划分　有纳米薄膜、微米薄膜和厚膜等。

（4）以薄膜组成结构划分　有由两种或两种以上材料组成的多层薄膜，尤其是以纳米级交替生长形成的纳米多层膜（也称超晶格）。纳米多层膜有许多物理和力学性能的特异效应而成为目前薄膜研究的热点之一。还有化学成分在厚度方向上逐步变化的梯度薄膜，以及由多相材料组成的具有不同微结构特征的复合薄膜等。

2. 薄膜的应用

薄膜的应用非常广泛，按用途大致可分为光学薄膜、微电子学薄膜、光电子学薄膜、集成光学薄膜、防护功能薄膜等六大类。表 9-1 示出了这六类薄膜的应用和具有代表性的薄膜。

表 9-1　薄膜的应用领域及代表性薄膜

薄膜分类	光学薄膜	阳光控制膜 低辐射系数膜 防激光致盲膜 反射膜 增反膜 选择性反射膜 窗口薄膜	Al_2O_3、SiO_2、TiO、Cr_2O_3、Ta_2O_3、NiAl、金刚石和类金刚石薄膜、Au、Ag、Cu、Al
	微电子学薄膜	电极膜 电器元件膜 传感器膜 微波声学器件膜 晶体管薄膜 集成电路基片膜 热沉或散射片膜	Si、GaAs、GeSi、Sb_2O_3、SiO、SiO_2、TiO_2、ZnO、AlN、In_2O_3、SnO_2、Al_2O_3、Ta_2O_3、Fe_2O_3、TaN、Si_3N_4、SiC、YBaCuO、BiSrCaCuO、$BaTiO_3$、金刚石和类金刚石薄膜、Al、Au、Ag、Cu、Pt、NiCr、W
	光电子学薄膜	探测器膜 光敏电阻膜 光导摄像靶膜	HE/DFCL、COIL、Na^{+3}、YAG、HgCdTe、InSb、PtSi/Si、GeSi/Si、PbO、$PbTiO_3$、（Pb、La）TiO_3、$LiTaO_3$
	集成光学薄膜	光波导膜 光开光膜 光调制膜 光偏转膜 激光器膜	Al_2O_3、Nb_2O_5、$LiNbO_3$、Li、Ta_2O_5、$LiTaO_3$、Pb（Zr、Ti）O_3、$BaTiO_3$
	信息存储膜	磁记录膜 光盘存储膜 铁电存储膜	磁带、硬磁盘、软磁盘、磁卡、磁鼓等、r-Fe_2O_3、Co-r-F_2O_3、CrO_2、FeCo、Co-Ni、CD-ROM、VCD、DVD、CD-E、GdTbFe、CdCo、InSb、Sr-TiO_2（Ba、Sr）TiO_3、DZT、CoNiP、CoCr
	防护功能薄膜	耐腐蚀膜 耐冲蚀膜 耐高温氧化膜 防潮防热膜 高强度高硬度膜 装饰膜	TiN、TaN、ZrN、TiC、TaC、SiC、BN、TiCN、金刚石和类金刚石薄膜、Al、Zn、Cr、Ti、Ni、AlZn、NiCrAl、CoCrAlY、NiCoCrAlY + HfTa

9.1.3 薄膜的制备方法

薄膜也被称为涂层和镀层。薄膜的制备方法主要分为两类：一类是液相法，主要是电镀和化学镀，这类方法已在第5章作了介绍；另一类是本章将要介绍的气相沉积技术。

气相沉积技术制取薄膜视气相物质的产生方式可分为物理气相沉积和化学气相沉积两大类：

1. 物理气相沉积（Physical Vapor Deposition，PVD）

物理气相沉积是在真空条件下，采用各种物理方法将固态的镀料转化为原子、分子或离子态的气相物质后再沉积于基体表面，从而形成固体薄膜的一类薄膜制备方法。物理气相沉积按沉积薄膜气相物质的生成方式和特征主要可以分为：

（1）真空蒸镀　镀材以热蒸发原子或分子的形式沉积成膜。

（2）溅射镀膜　镀材以溅射原子或分子的形式沉积成膜。

（3）离子镀膜　镀材以离子和高能量的原子或分子的形式沉积成膜。

在三种PVD基本镀膜方法中，气相原子、分子和离子所产生的方式和具有的能量各不相同，由此衍生出种类繁多的薄膜制备技术。

2. 化学气相沉积（Chemical Vapor Deposition，CVD）

化学气相沉积是将含有组成薄膜的一种或几种化合物气体导入反应室，使其在基体上通过化学反应生成所需要薄膜的一类薄膜制备方法。化学气相沉积主要包括采用加热促进化学反应的普通常压CVD、低压CVD和采用等离子体促进化学反应的等离子辅助CVD、采用激光促进化学反应的激光CVD，以及采用有机金属化合物作为反应物的有机金属化合物CVD等多种衍生技术。

9.2 蒸发镀膜

把待镀膜的基片或工件置于真空室内，通过对镀膜材料加热使其蒸发气化而沉积于基体或工件表面并形成薄膜的工艺过程，称为真空蒸发镀膜，简称蒸发镀膜或蒸镀。蒸镀薄膜在高真空环境中形成，可防止工件和薄膜本身的污染和氧化，便于得到洁净致密的金属、合金和化合物薄膜，并且不对环境造成污染，是一种绿色加工工艺。目前这种制膜方法在工业中得到了广泛的应用。

9.2.1 蒸发镀膜的原理

1. 蒸发镀膜的装置与过程

蒸发镀膜的基本设备主要是附有真空抽气系统的真空室和蒸发镀膜材料的加热系统，安装基片或工件的基片架和一些辅助装置组成。图9-1为最简单的电阻蒸发真空镀膜设备的示意图。

蒸发镀膜的基本过程如下：用真空抽气系统对密闭的钟罩进行抽气，当真空罩的气体压强足够低时（真空度足够高），通过蒸发源对蒸发料进行加热到一定的温度，使蒸发料气化后沉积于基片表面，形成薄膜。

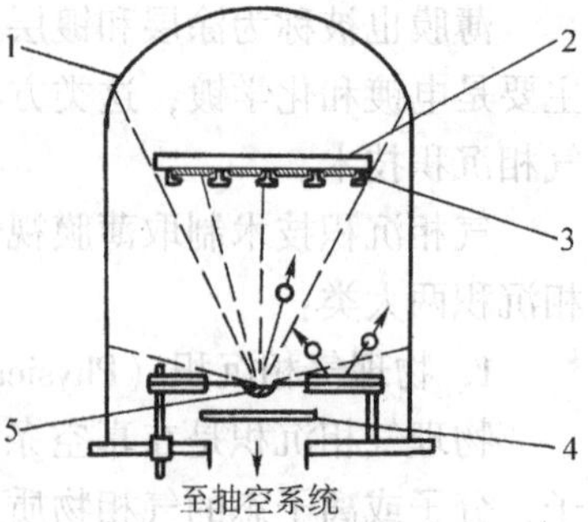

图 9-1　真空蒸发镀膜设备示意图
1—真空罩　2—基片架和加热器
3—基片　4—挡板　5—蒸发源

2. 真空度

真空蒸镀时，为了使蒸发料形成的气体原子不受真空罩内的残余气体分子碰撞引起散射而直接到达基片表面，同时避免活性气体分子与蒸发料反应形成化合物后，沉积于薄膜中造成的污染和质量下降，镀膜的真空罩内的压强应尽可能低。但是，在高真空下进一步降低压强不仅要增大设备投资，而且也需要花费更多的时间，因而正确选择蒸发镀膜真空罩的压强对于保证薄膜质量，提高生产效率有重要的作用。

真空罩中，器壁内表面不断解吸附的气体分子在空间运动碰撞。气体分子的平均自由程 L（cm）与气体压力 p（Pa）成反比，可近似为：

$$L = \frac{0.65}{p} \tag{9-1}$$

在 1Pa 的气压下，气体分子平均自由程为 $L = 0.65$cm；在 10^{-3}Pa 时，$L =$ 650cm。为了使蒸发料原子在运动到基片的途中与残余气体分子的碰撞率小于 10%，通常需要气体分子平均自由程 L 大于蒸发源到基片距离的 10 倍。对于一般的蒸发镀膜设备，蒸发源到基片的距离通常小于 65cm，因而蒸发镀膜真空罩的气压通常为（$10^{-2} \sim 10^{-5}$）Pa，视对薄膜质量的要求而定。应该指出，以上真空罩的气压指的是蒸发镀膜前真空罩的起始气压，也称背底真空。蒸发镀膜时，由于蒸料原子的蒸发，必然造成真空罩气压的上升，但是，由于从蒸发源蒸发的镀料原子在蒸发速率不太高时是定向运动的，因而不影响上面讨论的结果。

3. 蒸发温度

对镀膜材料加热使其蒸发，加热温度的高低直接影响到镀膜材料的蒸发速率和蒸发方式。蒸发温度过低时，镀膜材料蒸发速率过低，薄膜生长速率低；而过高的蒸发温度，不仅会造成蒸发速率过高而产生的蒸发原子相互碰撞、散射等不希望出现的现象，还可能产生由于镀料中含有气体迅速膨胀而形成镀料飞溅。通常采用将镀膜材料加热到使其平衡蒸气压力达到几 Pa 时的温度为其蒸发温度。

材料蒸发气体的压力 p 与温度 T 之间的近似关系为：

$$\lg p = A - \frac{B}{T} \tag{9-2}$$

式中，T 为热力学温度（K）；p 的单位为微米汞柱（μmHg，1μmHg =

0.133Pa)；A 和 B 分别为与材料性质有关的常数，可查阅有关文献得到，也可直接由实验确定。表 9-2 列出了一些材料蒸气压计算的常数值。除了用上式进行计算外，蒸发温度还可以通过各种材料的饱和蒸气压曲线来确定。部分材料在不同温度下的蒸气压曲线如图 9-2 所示。

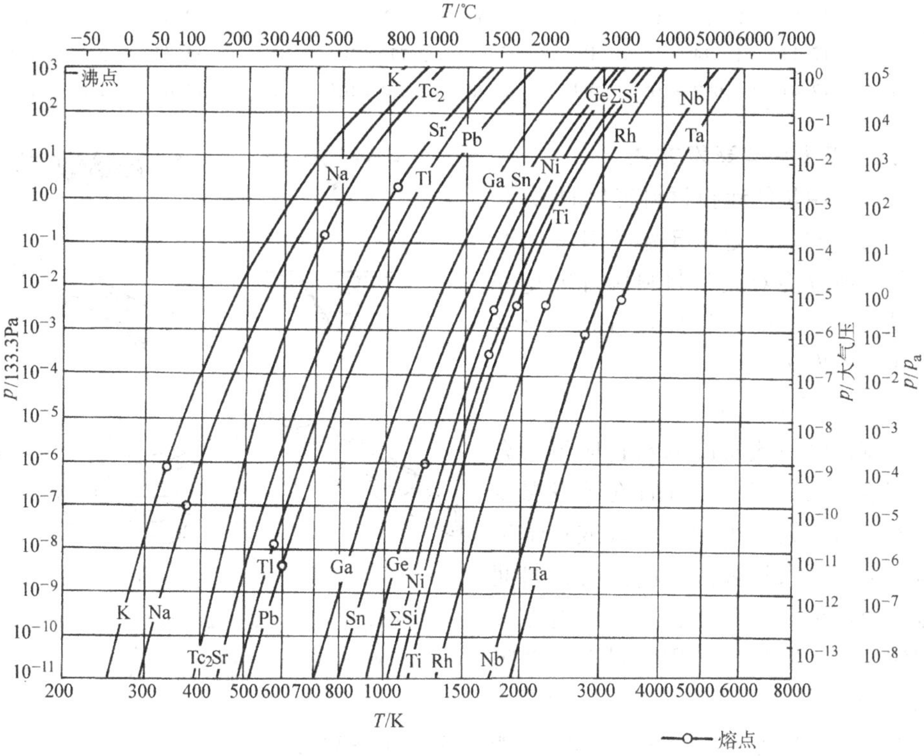

图 9-2　一些单质材料的蒸气压曲线

表 9-2　一些单质材料蒸气压方程中的计算常数

金属	A	B	金属	A	B	金属	A	B
Li	10.99	8.07×10^3	Sr	10.71	7.83×10^3	Si	12.72	2.13×10^4
Na	1.72	5.49×10^3	Ba	10.70	8.76×10^3	Ti	12.50	2.32×10^4
K	10.28	4.48×10^3	Zn	11.63	6.54×10^3	Zr	12.33	3.03×10^4
Cs	9.91	3.80×10^3	Cd	11.56	5.72×10^3	Th	12.52	2.84×10^4
Cu	11.96	1.698×10^4	B	13.07	2.962×10^4	Ge	11.71	1.803×10^4
Ag	11.85	1.427×10^4	Al	11.79	1.594×10^4	Sn	10.88	1.487×10^4
Au	11.89	1.758×10^4	La	11.60	2.085×10^4	Pb	10.77	9.71×10^3
Be	12.01	1.647×10^4	Ga	11.41	1.384×10^4	Sb	11.15	8.63×10^3
Mg	11.64	7.65×10^3	In	11.23	1.248×10^4	Bi	11.18	9.53×10^3

（续）

金属	A	B	金属	A	B	金属	A	B
Ca	11.22	8.94×10^{3}	C	15.73	4.0×10^{4}	Cr	12.94	2.0×10^{4}
Mo	11.64	3.085×10^{4}	Co	12.70	2.111×10^{4}	Os	13.59	3.7×10^{4}
W	12.40	4.068×10^{4}	Ni	12.75	2.096×10^{4}	Is	13.07	3.123×10^{4}
U	11.59	2.331×10^{4}	Ru	13.50	3.38×10^{4}	Pt	12.53	2.728×10^{4}
Mn	12.14	1.374×10^{4}	Rh	12.94	2.772×10^{4}	V	13.07	2.572×10^{4}
Fe	12.44	1.997×10^{4}	Pd	11.78	1.971×10^{4}	Ta	13.04	4.021×10^{4}

9.2.2 蒸发源与蒸发方式

蒸发源是使镀膜材料气化的部件。镀膜材料的蒸发是由于温度升高所产生的，所以能对镀膜材料施加能量并使其温度上升的各种加热方式都可考虑用作蒸发源。

1. 电阻蒸发源

制作电阻蒸发源的材料应该具有高熔点、低蒸气压，并且在蒸发温度下不与蒸发料发生相互溶解或化学反应，但却要求易被液态的蒸发材料润湿，以保证蒸发状态稳定。高熔点金属钨、钼、钽是最常用的材料。电阻蒸发源的形状和形式很多，可根据蒸发要求和特性确定。图 9-3 示出了一些典型的蒸发源形状。

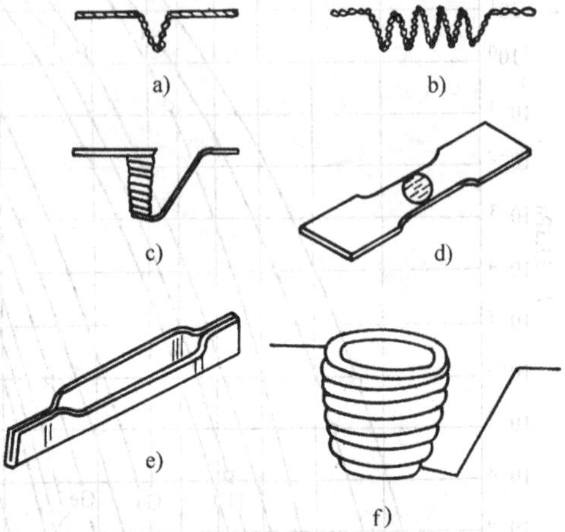

图 9-3　一些典型蒸发源的示意图
a）丝形　b）螺旋形　c）筐篮形
d）、e）舟形　f）坩埚

电阻蒸发源利用大电流通过时产生的焦耳热直接加热镀膜材料使其蒸发，可用于蒸发温度小于 1 500℃的许多金属和一些化合物。电阻蒸发源由于结构简单，使用方便而得到普遍应用。但是，电阻蒸发源由于蒸发源与镀膜材料直接接触，镀膜材料会受到蒸发源的污染而影响到薄膜的纯度和性能。另外，一些镀膜材料会与蒸发源产生反应，降低蒸发源的使用寿命。所以在使用中对不同的镀膜材料要选择不同的蒸发源材料。此外，由于受蒸发源材料熔点的限制，一些高熔点材料的蒸发镀膜也受到限制，此时需要采用高能量密度的电子束蒸发源和激光蒸发源。

2. 电子束蒸发源

在镀膜室内安装一个电子枪，利用电子束聚焦后集中轰击镀膜材料进行加热就形成了电子束蒸发镀膜。电子束蒸发源由发射电子的热阴极、电子加速极和作为阳极的镀膜材料组成。电子束蒸发源的能量可高度集中，使镀膜材料局部达到高温而蒸发。通过调节电子束的功率，可以方便地控制镀膜材料的蒸发速率，特别是有利于蒸发高熔点金属和化合物材料。此外，由于盛放镀膜材料容器或坩埚可以通水冷却，镀膜材料与容器不会产生反应或污染，有利于提高薄膜的纯度。但是，电子束的轰击会使一些化合物部分分解，残余气体分子和镀膜材料蒸发形成的原子或分子会被部分电离，影响薄膜的结构和性能。另外，电子束蒸发源体积较大，价格较高，从而限制了它的广泛应用。

3. 激光蒸发源

将激光束聚焦后作为热源对镀膜材料加热的蒸发源，是一种先进的高能量密度蒸发源。聚焦后的激光束功率密度可达到 $10^8 W/cm^2$ 以上，可以通过无接触加热方式使镀膜材料迅速气化，实现蒸发镀膜。图9-4为激光蒸发镀膜装置的示意图。激光蒸发源不但可以方便地调节照射在镀膜材料上束斑的大小，还可以方便地调节其功率密度。通过激光器的输出方式改变，可以输出脉冲激光或连续激光使镀膜材料实现瞬时蒸发和连续蒸发，有利于控制薄膜的生长结构。激光束的高能量密度和非接触加热还可以方便地沉积高熔点的金属和化合物。另外，两种以上的镀膜材料装在可变换位置的材料架上，或通过改变反射镜的角度，让激光束轮流照射不同的镀膜材料，就可以方便地沉积出合金薄膜、成分渐变的梯度薄膜和两种材料周期变化的多层薄膜。因而激光蒸镀是一种沉积多种薄膜材料的好方法，但是高功率激光源的价格昂贵，在工业上的应用也受到限制。

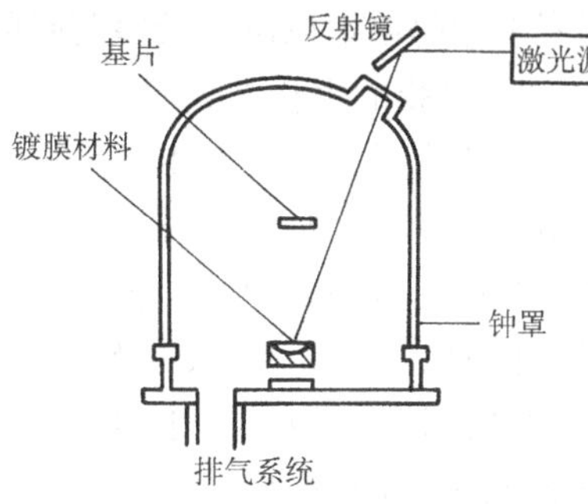

图9-4 激光蒸发镀膜装置的示意图

9.2.3 薄膜的形成

1. 吸附现象

在正常的蒸镀条件下，镀膜材料的原子（或分子）在从蒸发源射向基片的途中一般不发生碰撞，即入射原子在迁移过程中无能量的损耗。当入射原子到达基片后就进入了基片表面的力场，此时入射原子与基片就可能出现几种相互作用：

（1）反射　入射原子没有将其能量释放，又重新回到空间。

（2）物理吸附　入射原子将能量转移给基片而停留在基片上，并由范德瓦耳斯力与基片保持较弱的结合，因而也容易因解吸附而重新返回空间。

（3）化学吸附　入射原子由物理吸附可进一步转为化学吸附，其本质是入射原子与基片表面原子形成了电子共有的化学键。化学吸附常需要克服势垒，同样，解化学吸附也比解物理吸附需要更高的能量。

（4）吸附原子的迁移及与同类原子的缔合　吸附于基片表面的原子仍具有一定的能量，因而是不稳定的，它们可以解吸附，也可以克服能量势垒在基片上移动，并寻找势垒更低的位置。在基片表面上移动的同类原子相遇时会缔合成原子团，这样有利于体系能量的降低。

所有以上入射原子与基片的相互作用都与两者的性质和基片的温度密切相关，从而直接影响到薄膜的初期沉积速率和生长方式，以致最终影响所形成薄膜的微结构和性能。

例如，在讨论薄膜生长过程中，经常采用粘附系数α这个物理量，它等于粘附于基片上的原子数与入射原子数之比，因而$\alpha \leqslant 1$。显然，α与入射原子的种类、密度和所具有的能量，以及基片的性质和温度有关。一般来说，入射原子在异质材料上粘附系数较小，而随着薄膜的生长，入射原子在同质材料表面上粘附系数大大提高，α趋向于1。因而在制备几个原子层厚的纳米薄膜时，其沉积速率不能简单地以沉积较厚薄膜的沉积速率进行计算。

2. 薄膜的生长方式

薄膜生长有三种基本类型，如图9-5所示。即图a. 核生长型（Volmer-Weber型）；图b. 层生长型（Frank-Van der Merwe型）；图c. 层核生长型（Straski-Krastanov型）。

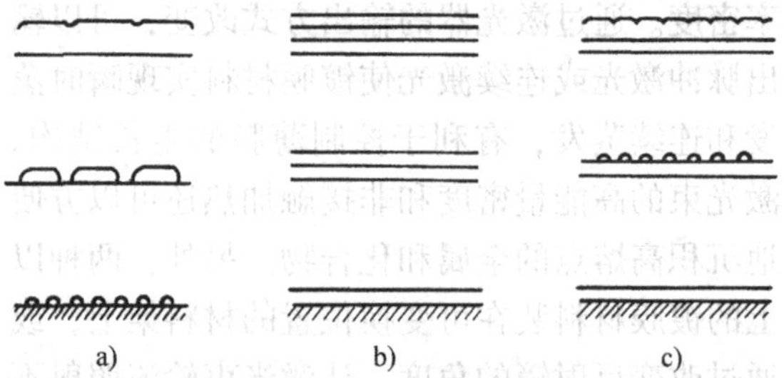

图9-5 薄膜生长的三种类型

在核生长型中，薄膜的生长过程可分为如下几个阶段：

（1）形核阶段 吸附于基片表面的入射原子在基片表面迁移，缔合形成原子团，原子团长大到一定尺寸后成为稳定的晶核。

（2）小岛阶段 稳定晶核通过捕获吸附原子和直接接收入射原子而长大，其长大是在三维方向上进行的，并且已具有晶体结构。

（3）网络阶段 小岛在生长的过程中相遇后会合并成大岛，其岛的外形和内部晶体结构均会产生调整和变化以降低体系能量，大岛相遇形成网状薄膜。

（4）连续薄膜 随着吸附原子的连续增加，网状薄膜的沟道被逐步填满，这种填满既可以由网状薄膜的生长所致，也可以由新形成的小岛合并而成，从而形成连续薄膜。

图9-6为通过Ag薄膜在NaCl基片上生长的电子显微照片，直观地显示了核生长型薄膜从形核至形成网状薄膜过程。

在层生长型薄膜中，吸附原子一般与基片原子形成强结合，从而直接生长于基片的晶格上，常形成共格外延生长。共格外延生长，可以在薄膜与基片具有相同晶格类型且晶格常数相差不大的体系组合中产生，称为同结构外延；也可以由两种不同晶格类型的材料在特定的晶面上形成，称为异结构外延。

由以上两种薄膜生长方式相结合的是层核生长型：首先在基片表面生长 1 ~ 2 层单层原子，这种二维结构强烈地受基片晶格的影响，晶格畸变较大，而后在其上吸附原子以核生长型生成小岛并最终形成薄膜。

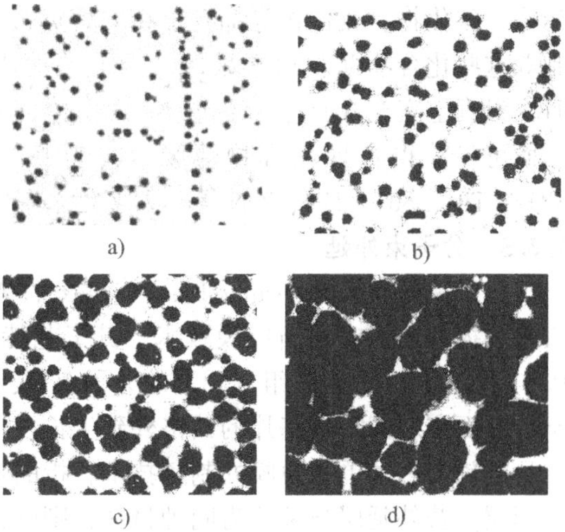

图 9-6　NaCl 基片上沉积 Ag 膜的电子显微照片

9.2.4　合金与化合物的蒸镀

1. 合金蒸镀

合金中的各组分在同样的温度下有不同的蒸气压，组成合金后，在同样的温度下合金液中各组分的蒸气压差异仍然存在，产生“分馏”现象。合金的分馏将造成蒸发薄膜的成分与合金镀料成分不一致。采用合金镀料蒸镀合金薄膜时，初始蒸发薄膜中高蒸气压的组分较多，而随着蒸发材料的减少，薄膜中低蒸气压的组分会逐步增高，造成合金薄膜在厚度方向上的成分变化。为了消除这种液态合金分馏产生的合金薄膜成分偏差，在蒸镀工艺中通常采用如下工艺方法：

（1）多源蒸发　在蒸发室中设置多个独立控制的蒸发源分别对组成合金的单质材料进行蒸发，通过控制各蒸发源的温度和蒸发速率获得需要成分比的合金薄膜。

（2）瞬时蒸发　对于电阻蒸发源，可以将与薄膜成分相同的合金制成粉末或细颗粒，并逐步添加到保持高温的蒸发源中，保证蒸发源中的蒸发材料在很短时间内完全蒸发后再加入新料，从而达到蒸镀薄膜与蒸发料合金的一致。

（3）固体蒸发　对于一些在固态就可达到蒸发气压的可升华材料，如 Cr、Zn 等，由于固态合金中组分的扩散速率远低于蒸发速率，蒸发表面的组分和面积的改变很快会达到稳定态，因而也可得到与蒸发材料成分相同的合金薄膜。Ni-Cr 合金薄膜就常采用这种方法制备。

（4）高能量密度束蒸发　采用激光束等高能量密度束对固态合金蒸发材料进行蒸发时，由于蒸发材料表面材料的各组分迅速气化而不产生分馏现象，从而保证了薄膜与蒸发材料具有相同的化学成分。

2. 化合物蒸镀

采用化合物蒸发材料蒸镀薄膜时，一些化合物会在高温下分解，从而造成其中的高蒸气压组分（如气体组分）的降低，如在 MgO、Al_2O_3 蒸镀薄膜中形成 MgO_{1-x}、Al_2O_{3-x}。对此，除了控制蒸发源的温度不能过高外，还可以采用在真空室中加入反应气体的方式以补充气体组分的损失。另外，由于许多化合物，如氧化物、碳化物、氮化物等都有很高的熔点，采用直接加热蒸发工艺有一定困难，制取这些化合物薄膜通常采用“反应蒸镀法”，即在蒸发金属等单质材料的同时，对真空室充入 O_2、CH_4 或 N_2 等气体，使两者反应形成化合物并沉积成膜，从而可以获得各种化合物薄膜。实际上，多数化合物薄膜如 Al_2O_3、Cr_2O_3、SiO_2、TiC、SiC、TiN、ZrN 等，大多是采用反应蒸镀法获得的。

9.2.5 分子束外延

分子束外延（Molecular Beam Epitaxy，MBE）是在真空蒸发镀膜基础上通过改进和提高而形成的新成膜技术。其工艺特征为：在超高真空中（气压 $<10^{-6}$ Pa），通过精确控制各组分元素的分子束流，喷射到一定温度的基片表面，并在基片表面实现薄膜与基片的共格外延生长。

外延是一种单晶薄膜的制备技术，指的是薄膜沿基片原有的晶格生长，形成外延层。若外延层与基片为同种材料，则称为同质外延，如在单晶硅上的硅外延层等；若外延层与基片为不同材料，则称为异质外延，如蓝宝石上外延硅层等。从晶体学上看，外延层与基片具有共格界面。对于外延层与基片具有相同晶体结构的材料组合，可以在晶体的任何晶面上形成共格界面，但通常是在低指数的密排生长面上形成共格界面。同质外延时，因外延层与基片是同一种材料，共格界面不存在界面应力。而对于异质外延层，由于基片与外延层存在晶格常数差异造成的错配，在界面上会产生一定的共格应力。当错配度大时（>15%），外延层难以形成。

分子束外延的设备复杂，控制精确，价格昂贵，其组成主要有：提供超高真空的真空系统、精确控制蒸发分子束的多个蒸发源、可加热的基片架，以及四极质谱仪、俄歇电子能谱仪、膜厚测试仪等多种可原位观察和控制薄膜生长的分析测试系统，从而可实现用计算机控制薄膜生长的自动化。

与通常的蒸发蒸镀膜相比，分子束外延有如下特点：

1）高真空生长，薄膜纯度高，并可实现组分和掺杂浓度的精确控制和迅速调整。

2）薄膜生长速率低，约 1~10μm/h，相当于每秒生长一个单原子层。

3）低温制取单晶薄膜，如在 500℃可以生长 Si 单晶，500~600℃可以生长 GaAs 单晶薄膜。

4）易观察，易控制。因分子束外延技术采用了多种观察和分析测试仪器，可以实现薄膜生长过程的原位观察与控制，有利于薄膜的质量控制和进行科学研究。

分子束外延制膜技术特别有利于生长复杂剖面结构的薄膜。该技术已在半导体单晶膜外延、掺杂方面获得良好效果，在半导体器件、固体微波器件、光电器件和多层周期结构器件等许多先进科学领域中取得成功。

9.3 溅射镀膜

带有几十电子伏以上动能的荷能粒子轰击固体材料时，材料表面的原子或分子会获得足够的能量而脱离固体的束缚逸出到气相中，这一现象称为溅射。而把溅射到气相中的材料收集起来，使之沉积成膜，则称为溅射镀膜。

9.3.1 溅射镀膜的原理

1. 溅射现象

在溅射过程中，由于离子易于获得并易于通过电磁场进行加速和偏转，所以溅射镀膜的荷能粒子通常为离子。而被轰击材料称为靶，靶受到离子轰击时，除了会产生溅射现象外，还会与离子发生许多相互作用，如图 9-7 所示。

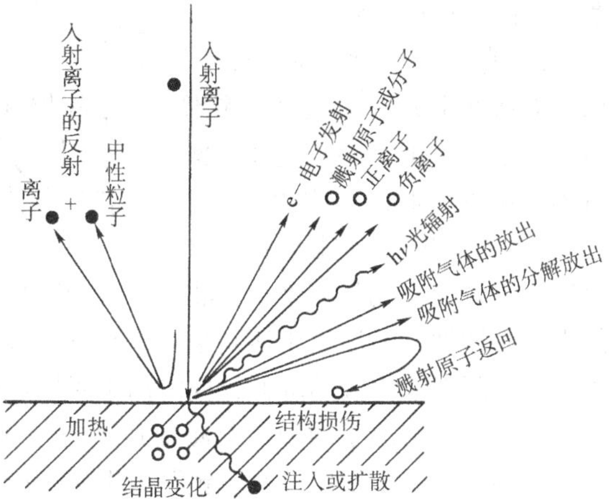

图 9-7 离子和固体表面的相互作用

对于溅射的机制，早期的理论模型为能量传递的热蒸发理论，认为入射离子轰击到靶面上导致局部区域温升，从而使轰击区的靶原子或分子热运动加剧，当其热运动的动能超过表面原子或分子的结合能（升华热）时，便从表面蒸发逸出。这种理论模型由于后来发现单晶靶溅射出来粒子的角分布不满足余弦规律而被否定。

目前的溅射理论采用的是动量传递的级联碰撞（也称连锁冲撞）模型。在级联碰撞模型中，把靶内的原子（或分子）看作是以晶格排列的刚体球，那么，当相邻晶格原子的间距小于两倍晶格原子的直径时，外来冲撞将会使晶格原子的运动聚焦，从而造成动量积聚，使晶格中的表面原子逸出，形成溅射。图 9-8 示出了晶格原子受到冲撞时的聚焦过程。

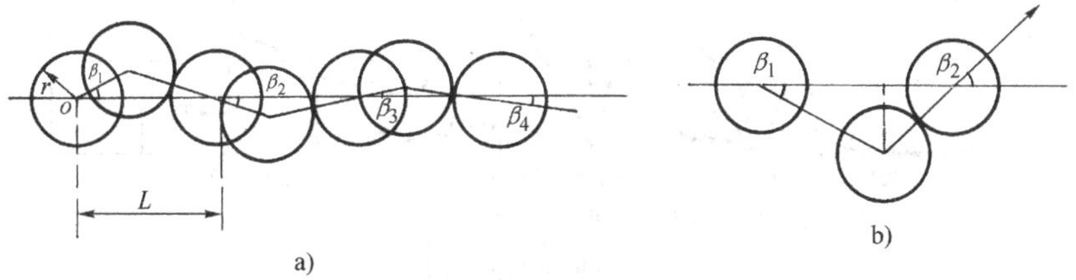

图 9-8 级联碰撞动量积聚的一维模型

a）聚焦 b）发散

2. 溅射速率

一个入射离子所溅射出的原子个数称为溅射速率或溅射产额，其单位为原子个数/离子。显然，溅射速率越高，沉积成膜的速度也越高。影响溅射速率的因素有很多，主要考虑如下方面：

（1）入射离子 入射离子的种类、所具有的能量和入射角都会影响溅射速率。图 9-9 示出了入射离子能量和溅射速率的关系。由图中可以看到：

1）存在一个溅射阈值，当离子能量低于溅射阈值时，溅射不会发生。对于大多数金属，溅射阈值在 20～40eV 范围内。

2）当入射离子能量超过阈值后，溅射速率先是随离子能量的提高而增加，而后逐步达到饱和。当进一步提高入射离子的能量到数万电子伏以上时，溅射速率开始降低，此时离子对靶产生注入效应。

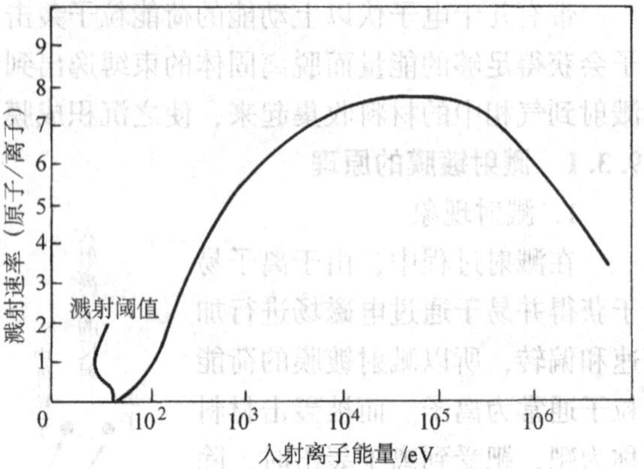

图 9-9 溅射速率与入射离子能量的关系

另外，入射离子的种类对溅射速率也有重要影响，图 9-10 示出了在 45keV 下的各种入射离子对银、铜、钽靶轰击时所产生的溅射速率。由图可见，随入射离子质量的增大，靶的溅射率总体呈增加趋势，并且与元素的化学周期性呈对应

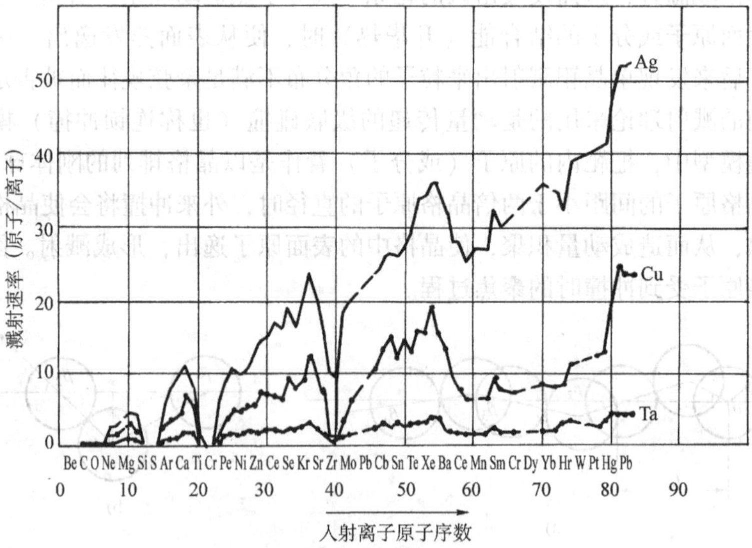

图 9-10 45keV 下的各种入射离子对银、铜、钽靶轰击时所产生的溅射速率

关系。在相应于 Ne、Ar、Kr、Xe 等惰性气体的离子对靶进行溅射时，靶的溅射产额出现峰值。在通常的溅射装置中，从经济上考虑，多采用氩离子作为溅射离子。

（2）靶　溅射速率与靶材物质也有重要关系。从图 9-10 中可以看出，对于同样种类和能量的入射离子，在 Ag、Cu、Ta 靶上轰击下来的溅射原子数有很大差异。实际上，与入射离子一样，纯金属靶材物质对溅射速率也表现出某种周期性：即随靶材原子 *d* 壳层电子填满程度的增加，溅射速率变大。如 Cu、Ag、Au 等金属的溅射速率最高，而 Ti、Zr、Nb、Mo、Hf、Ta、W 等金属的溅射速率最低。表 9-3 给出了不同能量 Ne^+、Ar^+ 离子对各种元素轰击时的溅射速率。

表 9-3　各种元素的溅射速率

离子 / 靶	Ne^+/eV				Ar^+/eV			
	100	200	300	600	100	200	300	600
Be	0.012	0.10	0.26	0.56	0.074	0.18	0.29	0.80
Al	0.031	0.24	0.43	0.83	0.11	0.35	0.65	1.24
Si	0.034	0.13	0.25	0.54	0.07	0.18	0.31	0.53
Ti	0.08	0.22	0.30	0.45	0.081	0.22	0.33	0.58
V	0.06	0.17	0.36	0.55	0.11	0.31	0.41	0.70
Cr	0.18	0.49	0.73	1.05	0.30	0.67	0.87	1.30
Fe	0.18	0.38	0.62	0.97	0.20	0.53	0.76	1.26
Co	0.084	0.41	0.64	0.99	0.15	0.57	0.81	1.36
Ni	0.22	0.46	0.65	1.34	0.28	0.66	0.95	1.52
Cu	0.26	0.84	1.20	2.00	0.48	1.10	1.59	2.30
Ge	0.12	0.32	0.48	0.82	0.22	0.50	0.74	1.22
Zr	0.054	0.17	0.27	0.42	0.12	0.28	0.41	0.75
Nb	0.051	0.16	0.23	0.42	0.068	0.25	0.40	0.65
Mo	0.10	0.24	0.34	0.54	0.13	0.40	0.58	0.93
Ru	0.078	0.26	0.38	0.67	0.14	0.41	0.68	1.30
Rh	0.081	0.36	0.52	0.77	0.19	0.55	0.86	1.46
Pd	0.14	0.59	0.82	1.32	0.42	1.00	1.41	2.39
Ag	0.27	1.00	1.30	1.98	0.63	1.58	2.20	3.40
Hf	0.057	0.15	0.22	0.39	0.16	0.35	0.48	0.83
Ta	0.056	0.13	0.18	0.30	0.10	0.28	0.41	0.62
W	0.038	0.13	0.18	0.32	0.068	0.29	0.40	0.62
Re	0.04	0.15	0.24	0.42	0.10	0.37	0.56	0.91

除了以上两个重要因素外，溅射速率还与离子的入射角以及靶材的温度等有一定关系。

3. 溅射原子的能量

与热蒸发原子具有 10^{-1}eV 动能（在 300K 大约为 0.04eV，在 1 500K 大约为 0.2eV）相比，离子轰击产生的溅射原子的动能要大得多，一般为 1 ~ 10eV，是蒸发原子的 10 ~ 100 倍。图 9-11 示出了用 900eV 的 Ar^+ 离子分别垂直轰击 Al、Cu、Ti、Ni 靶时溅射原子的能量分布。

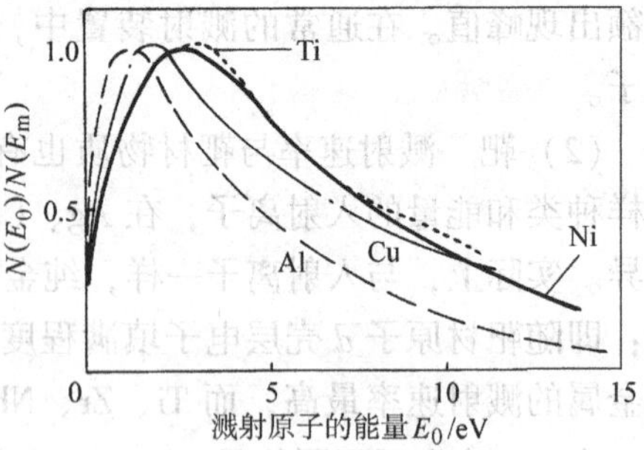

图 9-11　900eV 的 Ar^+ 离子垂直轰击 Al、Cu、Ni 靶时，溅射原子的能量分布

9.3.2　气体的辉光放电

溅射所需要的轰击离子通常采用辉光放电获得。辉光放电是气体放电的一种类型，是一种稳定的自持放电。在真空室内安置两个电极，阴极为冷电极，通入压力为 0.1 ~ 10Pa 的气体（通常为 Ar）。当外加直流高压超过着火电压（起始放电电压）时，气体就被击穿，由绝缘体变成良好导体，两极间电流突然上升，电压下降，此时两极间会出现明暗相间的光层。这种气体的放电称为辉光放电，放电产生等离子体。图 9-12 为辉光放电的示意图。由图可见，辉光放电存在光强度不同的光层。这些明暗相间的光层可以分为不同的区域。在这些区域中，最重要的是阴极位降区，它包括阿斯顿暗区、阴极辉光区和克鲁克斯暗区三个区域。这一区域所产生的压降为两极间压降的主要部分，辉光放电的基本过程也在此区域形成：由于电场的作用，辉光放电中的离子向阴极运动，在阴极压降区获得能量并加速，轰击到阴极表面（靶）上后，产生溅射和其他物理化学现象。其中轰击出的二次电子在阴极暗区电场的作用下，获得能量并加速向阳极运动。这些电子获得足够的能量后，在与气体分子的碰撞中使气体分子激发电离。受激分子中的电子辐射跃迁引起发光，而电离形成的气体离子再向阳极运动，从而维持气体放电。

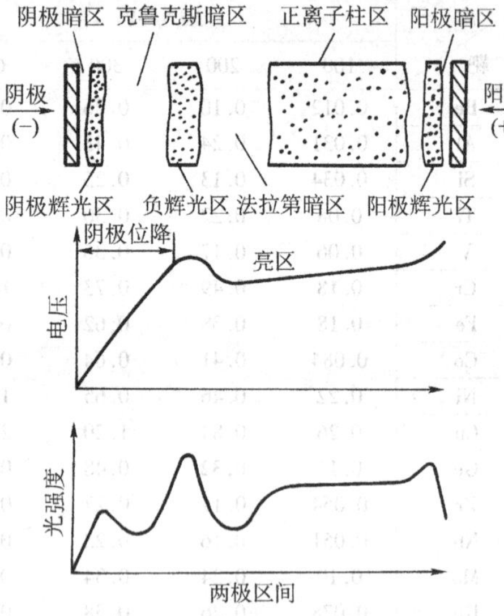

图 9-12　辉光放电示意图

辉光放电可分为正常辉光放电和异常辉光放电两类。正常辉光放电时，由于辉光放电的电流还未大到足以使阴极表面全部布满辉光，因而随电流的增大，阴极的辉光面积成比例地增大，而电流密度和阴极位降则不随电流的变化而变化。异常辉光放电时，阴极表面已全部布满辉光，电流的进一步增大，必然需要提高阴极压降并提高电流密度。此时，轰击阴极的离子数目和动能都比正常辉光放电时大为增加，在阴极发生的溅射作用也强烈得多。

9.3.3 溅射镀膜的工艺方法

1. 二极直流溅射镀膜

溅射镀膜法中最简单的方式是二极直流溅射。图9-13示出了这种镀膜方式的装置示意图。

在二极直流溅射镀膜装置中，被镀材料制成大面积的靶，装在阴极2上，被镀工件（基片）5置于装有加热器的基片架（阳极）6上。先将真空室内的真空抽至$10^{-3} \sim 10^{-4}$ Pa，然后通过气体入口充入流动的工作气体（一般为Ar），并维持在约1～10Pa的压力范围。在两极间加上数百伏的电压，使工作气体形成辉光放电，所产生的离子轰击靶材，实现溅射镀膜。

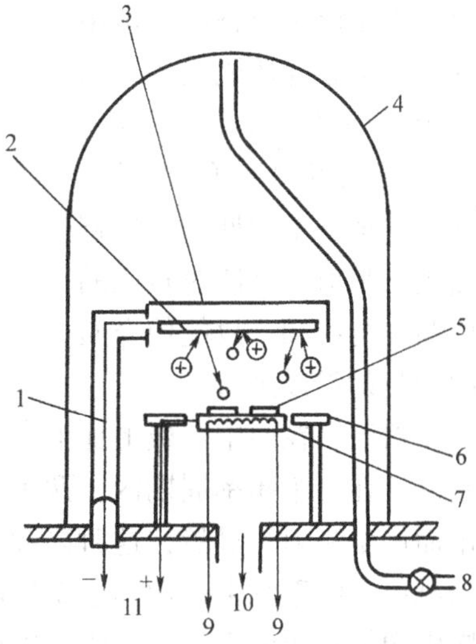

图9-13 二极直流溅射镀膜装置
1—高压线 2—阴极（靶） 3—阴极屏蔽 4—钟罩 5—基片 6—阳极 7—基片加热器 8—氩气入口 9—加热电源 10—至真空系统 11—高压电源

二极直流溅射镀膜法的优点是装置简单，操作方便，可以在大面积的基片上制取均匀的薄膜，并可以溅射难熔材料等。但是这种方法存在镀膜沉积速率低、只能溅射金属等导电材料等缺点。因而未经改进的二极直流溅射仅在实验室内使用，很少用于生产。

溅射镀膜的速率取决于溅射电压和电流，并与靶与基片的距离以及真空室内的气体压强有关。虽然从理论上讲增加溅射的电压和电流可以提高靶的溅射速率，但是，由于辉光放电所需的真空度较低，而且为维持辉光放电，靶与基片的距离不能小于阴极压降区的长度（一般是其两倍）。溅射原子在从靶面运动到基片表面的过程中会受到气体粒子的散射而不能到达基片表面，因而溅射速率提高后并不能显著提高薄膜的沉积速率。

二极直流溅射的另一个问题是只能溅射金属等导电材料，而不能溅射介质材料。其原因在于轰击于介质靶材表面的离子电荷无法中和而造成靶面电位升高所致。外加电压几乎都加在靶上，极间电位降低，离子的加速和电离迅速减小，直至放电停止。为此，发展了可以溅射介质靶的射频溅射法。

2. 射频溅射镀膜

射频溅射是采用高频电磁辐射来维持低压气体辉光放电的一种镀膜法。射频溅射的原理示于图9-14所示。图中阴极的表面安装上介质靶，这样，加上高频交流电压后，在一个频率周期内正离子和电子可以交替地轰击靶表，从而保持气体放电的维持，实现溅射介质材料的目的。当靶电极为高频电压负半周期时，正离子对靶面进行轰击引起溅射，并在靶面产生正电荷的积累，如图 9-14a 所示。当靶处于高频电压正半周期时，由于电子对靶的轰击中和了积累于介质靶表面上的正电荷（图 9-14b），就为下一周期的溅射创造了条件。这样一个周期内介质靶面既有溅射，又能对积累的电荷进行中和，故能使介质靶的溅射得以进行。

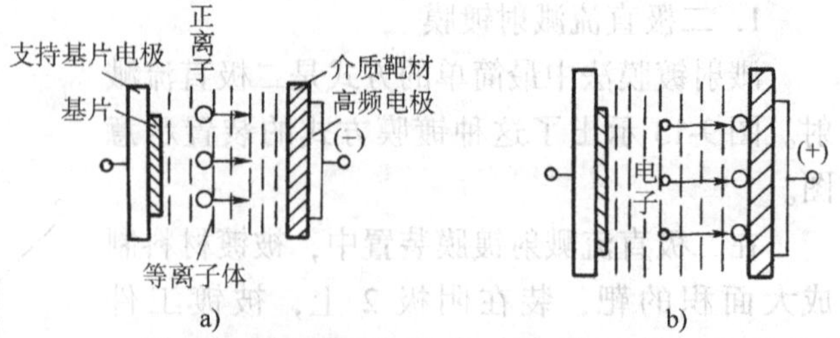

图 9-14　射频溅射原理图
a）负半周　b）正半周

然而，在两个电极上加上高频电压产生辉光放电时，两个电极都会产生阴极暗区，在一个频率周期内，两个电极都将交替成为阴极和阳极，并受到正离子轰击而产生溅射。显然，这时高频溅射是无法在基片表面沉积薄膜的。因此，实用的溅射镀膜系统常采用两个金属电极面积大小不等，形成非对称平板结构。把高频电源接在小电极上，而将大电极和屏蔽遮板等相连后接地作为另一极，这样，在小电极表面产生的阴极压降就比大电极的阴极压降大得多。由于阴极压降的大小决定轰击电极离子的能量，当大电极的面积大到足以使轰击其的离子能量小于溅射阈能时，则在大电极上就不会发生溅射。因而，只在小电极上装上靶，而将基片置于大电极上，就可实现高频溅射镀膜，其采用的频率为 13.56MHz。

3．三极溅射与磁控溅射

由二极溅射的原理可知，由于产生溅射时的气压较高，溅射原子在飞向基片的过程中会受到散射而降低成膜速率。此外，作为阳极的基片受到能量较高的电子的轰击而升温以及在较高的溅射气压下气体分子进入膜层都将影响沉积薄膜的质量。显然，溅射镀膜如能在更低气压下进行，将能得到更好的薄膜。但是气压降低后，由于电子和气体分子平均自由程的提高将减少电子与气体分子的有效碰撞，造成阴极位降区扩大，辉光放电不能维持，溅射过程中断。这一问题，可以从增加阴极位降区的电子数量和延长电子在阴极位降区的行程两个方面加以解决。

在阴极位降区中增加一个热阴极，形成三极镀膜系统。该系统中，由钨丝或钍钨丝制成的灯丝（热阴极）向阴极压降区发热电子，由此空间电子增多，有效碰撞率提高，辉光放电可以在低气压下维持，因而可以在 $10^{-1}\sim10^{-2}$Pa 的气压下进行溅射镀膜，沉积薄膜的气体含量低，膜层质量较好。

更为重要和常用的提高溅射薄膜质量和沉积速率的方法是磁控溅射法。磁控溅射是简单地在靶的后背上装上一组永磁体，如图 9-15 所示，从而在靶的表面形成磁场，使部分磁力线平行于靶面。由此，原本在二极溅射中，靶面发射的电子在受到电场力直线飞离靶面的过程中又将受到磁场的洛仑磁力作用而返回靶面，由此反复形成“跨栏式”运动，并不断与气体分子发生碰撞，把能量传递给气体分子并使之电离，而其本身变为低能电子，并经过多次碰撞后最终沿磁力线漂移到阴极附近的辅助阳极被中和吸收。这些电子通常要经过上百米的飞行，也避免了对基片的强烈轰击。由于磁控溅射中电子运动行程的大大延长，显著地提高了阴极位降区中的电子密度，从而可使溅射气压降低一个数量级为 $10^{-2} \sim 10^{-1}$Pa。而薄膜的沉积速率也提高了一个数量级，达到了提高薄膜沉积速率、减少膜层气体含量和降低基片温升的目的。

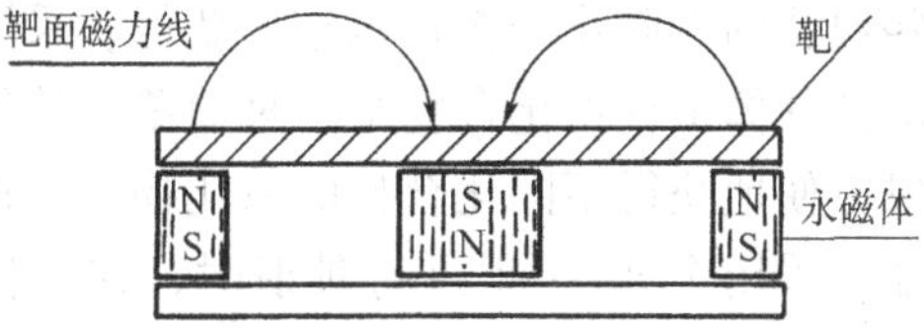

图 9-15　平面磁控靶的结构

在 20 世纪 70 年代磁控溅射技术出现以前，真空蒸镀技术由于其高沉积速率而成为气相沉积技术的主要方法，而目前由于磁控溅射法的薄膜沉积速率已达到与蒸镀相当的水平，从而使具有制膜种类多、工艺简便的磁控溅射技术成为了目前工业中最常用的物理气相沉积技术。

4．合金溅射

与真空蒸镀中蒸发材料的饱和蒸气压的差异会引起合金薄膜成分的重大变化，而溅射薄膜的成分与靶的成分差异较小。对于合金靶而言，一般可以认为薄膜与靶材成分相一致。对于一个由 A、B 两相组成的合金靶，其 A、B 两相的表面积一定。溅射初期，由于 A、B 两相的溅射速率不同，溅射速率高的相会溅射得较快，从而减小其表面积，经过一段时间后，高溅射速率相的表面积减小，而低溅射速率相的表面积增大，达到平衡后，薄膜中的成分就与靶的成分基本一致。

在某些情况下，不易得到大面积均匀的特定成分合金靶，则可采用单元素靶或合金靶组成复合靶，经过对复合靶中各组成物溅射速率的确定，计算出各组成物的表面积，从而获得所需成分的薄膜。图9-16示出了各种不同结构的复合靶。

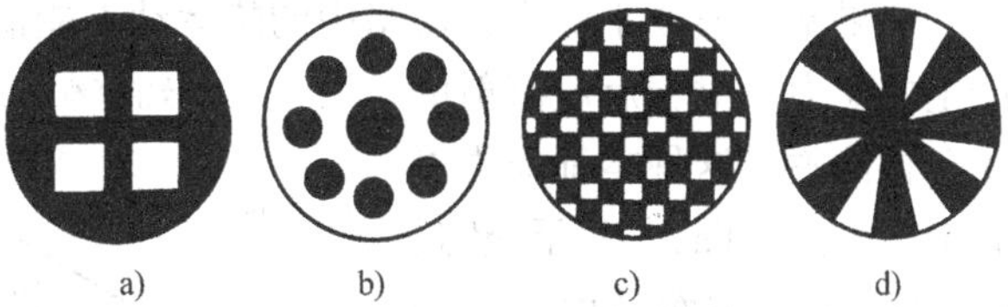

图 9-16　各种不同结构的复合靶
a）方块镶嵌靶　b）圆块镶嵌靶
c）小方块镶嵌靶　d）扇形镶嵌靶

5．反应溅射

采用射频溅射技术可以比较容易地采用化合物靶来制取 SiO_2、Al_2O_3、TiN、Si_3N_4 等蒸气压较低的绝缘体化合物薄膜。但是采用化合物靶制取薄膜时，多数情况下所获得的薄膜成分与靶材化合物的成分有一定偏离。其原因是溅射时部分化合物分子的化学键被击断后高蒸气压的气体分子会有一部分逃逸。另外，化合物靶的溅射速率一般比较低，也降低了生产效率，并且由于工艺和成本原因，有些块状的大面化合物靶也难以获得。采用单质靶溅射并在放电气体中通入一定的活性气体来获得化合物是一种简单有效的工艺方法，称为反应溅射。反应溅射可以方便地获得不同化合价的氧化物、氮化物、碳化物、氢化物等化合物薄膜。例如，采用金属 Ti 靶进行溅射时，在工作气体 Ar 中加入一定量的反应气体 N_2、CH_4 或 O_2，就可以分别得到 TiN、TiC、TiO_2 化合物薄膜，并且通过控制反应气体的分压还可以控制所得到化合物的成分、晶体结构和生长方式。

在反应溅射镀膜中，溅射原子和反应气体的分子都具有较高的活性，形成化合物时不需要克服很高的能垒，反应易于进行。反应溅射中化合物的形成可能在基片表面、空中和靶的表面进行。溅射原子和反应气体在空中碰撞时，由于形成化合物后的能量无法释放，所以即使形成了化合物也是不稳定的。一般认为，到达基片的溅射原子和活性气体在基片上产生反应是化合物形成的重要方式。但是，由于在放电气体中存在活性气体，溅射靶的新鲜表面上也会发生反应。尤其在活性反应气体分压高的时候，靶表面因反应形成的化合物导电性较差，会导致直流溅射的溅射速率大大下降，溅射电压上升，电流下降，通常把这种现象称为“靶中毒”。

9.3.4 溅射薄膜的生长特点

溅射法制取薄膜时，由于到达基片的溅射粒子（原子，分子，及其团簇）的能量比蒸发镀膜大得多，因而会给薄膜的生长和性质带来一系列影响。首先，高能量溅射粒子的轰击会造成基片温度的上升和内应力的增加。溅射薄膜的内应力主要来自两个方面。一方面是本征应力，因溅射粒子沉积于正在生长的薄膜表面的同时，其带有的能量也对薄膜的生长表面带来冲击，造成薄膜表面晶格的畸变。如果基片温度不够高，晶格中的热运动不能消除这种晶格畸变，就在薄膜中产生内应力。对于反应溅射的化合物薄膜，这种本征应力可高达几个 GPa，甚至超过 10GPa。另一方面是由于薄膜与基片热膨胀系数的差异所致，在较高温度镀膜后冷至室温，也会使薄膜产生热应力。内应力的存在会改变薄膜的硬度、弹性模量等力学性能，以及薄膜与基片的结合力。对于 TiN 等硬质薄膜，由于存在巨大的内应力，并且这种内应力

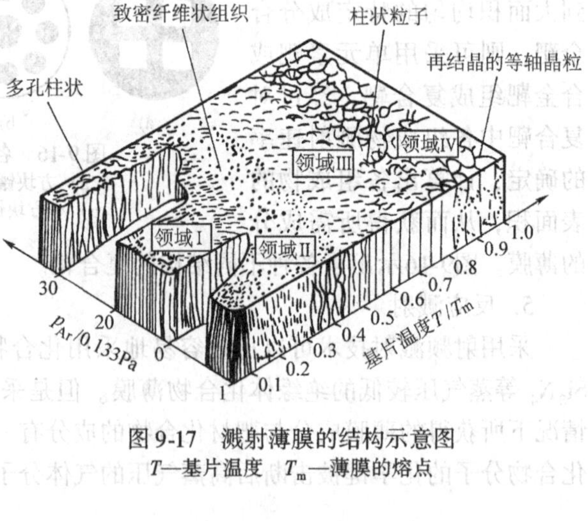

图 9-17 溅射薄膜的结构示意图
T—基片温度 T_m—薄膜的熔点

会随薄膜厚度的增加而增加，因而在厚度增加后（如 >5μm）有时硬质薄膜会自动从基片上剥落。

溅射粒子的能量与溅射电压、真空室气体的压强以及靶和基片的距离有关，因而溅射薄膜的生长也与上述因素相关。此外，基片温度对溅射粒子的能量释放和生长中薄膜的晶格热运动有关，因此也会影响薄膜的生长结构。图 9-17 形象地示出了溅射气体压力和基片温度与薄膜生长结构之间的关系。由图可见，随基片温度的增加，溅射薄膜经历了从多孔结构、致密纤维组织（非晶态）、柱状晶到再结晶等轴晶的变化。还应指出，溅射的晶体薄膜经常产生强烈的织构，织构的择优取向通常为晶体的密排面平行于薄膜的生长表面。

9.4 离子镀膜

离子镀膜简称离子镀，是在真空条件下利用气体放电使被气化的物质部分离子化，并在这些荷能粒子轰击基体表面的同时沉积于其上并形成薄膜的一种气相沉积方法。离子镀中被部分电离的沉积材料可以由蒸发源、溅射源或气源提供，但通常是由产生汽化材料速率高、种类多且方便获得的蒸发源提供。离子镀兼具蒸发镀膜的沉积速率高和溅射镀膜沉积粒子能量高（实际上比溅射粒子能量高得多）的特点，并且特别具有膜层与基体结合力强、绕射性好、可镀材料广泛等优点。因而，该项技术自 20 世纪 60 年代实现以来获得了迅速的发展，并进一步产生了离子束沉积、离子束辅助沉积和离子束增强沉积等多种镀膜技术。

Moley 等人研究成功空心阴极离子镀，1976 年日本真空技术公司的小宫宗治将这一术实用化，1979 年该公司将一系列定型设备投放市场。此后，空心阴极离子镀进入表面技术发展阶段。

我国是 1979 年开始研究离子镀的，1982 年试制成功小型设备。1985 年我国离子镀设备在生产中还没有充分发挥作用时，又刮起冷阴极电弧离子镀热潮，于是纷纷试制这类设备投放市场。1989 年我国仿制热丝电弧离子镀设备成功，并成为原机电部定型产品。上述三种离子镀设备都用于高速钢刀具上镀氮化钛硬质膜。

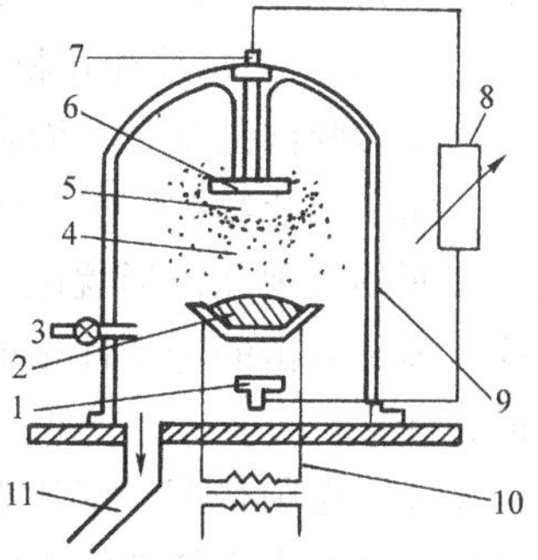

图 9-18　直流二极型离子镀示意图
1—阳极　2—蒸发源　3—进气口
4—辉光放电区　5—阴极暗区
6—基片　7—绝缘支架
8—直流电源（1 ~ 5kV）　9—真空室
10—蒸发电源　11—真空系统

9.4.1 离子镀膜的原理与装置

图 9-18 为基本的直流二极离子镀装置示意图。镀膜时，基片装在阴极上，当真空室的真空度达到 10^{-3} Pa 以上后，对真空室中通入工作气体（如 Ar），使其气压达到气体放电气压（10^{-1} ~

10^0Pa)。接通高压电源，从而在蒸发源与基片之间建立一个低压气体放电的低温等离子区。基片电极上所接的是数百伏至数千伏的直流高压，从而构成辉光放电的阴极。按照辉光放电的原理，作为基片的阴极，将受到惰性气体电离后产生的离子轰击，对基片表面进行溅射清洗，以去除基片表面的吸附气体和氧化膜等污染物。在随后的离子镀膜过程中，先使蒸发源中的蒸发料蒸发，气化后的蒸发粒子进入等离子区与电子以及离子化或激发的惰性气体碰撞，引起蒸发粒子离子化。在这一过程中，蒸发粒子只有部分离子化，大部分粒子达不到离子化的能量而处于激发态，从而发出特定颜色的光。这些带有较高能量的镀料粒子与气体离子一起受到电场加速后轰击到基片的表面，在基片上同时产生溅射效应和沉积效应。由于沉积效应大于溅射效应，故能够在基片上形成薄膜。并且，在离子镀中，生长着的薄膜表面一直受到荷能粒子的轰击。由此可见，离子镀的两个必要条件：一是要在基片前方形成一个气体放电的空间；二是要将镀料气化后的粒子(原子、分子及其团簇）引入气体放电空间并使其部分离子化。离子镀自1963年问世以来，通过放电形成方式和镀料蒸发方式的改变，衍生了多种离子镀的工艺方法，如空心阴极离子镀、多弧离子镀、成型枪电子束离子镀等，并在工业中得到广泛应用。

与反应蒸镀和反应溅射一样，在离子镀过程中对真空室内导入部分反应气体如 N_2、O_2、CH_4 等，就可以在基片上形成各种化合物薄膜，称为反应离子镀。与反应蒸镀和反应溅射相比，离子镀中的沉积材料由于部分被离子化并具有很高的能量，而且反应气体也会部分离子化，因而产生化合物更为容易。

9.4.2 离子镀膜层的特点

由于薄膜在形成和生长的过程中始终受到荷能粒子的轰击，使离子镀薄膜与蒸镀和溅射薄膜相比具有许多不同的特点，这些特点主要体现在如下几个方面。

1. 离子轰击对基片和膜/基界面的作用

离子镀膜前的基片表面首先受到工作气体离子的轰击，在轰击中基片表面的吸附气体、氧化物被溅射去除，使基片露出新鲜表面，并在表面上产生晶体学缺陷，表面的微观几何形貌也会改变，并且伴随着基片温度的升高。对于合金材料基片，离子轰击的选择性溅射会使基片表面高溅射率相的面积减小，造成基片表面成分变化。

在离子镀膜初期，基片表面产生的溅射原子会在气体放电区中受到碰撞而返回基片，加上表面初期沉积的原子受到荷能粒子的轰击产生的反冲注入效应，将使膜/基界面形成一个厚度可达数百纳米的成分过渡区，称为伪扩散层。伪扩散层的形成展宽了膜/基结合的界面，十分有利于薄膜界面结合力的提高。因而，离子镀薄膜的结合力远高于蒸镀薄膜和溅射薄膜。在机械工业中的工模具硬质薄膜大多采用离子镀膜技术，离子镀膜的结合力高就是其中的重要因素。

2. 离子轰击对薄膜生长的作用

在离子镀薄膜生长过程中，薄膜的表面始终受到荷能粒子的轰击，从而对薄膜的生长方式以及由此得到的微结构和性能都会带来重要影响。

首先，荷能粒子的轰击会将沉积于薄膜表面结合松散的原子去除，从而降低薄膜的针孔缺陷，提高致密度。另外荷能粒子的轰击还会改变薄膜的晶体结构，减少薄膜的柱状晶，取而代之的是均匀的颗粒状晶体。在薄膜的性能方面，荷能粒子的轰击带来的最大且最显而易见的影响之一就是对薄膜残余内应力的影响。一般说来，真空蒸镀薄膜具有拉应力，溅射薄膜具有压应力。薄膜生长中受到荷能粒子轰击使原子偏离其平衡位置，而基片温度较低时原子不能通过热运动回复到平衡位置就会在薄膜中产生压应力。离子镀中荷能粒子轰击生长中的薄膜表面时，强迫原子处于非平衡位置会造成薄膜内应力上升；而荷能粒子轰击所造成的薄膜表面温度上升，则有利于非平衡位置上的原子回复到平衡位置而减小薄膜应力。一般说来，离子镀薄膜存在压应力，材料熔点越高，荷能粒子的轰击越容易使其压应力增加。薄膜存在合适的压应力在多数情况下是有益的，因为处于压缩状态下的材料裂纹不易扩展。

3. 绕射性

与蒸发镀膜和溅射镀膜相比，离子镀膜还有一个重要的优点是具有较好的绕射性。在蒸发镀膜和溅射镀膜中，镀料原子是从蒸发源和靶面直射基片的，形成所谓“视线加工”。而基片表面的不平整或工件几何形状的遮挡会造成薄膜生长的阴影效应，使部分区域不能接受镀料或形成薄膜疏松生长。在离子镀中，基片或工件处于阴极，电力线的分布将使带电粒子可到达某些视线加工时难以到达的位置，薄膜沉积较为均匀。

9.4.3 其他采用离子的镀膜方法

离子镀主要指的是镀料在基片前气体放电区部分离子化后沉积于基片的镀膜方法。基于这种高能离子的轰击和沉积效应，又发展了一些新的采用离子轰击基片的薄膜制备方法。

1. 离子束沉积

离子束沉积是由离子源将固体物质离子化，并由电磁方式输送、聚集成离子束直接轰击到基片上并沉积而形成薄膜的一种薄膜制备方法。由于是以离子束直接成膜，又称为一次离子束沉积，以区别于由离子束轰击靶材产生溅射镀膜的二次离子束沉积。离子束沉积的关键在于所使用的离子束能量应足够低，大约为100eV，以保证离子轰击基片时主要产生的是沉积效应而不是溅射效应。另外，离子束沉积所采用的离子束不是气体物质离子而是固体物质离子，通常为金属，因此对于这种离子源要有特殊要求。

离子束沉积的沉积速率较低，但它能很好地控制沉积离子的能量，并且沉积到基片上以前，可以经过质谱分析、偏转和聚焦等过程来控制生长而得到高纯度的薄膜，并有利于控制薄膜的生长结构。这种成膜技术还可实现无掩膜沉积，用于制造微机械和微电路元器件。

2. 离子束辅助沉积和离子束增强沉积

在由蒸发或溅射原子提供镀料进行沉积的过程中，同时采用离子束向基片上的薄膜生长面进行轰击，就形成离子束辅助沉积和离子束增强沉积。图 9-19 为这种沉积方法的示意图。

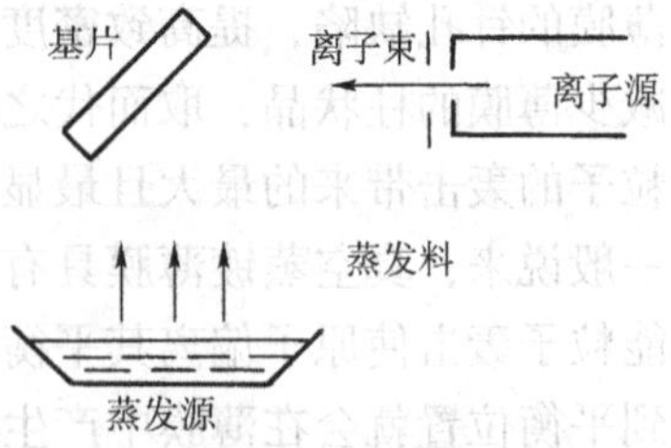

图 9-19 离子束辅助沉积示意图

采用 2 000eV（通常为数百 eV）以下较低能量的离子对薄膜生长面进行轰击，称为离子束辅助沉积。离子束辅助沉积可以改变薄膜的生长结构和内应力，亦可通过离子束中的固态物质离子和气态物质离子与蒸发原子形成化合物而得到化合物薄膜。其实，由于轰击离子的能量与普通离子镀中荷能粒子的能量相当，均为数十到数百电子伏，所以离子束辅助沉积薄膜同时具有普通离子镀的特征，如形成伪扩散层等。

如果将离子束的能量大大提高到产生注入效应的水平（20～40keV），就可以使镀料同时产生沉积效应和注入效应。在此双重作用下，在基片表面沉积的薄膜材料因受到高能离子的轰击作用被反冲进入到基片内层，从而在膜/基界面形成基体材料和沉积材料的混合层，展宽了界面，界面宽度可达到 100～300nm，从而大大提高了薄膜的结合力。这种采用高能离子束辅助沉积的方法也称为离子束增强沉积。

在离子束辅助沉积和离子束增强沉积中，也可以由离子束提供反应材料，与沉积材料进行反应形成化合物。

9.4.4 离子镀的应用

离子镀具有沉积速率快、膜层质量高和膜/基结合力强等许多突出的优点，因而在工业中得到广泛应用。表 9-4 列出了一些离子镀技术的应用。

表 9-4 离子镀技术的应用

镀层材料	基体材料	功能	应用
Al, Zn, Cd	高强钢，低碳钢螺栓	耐蚀	飞机，船舶，一般结构用件
Al, W, Ti, TiC	一般钢，特殊钢，不锈钢	耐热	排气管，枪炮，耐热金属材料
Au, Ag, TiN, TiC, Al, Cr, Cr-N, Cr-C	不锈钢，黄铜 塑料 型钢，低碳钢	装饰	手表，装饰物（着色） 模具，机器零件
TiN, TiC, TiCN, TiAlN, HfN, ZrN, Al_2O_3, Si_3N_4, BN, DLC, TiHfN	高速钢，硬质合金	耐磨	刀具，模具

（续）

镀层材料	基体材料	功能	应用
Ni，Cu，Cr	ABS 树脂	装饰	汽车，电工，塑料，零件
Au，Ag，Cu，Ni W，Pt Cu Ni-Cr SiO_2，Al_2O_3 Be，Al，Ti，TiB_2 DLC Pt Au，Ag NbO，Ag In_2O_2-SnO_2 Al，In（Ga）	硅 铜合金 陶瓷，树脂 耐火陶瓷绕线管 金属 金属，塑料，树脂 固化丝绸，纸 硅 铁镍合金 石英 玻璃 Al/GaAs，Tn（Ga）/CdS	电极，导电模 触点材料 印刷电路板 电阻 电容，二极管 扬声器振动膜 集成电路 导线架 陶瓷—金属焊接 液晶显示 半导体材料电接触	电子工业
SiO_2，TiO_2 玻璃 DLC	玻璃 塑料 硅，镍，玻璃	光学	镜片（耐磨保护层） 眼镜片 红外光学窗口（保护膜）
Al Mo，Nb Au	铀 ZrAl 合金 铜壳体	核防护	核反应堆 核聚变实验装置 加速器
MCrAlY	Ni/Co 基高温合金	抗氧化	航空航天 高温部件
Pb，Au，Mg，MoS_2 Al，MoS_2，PbSn，石墨	金属 塑料	润滑	机械零部件

9.4.5 物理气相沉积三种基本方法的比较

蒸镀、溅射和离子镀三种基本的物理气相沉积方法的工艺特征、沉积粒子能量的不同，所获得的薄膜也各有特点。作为小结，表 9-5 对这三种方法工艺特点和所得薄膜的特征进行了比较。

表 9-5 物理气相沉积基本方法的比较

比较项目 \ 分类		真空蒸镀	溅射	离子镀
沉积粒子能量	中性原子	0.1～1eV	1～10eV	0.1～1eV（此外还有高能中性原子）
	入射离子	—	—	数百～数千电子伏特
沉积速率/$\mu m \cdot min^{-1}$		0.1～70	0.01～0.5（磁控溅射接近真空蒸镀）	0.1～50
膜层特点	密度	低温时密度较小但表面平滑	密度大	密度大
	气孔	低温时多	气孔少，但混入溅射气体较多	无气孔，但膜层缺陷较多
	附着性	不太好	较好	很好
	内应力	拉应力	压应力	依工艺条件而定
	绕射性	差	差	较好

（续）

分类 比较项目	真空蒸镀	溅射	离子镀
被沉积物质的气化方式	电阻加热 电子束加热 感应加热 激光加热等	镀料原子不是靠热源加热蒸发，而是依靠阴极溅射由靶材获得沉积原子	蒸发式：电阻加热、电子束加热、感应加热、激光加热 溅射式：进入辉光放电空间的原子由气体提供，反应物沉积在基片上
镀膜的原理及特点	工件不带电；在真空条件下金属加热蒸发沉积到工件表面，沉积粒子的能量与蒸发时的温度相对应	工件为阳极，靶为阴极，利用氩离子的溅射作用把靶材原子击出而沉积在工件（基片）表面上。沉积原子的能量由被溅射原子的能量分布决定	工件为阴极，蒸发源为阳极。进入辉光放电空间的金属原子离子化后奔向工件，并在工件表面沉积成膜。沉积过程中离子对基片表面、膜层与基片的界面以及对膜层本身都发生轰击作用，离子的能量决定于阴极上所加的电压

9.5 化学气相沉积

9.5.1 化学气相沉积的基本工艺过程

化学气相沉积（Chemical Vapor Deposition，CVD）是通过气相物质的化学反应在基材表面上沉积固态薄膜的一种工艺方法。各种化学反应，如分解、化合、还原、置换等都可以用来产生沉积于基片的固体薄膜，而反应多余物（气体）可从反应室排出。

CVD 的实现首先必须提供气化的反应物，这些物质在室温下可以是气态、液态或固态，通过加热等方式使它们气化后导入反应室。另外，为使化学反应能够进行，还需向反应室中的气体和基片提供能量。最简单的供能方式就是对反应室中的基片进行加热，可以采用电阻加热，高频感应加热和红外线加热等方式。反应室中的气体流动状态也是获得高质量、均匀生长薄膜的重要工艺参数，必须使反应气体均匀地流过需生长薄膜的基片表面。CVD 的过程包括：反应气体的获得且导入反应室；反应气体到达基片表面并吸附于其上；在基片上产生化学反应；固体生成物在基片表面形核、生长；多余的反应产物被排除。为实现这一过程，CVD 的主要设备应该包括反应气体的发生、净化、混合和导入装置，反应室和基片加热装置，以及排气装置等。

表 9-6 和表 9-7 分别列出了一些采用 CVD 技术沉积金属薄膜和化合物薄膜的工艺条件。

表 9-6 化学气相沉积金属薄膜的工艺条件

沉积物	金属反应物	其他反应物	沉积温度/℃	压力/kPa	沉积速率/μm·min^{-1}
W	WF_6	H_2	250 ~ 1 200	0.13 ~ 101	0.1 ~ 50
	WCl_6	H_2	850 ~ 1 400	0.13 ~ 2.7	0.25 ~ 35
	WCl_6	—	1 400 ~ 2 000	0.13 ~ 2.7	2.5 ~ 50
	$W(CO)_6$	—	180 ~ 600	0.013 ~ 0.13	0.1 ~ 1.2
Mo	MoF_6	H_2	700 ~ 1 200	2.7 ~ 46.7	1.2 ~ 30
	$MoCl_5$	H_2	650 ~ 1 200	0.13 ~ 2.7	1.2 ~ 20
	$MoCl_5$	—	1 250 ~ 1 600	1.3 ~ 2.7	2.5 ~ 20
	$Mo(CO)_6$	—	150 ~ 600	0.013 ~ 0.13	0.1 ~ 1
Re	ReF_6	H_2	400 ~ 1 400	0.13 ~ 13.3	1 ~ 15
	$ReCl_5$	—	800 ~ 1 200	0.13 ~ 26.7	1 ~ 15
Nb	$NbCl_5$	H_2	800 ~ 1 200	0.13 ~ 101	0.08 ~ 25
	$NbCl_5$	—	1 880	0.13 ~ 2.7	2.5
	$NbBr_5$	H_2	800 ~ 1 200	0.13 ~ 101	0.08 ~ 25
Ta	$TaCl_5$	H_2	800 ~ 1 200	0.13 ~ 101	0.08 ~ 25
	$TaCl_5$	—	2 000	0.13 ~ 2.7	2.5
Zr	ZrI_4	—	1 200 ~ 1 600	0.13 ~ 2.7	1 ~ 2.5
Hf	HfI_4	—	1 400 ~ 2 000	0.13 ~ 2.7	1 ~ 2.5
Ni	$Ni(CO)_4$	—	150 ~ 250	13.3 ~ 101	2.5 ~ 3.5
Fe	$Fe(CO)_5$	—	150 ~ 450	13.3 ~ 101	2.5 ~ 50
V	VI_2	—	1 000 ~ 1 200	0.13 ~ 2.7	1 ~ 2.5
Cr	CrI_3	—	1 000 ~ 1 200	0.13 ~ 2.7	1 ~ 2.5
Ti	TiI_4	—	100 ~ 1 400	0.13 ~ 2.7	1 ~ 2.5

表 9-7 化学气相沉积化合物薄膜的工艺条件

化合物类型	涂层	化学混合物	沉积温度/℃	应用
碳化物	TiC	$TiCl_4$-CH_4-H_2	900 ~ 1 000	耐磨
	HfC	HfClx-CH_4-H_2	900 ~ 1 000	耐磨/抗腐蚀/氧化
	ZrC	$ZrCl_4$-CH_4-H_2 $ZrBr_4$-CH_4-H_2	900 ~ 1 000 >900	耐磨/抗腐蚀/氧化
	SiC	CH_3SiCl_3-H_2	100 ~ 1 400	耐磨/抗腐蚀/氧化
	B_4C	BCl_3-CH_4-H_2	1 200 ~ 1 400	耐磨/抗腐蚀
	W_2C	WF_6-CH_4-H_2	400 ~ 700	耐磨
	Cr_7C_3	$CrCl_2$-CH_4-H_2	1 000 ~ 1 200	耐磨
	Cr_3C_2	$Cr(CO)_6$-CH_4-H_2	1 000 ~ 1 200	耐磨
	TaC	$TaCl_5$-Cl_4-H_2	1 000 ~ 1 200	耐磨、导电
	VC	VCl_2-CH_4-H_2	1 000 ~ 1 200	耐磨
	NbC	$NbCl_5$-CCl_4-H_2	1 500 ~ 1 900	耐磨

（续）

化合物类型	涂　　层	化学混合物	沉积温度/℃	应　　用
氮化物	TiN	$TiCl_4$-N_2-H_2	900～1 000	耐磨
	HfN	$HfClx$-N_4-H_2 $HfCl_4$-NH_3-H_2	900～1 000 >800	耐磨、抗腐蚀/氧化
	Si_3N_4	$SiCl_4$-NH_3-H_2	1 000～1 400	耐磨、抗腐蚀/氧化
	BN	BCl_3-NH_3-H_2 $B_3N_3H_6$-Ar BF_3NH_3-H_2	1 000～1 400 400～700 1 000～1 300	导电、耐磨
	ZrN	$ZrCl_4$-N_2-H_2 $ZrBr_4$-NH_3-N_2	1 100～1 200 >800	耐磨、抗腐蚀/氧化
	TaN	$TaCl_5$-N_2-H_2	800～1 500	耐磨
	AlN	$AlCl_3$-NH_2-H_2 $AlBr_3$-NH_2-H_2 $Al(CH_3)_3$-NH_3-H	800～1 200 800～1 200 900～1 100	导电、耐磨
	VN	VCl_4-N_2-H_2	900～1 200	耐磨
	NbN	$NbCl_5$-N_2-H_2	900～1 300	耐腐蚀、导电
氧化物	Al_2O_3	$AlCl_3$-CO_2-H_2	900～1 100	耐磨、抗腐蚀/氧化
	TiO_2	$TiCl_4$-H_2O	800～1 000 25～700 25～700	耐磨、抗腐蚀、导电

9.5.2 化学气相沉积的工艺方法

CVD 中的化学反应温度一般在 800～1 200℃，较高的反应温度限制了基片材料的选择，并会给薄膜和薄膜基片复合体的微结构和性能带来不利的影响，如基体材料的相变及由高温冷却到室温时由于薄膜和基片热膨胀系数差异产生的热应力等。

为了降低 CVD 的温度，围绕选择新的反应物和向反应提供激活能量两个重要的方面 CVD 技术发展了许多工艺方法，见表 9-8。

表 9-8　化学气相沉积的基本方法和等离子体衍生方法

<table>
<tr><td rowspan="11">化学气相沉积 CVD</td><td>常压化学气相沉积</td><td></td><td></td></tr>
<tr><td rowspan="6">低压化学气相沉积</td><td>原子层外延化学气相沉积</td><td></td></tr>
<tr><td rowspan="5">等离子辅助化学气相沉积</td><td>直流等离子化学气相沉积</td></tr>
<tr><td>脉冲等离子化学气相沉积</td></tr>
<tr><td>交流等离子化学气相沉积</td></tr>
<tr><td>射频等离子化学气相沉积</td></tr>
<tr><td>微波等离子化学气相沉积</td></tr>
<tr><td>电子束辅助化学气相沉积</td><td></td><td></td></tr>
<tr><td>激光束辅助化学气相沉积</td><td></td><td></td></tr>
<tr><td>热丝化学气相沉积</td><td></td><td></td></tr>
<tr><td>金属有机化合物化学气相沉积</td><td></td><td></td></tr>
</table>

1. 常压化学气相沉积（NPCVD）和低压化学气相沉积（LPCVD）

常压化学气相沉积也称大气压化学气相沉积（APCVD），是在0.01～0.1MPa的气压下进行，对化学反应的加能方式以加热为主。低压化学气相沉积的压力范围一般在$1 \sim 10^4$Pa之间。低气压下因气体分子平均自由程的提高可以使反应气体易于到达基片的各个表面，从而工件上薄膜的均匀性得以提高。这对于生长大面积均匀薄膜（如大规模集成电路中的外延介质薄膜）和复杂形状工件的薄膜（如模具上的硬质薄膜）是有利的。低气压下还可以采用等离子体作为能量施加方式，形成等离子辅助化学气相沉积。

2. 等离子辅助化学气相沉积（PACVD）

采用等离子体作为化学气相沉积施加能量的方式，除了可以对基片加热外，反应气体在外加电场的作用下放电，使其激活为非常活泼的激化态分子、原子、离子及其团簇，降低了反应的激活能，使通常从热力学上讲难以发生的反应得以进行。因而，PACVD不但可以大大降低化学气相沉积的温度，而且还可以开发一些新的反应方式，从而制备出新的薄膜材料。

按等离子形成方式的不同，等离子辅助化学气相沉积可以分为直流等离子体化学气相沉积（DCPCVD）、脉冲等离子体化学气相沉积（PPCVD）、交流等离子化学气相沉积（ACCVD）、射频等离子体化学气相沉积（RFPCVD）和微波等离子体化学气相沉积（MWCVD）等。

3. 电子束辅助化学气相沉积（EACVD）和激光束辅助化学气相沉积（LACVD）

采用电子束或激光束对基片进行轰击和照射，也可以使基片获得能量，从而促进和改善反应的进行，并改变薄膜的生长结构。尤其是经过聚焦的电子束和激光束可以实现基片表面的局部生成薄膜，这对于某些应用领域如微电子和微加工技术领域有着重要的应用。

在LACVD中，由于给定的分子中吸收特定波长的光子，因而可以通过光子能量的选择决定什么样的化学键被打断，从而易于控制薄膜的纯度和结构。另外，与PACVD相比，LACVD还可避免高能离子轰击对薄膜造成的辐射损伤。

4. 金属有机化合物化学气相沉积（MOCVD）

金属有机化合物是一类含有碳-氢金属键的物质，在室温下呈液态，并有较高的饱和蒸气压和较低的热分解温度。通过载气把气体发生器中气化的金属有机化合物输运到反应室中，被加热的基片对金属有机化合物的热分解产生催化作用，从而在其上生产薄膜。

MOCVD具有沉积温度低、薄膜均匀性好、基材适用性广、易于通过增加金属有机化合物的种类而获得多组分和多层结构的金属或化合物薄膜等优点。在半导体工业中常用MOCVD制取外延生长薄膜。但是MOCVD的沉积速率较低，仅适宜沉积微米级的薄膜。另外，金属有机化合物有较大的毒性，因而采用这种方法时必须保证设备和管线的气密性和可靠性，并要谨慎管理和操作。

9.5.3 化学气相沉积薄膜的特点

与物理气相沉积相比，化学气相沉积具有气相材料输运方式不同和沉积温度较高的特点会使 CVD 薄膜具有一些特征，主要表现如下：

1. 薄膜均匀性好

物理气相沉积方法所产生的沉积材料是以“视线”方式直射到基片上的，尽管在蒸发镀膜和溅射镀膜中可采用多蒸发源（或溅射源）或工件转动的方式以改善工件上沉积薄膜的均匀性。而在离子镀技术中，由于工件电场的分布可以把带电粒子镀覆在更多的工件表面，但一些小孔和凹槽处仍然难以接受到足够的沉积材料而使薄膜的厚度均匀性较差。例如，在拉丝模具内孔沉积硬质薄膜可以减小内孔的摩擦系数，提高耐磨性，从而有效地提高拉丝模的使用效率和使用寿命，并提高产品精度。但采用 PVD 方法就很难在拉丝模内孔上镀覆均匀性好的高质量薄膜，而在 CVD 技术中则可以通过控制反应气体的流动状态，使薄膜均匀地生长于拉丝模内孔表面。

2. 薄膜内应力低

薄膜的内应力对其性能有重要影响，内应力过大时甚至会使薄膜从基片上剥落下来。薄膜的内应力主要来自两个方面：一是薄膜沉积过程荷能粒子轰击正在生长的薄膜表面，使薄膜表面原子偏离其在晶格中的平衡位置而产生的本征应力；二是高温沉积薄膜冷却到室温时，由于薄膜材料与基体材料热膨胀系数差异造成的热应力。研究表明，薄膜本征应力可以高达 10GPa，占薄膜内应力的主要部分，而热应力占的比例很小。物理气相沉积，尤其是在溅射镀膜和离子镀膜工艺中，薄膜在生长中一直受到高能量粒子的轰击，会产生很高的内应力；化学气相沉积薄膜的内应力主要为热应力，因而化学气相沉积可以生长较厚的薄膜。例如化学气相沉积的金刚石薄膜可以达到约 1mm，而物理气相沉积的薄膜一般仅为几个微米到几十微米的厚度。

9.5.4 化学气相沉积金刚石薄膜

碳以三种同素异构形式存在：非晶态碳墨、六方状片层结构的石墨和立方系的金刚石。金刚石是硬度最高的固体物质（HV $\approx$ 100GPa），导热性能优异，在 30 ~ 650℃温度范围内的热导率为 100W/（℃·cm），大约为室温下 Cu 的 5 倍。高纯度的金刚石透光性非常优良，除红外区（1 800 ~ 2 500nm）的一小区域外，在紫外区 225nm 到红外区 2 500nm 波长范围，金刚石都有很好的透射率。金刚石是良好的绝缘体，室温下的电阻率为 $10^4 \sim 10^{16}\,\Omega \cdot cm$，通过掺杂可以制成半导体材料和器件。此外，金刚石还是优良的耐蚀材料。

虽然采用高温高压法已能获得粒状的金刚石，并在工业上得到应用，但由于金刚石的高硬度难以将金刚石加工成各种所需要的零件和制品。自20世纪70年代以后，采用气相沉积技术制备金刚石薄膜的方法被开发出来，并得到迅速发展。

低压化学气相沉积制备金刚石薄膜，是在石墨相为稳态，而金刚石为非稳态的条件下进行的。然而由于化学位十分接近，两相都能生成。为了促进金刚石相生长，抑制石墨相，在气相沉积过程中必须利用各种动力学因素。

1）反应过程中输入的热能（或射频功率、微波功率等）、反应气体的激活状态、反应气体的最佳配比、沉积过程中薄膜的形核长大模式等，对金刚石的生长起着决定性作用。

2）选用与金刚石有相同晶型和相近点阵常数的材料作为基片，从而降低金刚石的形核势垒，而对于石墨，却是提高了形核势垒。

3）尽管如此，石墨在基片上形核的可能性仍然存在，并且一旦形核，石墨就会在其核上高速生长，因此需要有一种能高速除去石墨的刻蚀剂。相比之下，原子氢是最理想的刻蚀剂。尽管原子氢会同时刻蚀金刚石和石墨，但它对石墨的刻蚀速率远高于金刚石，从而能有效地抑制石墨相的生长。为了得到较高比例的原子氢，可以采用微波或射频放电、热丝分解以及催化法等。

4）通常采用甲烷进行热解沉积。当提高甲烷浓度时，石墨的生长速率将会提高，而且比金刚石还快，故一般甲烷含量较低（一般为百分之几）。

5）基片温度超过1 000℃，石墨的生长速率会大幅上升，基片温度一般为800～1 000℃。

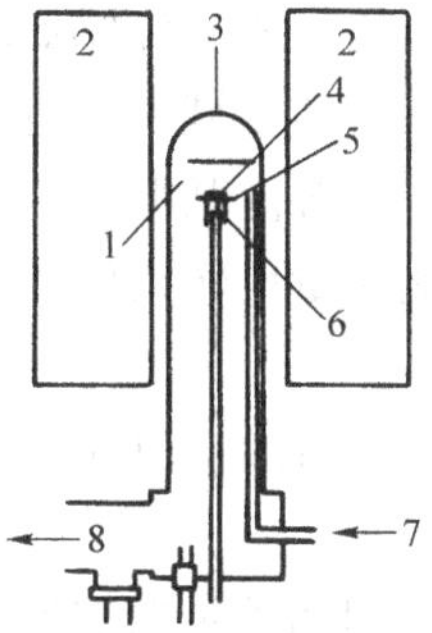

图9-20　热丝CVD方法沉积金刚石薄膜的示意图
1—热W丝　2—加热炉　3—石英管　4—基片　5—石英支架　6—热电偶　7—进气管　8—真空泵

采用CVD方法和PVD方法都可以获得金刚石薄膜，而以CVD方法为优。图9-20是热丝CVD方法沉积金刚石薄膜的示意图。基片多采用金刚石、Mo、Si、Ta、石英玻璃等。热钨丝位于基片上方10mm以内，钨丝的温度小于2 000℃，反应气体采用H_2和CH_4的混合气体，CH_4的含量约为1%（体积比），气体压力约为1 000Pa，基片温度为700～1 000℃。

第10章　表面微细加工

微细加工技术是在微电子学基础上发展起来的用于制造微米量级物体特定几何结构的一类加工技术，它综合运用了物理加工、化学加工、机械加工等加工方法，以及系统技术、控制技术、真空技术和封装技术等各种最先进的加工技术，不仅在微电子工业中取得了巨大的成就，而且在航空航天、军事、医学、化工等行业中扮演着越来越重要的角色。

由于微细加工技术涉及到多个学科的多种技术，因而也产生了各种不同的加工工艺，其中重要的包括光刻加工、LIGA 加工以及其他的如机械微细加工、放电微细加工、激光微细加工等，分别应用于不同的材料、结构及针对不同的精度要求。目前在半导体制造行业中的光刻加工技术，在硅衬底上可以形成线宽90～130nm的器件，而实验室则可得到更高的精度。

微细加工技术的产品正在越来越多的领域得到了广泛的应用。压力传感器和加速器这类机械传感器就是最成功的微系统产品之一。微型压力传感器可应用于多个不同的领域，如过程控制、微分压力流量测量、高度测量、气压测定和医学压力监测等。微型加速器主要用在汽车上作为撞击传感器。利用微细加工技术制造的能测量旋转角度或角加速度的微型陀螺仪也在航行中得到了广泛应用。

10.1　光刻加工

光刻加工是微细加工技术中最重要的一种方法。利用光刻加工，可以批量制造出临界尺寸在亚微米范围内的结构，使得微结构的大规模生产变得经济可行。此外，光刻加工还具有并行制造众多结构、图形无磨损无破坏传送等优点。近年来，由于大规模集成电路和微细加工技术的迅速发展，光刻技术的加工精度已经走在人类开发微技术的前沿。

光刻加工一词原义是平板印刷术，指在金属或石头表面上进行的一种印刷方式。现代微细加工中的光刻加工，则是一种复印图像与化学刻蚀相结合的综合性技术，其目的是利用光学方法将计算机上设计的图形转换到工件（包括掩模晶片）上。

光刻加工的基本原理是利用光刻胶在曝光后化学性能发生变化这一性质。光线通过具有特定图案的掩模后照射到涂有光刻胶的晶片表面，对特定区域进行曝光，并在随后的显影工艺中去除已曝光（正性光刻胶）或未曝光（负性光刻胶）（以下未说明者均指正性光刻胶）的部分，从而可以在光刻胶上完整地重现掩模上的图形。再经过后续过程如刻蚀、蒸发或修正后，光刻胶被去除，在晶片上就留下了凸起或凹下的精细图形。图 10-1 显示了光刻工艺的基本过程。

光刻加工主要包含光刻与刻蚀两个主要的加工步骤。以下分别进行介绍：

10.1.1　光刻

根据曝光时所用辐照源波长的不同，光刻可分为光学光刻法、电子束光刻法、离子束光刻法和 X 射线光刻法，其中电子束光刻法主要应用于掩模的制造。

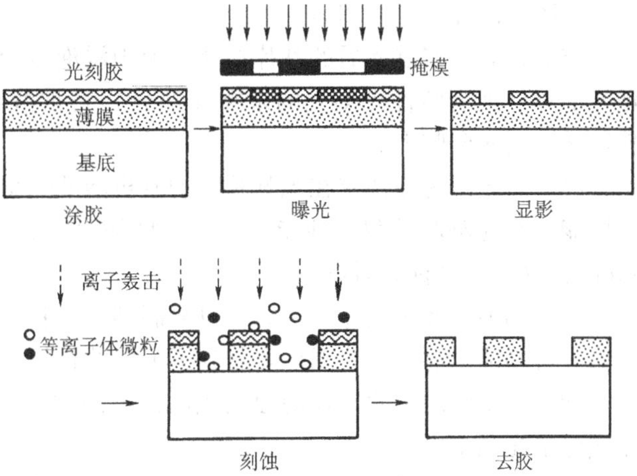

图 10-1　光刻加工的基本工艺流程

1．光学光刻法

光学光刻法是大规模集成电路制造中应用广泛而且十分重要的方法。该方法用于制造连续刻蚀和扩散过程中的涂层掩模。通常利用有较强放射线的水银蒸气灯作为光源，其光波波长为 435nm（G 线）、405nm（H 线）和 365nm（I 线）。近年来开始使用工作波长为 248nm（KrF）或 193nm（ArF）的激光以得到更高的曝光精度。因光刻胶对黄光不敏感，为避免误曝光，光刻车间的照明通常采用黄色光源，这一区域也通常被称为“黄光区”。

光学光刻的基本工艺包括掩模的制造、晶片表面光刻胶的涂覆、预烘烤、曝光、显影、后烘、刻蚀以及光刻胶的去除等工序，各步骤的主要目的及其方法依次说明如下：

（1）掩模的制造　形成光刻所需要的掩模。它是利用电子束曝光法将计算机 CAD 设计图形转换到镀铬的石英板上，其方法将在下节予以介绍。

（2）光刻胶的涂覆　在晶片表面上均匀涂覆一层光刻胶，以便曝光中形成图形。涂覆光刻胶前应将洗净的晶片表面涂上附着性增强剂或将基片放在惰性气体中进行热处理，以增加光刻胶与晶片间的粘附能力，防止显影时光刻图形脱落及湿法刻蚀时产生侧面刻蚀。光刻胶的涂覆是用转速和旋转时间可自由设定的甩胶机来进行的，利用离心力的作用将滴状的光刻胶均匀展开，通过控制转速和时间来得到一定厚度的涂覆层。

（3）预烘　在 80℃左右的烘箱中惰性气氛下预烘 15～30min，以去除光刻胶中的溶剂。

（4）曝光　将高压水银灯的G线或I线通过掩模照射在光刻胶上，使其得到与掩模图形同样的感光图案。

（5）显影　将曝光后的基片在显影液中浸泡数十秒钟时间，则正性光刻胶的曝光部分（或者负性光刻胶的未曝光部分）将被溶解，而掩模上的图形就被完整地转移到光刻胶上。

（6）后烘　为使残留在光刻胶中的有机溶液完全挥发，提高光刻胶与晶片的粘接能力及光刻胶的耐刻蚀能力，通常将基片在120～200℃的温度下烘干20～30min，这一工序称为后烘。

（7）刻蚀　经过上述工序后，以复制到光刻胶上的图形作为掩模，对下层的材料进行刻蚀，这样就将图形复制到了下层的材料上。

（8）光刻胶的去除　在刻蚀完成后，再用剥离液或等离子刻蚀去除光刻胶，完成整个光刻工序。

根据曝光时掩模与光刻胶之间的位置关系，可分为接触式曝光、接近式曝光及投影式曝光。在接触式曝光中，掩模与晶片紧密叠放在一起，曝光后得到尺寸比例为1:1的图形，分辨率较好。但如果掩模与晶片之间进入了粉尘粒子，就会导致掩模上的缺陷。这种缺陷会影响到后续的每次曝光过程。接触式曝光的另一个问题是光刻胶层如果有微小的不均匀现象，会影响整个晶片表面的理想接触，从而导致晶片上图形分辨率随接触状态的变化而变化。不仅如此，这个问题随后续过程的进行还会变得更加严重，而且会影响晶片上的已有结构。

在接近式曝光中，掩模与晶片间有10～50μm的微小间隙，这样可以防止微粒子进入而导致掩模损伤。然而由于光的波动性，这种曝光法不能得到与掩模完全一致的图形。同时由于衍射作用，分辨率也不太高。采用波长为435nm的G线，接近距离为20μm曝光时，最小分辨率约为3μm。而利用接触式曝光法，使用1μm厚的光刻胶，分辨率则为0.7μm。

由于上述问题，两种方法均不适合现代半导体生产线。然而在微技术领域，对最小结构宽度要求较少，所以这些方法仍然有重要意义。在现代集成电路制造中用到的主要是采用成像系统的投影式曝光法。该方法又分为等倍投影和缩小投影，其中缩小投影曝光的分辨率最高，适合作精细加工，而且对掩模无损伤。它一般是将掩模上的图形缩小为原图形的1/5～1/10复制到光刻胶上。

缩小投影曝光系统的主要组成是高分辨率、高度校正的透镜，透镜只在约1cm^{2}的成像区域内，焦距为1μm或更小的情况下才具备要求的性能。因此，这种光刻过程中，整个晶片是一步一步，一个区域一个区域地被曝光的。每步曝光完成后，工作台都必须精确地移动到下一个曝光位置。为保证焦距正确，每部分应单独聚焦。完成上述重复曝光的曝光系统称为步进机。

在缩小投影曝光中一个值得关注的问题是成像时的分辨率和焦深。由光学知识可知，波长的减小和数值孔径的增大均可以提高图形的分辨率，但同时也可能导致焦深的减小。当焦深过小时，晶片的不均匀性、光刻胶厚度变化及设备误差等很容易导致不能聚焦。因此，必须在高分辨率和大焦深中寻找合适的值以优化工艺。调制传递函数（MTF）规定了投影设备的成像质量，通过对衍射透镜系统MTF的计算可以知道，为了得到较高的分辨率，使用相干光比非相干光更有利。

2. 电子束光刻法

电子束光刻法是利用聚焦后的电子束在感光膜上准确地扫描出所需要的图案的方法。最早的电子束曝光系统是用扫描式电子显微镜修改而制成的，该系统中电子波长约0.2～0.05Å㊀，可分辨的几何尺寸小于0.1μm，因而可以得到极高的加工精度，对于光学掩模的生产具有重要的意义。在工业领域内，这是目前制造出纳米级尺寸任意图形的重要途径。

电子束在电磁场或静电场的作用下会发生偏转，因此可以通过调节电磁场或静电场来控制电子束的直径和移动方式，使其在对电子束敏感的光刻胶表面刻写出定义好的图形。根据电子束为圆形波束（高斯波束）或矩形波束可分为投影扫描或矢量扫描方式，这些系统都以光点尺寸交叠的方式刻写图形，因而速度较慢。

为生成尽可能精细的图形，不仅需要电子束直径达到最小，而且与电子能量、光刻胶及光刻胶下层物质有很大的关系。电子在进入光刻胶后，会发生弹性和非弹性的散射，并因此而改变其运动方向直到运动停止。这种偏离跟入射电子能量和光刻胶的原子质量有很大的关系。当光刻胶较厚时，在入射初期电子因能量较高运动方向基本不变，但随能量降低，散射将使其运动方向发生改变，最后电子在光刻胶内形成上窄下宽的“烧瓶状”实体。为得到垂直的侧壁，需要利用高能量的电子对厚光刻胶进行曝光，以增大“烧瓶”的垂直部分（图10-2a）。

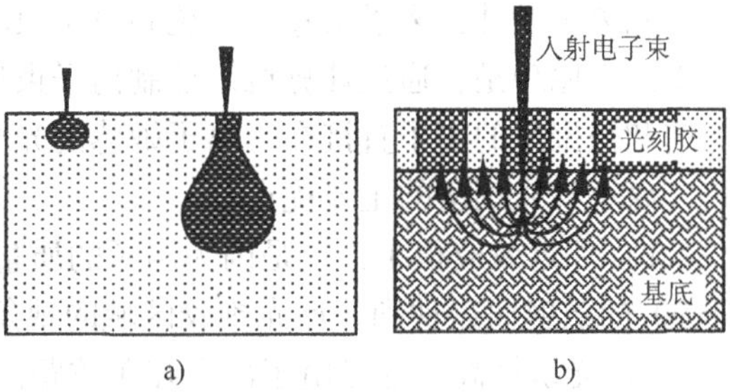

图10-2　电子能量对曝光的影响
a）不同能量电子在光刻胶中的深度分布
b）光刻胶内电子的邻近效应

然而，随着入射电子束能量的加大，往往产生一种被称为“邻近效应”的负面结果。在掩模刻写过程中，过高的能量可能导致电子完全穿透光刻胶而到达下面的基片。由于基片材料的原子质量较大，导致电子散射的角度也很大，甚至可能超过90°。因此光刻胶上未被照射的部分被来自下方的散射电子束曝光，这种现象称为“邻近效应”。当邻近区域存在微细结构时，这种效应可能导致部分细

㊀ $1Å=10^{-8}cm$。

结构无法辨认（图 10-2b）。

邻近效应是限制电子束光刻分辨率的一个因素，它受入射电子的能量、基片材料、光刻胶材料及其厚度、对比度和光刻胶成像条件等的影响，通过改变这些参数或材料可以降低影响。另外，还可将刻写结构分区，不同的区域依其背景剂量采用相应的参数，如采用不同的电子流密度或不同的曝光方法等来补偿邻近效应的影响。

采用电子束光刻法时，因其焦深比较大，故对被加工表面的平坦度没有苛刻的要求。除此之外，相对于光学光刻法电子束光刻法还具有如下特点：

1）电子束波长短，衍射现象可忽略，因此分辨率高。

2）能在计算机控制下不用掩模直接在硅晶片上生成特征尺寸在亚微米范围内的图案。

3）可用计算机进行不同图案的套准，精度很高。电子束光刻法没有普遍应用在生产中的原因：① 邻近效应降低了其分辨率；② 与光学方法相比曝光速度较慢。

3. 离子束光刻法

除离子源外，离子束曝光系统和电子束曝光系统的主要结构是相同的，它的基本工作原理是，通过计算机来控制离子束使其按照设定好的方式运动，利用被加速和被聚焦的离子直接在对离子敏感的光刻胶上形成图形而无需掩模。

离子束光刻法的主要优点：

1）邻近效应很小，这是因为离子的质量较大，不大可能如同电子般发生大于 90°的散射而运动到邻近光刻胶区域的现象。

2）光敏性高，这是由于离子在单位距离上聚集的能量比电子束要高得多。

3）分辨率高，特征尺寸可以小于 10nm。

4）可修复光学掩模（将掩模上多余的铬去掉）。

5）直接离子刻蚀（无需掩模），甚至可以无需光刻胶。

虽然有众多的优点，但离子束光刻法在工业上大规模推广应用的主要主要困难在于难以得到稳定的离子源。此外，能量在 1MeV 以下的重离子的穿入深度仅 30～500nm，并且离子能穿过的最大深度是固定的，因此离子光刻法只能在很薄的层上形成图形。离子束光刻法的另一局限性表现为，尽管光刻胶的感光度很高，但由于重离子不能像电子那样被有效地偏转，离子束曝光设备很可能不能解决连续刻写系统的通过量问题。

离子束光刻法最有吸引力之处是它可以同时进行刻蚀，因而有可能把曝光和刻蚀在同一工序中完成。但对于离子束的聚焦技术还没有电子束的成熟，还处于实验室研究阶段。

4. X 射线光刻法

X 射线的波长比紫外线短 2 ~ 3 个数量级，用作曝光源时可提高光刻图形的分辨率，因此 X 射线曝光技术也成为人们研究的新课题。但由于没有可以在 X 射线波长范围内成像的光学元件，X 射线光刻法一般采用简单的接近式曝光法来进行。

产生可利用的 X 射线源包括高效能 X 射线管、等离子源、同步加速器等。采用 X 射线管产生 X 射线曝光的基本原理是，采用一束电子流轰击靶使其辐射 X 射线，并在 X 射线投射的路程中放置掩模版，透过掩模的 X 射线照射到硅晶片的光刻胶上并引起曝光。而等离子源 X 射线是利用高能激光脉冲聚射靶电极产生放电现象，结果靶材料蒸发形成极热的等离子体，离子通过释放 X 射线进行重组。

X 射线的掩模材料包括非常薄的载体薄片和吸收体。载体薄片一般由原子数较少的材料如铍、硅、硅氮化合物、硼氮化合物、硅碳化合物和钛等构成，以使穿过的 X 射线的损失最小化。塑料膜由于形状稳定性和 X 射线耐久性差，不适合使用。吸收体材料一般采用电镀金，也可以使用钨和钽。为了使照射过程中掩模内的变形最小，掩模的尺寸一般不超过 50mm × 50mm，所以晶片的曝光应采用分步重复法完成。

对简单的接近式曝光法而言，X 射线的衍射可忽略不计，影响分辨率的主要原因是产生半阴影和几何畸变。其中半阴影大小跟靶上斑的尺寸、靶与光刻胶的距离及掩模与光刻胶的距离有关；而因入射 X 射线跟光刻胶表面法线不平行而导致的几何畸变，则跟曝光位置偏离 X 射线光源到晶片表面垂直点的距离有关，距离越大畸变也越大。

除了波束不平行容易导致几何畸变外，采用 X 射线管和等离子源的最大缺点还在于 X 射线产生和曝光的效率低，在工业应用中还不够经济。而采用同步加速器辐射产生的 X 射线则具备下列优点：① 连续光谱分布；② 方向性强，平行度高；③ 亮度高；④ 时间精度在 10^{-12}s 范围内；⑤ 偏振；⑥ 长时间的高稳定性；⑦ 可精确计算等。就亮度和平行度而言，这种光源完全能够满足光刻法要求的边界条件。

多年来人们一直讨论 X 射线光刻法在半导体制造业中的应用，目前存在的主要技术问题是如何提高掩模载体薄片的稳定性以及校正的精确性。近年来由于光学光刻领域取得了显著成就，使得可制造的最小结构尺寸不断缩小，因此推迟了 X 射线光刻技术的应用。但采用同步加速辐射的 X 射线光刻法，以其独特的光谱特性在制作微光学和微机械结构中发挥了重要的作用。

10.1.2 刻蚀

刻蚀是紧随光刻之后的微细加工技术，是指将基底薄膜上没有被光刻胶覆盖的部分以化学反应或者物理轰击作用的方式加以去除，以掩模图案转移到薄膜上的一种加工方法。刻蚀类似于光刻工序中的显影过程，不同的是显影是通过显影液将光刻胶中未曝光部分冲洗掉，而刻蚀去掉的则是未被覆盖住的薄膜，这样在经过随后的去胶工艺后即可在薄膜上得到加工精细的图形。最初的微细加工是对硅或薄膜的局部湿化学刻蚀，加工的微元件包括悬臂梁、横梁和膜片，至今这些微元件还在压力传感器和加速度计中使用。

根据采用的刻蚀剂不同，刻蚀可分为湿法刻蚀和干法刻蚀。湿法是指采用化学溶液腐蚀的方法，其机理是使溶液内物质与薄膜材料发生化学反应生成易溶物。通常硝酸与氢氟酸的混合溶液可以刻蚀各向同性的材料，而碱性溶液可以刻蚀各向异性的材料。干法刻蚀则是利用气体相或等离子体来进行的，在离子对薄膜表面进行轰击的同时，气体活性原子或原子团与薄膜材料反应，生成挥发性的物质被真空系统带走，从而达到刻蚀的目的。

理想的刻蚀结果是在薄膜上精确地重现光刻胶上的图形，形成垂直的沟槽或孔洞。然而，由于实际刻蚀过程中往往产生侧向的刻蚀，会造成图形的失真。为尽可能得到符合要求的图形，刻蚀工艺通常要着重考虑一些技术参数：刻蚀的各向异性、选择比、刻蚀均匀性等。

刻蚀的各向异性中的“方向”包含两重含义。其一是指不同晶面指数的晶面，通常用在制造半导体芯片以外的微机械加工中。对晶体进行刻蚀处理时，某些晶面的刻蚀速度比其他晶面要快得多，例如采用某些氢氧化物溶液和胺的有机酸溶液刻蚀时，（111）晶面比（100）和（110）晶面要慢得多。这种各向异性在微细加工中有重要意义，它使微结构表面处于稳定的（111）晶面。另一种含义是指刻蚀中的“横向”和“纵向”，通常用在半导体加工中。在要求形成垂直的侧面时，应采用合适的刻蚀剂和刻蚀方法使垂直刻蚀速度最大而侧向刻蚀速度最小，从而形成各向异性刻蚀。此时若采用各向同性刻蚀，侧向的刻蚀会导致线条尺寸比设计的要宽，达不到要求的精度。刻蚀的方向性示意如图 10-3 所示。

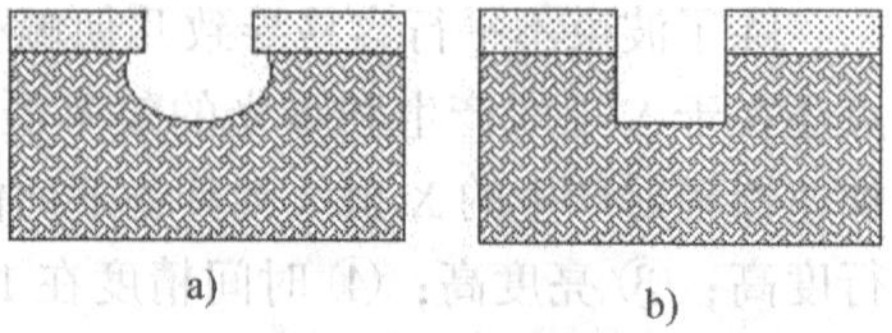

图 10-3　刻蚀方向
a）各向同性　b）各向异性

在刻蚀过程中，同时暴露于刻蚀环境下的两种物质被刻蚀的速率是不同的，这种差异往往用选择比来度量。一般将同一刻蚀环境下物质 A 的刻蚀速率和物质 B 的刻蚀速率之比称为 A 对 B 的选择比。例如，除了裸露的基低薄膜被刻蚀去除外，光刻胶也被刻蚀剂减薄了，尤其对于干法刻蚀，离子轰击导致光刻胶被刻蚀得更加明显，此时薄膜的刻蚀速率与光刻胶刻蚀速率之比被称为薄膜对光刻胶的选择比。一般而言，选择比越大越好，在采用湿法刻蚀时选择比甚至可以接近无穷大。干法和湿法刻蚀的详细原理将在后面加以介绍。

刻蚀均匀性是衡量同一加工过程中刻蚀形成的沟槽或孔洞刻蚀速率差异的重

要指标。在晶片不同位置接触到的刻蚀剂浓度、刻蚀等离子体活性原子、离子轰击强度不同是造成刻蚀速率差异的主要原因。此外，刻蚀孔洞的纵横比（Aspect Ratio，深度和直径之比）不同也是造成刻蚀速率差异的重要原因。

1. 湿法刻蚀

湿法刻蚀的反应过程同一般的化学反应相同，反应速率跟温度、溶液浓度等有很大关系。例如在采用氢氟酸来刻蚀二氧化硅时，发生的是各向同性刻蚀，典型的生成物是气态的 SiF_4 和水。在现代半导体加工中这种刻蚀往往是各向同性的，因侧壁的腐蚀可能会导致线宽增大，当线宽要求小于 3μm 时通常要被干法刻蚀所代替。而在硅的微机械加工中，由于具有操作简单、设备价格低廉等优点，湿法刻蚀仍有广泛的用途。在硅的湿法刻蚀技术使用至今 20 多年的时间内，生产出了大量的微结构产品，如由硅制造或者建立在硅基础上的膜片、支撑和悬臂，光学或流体中使用的槽、弹簧、筛网等，至今仍广泛应用于各种微系统中。

在半导体加工领域，湿法刻蚀具有如下特点：① 反应产物必须是气体或能溶于刻蚀液的物质，否则会造成反应产物的沉淀，从而影响刻蚀过程的正常进行；② 一般而言，湿法刻蚀是各向同性的，因而产生的图形结构是倒八字型而非理想的垂直墙；③ 反应过程通常伴有放热和放气。放热造成刻蚀区局部温度升高，引起反应速率增大；反过来温度会继续升高，从而使反应处于不可控的恶劣环境中。放气会造成刻蚀区局部地方因气泡使反应中断，形成局部缺陷及均匀性不够好等问题。解决上述问题可通过对溶液进行搅拌、使用恒温反应容器等。

根据不同加工要求，微机械领域通常使用刻蚀剂包括 HNA 溶液（HF 溶液 + HNO_3 溶液 + CH_3COOH 溶液 + H_2O 的混合液）、碱性氢氧化物溶液（以 KOH 溶液最普遍）、氢氧化铵溶液（如 NH_4OH、氢氧化四乙铵、氢氧化四甲基铵的水溶液，后二者可分别缩写为 TEAH 和 TMAH）、乙烯二胺-邻苯二酚溶液（通常称为 EDP 或 EDW）等，分别具有不同的刻蚀特性和用于不同材料的刻蚀。其中，除 HNA 溶液为各向同性的刻蚀外，其他几种溶液均为各向异性刻蚀，对不同晶面有不同的刻蚀速率。

采用各向异性的刻蚀剂可制造出各种类型的微结构，在相同的掩模图案下，它们的形状由被刻蚀的基体硅晶面位置和刻蚀速度决定。（111）晶面刻蚀很慢，而（100）晶面和其他晶面刻蚀相当快。（122）晶面和（133）晶面上的凸起部分因为速度快而被切掉了。利用这些特性可以制造出凹槽、薄膜、台地、悬臂梁、桥梁和更复杂的结构。

对刻蚀的结果主要是通过控制时间来进行的，在刻蚀速率已知的情况下，调整刻蚀时间可得到预定的刻蚀深度。此外，采用阻挡层是半导体加工中常用的方法，即在被刻蚀薄膜下所需深度处预先沉积一层对被加工薄膜选择比足够大的材料作为阻挡层，当薄膜被刻蚀到这一位置时将因刻蚀速率过低而基本停止，这样可以得到所要求的刻蚀深度。

2. 干法刻蚀

干法刻蚀是以等离子体来进行薄膜刻蚀的一种技术。因为刻蚀反应不涉及溶液，所以称之为干法刻蚀。在半导体制造中，采用干法刻蚀避免了湿法刻蚀容易引起重离子污染的缺点，更重要的是它能够进行各向异性刻蚀，在薄膜上刻蚀出纵横比很大，精度很高的图形。

干法刻蚀的基本原理是，对适当低压状态下的气体施加电压使其放电，这些原本中性的气体分子将被激发或离解成各种不同的带电离子、活性原子或原子团、分子、电子等。这些粒子的组成被称为等离子体。等离子体是气体分子处于电离状态下的一种现象，因此等离子体中有带正电的离子和带负电的电子，在电场的作用下可以被加速。若将被加工的基片置于阴极，其表面的原子将被入射的离子轰击，形成刻蚀。这种刻蚀方法以物理轰击为主，因此具备极佳的各向异性，可以得到侧面接近90°垂直的图形，但缺点是选择性差，光刻胶容易被刻蚀。另一种刻蚀方法是利用等离子体中的活性原子或原子团，与暴露在等离子体下的薄膜发生化学反应，形成挥发性的物质的原理，跟湿法刻蚀类似，因此具有较高的选择比，但刻蚀的速率比较低，也容易形成各向同性刻蚀。

现代半导体加工中使用的是结合了上述两种方法优点的反应离子刻蚀法（RIE，Reactive Ion Etch）。它是一种界于溅射刻蚀与等离子体刻蚀之间的刻蚀技术，同时使用物理和化学的方法去除薄膜。采用RIE可以得到各向异性刻蚀结果的原因在于，选用合适的刻蚀气体，能使化学反应的生成物是一种高分子聚合物，这种聚合物将附着在被刻蚀图形的侧壁和底部，导致反应停止。但由于离子的垂直轰击作用，底部的聚合物被去除并被真空系统抽离，因此反应可继续在此进行，而侧壁则因没有离子轰击而不能被刻蚀。这样可以得到一种兼具各向异性刻蚀优点和较高选择比与刻蚀速率的满意结果。

对硅等物质的刻蚀气体，通常为含卤素类的气体如CF_4、CHF_3和惰性气体如Ar、XeF_2等，其中C用来形成以—［CF_2］—为基的聚合物，F等活性原子或原子团用来发生刻蚀反应，而惰性气体则用来形成轰击及稳定等离子体等。

干法刻蚀的终点检测通常使用光发射分光仪来进行，当到达刻蚀终点后，激发态的反应生成物或反应物的特征谱线会发生变化，用单色仪和光点倍增器来监测这些特征谱线的强度变化就可以分析被刻蚀薄膜被刻蚀的情况，从而控制刻蚀的过程。

干法刻蚀在半导体微细加工中具有重要地位。目前主要存在的问题包括：① 离子轰击导致的微粒污染问题；② 整个晶片中的均匀性问题，包括所谓的“微负载效应”（被刻蚀图形分布的疏密不同导致刻蚀状态的差异）；③ 等离子体引起的损伤，包括刻蚀过程中的静电积累损伤栅极绝缘层等。

10.2 其他微细加工方法

10.2.1 LIGA 加工

为了克服光刻法制作的零件厚度过薄的不足，20 世纪 70 年代末德国卡尔斯鲁厄原子研究中心提出了一种进行三维微细加工颇有前途的方法——LIGA 法（X 射线刻蚀电铸模法）。它是在一种生产微型槽分离喷嘴的工艺的基础上发展起来的。LIGA 一词源于德文缩写，代表了该工艺的加工步骤，其中 LI（Lithograhic）表示 X 射线光刻，G（Galvanofornung）表示金属电镀，A（Abformung）表示注塑成型。

自 LIGA 工艺问世以来，德国、日本、美国、法国等相继投入巨资进行开发研究，我国也逐步开始了在 LIGA 技术领域的探索应用。上海交通大学在 1995 年利用 LIGA 技术成功地研制出直径为 2mm 的电磁微马达的原理性样机。上海冶金所采用深紫外线曝光的准 LIGA 技术，电铸后得到了 10μm 的 Ni 微结构，且零件表面性能优良。可见 LIGA 技术在微细加工领域具有巨大的潜力。

LIGA 工艺具有适用多种材料、图形纵横比高，以及任意侧面成型等众多优点，可制造各种领域如微结构、微光学、传感器和执行元件技术领域等中的元件。这些元件在自动化技术、加工技术、常规机械领域、分析技术、通信技术和化学、生物、医学技术等许多领域得到了广泛的应用。

1. LIGA 的工艺过程

（1）X 射线光刻　是 LIGA 工艺的第一步，包括：① 将厚度约为几百微米的塑料可塑层涂于一个金属基底或一个带有导电涂覆层的绝缘板上作为基底，X 射线敏感塑料（X 射线抗蚀剂）直接被聚合或粘合在基底上；② 由同步加速器产生的平行、高强度 X 射线辐射，通过掩模后照射到 X 射线抗蚀剂上进行曝光，完成掩模图案转移；③ 将未曝光部分（对正性抗蚀剂而言）通过显影液溶解，形成塑料的微结构。

（2）金属电镀　是指在显影处理后用微电镀的方法由已形成的抗蚀剂结构形成一个互补的金属结构。金属如铜、镍或金等被沉积在不导电的抗蚀剂的空隙中，同导电的金属底板相连形成金属模板。在去除抗蚀剂后，这一金属结构既可作为最终产品，也可以作为继续加工的模具。

（3）注塑成型　是将电镀得到的模具用于喷射模塑法、活性树脂铸造或热模压印中，几乎任何复杂的复制品均可以相当低的成本生产出。由于用同步 X 射线光刻及其掩模成本较高，也可采用此塑料结构进行再次电镀填充金属，或者作为陶瓷微结构生产的一次性模型。LIGA 工艺基本过程如图 10-4 所示。

2. LIGA 加工的特点

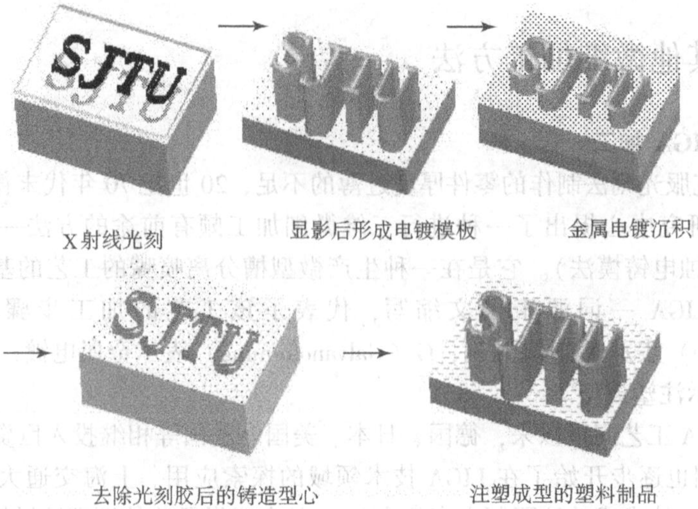

图 10-4　LIGA 工艺基本过程

LIGA 加工是一种新型的超微细加工技术。由于 X 射线平行性很高，使微细图形的感光聚焦深度远比光刻法为深，一般可达 25 倍以上，因而蚀刻的图形厚度较大，使制造出的零件具有较大的实用性。此外 X 射线波长小于 1nm，可以得到精度极高、表面光洁的零件。对那些降低要求后不妨碍精度和小型化的结构而言，X 射线光刻也可用光学光刻法来代替，同时也应采用相应的光刻胶。但由于光的衍射效应，获得的微结构在垂直度、最小线宽、边角圆化方面均有不同程度的损失。采用直接电子束光刻也可完成这一步骤，其优缺点见本章关于光刻的叙述。

综上所述，采用 LIGA 技术进行微细加工具有如下特点：

1）制作的图形结构纵横比高（可达 100∶1）。

2）适用于多种材料，如金属、陶瓷、塑料、玻璃等。

3）可重复制作，可大批量生产，成本低。

4）适合制造高精度、低表面粗糙度要求的精密零件。

3. LIGA 技术的发展

为最大限度地覆盖所有可能的应用范围，由标准的 LIGA 工艺又衍生出了很多工艺变化和附加步骤，比较典型的如牺牲层技术、三维结构附加技术等。

如果采用传统的微机械加工方法来制造微机械传感器和微机械执行装置，那么在许多情况下必须设计静止微结构和运动微结构。通常运动微结构和静止微结构都是集成的，难以混合装配，即使能混合装配也往往受到所需尺寸公差的限制。此时，通过引入牺牲层，也可以用 LIGA 工艺来生产运动微结构。因此，对运动传感器和执行装置的生产而言，由很多材料可以使用，同时可以生产没有侧面成型限制的结构。

牺牲层一般采用与基底和抗蚀剂都有良好附着力的材料，与其他被作用的材料均有良好的选择刻蚀能力、良好的图案形成能力等。牺牲层参与整个 LIGA 过程，在形成构件后被特定的刻蚀剂全部腐蚀掉。钛层由于具备上述优良的综合性能，通常被选作 LIGA 工艺中的牺牲层材料。

尽管标准的 LIGA 工艺难以生产复杂的三维结构，但通过附加的如阶梯、倾斜、二次辐射等技术，却可以生产出结构多变的立体结构。例如，通过在不同的平面上成型，将掩模和基底相对于 X 射线偏转一定角度，有效利用来自薄片边缘的荧光辐射等技术方法，就可以分别加工出台阶、倾斜、圆锥形结构等。

由于需要昂贵的同步辐射 X 光源和制作复杂的 X 射线掩模，LIGA 加工技术的推广应用并不容易，并且与 IC 技术不兼容。因此 1993 年人们提出了采用深紫外线曝光、光敏聚酰亚胺代替 X 射线光刻胶的准 LIGA 工艺，读者可自行查阅文献了解其具体内容。

除了光刻和 LIGA 加工以外，采用微细机械加工和电加工技术来制造微型结构的例子也并不少见。这些方法包括机械微细加工、放电微细加工、激光微细加工等，他们往往是几种技术的结合体，能够完成一些非常规的加工工艺。

10.2.2 机械微细加工

用来进行机械微细加工的机床，除了要求更加精密的金刚石刀具外，还需要满足一系列苛刻的限制条件。主要包括：各轴有足够小的微量移动，低摩擦的传动系统，高灵敏高精度的伺服进给系统，高精度定位和重复定位能力，抗外界振动和干扰能力，以及敏感的监控系统等。虽然各部件的尺寸在毫米或厘米量级，机械微细加工的最小尺寸却可以达到几个微米。

金属薄片式的结构和其他凸形（外）表面的切削，大多可以用单晶金刚石微车刀或微铣刀两种精密刀具加工完成。典型金刚石微刀具的切削宽度是 100μm，头部契形角为 20°，切削深度为 500μm。使用金属薄片结构的微结构体来构建并应用于各种场合。除此之外，微结构也可以使用非常小的钻头和平底铣刀加工。在加工凹形（内）表面时，最小的加工尺寸受刀具尺寸的限制，如钻孔用麻花钻可加工小至 50μm 的孔，更小的则无麻花钻商品，可采用扁钻。

机械微细加工中精确的刀具姿态和工件位置是保证微小切除量的前提条件，其中最关键的问题是刀具安装后的姿态及其与主轴轴线的同轴度是否保持坐标一致。为此可在同一机床上制作刀具后进行加工，使刀具的制作和微细加工采用同一工作条件，避免装夹的误差。如果在机床上采用线放电磨削制作铣刀，可以用它铣出 50μm 宽的槽。

机械微细加工为钢模的三维制造提供了一种选择，除此以外还可以获得较高的表面质量。使用前述的光刻、刻蚀等微结构制造技术进行轮廓加工是很困难的，因此机械微细加工是对这些传统微结构制造技术的补充，特别是当加工比较大的复杂结构（大于10μm）时，机械微细加工更为有效。

采用机械微细加工生产的产品，很多已投入到实际的应用中。以德国FZK研究中心的成果为例，在航空、生物、化工、医疗等各种领域获得广泛应用的产品，包括微型热交换器、微型反应器、细胞培养的微型容器、微型泵、X射线强化屏等。随着与其他微加工机械的相结合，机械微细加工产品必然能应用于更加广泛的领域。

10.2.3 放电微细加工

放电或电火花腐蚀加工，一般用于加工高硬度的金属、陶瓷等采用常规方法难以加工的材料。它是一种功能强大、用途广泛的技术，适用于精密刀具的制造、样机零件的加工、冲模、注塑成型的金属型芯和热压纹模的制造等。但从加工性质来看，它不符合大批量生产的要求。

放电加工的基本原理是，在浸泡于绝缘液中的工具电极与工件电极之间加上一定的电压并使其相互靠近发生放电，导致电极和物质的电腐蚀蒸发，从而得到所需要的形状。根据所采用电极工具的不同，一般有两种类型的放电微加工方法：电火花成形和电火花线切割。

电火花成形加工使用的是预先成形的工具电极，通常由石墨或铜制成，工具电极的形状以电腐蚀的形式复制到工件上。电火花线切割，则采用了直径25～300μm的钨或铜的细丝作为切削工具，使工件形成理想的形状。为了保证加工精度，必须保证总是新的金属丝在切割工件的表面。在电腐蚀加工中使用绝缘液有三个目的，即收缩等离子通道并因此而提高能量密度，除去腐蚀微粒及冷却电极。通常使用的绝缘液是矿物油或合成油，有时也用去离子水。

放电微细加工同机械微细加工相比，虽然材料的切削率较低，但加工尺寸能更细小，孔的纵横比更大，尤其对于微细的复杂凹形内腔加工更有优越性。

10.2.4 激光束微细加工

激光束微细加工是对常规微细加工方法的又一补充。对于金刚石、硅、玻璃、陶瓷及硬金属等材料，采用普通的机械微加工如钻、铣等方法是很困难的。而对某些硬度不高的聚合物软性材料，使用常规加工手段时容易出现塑性流动，难以成形。这些问题随着激光微细加工工艺的出现得到有效解决，它能够制作出采用传统方法难以加工的孔或空腔的形状和尺寸。激光束微细加工还具有施加的机械力小，适合于精密和形状复杂的零件的体加工以及材料表面的亚微米加工的特点。

激光束微细加工是通过激光使工件表面受热熔化蒸发来实现的。它的基本原理是，使用光学系统，将激光聚焦成直径只有几到几十微米的光束照射到被加工材料的表面，材料表面在高能激光束的作用下局部被熔化蒸发，形成特定的孔洞或沟槽。其具体形状取决于加工过程中激光束的参数、加工方式、材料特性和所使用的气体。

除了简单的孔和沟槽以外，在加工过程中，通过改变烧蚀层的二维扫描形状，激光束微细加工还可以加工复杂的空腔和凸出结构。这种空腔是使用机械微加工技术所无法实现的，而使用激光微加工则一步就可以完成。同时，为提高烧蚀速度，可以用化学腐蚀气体如氯气等辅助烧蚀过程。

激光束微细加工的应用不仅仅局限于微机电系统，它还可以应用于日常的焊接、切割、钻空、铣削、脱模、硬化、热处理，还可应用在电子管上切小孔、剥离绝缘层、在柔软基底上切割复杂形状或柔性材料的切割、在零件上作微标记、加工微型模具、光学衍射元件和全息照相等方面。

10.2.5 电子束微细加工

与激光束一样，电子束也可以用来进行微细加工。利用阴极发射的电子，经电场加速和电磁透镜的聚焦后可以获得高能量密度的电子束，其能量密度高达 $10^6 \sim 10^9\ W/cm^2$，束流直径可通过电磁透镜控制，用于微细加工时约为 10μm 或更小。高能电子束照射到材料表面时，会使表面局部达到数千度的高温，从而产生材料熔化和蒸发，实现微细加工的目的。

高能电子束的电子轰击到材料表面时，温度的急剧上升，在工件表面形成一个温度场，处于电子束斑点中心的温度最高，而偏离斑点中心处，温度迅速降低。电子束斑点在材料表面形成的温度场与电子束能量密度、聚焦斑点的直径、被加工材料的密度、比热容、热导率以及被加工材料在真空下的蒸发热有关。通过改变电子束轰击的时间参数，如连续轰击或间断性地脉冲式轰击，就可以改变电子束斑点在材料表面的温度场。当束斑中心区域的温度高于材料的蒸发温度时，材料产生局部蒸发，达到微细加工的目的。电子束斑点形成的温度场的分布，不但会影响到加工的效率，而且会影响到被加工材料成形后表面热影响区的厚度。通过采用计算机控制电子束斑点的移动和扫描，可以利用高能电子束在工件实现打孔、切割等多种成形的微细加工。

电子束加工的装置除需有可对电子束进行加速和聚焦的电子枪外，还需有放置工件的真空系统和冷却系统，以及对电子束定位、扫描的控制系统。

10.2.6 离子束微细加工

通过离子源产生离子，用电、磁场对其引出并进行加速和聚焦，形成高能量的聚焦离子束。在真空室中，用离子束轰击工件的表面就可以实现微细加工。

离子束轰击材料表面，会产生各种物理化学现象，如注入现象和溅射现象等。利用这些现象可以对表面进行离子注入和溅射镀膜等处理。与激光束和电子束加工时利用能量传递使材料达到局部熔化和蒸发不同，离子束加工主要利用离子束轰击材料时的动量传递实现对材料的溅射刻蚀。因而离子束加工对材料被加工局部不产生热影响区，损伤较小。另外，高聚焦的离子束直径可达到10nm以下，从而形成对材料进行极精密的微细加工。由第9章图9-9可知，把能量提高到几十keV后，轰击离子将从对材料产生溅射刻蚀效应转变为注入效应。因而通过提高聚焦离子束的能量，还可以对微细加工的图形进行局部的注入强化和改性等处理。图10-5为聚焦离子束切割的透射电镜试样（图10-5a）和在硅基片上镀金薄膜上刻的字（图10-5b）的微细图形。图10-5b中所刻字的线宽约为200nm。

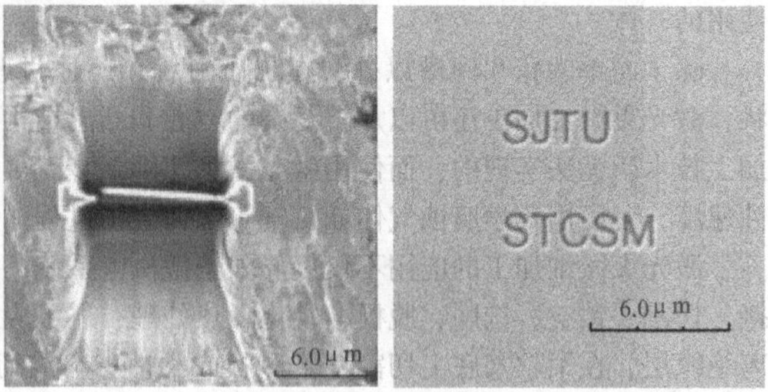

a)　　b)

图10-5　聚焦离子束加工的微细图形（二次电子像）

形成离子束的物质可以是固体和气体，如仅用于刻蚀加工，最常用的是Ar^+离子，而需同时进行注入和改性，则可以采用N^+离子和其他固体物质的离子。

离子束加工的装置包括可获得高能聚焦离子束的离子枪、真空系统和各种控制系统，设备成本昂贵。

10.2.7　超声波微细加工

超声波微细加工是利用超声波提供的能量，并在液体中产生的空泡效应进行材料加工的一种方法。利用超声波可以对材料进行清洗、焊接和对硬脆材料进行加工。

超声波加工硬脆材料的原理如图10-6所示。由超声波发生器产生的16kHz以上的高频电流作用于超声换能器1上，从而产生机械振动，经变幅杆2、3放大后可在工具6端面（变幅杆的终端与工具相连接）产生纵向振幅达0.01~0.1m的超声波振动。工具的形状和尺寸取决于被加工面的形状和尺寸，常用韧性材料制成，如未淬火的碳素钢。工具与工件之间充入工作液4。工作液通常由含有碳化硅、氧化铝等硬质磨料的水或煤油等液体组成。加工时，由超声换能器引起的工具端部把振动传给工作液，使磨料获得巨大的动能，猛烈冲击工件的加工面，再加

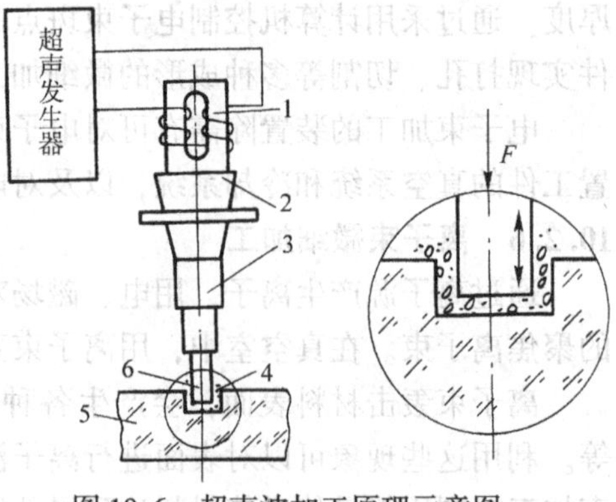

图10-6　超声波加工原理示意图
1—换能器　2、3—变幅杆　4—工作液
5—工件　6—工具

上超声波在工作液中形成的空泡作用，实现磨料对工件加工面的冲击破碎，完成切削加工。通过选择工具的端部形状和运动方式，可进行不同的微细加工。

超声波加工适合于加工各种硬脆材料，尤其是不导电的非金属硬脆材料，如玻璃、陶瓷、硅、石英、铁氧体和硬质合金等。硬质金属材料如淬火钢等，也能进行加工，但加工效率较低。超声波加工的尺寸精度可达 ±0.01mm，表面粗糙度 Ra 可达0.08 ~0.60μm。超声波加工主要用于加工硬脆材料的异形孔、型腔，并可进行套料切割、雕刻以及研磨金刚石拉丝模等。

第11章 表面复合处理技术

单一的表面技术往往具有一定的局限性，不能满足人们对材料越来越高的使用要求。例如，在核发电中，原子核反应器在运行时核燃料必须与受热介质严格隔开，因此必须采用高温抗氧化涂层。核燃料是放在直径约为250mm的耐腐蚀镍基高铝合金做成的包套内，包套的内外表面要渗一层铬，铬的外面还要涂一层耐腐蚀的高温无机涂层，以保证燃料在高温下长时间工作而氢气等不致外泄。

因此，近年来综合运用两种或两种以上的表面复合处理技术得到迅速发展。将两种或两种以上的表面处理工艺方法用于同一工件的处理，不仅可以发挥各种表面处理技术的各自特点，而且更能显示组合使用的突出效果。这种组合起来的处理工艺称为表面复合处理技术。表面复合处理技术在德国、法国、美国和日本等国已获广泛应用，并取得了良好效果。各国正在加大投资力度，研究发展新型特殊的表面复合处理技术。

11.1 表面复合热处理

将两种或两种以上热处理方法复合起来，比单一的热处理具有更多的优越性，因而发展了许多种复合热处理工艺，在生产实际中已获得广泛应用。

11.1.1 表面复合化学热处理

1. 多元渗硼

多元渗硼是硼和另一种或多种金属元素按顺序进行扩散的化学热处理。这种处理分两步进行：先用常规方法渗硼，获得厚度至少为30μm的致密层，允许出现FeB，然后在粉末混合物（例如渗铬时用铁铬粉、活化剂NH_4Cl和稀释剂Al_2O_3的混合物）或硼砂盐浴中进行其他元素的扩散。采用粉末混合物时，在反应室中通入氩气或氢气可防止粉末烧结。

2. 氧氮共渗

氧氮共渗又称氧氮化处理，是一种加氧的渗氮工艺。氧氮共渗所采用的介质有氨水（氨最高质量分数可达35.28%）、水蒸气加氨气、甲酰氨水溶液或氨加氧，常用处理温度为550℃。氧氮共渗后钢材表面形成氧化膜和氮的扩散层。由于钢的外表层被多孔性质的氧化膜（Fe_3O_4）覆盖，其内层形成由氮与氧富化的渗氮层，所以提高了表层硬度，有减摩作用，抗粘着性能好，耐磨性和抗咬合性能均显著提高。因此，氧氮共渗兼有蒸汽处理和渗氮的双重性能，能明显提高刀具和某些结构件的使用寿命。目前，氧氮共渗主要用于高速钢切削刀具的表面处理。

还有一种氧氮化处理，是将钢铁工件先进行盐浴氮化处理，然后进行盐浴氧化处理，可获得良好的氧氮共渗效果，使结构钢、工模具钢以及铸铁工件表面具有高硬度、良好的耐磨性和耐蚀性，已在工业中得到广泛的应用。

3. 渗碳、渗氮、碳氮共渗与渗硫复合处理

这些方法对提高零件表面的强度和硬度有十分显著的效果，但这些渗层表面抗粘着能力并不十分令人满意。在渗碳、渗氮、碳氮共渗层上再进行渗硫处理，可以降低摩擦系数，提高抗粘着磨损的能力，提高耐磨性。如渗碳淬火与低温电解渗硫复合处理工艺是先将工件按技术条件要求进行渗碳淬火，在其表面获得高硬度、高耐磨性和较高的疲劳性能，然后再将工件置于温度为（190 ±5）℃的盐浴中进行电解渗硫。盐浴成分（质量分数）为 75% KSCN + 25% NaSCN，电流密度为 2.5 ~3A/m，时间为 15min。渗硫后获得复合渗层。渗硫层是呈多孔鳞片状的硫化物，其中的间隙和孔洞能储存润滑油，因此具有很好的自润滑性能，有利于降低摩擦系数，改善润滑性能和抗咬合性能，减少磨损。

4. 多元离子共渗

（1）钛氮离子共渗　这种方法是先将工件进行渗钛的化学热处理，然后再进行离子渗氮的化学热处理。经过这两种化学热处理复合处理后，在工件表面形成硬度极高，耐磨性很好且具有较好耐蚀性的金黄色 TiN 化合物层。它的性能明显高于单一渗钛层和单一渗氮层的性能。

（2）氮碳离子共渗　离子氮碳共渗可对碳钢、合金钢、不锈钢、热强钢、铸铁、球铁进行很有成效的强化，应用范围十分广泛。包括胎模具、夹具、刃具、机床零部件，液压机械、铲车、化工机械、农业机械和矿山机械上用的各种类型的齿轮、轴类、杆件，动力机械上用的曲轴、缸套、活塞环、凸轮轴、进排气阀、汽门挺杆、压缩机阀片、纺织机针板、挤塑机螺杆套筒，压铸模以及其他机具上的磨擦件。处理过的材料达 30 余种，均可提高寿命 1 ~5 倍，如大连柴油机厂 45 钢及 QT600-2 曲轴大修期寿命由 1 500h 提高到 10 000h。

（3）N-C-Ti 离子三元共渗　也可称为加钛离子软氮化。即在离子氮碳离子共渗基础上，再采取特殊加钛方法来提高钢铁工件的耐磨、耐蚀性能和缩短生产周期。以处理铸铁为例，其优点可概括为：① 表面强化效果突出：表面硬度是离子渗氮的 2 倍，是离子氮碳共渗的 1.2 ~1.4 倍；总渗层深度是离子渗氮的 2 ~3 倍，是离子氮碳共渗的 1.2 ~1.6 倍；化合物层深度是离子氮碳共渗的 1.5 ~1.8 倍；干摩擦磨耗量较离子渗氮低 2 倍，较离子氮碳共渗低 1 倍；平均腐蚀速度，在 5% NaCl 溶液中是未经处理的 20%，是离子氮碳共渗的 50%，在 50℃稀硫酸中是未经处理的 40% ~50%，是离子氮碳共渗的 70% ~80%。从灰铸铁气

缸套和活塞环经本工艺处理后的实机运转效果来看，其耐磨指标在船用低速柴油机缸套上磨合期的平均磨损率比镀铬的低 3 ~4 倍。运行 6 500h 后，磨损率不超过镀铬缸套的 1/6；处理的第一、第二道活塞环寿命是国产未处理件的 6 ~ 10 倍，是国际名牌件的 2 ~3 倍；用在 300，250，150，100，95 型中速及高速柴油机的缸套上时，耐用寿命普遍提高 1 ~4 倍。② 生产效率高：生产效率较气体渗氮提高 15 ~30 倍，较离子渗氮提高 3 ~6 倍，较气体和离子软氮化提高 1 ~2 倍。③ 用HT200 以上牌号的普通灰铸铁经本工艺处理后可代替高磷、硼磷，铬钼铜及其他合金铸铁，既可达到甚至超过合金铸铁的表面耐磨耐蚀性，又能改善铸造工艺性能，提高经济效益。④ 处理后的工件变形很小，不需要磨加工且节能无公害。

(4) S-N-C-Ti 离子四元共渗　是在离子 N-C-Ti 三元离子共渗基础上再加入 S，这样可进一步促进渗速，并进一步改善跑合性，减少摩擦系数。经生产应用于 8300 型渔船柴油机上，经过 3 840h 后平均磨损率为 0. 029 6mm/kh，用于冲压模具上可提高寿命 2 倍以上。

11. 1. 2　表面热处理与表面化学热处理的复合处理

1. 液体碳氮共渗与高频感应加热表面淬火的复合处理

液体碳氮共渗可提高工件的表面硬度、耐磨性和疲劳性能。但该项工艺有渗层浅、硬度不理想等缺点，若将液体碳氮共渗后的工件再进行高频感应加热表面淬火，则表面硬度可达 60 ~65HRC，硬化层深度达 1. 2 ~2. 0mm，零件的疲劳强度也比单纯高频淬火的零件明显增加，其弯曲疲劳强度提高 10% ~15%，接触疲劳强度提高 15% ~20%。

2. 渗碳与高频感应加热表面淬火的复合处理

一般渗碳后要经过整体淬火与回火，虽然渗层深，其硬度也能满足要求，但仍有变形大、需要重复加热等缺点，如使用渗碳与高频感应加热表面淬火复合处理方法，不仅能使表面达到高硬度，而且可减少热处理变形。

3. 激光与离子渗氮复合处理

钛的质量分数为 0. 2% 的钛合金经激光处理后再离子渗氮，硬化层硬度从单纯渗氮处理的 600HV 提高到 700HV；钛的质量分数为 1% 的钛合金经激光处理后再离子渗氮，硬化层硬度从单纯渗氮处理的 645HV 提高到 790HV。

4. 离子轰击复合处理

这是常规热处理加离子轰击扩渗处理，或者在镀覆修复层上加离子轰击扩渗技术，使工件获得更佳的综合性能，以延长使用寿命。如 GCr15 船用柴油机喷油嘴经预处理后加一道离子轰击扩渗——氮碳共渗工序，再淬火回火，使第一次研修寿命达到 7 000h 以上，而苏尔寿（Sulzer）名牌产品 RND 的名义研修寿命才3 000h。

11.2 表面热处理与其他表面技术的复合处理

11.2.1 表面热处理与表面形变强化的复合处理

（1）普通淬火回火与喷丸处理的复合处理工艺 在生产中应用很广泛，如齿轮、弹簧、曲轴等重要受力件经过表面淬火回火后再经喷丸表面形变处理，其疲劳强度、耐磨性和使用寿命都有明显提高。

（2）复合表面热处理与喷丸处理的复合工艺 例如，离子渗氮后经过高频表面淬火后再进行喷丸处理，不仅使组织细致，而且还可以获得具有较高硬度和疲劳强度的表面。

（3）表面渗氮处理与形变强化的复合处理工艺 例如，工件经喷丸处理后再经过离子渗氮，虽然工件的表面硬度提高不明显，但能明显增加渗层深度，缩短化学热处理的处理时间，具有较高的工程实际意义。

11.2.2 表面镀覆与表面热处理的复合处理

镀覆后的工件再经过适当的热处理，使镀覆层金属原子向基体扩散，不仅增强了镀覆层与基体的结合强度，同时也能改变表面镀层本身的成分，防止镀覆层剥落并获得较高的强韧性，可提高表面抗擦伤、耐磨损和耐蚀能力。应用实例如下：

1）在钢铁工件表面电镀20μm左右厚含铜（铜的质量分数约30%）的Cu-Sn合金，然后在氮气保护下进行热扩散处理。升温时在200℃左右保温4h，再加热到580～600℃保温4～6h。处理后表层是1～2μm厚的锡基含铜固溶体，硬度约170HV，有减摩和抗咬合作用。锡基含铜固溶体表层下面为15～20μm厚的金属间化合物Cu_4Sn，硬度约550HV。这样，钢铁表面覆盖了一层高耐磨性和高抗咬合能力的青铜镀层。

2）在铜合金先镀7～10μm锡合金，然后加热到400℃左右（铝青铜加热到450℃左右）保温扩散，最表层是抗咬合性能良好的锡基固溶体，其下是Cu_3Sn和Cu_4Sn，硬度450HV（锡青铜）或600HV（含铅黄铜）左右。提高了铜合金工件的抗咬合、抗擦伤、抗磨料磨损和粘着磨损性能，并提高表面接触疲劳强度和抗腐蚀能力。

3）在钢铁表面上电镀一层锡锑镀层，然后在550℃进行扩散处理，可获得表面硬度为600HV（表层碳的质量分数为0.35%）的耐磨耐蚀表面层。也可在钢表面上通过化学镀获得镍磷合金镀层，再在400～700℃扩散处理，提高了表面层硬度，并具有优良的耐磨性、密合性和耐蚀性。这种方法已用于制造玻璃制品的模具、活塞和轴类等零件。

4）在铝合金表面同时镀20～30μm厚的铟和铜，或先后镀锌、铜和铟，然后加热到150℃进行热扩散处理。处理后最表层为1～2μm厚的含铜与锌的铟基固溶体，第二层是铟和铜含量大致相等的金属间化合物（硬度400～450HV）；靠近基体的为3～7μm厚的含铟铜基固溶体。该表层具有良好的抗咬合性和耐磨性。

5）锌浴淬火法是淬火与镀锌相结合的复合处理工艺。如碳的质量分数为0.15%～0.23%的硼钢在保护气氛中加热到900℃，然后淬入450℃的含铝的锌浴中等温转变，同时镀锌。这种复合处理缩短了工时，降低了能耗，提高工件的性能。

11.2.3 烧结与表面热处理的复合处理

烧结工件材料是用各种难以加工的金属粉末与溶解材料混合而成，其组成材料极其广泛。为了提高烧结工件的强度和性能，开拓应用范围，烧结后还需进行各种热处理。

1. 烧结与溶浸复合处理

烧结工件内部的空隙，可以通过浸入含铜、青铜或铅等的熔液中的处理来消除，这是用于烧结工件的特有工艺，处理后强度和耐磨性提高。图11-1是烧结工件青铜及铜溶浸处理的效果。

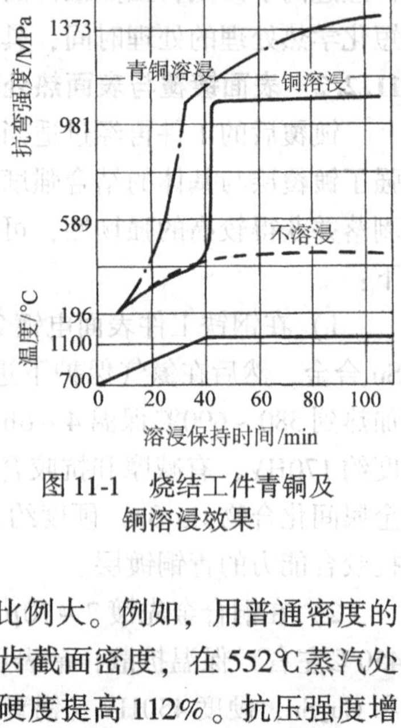

图11-1 烧结工件青铜及铜溶浸效果

2. 烧结与蒸汽复合处理

烧结工件进行蒸汽处理时，会在所有的暴露表面上产生紧密附着的氧化物层，低密度和中等密度工件上的气孔趋于填满，因此它们的抗压强度、硬度和气密性明显提高。

低密度工件（5 400～6 200kg/m^3）蒸汽处理常用温度范围是482～566℃，处理时间是半小时到一小时。处理后，由于大量的互相连接的孔隙被填满，硬度和抗压强度提高。低密度工件提高的比例大。例如，用普通密度的齿轮（5 900kg/m^3）进行试验，轮毂截面密度大于齿截面密度，在552℃蒸汽处理半小时后，齿截面硬度提高443%，而轮毂截面硬度提高112%。抗压强度增加约25%。

蒸汽处理后，由于硬度上升，耐磨性也提高，但是抗拉强度没有明显的变化。

11.2.4 覆盖层与表面冶金化的复合处理

利用各种工艺方法先在工件表面上形成所要求的含有合金元素的镀层、涂层、沉积层或薄膜，然后再用激光、电子束、电弧或其他加热方法使其快速熔化，形成一个符合要求的、经过改性的表面层。

柴油机铸铁阀片经过镀铬、激光合金化处理，表层的表面硬度达60HRC，该层深度达0.76mm，延长了使用寿命。45钢经过Fe-B-C激光合金化后，表面硬度可达1 200HV以上，提高了耐磨性和耐蚀性。

复合表面处理在有色金属表面处理中也获得应用。ZL109铝合金采用激光涂覆镍基粉末后再涂覆WC或Si，基体表面硬度由80HV提高到1 079HV。

表11-1列出了AISI6150钢（美国钢号，相当于我国50CrVA）基体进行激光表面合金化前所选涂敷材料。这些涂敷材料先用等离子喷涂，再用1.2kWCO_2激光器进行熔融且合金化。

表11-1　AISI6150钢激光表面合金化前等离子喷涂材料

Metco粉末	名　称	下列组成元素的质量分数（%）											
		Cr	Si	B	Fe	Cu	Mo	W	WC+8%Ni	C	Ni	碳化铬	ZrO_2
19E	S/F NiCr合金	16.0	4.0	4.0	4.0	2.4	2.4	2.4		0.5	余量		
36C	SFWC合金	11.0	2.5	2.5	2.5				35.0	0.5	余量		
81VF-NS	碳化铬-Ni-Cr	余量									20.0	75.0	
201B-NS-1	ZrO_2陶瓷								$CaCO_3$8.0				92.0
	Mo						99.0						

在激光照射前，工具的预涂敷还可采用电镀沉积（镍和磷）、表面固体渗（硼等）、离子渗氮（获得氮化铁）等。激光处理层的问题是出现裂纹，通过调整激光参数、涂敷材料和激光处理方法可减少裂纹。

11.3　高能束辅助表面沉积与涂镀复合处理

11.3.1　等离子（离子束）辅助复合表面处理

1．离子束辅助沉积技术

在等离子体辅助沉积技术中，将离子镀和溅射沉积所应用的等离子体与气相反应物相结合，产生一种称为等离子辅助化学气相沉积（PACVD）的技术。若用离子束代替等离子体来完成类似效应的称为离子束辅助涂覆（IAC）。这种技术具有灵活性和重复性，可在低温操作，是一种快速和可控的方法，通常用于高度精密表面处理以及普通技术不能处理的一些表面。

图11-2描述了离子辅助涂覆（IAC）的物理原理。首先用轻离子的离子束轰击涂层（小于注入离子范围或0.2μm）表面，使涂层元素部分地混入基体，这种元素

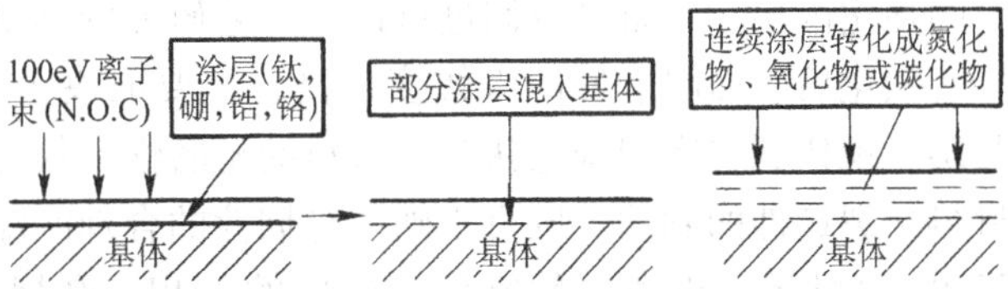

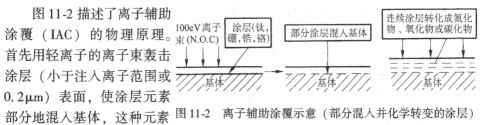

图11-2　离子辅助涂覆示意（部分混入并化学转变的涂层）

的扩散作用得益于离子注入造成的晶体缺陷和浓度梯度，并由于辐射效应而增强。而且，由于轰击中的离子和涂层中的金属原子间的化学反应，在离子运动停止时，涂层即部分地或全部地转变成氮化物或氧化物，以后各层随离子轰击同时按次序生成。

用离子束辅助沉积（IAD）方法已在钢、镍、碳纤维增强铝材及 Ni_3Al 上沉积出 Si_3N_4 梯度薄膜。目前已沉积出一侧具有热、电绝缘性能，另一侧具有导电、导热性能的薄膜材料。在力学性能上，涂 3.2μm 厚的 Si_3N_4 的 1Cr18Ni9Ti 钢的硬度比未涂材料约高 3 倍。在显微硬度、抗刮痕性能方面也明显优于 CVD。

2. 低温镀铁与离子轰击扩渗复合技术（安品法）

也称安品法，安品法是这一新的复合技术英文名称的简称（Ipin Method）。离子轰击扩渗技术是可显著提高金属材料表面耐磨、耐蚀和耐疲劳性能的表面强化新技术，当采用低温处理时，还具有零件整体变形极小和材料内部组织不受影响的特点。将低温镀铁和离子轰击扩渗处理这两种先进技术有机结合起来，从而形成一种零件再造新技术，这就是安品法的实质。

经低温镀铁后的镀层已具有良好的性能指标。研究表明，镀铁层所特有的柱状晶亚稳定结构是获得这种良好性能的根本原因。因此，安品法是在基本不改变这种特殊亚稳结构的前提下，利用低温离子轰击扩渗技术强化镀层外表面，使性能进一步提高。实际使用寿命安品法比单纯低温镀铁提高 1～2 倍。

离子轰击处理对镀铁层产生双重作用，即表面扩渗强化和内部稳定化处理。此外，经安品法处理后，零件的变形极小。

单纯镀铁层中只含有单一的 α-Fe 相。经过离子轰击 N-C 共渗后，不论采用哪种工艺参数，镀铁层表面都出现了新相 ε、γ′和 Fe_3C 相，其中以 ε 相为主，它们都是 N、C 原子渗入后与 Fe 形成的化合物。由这些相组成的表面薄层改变了单纯镀铁表面原有的组织和性能，而且宏观内应力基本消除。

经过离子轰击扩渗处理后的安品法试样，其综合力学性能（包括结合强度，疲劳极限、表面硬度和摩擦磨损性能）和耐蚀性都明显优于单纯镀铁试样和工件，根本原因在于试样获得了表面强化和内部稳定化的双重效果。镀铁层的超细化晶粒和高密度位错组织拥有很高的自由能，为 N、C 原子的扩渗创造了极好的热力学条件，以致使在 400℃的低温下仅仅保温 4～6h 就可获得具有显著使用价值的强化渗层。这就是我们进行这项工艺研究的理论依据。

强化后表面耐磨性的大幅度提高，主要取决于离子 N-C 共渗的 ε 相及其扩散层。现代剥层磨损理论认为，材料的耐磨性不仅与硬度有密切关系，而且还受材料断裂韧性的制约，取决于硬度与韧性的合理匹配。实践反复证明：经低温离子 N、C 共渗（即离子软氮化）形成的 ε 相，既拥有高硬度，又保持足够的韧性，这一特性赋予材料表面高耐磨性。

含氢量对镀铁件的结合强度和疲劳强度具有决定性影响，因此，除氢比较彻底是安品法的重要工艺之一，可清除镀铁层中由氢引起的大部分拉应力。生产上对镀铁件一般不除氢，重要件除氢的工艺规范通常采用150~200℃，2~3h（为防止零件氧化），因此去除的氢量有限。有资料介绍，按上述规范除氢后的镀铁层疲劳极限提高33.3%。

3. 离子注入与气相沉积复合表面改性

目前，把离子注入与气相沉积结合起来的离子束混合法复合表面处理技术正在不断发展。高速打入的离子与原子晶格相碰撞，产生混合效应。图11-3是离子束混合法示意图。其中图a表示预先在试样B上用真空蒸镀或真空溅射法生成涂覆层，然后把大量高能离子打入到界面附近，利用混合效应，使涂层获得了牢固的粘着性。图b表示预先交替沉积A、B的薄层，通过离子注入在表面生成两者的混合物或化合物层。由于可用调节各层的厚度来改变所得表层的成分，所以容易获得非平衡固溶成分的涂覆层。当然，还可打入特定的离子，生成与这种离子结合的合金或化合物。

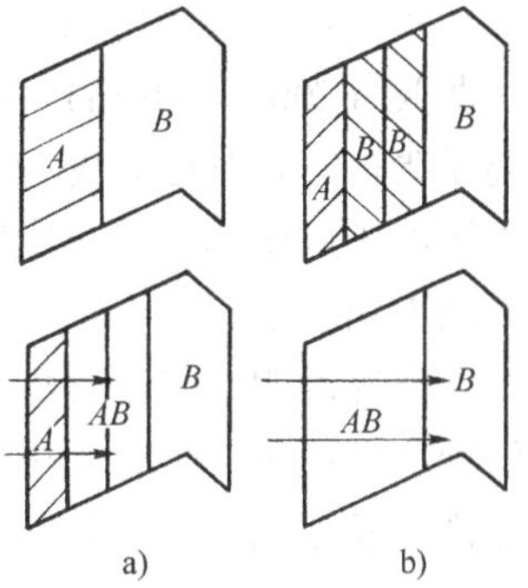

图11-3　离子束混合法示意图
a）二层法　b）多层法

还有一种相当新的复合处理技术，是将离子注入与物理气相沉积（PVD）同时进行的离子束辅助沉积法（IBAD：Ion Beam Assisted Deposition），有时也称为离子束增强沉积（IBED）。这种方法产生的涂层比单独离子注入形成的改性层厚，涂层与基体间的粘着性又比单独PVD处理的好得多，特别适合不平衡相的形成。例如，采用加速电压25~40keV的氮离子注入与硼或钼的气相沉积相结合的IBAD，已生产出立方氮化硼和氮化钼。用IBAD法涂覆TiN，Ti在电子束蒸发器中蒸发并沉积在试样表面，同时进行30keV的氮离子注入，可获得更好的表层性能。

正因为IBAD的独特优点，利用这项崭新的技术，人们可以完成许多用其他方法难以或无法完成的工作，如：

（1）合成新材料　使用这项新的技术现在已可以较稳定地合成立方氮化硼（B_3N）、类金刚石薄膜（DLC）、TiN和Ti_2N、CrN等多种优质膜层及陶瓷材料，尤其是TiN及Ti_2N膜层，性能优良，具有良好的耐磨和减摩特性。

（2）制备各种功能膜　根据材料和工件的需要，制备单层或多层膜以及结合良好的复合功能膜，如Ti/TiC/α'-C（非晶碳膜）多层膜、TiN/Ti多层膜。其中TiN/Ti多层膜中，TiN具有较高的硬度及耐磨性，中间的Ti层可以提供良好的耐蚀性，属于一种具有良好综合性能的多层膜。目前多层膜的研究体系已经达到30多个。另外国内外还合成了各种性质可以连续变化的梯度膜以及光学增透膜、反射膜等。

（3）控制晶体的生长方向　可以根据需要控制膜层的结晶方向，获得不同性质的膜层。徐滨士等人利用IBAD技术在印刷线路板钻头和铣刀上分别制备了TiN、(TiAl) N等膜层，对其进行强化，结果钻头的钻孔数提高了两倍，铣刀的铣削长度提高了一倍以上。

氧化铝上钛涂层的离子束诱发混合物已经试验成功。这是利用射频溅射先将钛薄膜（200～400μm）沉积在氧化铝基体上，再用400keV的离子注入机进行离子轰击，在基体温度为30～230℃时产生能量高到足以渗入钛膜的氮离子。用次级离子质谱和卢瑟福反射表征检测表明，试件温度为230℃时，在Ti/Al_2O_3的界面上明显地有混合物产生，这就提高了钛涂层与氧化铝基体的结合强度。

研究表明，在用等离子氮化进行离子渗氮之前，用氩离子溅射对表面进行预处理，可产生一个很不规则的表面，它有利于氮化层的形成。利用这种工艺，可在许多铝合金上形成满意的涂层。根据合金成分的不同，涂层的硬度可在1 000～1 600HV之间变化。

11.3.2　激光等辅助复合气相沉积和复合涂镀处理

1. 表面激光复合陶瓷化处理

利用激光使材料表面形成陶瓷的方法进行了以下试验研究：

1）供给异种金属粒子，并利用激光照射使之与保护气体反应而形成陶瓷层。研究表明，在A1表面涂敷Ti或Al粒子，然后通入氮气或氧气，同时用CO_2激光照射，可形成高硬度的TiN或Al_2O_3层，使耐磨性提高10^3～10^4倍。

2）在材料表面涂覆两层涂层（例如在钢表面涂覆Ti和C）后，再用激光照射使之形成陶瓷层（例如TiC）的复层反应。

3）一边供给氮气或氧气，一边用激光照射，使Ti或Zr等母材表面直接渗氮或氧化而形成陶瓷表层的方法。

2. 激光增强电镀和电沉积

在电解过程中，用激光束照射阴极，可极大地改善激光照射区的电沉积特性。激光增强电镀和电沉积，可迅速提高沉积速度而不发生遮蔽效应，能改善电镀层的显微结构，可望在选择性电镀、高速电镀和激光辅助刻蚀中获得应用。例如，在选择性电镀中，一种被称为激光诱导化学沉积的方法尤其引人注目，即使不施加槽电压，对浸在电解液中的某些导体或有机物进行激光照射，也可选择性地沉积Pt、Au或Pb-Ni合金，具有无掩膜、高精度、高速率的特点，可用于微电子电路和金属电路的修复等高新技术领域。在高速电镀中，用激光照射到与之截面积相当的阴极面上，不仅其沉积速率可提高10^3～10^4，而且沉积层结晶细致，表面平整。

成都表面装饰应用研究所采用如图11-4的一种激光电镀试验装置，研究了

在高强度 CO_2 激光束照射下（图中为正向照射阴极，也可以背向照射阴极），瓦特镍 Ni/Ni^+ 电极体系电沉积镍层的性质和变化规律。研究表明，激光照射能提高阴极极化效果。虽然激光电沉积镍层为微裂纹结构，但与基体结合力高，在一定的光照时间内可获得结晶细致、表面平整的镍镀层。这类装置也可用来电镀 Cu、Au 等金属，并取得了良好的效果。

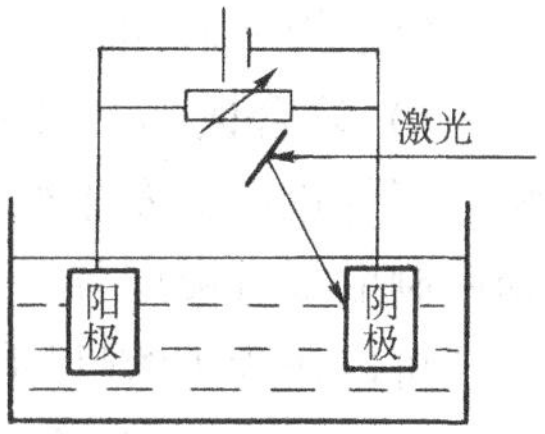

图 11-4　激光增强电镀试验装置

钛合金采用激光气相沉积 TiN 后再沉积 Ti（C，N）形成复合层，硬度可达 2 750HV。

3．离子束动态共混复合技术

离子束动态共混这一复合技术是在气相沉积的同时进行离子注入，可以得到厚度 10μm 而结合良好的膜层。日立公司已装备 10 台离子束共混装置用于镀氮化钛硬质膜。镀制方法是在电子束蒸镀钛的同时，在 40keV 下用氮离子轰击膜层。

大阪工业技术研究所除用离子束共混装置镀 TiN 和 TiC 外，还成功镀制 Si_3N_4 和立方氮化硼。在镀氮化钛时，发现离子注入射角为 45℃时结合力最强，TiN 膜的硬度达到 3 500HV，而离子镀 TiN 的硬度为 2 000HV。

4．多种气相沉积的复合处理

多种气相沉积技术间相互结合的复合技术也有发展。1988 年日本钢铁公司开发了等离子气相沉积、离子镀和磁控溅射这三种技术复合的连续镀膜工艺。其目的是连续镀制彩色不锈钢板卷材。磁控溅射和离子镀易于调节膜层成分，可以在不锈钢上镀 20 多种不同彩色的陶瓷膜；而等离子化学气相沉积层的针孔少，适于在彩色镀层上覆盖透明的耐蚀保护膜 SiO_2 或 Si_3N_4，但受气源种类限制，并不适于镀制彩色陶瓷层。上述三种技术在镀膜时都利用了离子轰击膜层，因而层与基材的结合强度高。这也是采用这三种技术进行复合的原因之一。

11.4　复合镀

复合镀（Composite Coating）又称分散镀（Dispersion Coating），是用电镀或化学镀方法使金属和固体微粒共沉积获得复合材料的工艺过程。由于复合镀是在镀液中加入一种或数种不溶性的固体微粒，使这些微粒均匀悬浮在镀液中，由于分散微粒和基质金属的共析，微粒夹杂到金属镀层中形成一种特殊镀层。这种镀层不是单相的金属或合金，而是特殊的复合材料。由于复合材料综合了其组成相的优点，根据复合镀层基质金属（或合金）和分散微粒的不同，使复合镀层具有高硬度、高耐磨性和良好的自润滑性、耐热性、耐蚀性等功能特性。因此，复合镀成为表面技术最为活跃的领域之一。

11.4.1 复合镀的特点

复合镀具有如下一系列特点：

1）复合镀不必加热，因而对基体金属或合金的原始组织、性能不产生影响，工件也不会发生变形。此外，人们除采用化学稳定性高的陶瓷颗粒作为增强相束制取复合镀层外，各种有机物和其他一些遇热易分解的物质颗粒或纤维，也完全可以作为不溶性固体颗粒分散到镀层基质中，形成各种类型的复合镀层。

2）在同一基质金属或合金中可沉积一种或数种性质各异的固体颗粒，同一种固体颗粒也可沉积在不同的基质金属或合金中，从而获得多种多样的复合镀层。而且改变电解液中固体颗粒含量和基质与颗粒的共沉积条件，可使镀层中颗粒含量从零到50%范围连续变化，镀层的性质也相应变化。因此，复合镀技术为改变和调节材料的性能和满足人们的不同要求提供了极大的可能性和多样性。

3）许多机件的功能，如耐磨、减摩等均是由零部件的表面层体现出来的，在很多情况下可以采用某些具有特殊功能的复合镀层取代整体材料，也可在软金属基体上镀适当的硬复合镀层，因此复合镀的经济效益十分显著。

4）适当设计阳极、夹具和施镀参数，可以在形状复杂的基体上获得均匀的复合镀层，还可在零件的局部位置镀覆复合镀层。

5）与其他复合材料制备技术相比较，复合镀的投资少、操作简单、易于控制，生产成本低，能耗少。

11.4.2 复合镀的机理

近年来的研究表明，镀液性质和组成、第二相微粒的性质及悬浮量、电流密度、温度、搅拌方式及强度等，都从不同角度对复合电沉积产生不同的影响。电流密度和搅拌方式及强度是影响复合电沉积的两个主要因素。Snaith 等人就阴极与微粒间的静电作用对复合电沉积的决定性影响，流体动力因素对复合电沉积的控制作用提出了一些看法。Gugliemi 在考虑电场作用的基础上提出了复合电沉积的两步吸附理论，并建立了相应的数学模型。

两步吸附理论认为：携带着离子和溶剂分子膜的微粒吸附在电极表面上，与阴极发生物理性质的弱吸附；随后，处于弱吸附状态的微粒，脱去它所吸附的离子和溶剂化膜，与阴极表面直接接触，形成不可逆的电化学吸附，就成为强吸附步骤。在金属电沉积的过程中，将强吸附的微粒埋入镀层中。他得出镀层中微粒含量 a_v 与过电位 η、镀液中微粒悬浮量 c_v 的关系如下：

$$\frac{(1-a_v)\ c_v}{a_v}=\frac{Mi^0}{nF\rho v_0}e^{(A-B)}\eta\left(\frac{1}{K}+c_v\right) \tag{11-1}$$

式中，M 为金属原子量；ρ 为金属密度；i^0 为基质金属电沉积交换电流密度；n 为参加反应的电子数；K 为 Langmuir 吸附等温式得出的吸附平衡常数；v_0 表示弱吸附表面覆盖度 $\sigma=1$ 及过电位 $\eta=0$ 时的强吸附速度；上角 B 为常数；上角 A

为常数，$A=\frac{2F}{RT}$。

Guglielmi 模型的正确性在多种复合电沉积体系中得到证实。如在硫酸盐镀液中的 SiC、TiO_2 和金刚石与 Ni 共沉积，硫酸盐镀液中的 α-Al_2O_3 与铜共沉积等。然而，该模型忽略了流体力学条件和微粒的尺寸、形状以及对微粒的预处理等因素的影响，故在应用中受到一定的限制。

Foster 和 Kariapper 在考虑了流体力学诸因素后，在 Guglielmi 模型的基础上提出了新的表达式：

$$\frac{da_v}{dt}=\frac{N\lambda\ (qv+Ai^0-M)\ c}{1+\ (qv+Ai^0-M)\ c} \tag{11-2}$$

式中，a_v 为镀层中微粒的体积百分含量；i^0 为金属沉积速度（电流密度）；c 为悬浮于镀液中微粒的体积；q 为微粒的表面电荷密度；v 为阴极表面电场强度；λ 为常数；A 为微粒-阴极界面单位面积上的结合强度；N 为单位时间内同电极表面发生有效碰撞的微粒数；M 为反应粒子的大小、密度、溶液的搅拌速度等机械因素。

不过，由于这个公式中的一些参量不易确定，故它的应用价值是很有限的。

在复合镀过程中，固体微粒均匀分散于电解液中，但固体微粒有可能不发生沉积，因而得不到复合材料镀层。人们研究发现，不带电的非金属微粒表面必须吸附某些带正电荷的阳离子，使微粒成为带电“离子团”，带正电荷的固体微粒在流动的溶液中迁移到阴极表面附近，然后吸附在阴极表面，并不断被沉积着的基质金属所掩埋、捕获，最终实现共沉积，获得复合镀层。Guglielmi 提出两步吸附理论，认为微粒的复合过程要经历以下三个阶段，如图 11-5 所示。

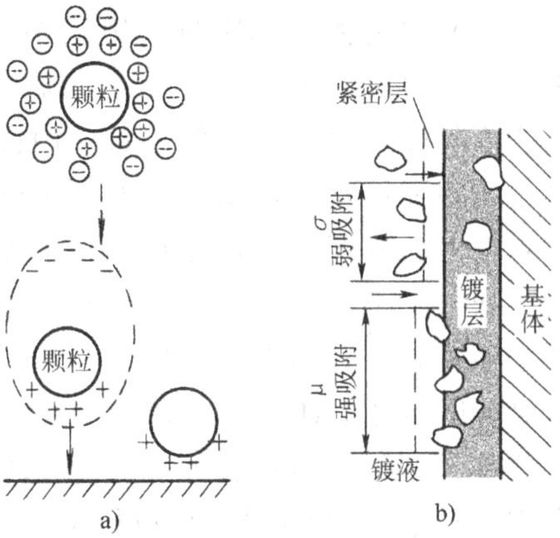

图 11-5　复合镀过程示意
a）复合镀第一阶段
b）复合镀第二、三阶段

第一阶段：要使微粒大量、均匀地沉积在基质中，必须使微粒悬浮于镀液中并在流体动力因素作用下不断向阴极表面迁移，这可通过搅拌方法实现。由于微粒水化膜的屏蔽作用，即微粒被带电离子及溶剂所包覆，运动到阴极的致密层外侧首先形成弱吸附，这是一种可逆吸附，实质是物理吸附。微粒向阴极表面运动的驱动力在于机械作用，电场力的作用很微弱。可见，搅拌方法和强度以及阴极的形状，对于微粒的运动以及吸附量和吸附均匀性有很大影响。

第二阶段：在界面电场的作用下，微粒上的吸附膜消除，在高电位电梯度双电层内，带电微粒受电场力的作用吸附在阴极表面，这是一种强吸附，实质为化学吸附。只有少数微粒能完成这种弱吸附到强吸附的转变。这一阶段不仅存在物理吸附向化学吸附的转化，同时还存在已发生化学吸附微粒的解吸与脱落，这与电流密度、微粒的形状与尺寸、搅拌方式与强度有关。

第三阶段：化学吸附的微粒被不断沉积的金属基质所掩埋，在掩埋过程中，外界的冲击作用仍可使微粒脱落而重新进入溶液中。一般认为，只有当微粒被沉积的质点至少掩埋 2/3 时，微粒才真正被基质“捕获”，微粒与基质发生了“嵌合”，从而实现了固体微粒与基质金属（或合金）的共沉积。

影响非导电固体微粒沉积的因素繁多，如镀液中固体微粒含量、电流密度、镀液温度、搅拌方式和强度、镀液 pH 值等，下面分别作简要论述。

（1）镀液中微粒含量的影响　当镀液中微粒含量不高时，随微粒含量的增加镀层中沉积的微粒数量迅速增多；当镀液中微粒含量达一定浓度后进一步增大其浓度，镀层中微粒沉积数量不再明显增多。显而易见，随镀液中微粒含量增加，运动到阴极表面并产生物理吸附和化学吸附的微粒数量也将增多，从而导致镀层中沉积的微粒数量增加。

（2）电流密度的影响　镀层中 Al_2O_3 微粒含量与电流密度间关系如图 11-6 所示。随电流密度增大，镀层表面阴极极化增强，单位时间内微粒的沉积量和基质金属的沉积速度均增大，但在不同电流密度范围内两者增大的速度和幅度不同。电流密度小于 20A/dm^2 时，随电流密度增大，阴极表面对 Al_2O_3 微粒的吸附能力随镀液内电场强度的增大而增强，阴极表面吸附的微粒增多且相对稳定，微粒的沉积速度的增加大于基质金属沉积速度的增加，因此镀层中微粒含量增加；当电流密度大于 20A/dm^2 后，随电流密度增大，微粒沉积速度的增加比基质金属沉积速度的增加慢，故镀层中微粒含量降低。

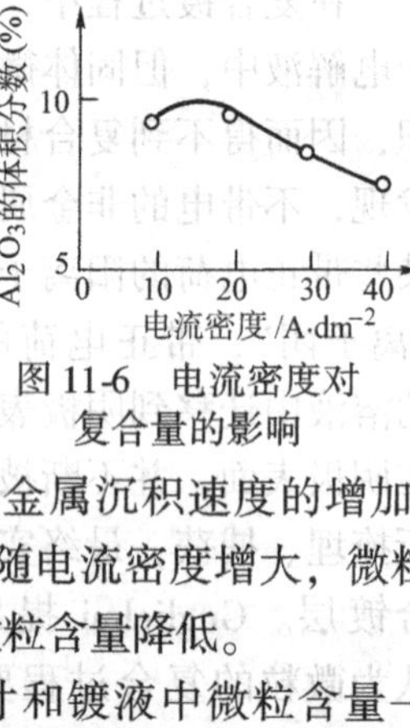

图 11-6　电流密度对复合量的影响

（3）搅拌方式与强度的影响　研究表明，当微粒尺寸和镀液中微粒含量一定时，横旋转搅拌比纵旋转搅拌使镀层获得较多的微粒含量。而且，随搅拌间歇时间缩短，搅拌强度增大，微粒运动加剧，这不仅有利于微粒均匀地悬浮于镀液中，同时微粒与阴极接触几率增大，单位时间内吸附在阴极表面的微粒数量增多，从而使镀层中微粒含量增加；但是，搅拌强度过大，则造成微粒与阴极表面频繁的强烈碰撞，这不仅使微粒在阴极表面难于停留，而且会导致已吸附或未被完全“捕获”的微粒脱落和重新落入镀液中，不利于微粒与基质金属的共沉积，从而使镀层中微粒含量减少。不同粒径、不同微粒含量镀液复合镀的最佳搅拌强度必须通过实验来获得。

（4）镀液温度的影响　镀层中微粒含量随镀液温度的升高而减少。这种现象是离子热运动与微粒悬浮性能的综合反映。当温度升高，离子运动加剧，离子的剧烈运动将使阴极对微粒的吸附能力降低，不利于微粒的共沉积。另外，温度升高，镀液粘度下降，悬浮能力变差，微粒快速下降沉到镀槽底部。

（5）镀液 pH 值的影响　许多研究表明，随 pH 值增大，镀层中微粒含量降低。在酸性镀液中，固体微粒优先吸附 H^+。但随镀液 pH 值增大，镀液的 H^+将减少，吸附在微粒表面的 H^+数量也将减少，因此影响带电微粒在阴极表面的吸附，从而使微粒共沉积量降低。

此外，微粒的物理性质、化学性质以及其几何尺寸，镀液中添加的表面活性剂等，均对微粒的共沉积有较大的影响。一般认为：导电微粒的共沉积量比不导电的高，大尺寸微粒嵌入的体积含量比小尺寸的高，适量添加表面活性剂可促进微粒的共沉积。

11.4.3　化学镀复合材料

电镀复合材料的成功激发了化学镀沉积复合材料的研究与开发。1966 年 Odekerken 采用化学镀制取的镍-金刚石复合镀层和 1966 年 Metzger 等人研究的 Ni-Al_2O_3 复合镀层是最早开发出的化学镀复合材料。1972 年 Metzger 又开发了专利名称为 Kanisil 的化学镀 Ni-SiC 复合材料。直至今日，关于化学镀的研究与开发一直是表面工程技术最为活跃的研究领域之一。化学镀复合材料时，需在镀液中添加复合相微粒，这便使镀液的污染和稳定问题比普通的化学镀液更为严重。因此，在镀液中需添加惰性微粒，微粒必须不溶或仅仅微溶于镀液。若是微溶，则溶解度需很低，且不能对沉积有影响。化学镀镍基复合镀层时，不能采用正电性比镍高或者是镍触媒的金属粉末。另外，镀液中需添加稳定剂以防止镀液自催化分解。

1. 化学复合镀及强化机理

（1）化学复合镀机理　日本松村宗顺提出的微粒与合金的共镀机理称为“吸附-覆盖”理论。该理论把化学复合镀过程分为两个阶段来考虑，即：

1）分散在镀液中的微粒向镀面的机械运动，产生碰撞吸附，此步骤主要取决于对镀液的搅拌方式和强度。

2）吸附在活化镀面上的微粒即刻被还原析出的金属所覆盖，并逐步被包围形成复合镀层。吸附于镀面上的微粒必须能延续到超过一定时间（极限时间）才有可能被镀的金属俘获，这个步骤除与微粒的吸着力有关外，还与流动的溶液对粘附于镀面上的微粒的冲击作用以及镀速有关。一般情况下，在微粒周围的金属厚度大于微粒粒径的一半时，即可认为微粒已被金属嵌入。

有文献简单地把化学复合沉积的沉积机理概括为：非金属微粒（如碳化硅、碳化硼、三氧化二铝、聚氯乙稀树脂、聚四氟乙烯、金刚石等）在搅拌等机械力的作用下到达零件表面的亥姆霍兹面之后，可能在化学或物理的因素作用下与金属共沉积。使它牢固地镶嵌在化学镀层内，形成金属-固体粒子复合化学镀层。有人根据实物照相，得到图 11-7。从图中可以看出，微粒的性质（如导体、绝缘体等）不同，它们嵌入镀镍层的方式也不同。

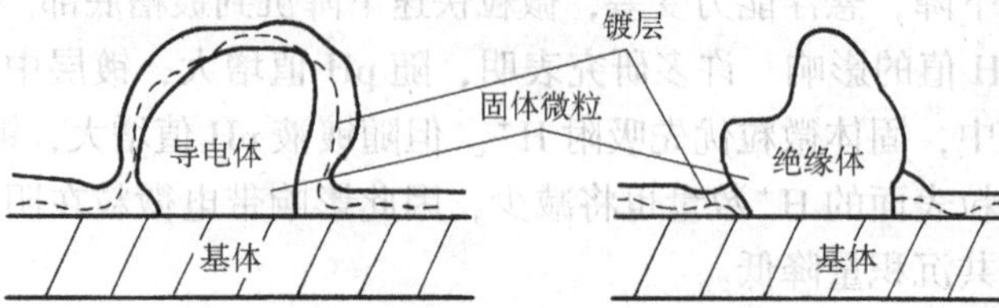

图 11-7　微粒嵌入镀层的示意图

(2) 化学复合镀层的强化机理　非金属微粒与金属共析后，一般来说，不但不会削弱原镀层的强度，反而可以增加其强度，这可能是由于硬质微粒镶嵌在基质金属中妨碍了原基质镀层中的位错运动。即

$$\sigma_y = [f(d) / (D - d) + \sigma_0]k \tag{11-3}$$

$$f(d) = \left[\frac{3}{4}\pi\left(\frac{d}{2}\right)^3\right] / D^3$$

式中，σ_y 为复合镀层屈服强度；σ_0 为基质镀层屈服强度；D 为复合粒子间中心距；d 为微粒直径；f 为粒子体积分率；k 为强度系数。

复合镀层虽然在形式上接近于机械混合物，但其不少性能（例如硬度、强度、高温性能等）常常不能简单地通过各有关组分相性能的混合规则来估算。目前，对复合镀层硬化、强化机理研究得并不多，大多是借用金属物理的一些基本原理，来说明复合镀层硬化、强化过程中的一般现象。

普通单金属镀层强度和硬度一般都高于用火法冶炼制得的同一种金属，有时还高得比较多，这是由于通过复合镀得到的金属，其原子多偏离正常结晶排列，镀层中往往夹杂各种异类原子、离子或分子基团等缺陷，例如吸附在镀层表面的氢原子、有机物分子，会被后续镀的金属埋入，其中，氢原子甚至可以继续扩散到基体中，引起强化及氢脆。另外，化学镀所得到的镀层的晶粒一般比火法冶炼的细得多，晶粒细化、晶界增多再加上晶粒位向变化，会使位错在其中的运动受阻，金属强度提高。

复合镀层不但具有普通镀层的晶粒细化和强化、硬化效应，而且由于在复合镀层内均匀地弥散分布着大量固体颗粒，因此还起弥散强化效应。强化效应的高低主要决定于弥散微粒的粒径、含量及种类。诸多研究结果早已表明，硬质颗粒的加入对基质金属镀层的组织结构不产生影响，复合相固体颗粒在基质金属镀层中引起的这种弥散强化效应，其原因目前一般是用位错理论来解释。

2. 化学复合镀层的性质及影响因素

化学复合镀层如同化学镀一样，其镀层均匀、平滑，死角部分也能镀上。它随着固体微粒的不同，可以获得耐磨、润滑、耐高温的化学复合镀层。如化学镀Ni-SiC镀层的耐磨性比镀铬层高四倍，其摩擦系数仅有0.08。

目前，Ni-SiC、Ni-SiO_2、Ni-Al_2O_3等化学复合镀层已经成功应用于汽车工业、机械工业、电子工业以及塑料模具领域，尤其适用于复杂零件的电镀。

但是，化学复合镀最大的缺点是对溶液管理困难，在日本、美国等国家是用电脑来控制管理溶液的。

Metyger等人以Ni-P化学镀层为基质镀层，以碳化硅、碳化硼作为固体微粒所镀的复合镀层与单镀镍层进行磨耗试验，其结果是含碳化硅的复合镀层的磨耗量为2.6～2.9mg/h，含碳化硼的复合镀层的磨耗量为2.1～2.3mg/h，而化学镀镍层的磨耗量为12～13mg/h。可见，复合镀层比金属镀层耐磨得多。

Gawrilow等人以二氧化钛（粒度为0.1～1μm）和三氧化二铝（粒度为1～3μm）作复合剂，进行镍-磷-微粒、镍-硼-微粒的化学复合镀层，当镀层内含12%的二氧化钛的Ni-P-TiO_2复合镀层进行400℃一小时热处理后，其显微硬度从4 000～5 500N/mm^2上升至7 200～11 500N/mm^2；Ni-P-Al_2O_3复合镀层经相同的热处理后也得到类似的结果，说明这类复合化学镀层在高温条件下工作是很耐磨的。

另外，化学复合镀层这些性质还将受搅拌、溶液中金属离子等因素的影响。

（1）搅拌的影响　根据上面所介绍的析出理论，我们可以理解非金属微粒析出量的多少与溶液搅拌有直接关系。很明显，如不搅拌溶液的话，则非金属粒子不但到达不了双电层的亥姆霍兹面，而且要沉入槽底；如果剧烈搅拌，则非金属微粒不能在双电层内停留而被冲刷掉，使微粒不能与金属共沉积。因此，要根据微粒的粒度及实际状况来确定搅拌的强度。搅拌可以采用压缩空气、超声波、旋转零件、液体流动等。

（2）溶液中金属离子的影响　非金属微粒在搅拌作用下，在电解液中不停地运动着，溶液中像碳化硅、氧化硅那种陶瓷性微粒表面能物理吸附着金属离子，使粒子表面的静电荷密度增加，就容易与金属离子共沉积。

（3）温度的影响　温度升高可能会降低非金属微粒的物理作用，就会减小微粒表面的静电荷密度，从而影响到非金属微粒的共析量。

（4）非金属微粒粒度的影响　非金属微粒的粒度对化学复合镀层的质量有较明显的影响。在典型的化学复合镀层中，微粒的大小在1～10μm范围内加入量可达5%（体积）。镀层中金属与微粒比可通过镀液组成的调节来加以固定。目前在工业用途的大多数化学复合镀层中微粒的含量为20%～30%（体积），镀层厚度一般为12～25μm。有的研究报告指出，微粒粒度应保持在0.1～1μm，超过1μm时则很难与金属共沉积。但是，这样微小的颗粒过滤时很难从残杂物中挑选出来，使昂贵的非金属微粒随废物一起扔掉。粒度小时，所获得的复合镀层的硬度偏高。

(5) 非金属微粒含量的影响　镀液中非金属微粒含量越高，则镀层中的非金属微粒含量就越高，几乎是线性关系。一般来说，溶液中固体微粒的含量应该是镀层中共析量的10倍左右。

镀层中非金属微粒含量越高，则越能显示出那些非金属粒子的特性，使镀层具有许多特殊的性能。

共析的微粒包括碳化物、硼化物、氧化物、氮化物、氟化物（包括有机的氟树脂）、硫化物。但使用最多的是碳化物、氧化物如碳化硅及三氧化二铝等。这些微粒对镀层耐磨性的影响见表11-2、表11-3。

表11-2　不同微粒对镀层摩擦性测验结果

测验号	镀层组成	测验时间/min	磨耗速率/$\mu m \cdot h^{-1}$
1	化学镀Ni-B-金刚石（多晶），总厚度9μm	85	5.1
2	化学镀Ni-B-金刚石（天然），总厚度9μm	85	10.2
3	化学镀Ni-B-人造金刚石，总厚度9μm	85	13.1
4	化学镀Ni-B-Al_2O_3，总厚度8μm	9	109
5	化学镀Ni-B-SiC，总厚度10μm	5	275
6	化学镀Ni-B层	1/30	23 000

表11-3　镍磷复合镀层的磨耗速率

测验号	镀层组成	测验时间/min	磨耗速率/$\mu m \cdot h^{-1}$
1	化学镀Ni-P-金刚石（多晶），总厚度1μm	2	373
2	化学镀Ni-P-金刚石（天然），总厚度1μm	2	732

表中最后一项磨耗速率数值越大，耐磨性越差，故从表中所列数据可看出，含多晶金刚石的复合镀层的耐磨性最高。

从表11-2与表11-3对比，可以看出Ni-P基质复合镀层的耐磨性比Ni-B基质复合镀层差。

此外，耐磨性与非金属微粒的大小以及镀层中含微粒的体积百分率有关，见表11-4。

表11-4　微粒尺寸及镀层中微粒体积对磨耗速率的影响

测验号	微粒平均尺寸/μm	镀液中微粒体积百分率（%）	测验时间/min	磨耗速率/$\mu m \cdot h^{-1}$
1	12~22	20	85	3.4
2	9	20	85	5.1
3	5	20	85	6.2
4	3	29	30	11.6
5	3	5	10	65
6	1	20	2	216

11.4.4 复合镀层的种类与性能

目前，采用电镀法制取的复合镀层的种类很多，可在软的金属基质中沉积硬质颗粒或软质颗粒，还可在硬的金属或合金基质中沉积硬质微粒或软微粒，以提高基质的抗磨性和减摩性。总之，复合镀层制取往往是为获得某一或某些特殊功能，现已开发并获得一定应用的复合镀层见表11-5。根据基质与复合微粒的种类不同，以及复合镀层中微粒含量与分布不同，复合镀层的性能变化非常大。下面将分别加以论述。

表11-5 复合材料镀层的种类

基　体	复合的粒子
Ni或Ni-Alloy	Al_2O_3、TiO_2、ZrO_2、ThO_2、SiO_2、SiC、B_4C、Cr_3C_2、TiC、WC、BN、B（N，C）、金刚石、MoS_2、$(CF)_n$、$(C_2F)_n$、PTFE、PFA
Cu	Al_2O_3、TiO_2、ZrO_2、SiO_2、SiC、ZrC、WC、BN、$(CF)_n$、Cr_2O_3、PTFE
Cr	Al_2O_3、SiC、WC
Fe	Al_2O_3、SiC、ZrO_2、WC、$(CF)_n$、PTFE
Co	Al_2O_3、SiC、Cr_3C_2、WC、TaC、ZrB_2、BN、Cr_3B_2、PTFE
Au	Al_2O_3、Y_2O_3、TiO_2、CeO_2、TiC、WC、Cr_3B_2
Ag	Al_2O_3、SiC、$(CF)_n$、PTFE
Zn	Al_2O_3、SiC、$(CF)_n$、PTFE

1. 耐磨复合镀层

众所周知，硬质颗粒提高基质承载和抗磨料磨损的能力，同时硬质颗粒还具有减轻甚至消除摩擦副间粘着的作用。因此，耐磨复合镀层主要是复合高硬度的微粒，如Al_2O_3、TiO_2、SiO_2、WC、ZrO_2、Cr_3C_2、TiC、TiN、人造金刚石等。

（1）镍基复合镀层　镍基复合镀层所采用的镀液一般称为Watts镀液，它比氨基磺酸盐镀液更为流行。表11-6为两种镀液的组成。

表11-6 镍镀液的组成 (g/L)

Watts镀液	氨磺酸盐镀液	Watts镀液	氨磺酸盐镀液
硫酸镍　210～330 氯化镍　30～60	氨磺酸镍　320 溴化镍　22～30	硼酸　30～40 温度　45～60℃	硼酸　45～67 温度　50℃

TiO_2、TiC、WC、SiC等硬质微粒已成功地由Watts镀液和氨基磺酸盐镀液与Ni共沉积。复合镀层的耐磨行为依赖于微粒的尺寸、形状、体积含量及基质的磨损特性，晶体结构、摩擦副间的互溶度、硬度等对复合镀层的磨损行为也有重要影响。

化学镀镍复合镀层时，首先是Ni-P合金基体在加热过程中脱溶分解，由固溶强化转变为沉淀强化，镀层硬度提高。SiC 粒子的复合与分散使镀层产生更好的硬化性能。Ni-P-SiC 复合镀层在 350℃ 时硬度最高，超过 400℃ 时硬度略有下降。

Ni-P 镀层硬度高、耐磨性好。若在其镀液中加入氧化物、碳化物、氮化物等硬质颗粒，通过复合电沉积获得复合镀层，则可更显著提高其耐磨性。已研究的镀层有(Ni-P)-TiN、Ni-P-SiC、$Ni-P-B_4C$、$Ni-P-Al_2O_3$ 等复合镀层。在这些复合镀层中，微粒加入后使硬度增加从而其耐磨性大大提高。例如(Ni-P)-TiN 复合镀层，经过 400℃ 热处理后其硬度高于硬铬镀层。除镍基复合镀层外，近年来研究较多的还有 $Cu-Al_2O_3$ 复合镀层，结果表明，$\alpha-Al_2O_3$ 的加入使材料硬度显著提高。复合镀层的强度随 $\alpha-Al_2O_3$ 含增加而出现峰值，而且微粒越细，强度越高。除了添加硬质微粒增加耐磨性外，还可以使用固体润滑微粒如 MoS_2、B_4N、石墨、氟化石墨、聚四氟乙烯（PTFE）等与金属共沉积形成自润滑复合镀层。这些微粒能均匀分散在基体金属 Ni-P 合金内，在表面磨损时提供润滑并有良好的耐磨性，形成自润滑镀膜。目前，国内自润滑减摩镀层的研究基本上以 Ni-P/PTFE 和 Ni-P/石墨复合镀层为主。

（2）钴基复合镀层　在干摩擦滑动磨损情况下，由于镍与大多数其他金属和合金发生粘着而不能被采用。而且，尽管镍基复合镀层的性能优于纯镍镀层，但对于高温耐磨应用来说，镍基复合镀层并非是最合适的材料。而钴的晶体结构为密排六方结构，且具有良好的耐磨和摩擦性能，因此由硬质微粒增强的钴基复合镀层具有良好的耐磨性。

（3）铬基复合镀层　铬具有良好的耐磨、抗氧化性，因而是一种引人注目的金属基质。Addison 和 Kedward 从含 400g/L 的 Al_2O_3 和 1g/L 的硫酸亚铊的镀液中制备了 $Cr-Al_2O_3$ 复合镀层，复合镀层的耐磨性直到 200℃ 都优于纯铬镀层。研究指出，从常规的标准 Sargent 镀液中（组成：$CrO_3$250g/L、$H_2SO_4$2.5g/L），将非导电 SiC 微粒与 Cr 共沉积是十分困难的，当微粒在溶液中的含量达到 400g/L 以上，并添加微量稀土元素离子时，SiC 微粒才能与 Cr 共沉积而形成 Cr-SiC 复合镀层，Cr-SiC 复合镀层的硬度比纯铬镀层有明显提高，其硬度可达 1 400HV（纯铬层硬度为 910HV）。

（4）其他金属基复合镀层　研究表明，在酸性硫酸铜镀液中 Al_2O_3、SiC、ZrO_2、TiO_2 等非导电微粒不能与 Cu 发生共沉积，但用普通镀液可将铜与不溶于镀液的非导电微粒共沉积，铊、铯等单价阳离子以及氨基酸具有促进共沉积的有益作用。非导电微粒在酸性硫酸铜溶液中不能在垂直的阴极上显著沉积，这对 Cu-非导电微粒抗磨复合镀层的制备非常重要。

ITRI 开发了 Sn-SiC 抗磨复合镀层，并发现 SiC 微粒在碱性镀液中比在酸性镀液中更易沉积，而且为获得最高微粒含量，SiC 在镀液中的最佳含量为 400g/L。Wiesner 等人，利用含有香豆素和磺酸本质素的氟硼酸铅镀液制备出铅或铅合金基质的 Al_2O_3、TiO_2 复合镀层。而且铅基质为无晶须结构，复合镀层的抗蠕变性能低于其合金。王殿龙等人开发了常温镀 Fe-P-Al_2O_3 复合镀层和工艺，复合镀工艺为：

$FeCl_2 \cdot 4H_2O$	400g/L
$NaH_2PO_2 \cdot H_2O$	1～5g/L
HRC-1（添加剂）	0.5g/L
HRC-2（添加剂）	1.0g/L
Al_2O_3（平均粒径 7μm）	30～50g/L
pH	1.0±0.5
电流密度	10～30A/dm^2
温度	20～40℃

获得的复合镀层光亮、致密、无裂纹，镀层中 Al_2O_3 微粒含量的体积分数最高达 35%，镀层硬度 800～1 100HV，耐磨性比低温镀层提高 5～10 倍，是一种较理想的耐磨功能性镀层，现已应用于洗煤机叶轮表面，获得了较好的经济效益。

2. 减摩复合镀层

在高温、高速和低压、高压环境下工作的机械零部件往往不能采用油脂类液体润滑剂，常常采用固体润滑剂。将具有润滑特性的固体微粒与金属共沉积，制备出多种具有自润滑特性的复合镀层，并取得了令人满意的效果。对于电镀减摩复合镀层来说，推荐的基质为 Ni、Cu、Pb、Sn 及其合金等，复合微粒则多为 MoS_2、石墨、氟化石墨 $(CF)_n$、聚四氟乙烯（PTFE）、云母和氮化硼（BN）等。

石墨是一种常见的固体润滑剂，它可以和 Ni 或 Cu 等其质金属共沉积而形成复合镀层，但石墨在高温、高压、高速及潮湿的情况下，很快会失去润滑作用。而氟化石墨 $(CF)_n$ 即使在高温、高速、高压的摩擦状态下，仍能保持良好的摩擦性能，其摩擦系数并不因温度的变化而显著改变。因此，国外已研究了氟化石墨与金属镍、铜、锡的共沉积工艺以及这类复合镀层的摩擦磨损性能。这类复合镀层还具有很好的抗擦伤性能，可用于气缸型面、发动机内壁、活塞环、轴承及其他机器的滑动部件上。日本还在水平连铸机结晶器内部电镀镍-氟化石墨复合镀层，以提高结晶器的使用寿命。研究发现，采用 $(CF)_n$ 作为固体润滑剂制备自润滑复合镀层时，铜作为基质比镍好；铜基和镍基复合镀层中 $(CF)_n$ 含量的体积分数甚至低于 1% 时，也能降低摩擦系数和磨损率。只有在镀液中固体润滑剂浓度超过一定体积分数（如在 Cu-$(CF)_n$ 情况下为 3%）时，复合镀层的耐磨性才有显著的改善；对于共沉积的自润滑复合镀层，在各种条件下的磨损速率和承载能力，铜基的均优于镍基的。

MoS_2 是一种理想的固体润滑剂，可采用氨基磺酸镍镀液沉积 Ni-MoS_2 复合镀层，其条件如下：

氨基磺酸镍	268g/L
硼酸	28g/L
MoS_2	25% ~60%（体积分数）
温度	50℃
电流密度	$3A/dm^2$

可获得 MoS_2 含量达25%（体积分数）、摩擦系数0.05~0.18的自润滑复合镀层。

利用聚四氟乙烯优良的减摩和润滑性，能获得 Ni-PTFE 复合镀层，它不仅具有优良的润滑性，而且防水、防油和脱模性好，所以可应用在汽车和机械零部件、阀门、玻璃制造用铸模和塑料成型用模具上。

六方晶系的 BN 是具有优良的耐热性和抗氧化性的固体润滑剂。用电镀或化学镀方法获得的 Ni-P-BN 复合镀层有比 Ni-P、Ni-P-SiC 和硬铬镀层低的摩擦系数，而且在加热状态下仍保持润滑性能。

Cu-$BaSO_4$ 复合镀层可以在加有促进剂的酸性硫酸盐镀液中共沉积。由于 $BaSO_4$ 微粒具有抗粘着性能，这类复合镀层可在滑动接触的情况下应用。

3. 耐高温复合镀层

随着超音速飞机飞行速度的提高、燃气轮机功能的不断改进，以及各种宇航装置的出现，使工作气体温度由850℃提高到1 050℃，推动力可增加39% ~45%。研究发现，钴基复合镀层 Co-Cr_3C_2、Co-ZrB_2、Co-SiC、Co-WC 等均具有较优良的高温耐磨性能。特别是在大气干燥、温度高达300~800℃的条件下，它们仍能保持优良的耐磨性和高温抗氧化能力。英国将 Co-Cr_3C_2 复合镀层应用在飞行发动机上，如活塞环、制动器和起动装置的弹簧上，当温度高于300℃时，这种 Co-Cr_3C_2 复合镀层在接触摩擦面上生成耐热性好的 Co-Cr 合金。据报道，Co-Cr_3C_2 复合镀层对锤锻模也呈良好的耐磨性，可以和热喷涂的碳化铬相媲美。

铬和氧化铬、硼化锆、硼化钽等陶瓷离子共沉积而获得的复合镀层，具有很好的抗高温氧化性能。在铬基复合镀层中，铬-硼化锆和铬-硼化钽最有前途。为了满足原子核反应堆中高温核探测器绝缘密封引出头的抗氧化性能，我国研究了 Cr-ZrO_2 和 CrB_2 等复合镀层的电沉积工艺，这类复合镀层在700℃以上的高温下抗氧化性能良好，满足了产品的使用要求。

由于复合的微粒硬度高，难以熔化，如一些氧化物、碳化物、硼化物等，与 Ni-Cu、Ni-P、Ni-B 等基质形成复合镀层，不仅有耐磨效能，还具有良好的耐高温性能。Ni-P-SiC 镀层在高温下使用，能保持与基材间的良好结合。与电镀镍相比，$Ni-P-Al_2O_3$ 复合镀层在高温下磨损量很少，抗氧化性能好。在软的基质中加入硬质相，也可提高基质的高温蠕变性能，以 WC、TiC 作为添加相的 Pb-WC、Pb-TiC 复合镀层，在高温情况下具有良好的蠕变强度。

4. 耐蚀复合镀层

在光亮镍/铬镀层中的铬层具有适当的微孔或微裂纹时，抗蚀性可得到显著改善。因为当铬镀层有大量微孔和微裂纹时会使大面积的镍底层暴露出来，由于腐蚀电流是均匀分布的，所以每个孔洞或裂纹处电流密度很低。在这种有利情况下，腐蚀电流全部或基本上导向镍底层，而铬相对镍为阴极未被腐蚀。采用大量微孔或微裂纹铬覆盖层以后，其底层的镍遭受均匀的电化学腐蚀。为了获得存在微孔和微裂纹的铬镀层，可采用镀镍时与不导电的材料共沉积，从而获得一些微小的、不会沉积铬的绝缘区域，使后续的铬镀层中存在许多微孔结构。可见，运用复合镀层可提高装饰性和防护性镀层的抗蚀能力。

在普通碳钢上电沉积不锈钢取代整体不锈钢器件，可节约大量价格较为昂贵的不锈钢材。但是，按照 Fe、Ni、Cr 三元合金元素在不锈钢中的比例，电沉积出 Fe-Ni-Cr 三元合金，由于种种困难至今尚未获得成功。但是，若将铬以微粒形式悬浮于镀液中，电沉积(Fe-Ni)-Cr 复合镀层较易实现，这种复合镀层再经过热处理扩散后形成与不锈钢成分相近的合金。郭鹤桐等人根据上述指导思想，采用复合镀制取了成分类似于 304 不锈钢的 69Fe-16Ni-15Cr 的复合镀层，其复合镀工艺为：

$FeSO_4 \cdot 7H_2O$	105 ~ 200g/L
$NiSO_4 \cdot 6H_2O$	260 ~ 330g/L
$NiCl \cdot 6H_2O$	22g/L
H_3BO_3	40g/L
$Na_3C_6H_5O_7 \cdot 2H_2O$	25g/L
糖精	8g/L
稳定剂	2ml/L
金属铬粉（平均粒径 3μm）	50 ~ 200g/L
pH	2.0 ~ 4.5
温度	58 ~ 65℃
电流密度	0.5 ~ 10A/dm²

将制取的(Fe-Ni)-Cr 复合镀层在氮保护气氛中 950℃、16h 扩散热处理，其

抗腐蚀能力较未经热处理的(Fe-Ni)-Cr 复合镀层提高了 20 多倍，已接近 304 不锈钢。由于热处理后的组织是以 γ 相为主兼有一定量的 α 相的（Fe、Cr)$_{23}$C$_6$ 合金碳化物的混合组织，所以镀层的抗腐蚀性能较单一 γ 相的 304 不锈钢稍差一些。

Ni-Pd 复合镀层的化学稳定性高于普通镀镍层，这是由于钯的标准电极电位比镍正得多，在腐蚀微电池中钯是阴极。在复合镀层中，只要含有不到 1% 体积分数的钯微粒，即可使基质金属镍强烈地阳极极化，结果引起镍层阳极钝化，提高了复合镀层的化学稳定性。根据相同的原理，除钯之外，还可向复合镀层中引入比较便宜的铜、石墨或导电的金属氧化物（Fe_3O_4、MnO_2 等）微粒，也能起到提高以镍、钴、铁、铬、铝等为基质金属的复合镀层化学稳定性的作用。

11.5 高分子材料表面金属化技术

高分子材料表面金属化是利用物理或化学手段使高分子表面性质发生变化，呈现出金属的某些性能，其主要作用是赋予高分子材料以适应环境要求的特有性能，如电磁、光学、光电子学、热学和美学等与表层相关的功能特性。迄今为止，使高分子表面金属化的方法有三种：① 湿浸涂镀，即化学镀膜；② 干法涂镀，即真空沉积、溅射等；③ 使用金属涂料涂层。这些方法已在工业上获得了广泛的应用，但也存在许多不足之处，例如金属化膜层对高分子表面附着力差，膜层容易脱落，耐久性不好等。因此，这些技术在某些特殊要求的高、精、尖元器件的金属化镀层中受到一定限制，而且，镀膜设备造价高，工艺复杂，并受到高分子材料尺寸的限制。

高分子表面金属化技术不但使低廉的高分子材料在性能和效益上升格，而且作为研制新型涂层和薄膜材料的手段日益受到人们的重视。目前，尽管上述三种高分子表面金属化方法已经占具了重要地位，但在国外尤其是日本正在研究和利用新技术使高分子表面金属层造价大为降低，工艺极其简单。

11.5.1 高分子材料表面金属化技术的工艺和特点

1. 基本原理和工艺过程

高分子表面金属化新技术的表面涂层，一般以高分子材料如聚乙烯醇、聚丙烯腈等聚合物为主要原料，溶于适当的溶剂中，加入某些无机金属盐，如 $NiCl_2$、$AgNO_3$、$CuCl_2 \cdot 2H_2O$ 等，充分搅拌后变成共混溶液，再用流延法浇铸在玻璃或塑料板上，经加热干燥后得到金属盐络合的聚合物。这种聚合物经化学还原后表面的金属离子变成金属，从而在聚合物表面形成结构致密的金属层。高分子表面金属化技术常用的聚合物、金属盐、溶剂以及还原剂见表 11-7，工艺过程如图 11-8 所示。

表 11-7　常用聚合物、金属盐、溶剂以及还原剂

聚合物	聚酰亚胺、聚酰胺、聚碳酸酯、聚苯乙烯、聚氯乙烯、聚丙烯腈、聚丙烯、聚乙烯醇等
金属盐	Au、Ag、Cu、Cr、Fe、Ni、Co、Pt、Mo 等金属的硝酸盐、硫酸盐、盐酸盐、醋酸盐等
溶剂	三氯甲烷、二氯甲烷、三氯乙烯、二甲基酰胺、二甲亚砜、二甲基乙酰胺、N-甲基吡咯烷酮、水等
还原剂	Fe 粉、金属钠、Pd/C、朊内镍、硼氢化钠、H_2 等

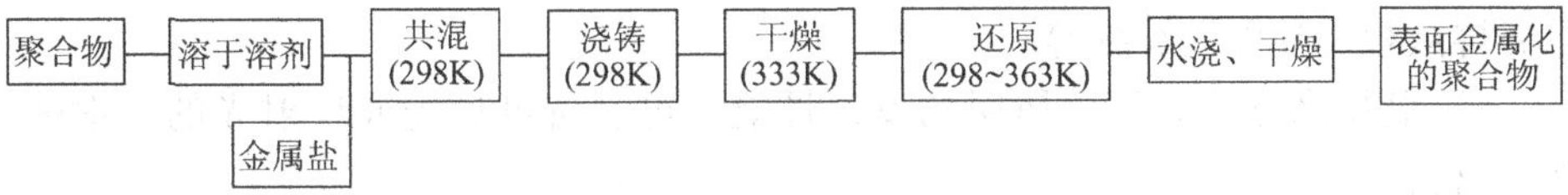

图 11-8　高分子表面金属化技术的工艺过程

2. 高分子表面金属化技术的特点

电镀、化学镀、真空镀等表面技术的发展已有相当长的历史。用这些方法对材料表面进行金属化时需要先进行一系列表面处理，如机械粗加工、化学处理、浸蚀加工、敏化、激活等。而高分子表面金属化技术与原方法相比有以下优点：

1）操作简单，设备造价低，工艺过程简单。

2）高分子表面金属层的耐久性好，不易脱落。

3）改变聚合物与金属盐的配比可获得不同性质的高分子表面金属层。例如，同时加入 $NiCl_2$ 和 $CoCl_2$ 的聚丙烯腈共混物，被还原之后的金属层有一定的磁性能。

4）不受高分子材料尺寸限制。

11.5.2　应用与前景

1. 导电性高分子

研究表明，把 $CuCl_2$ 加入由 DMF 溶解的尼龙 4 溶液中，常温搅拌 24h 后用流延法浇铸在 MMA 板上，经干燥后得到 0.4mm 厚的 $CuCl_2$ 络合尼龙 4 聚合物膜，然后置于质量分数为 0.6% 的 $NaBH_4$ 水溶液中还原 2min，水洗干燥后可得到表面电阻率为 $16\Omega/cm^2$ 的黑褐色导电膜。

2. 表面金属化纤维

把金属盐加入到聚合物溶液中，完全均匀共混后调配成纺丝液，让纺丝液通过喷嘴纺成丝，经干燥和还原后得到表面金属化纤维。这种纤维可制成功能性织物和扰性发热体等。例如，在聚丙烯腈/聚苯乙烯磺酸盐中加入 $CoCl_2$，被还原后表面金属化纤维强度为 2.9g/d（g/d 是纺织行业中规定的纤维强度单位），电阻率为 $950\Omega\cdot cm$；如果加入等量的 $CoCl_2$ 和 $Cu(CH_3COO)_2$，则得到强度为 2.5g/d、电阻率为 $100\Omega\cdot cm$ 的金属化纤维。

3. 磁性材料

研究发现，聚丙烯腈表面被 Co、Ni 金属化后显示出一定的磁性。如在 PAN 表面获得了矫顽力为（3.98～4.77）$\times 10^4$A/m，剩磁达 5×10^{-2}～0.76T 的磁性金属层。

4. 高分子表面金属化技术在电子、航空、计算机和日常生活等方面的应用前景

1）利用高分子表面金属层的导电性能，可以做成发热板（或膜）、电路板、电磁屏蔽板、导电性纤维等。

2）利用高分子表面金属层的反射性能，可制备可见光或反射光的反射体、装饰材料等。

3）利用高分子表面金属层的磁性能，有可能制成磁带、磁盘和磁卡等。

4）作为轻质导电材料，可用于输电线、电池的电极、通信用波导管、变压器铁心等。

5）作为功能材料，可用于传感器、存储用硬盘、透明导电膜等方面。

第 12 章　表面的分析与测试

表面的分析与测试在表面技术中有着非常重要的意义。正确客观地评价各种表面技术形成的表面层，不仅可以通过工艺的改进来获得优质的表面层，开发新的表面技术和方法，还可以对所得零部件的使用性能作出预测，对服役中失效零部件的失效原因进行正确的分析和判断。因而，掌握各种表面的分析方法和测试技术并结合各种表面的特点，对其正确应用非常重要。

材料的分析与测试方法种类繁多，功能各异。只要正确掌握其原理和功能，并结合所需分析和检测的各种不同表面层的特点，这些分析和测试方法绝大多数均可在表面技术中得到应用。另外还要指出的是，近年来随着科学技术的发展，各种分析仪器和测量方法层出不穷，为正确、深入地认识材料（包括表面）的成分、结构与性能之间的内在关系创造了良好的条件。当然也促使人们要不断地学习新技术、掌握新方法，更好地利用科学技术发展所带来的便利条件，与时俱进地将这些先进技术用于工作实践中，推进表面科学技术的发展。

12.1　表面的分析方法及应用

12.1.1　材料表征方法简介

材料表面形貌、微结构和成分的表征方法众多，并在不断地发展之中。表 12-1 和表 12-2 分别列出了最常用的显微镜和材料微结构与成分分析的各种谱仪。

表 12-1　常用显微镜及功能特点

序号	名　称	英文名称	分辨率	功　能
1	光学显微镜	Optical Microscope (OM)	0.2μm	材料显微组织
2	扫描电子显微镜	Scanning Electron Microscope (SEM)	2nm	材料微结构、表面形貌、配 EPMA 可分析微区成分
3	透射电子显微镜	Transmission Electron Microscope (TEM)	0.2nm	原子尺度的微结构，晶体排列和位向关系。配 EPMA 或 ELLS 可分析微区成分
4	扫描隧道显微镜	Scanning Tunneling Microscope (STM)	0.1nm	表面形貌、表面电子结构
5	原子力显微镜	Atomic Force Microscope (AFM)	0.1nm	表面形貌

表 12-2 常用成分与微结构分析谱仪及功能特点

序号	分析谱仪名称	英文名称	入射粒子	出射粒子	功能
1	低能电子衍射	Low Energy Electron Diffraction (LEED)	电子	电子	表面原子排列结构
2	反射式高能电子衍射	Reflective High Energy Electron Diffraction (RHEED)	电子	电子	表面层原子排列结构
3	俄歇电子能谱	Auger Electron Spectroscopy (AES)	电子	电子	除 H，He 以外的所有元素的成分分析
4	电子能量损失谱	Electron Energy Loss Spectroscopy (EELS)	电子	电子	微区成分分析，常与透射电镜配合使用
5	电子探针 X 射线显微分析	Electron Probe Micro Analysis of X-ray (EPMA)	电子	光子	微区成分分析，常与扫描电镜或透射电镜配合使用
6	卢瑟福背散射谱	Rutherford Backscattering Spectroscopy (RBS)	离子	离子	表面和深度成分分析
7	X 射线光电子谱	X-ray Photoemission Spectroscopy (XPS)	光子	电子	表面成分和表面电子结构分析
8	紫外线电子谱	Ultra-violet Photoemission Spectroscopy (UPS)	光子	电子	表面成分和表面电子结构分析
9	红外吸收谱	Infra-red Spectrography (IR)	光子	光子	表面成分和原子振动分析
10	拉曼散射谱	Raman Scattering Spectroscopy (RAMAN)	光子	光子	表面成分和原子振动分析
11	二次离子质谱	Second Ion Mass Spectroscopy (SIMS)	离子	离子	表面和深度成分分析
12	X 射线衍射	X-Ray Diffraction (XRD)	光子	光子	材料的物相和晶体结构分析

表面的分析与表征研究，包括各种表面层的化学成分与成分分布、表面电子态（如元素的价态）、表面层的晶体结构、显微组织以及表面形貌等分析许多内容。这些分析对表面的研究、设计、制造和使用都是十分重要的。就分析内容而言，有时采用不同的技术对同一分析内容进行分析，以相互印证分析结果的可靠性，特别在对表面成分的定量分析上往往如此。就分析方法而言，有时采用一种技术就可以得到表面层的多方面信息，如采用配有电子能量损失谱的高分辨透射电子显微镜，就可以同时得到样品显微组织、晶体结构及其各微区的化学成分和相组成的多种信息。就检测仪器而言，有许多仪器较为普通，许多单位都有配置，如光学显微镜、扫描电子显微镜等。而有的检测仪器十分昂贵，通常只设置于国家的少数检测中心。因而深入了解各种检测仪器的功能，正确选择检测仪器并得到可靠的测试结果就非常重要。对此，使用者不仅需知道探测组织的特点，如表面层的大致化学组成、厚度和其微结构可能的特征等，还需了解各种检测仪器和分析方法自身的能力和局限。

例如，各种分析、检测仪器在平面和深度上的分辨率就对表面层的分析有重要影响。图 12-1 示出了部分常用分析方法在形貌、成分和结构分析上的空间分辨率。

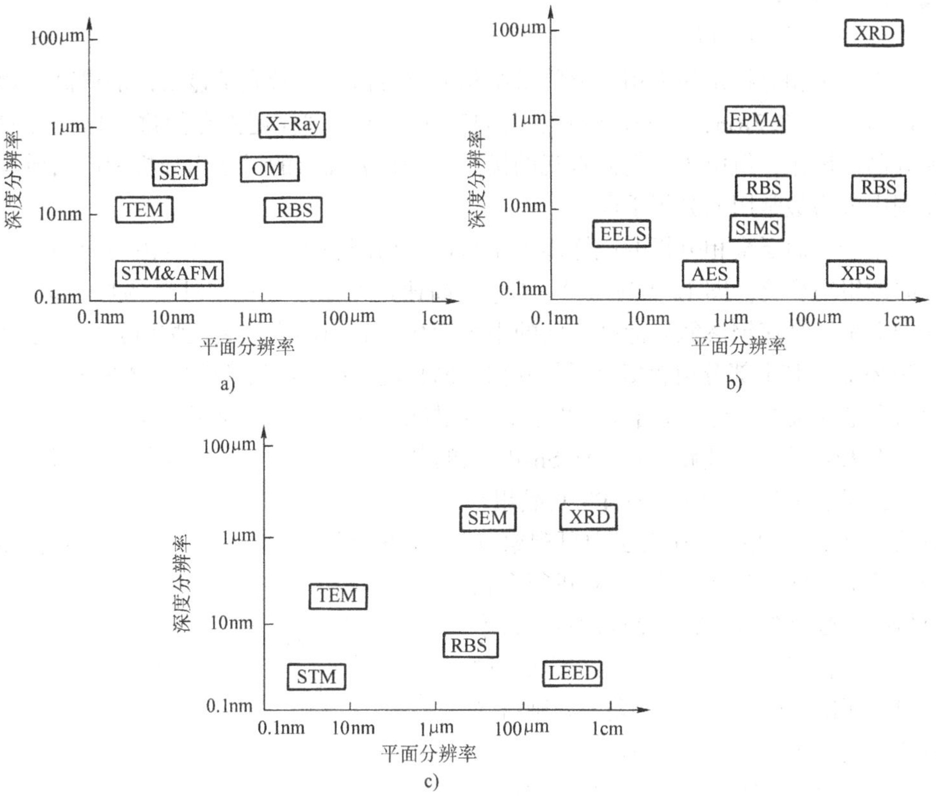

图 12-1　常用分析方法在形貌、成分和结构分析中的空间分辨率
a）形貌　b）成分　c）结构

需要指出的是，以上仅列出了最常用的材料微结构和成分分析方法，还有许多先进技术未能一一列出。此外，限于篇幅和本书的目的，对以上所列各种显微镜和分析谱仪的原理和功能没有作出深入的介绍，读者可从各种分析仪器的专著和文献中进一步了解。

下面将通过实例介绍以上仪器设备和分析方法在各种表面层（尤其是薄膜）成分和微结构表征中的应用，以期使读者对常用分析方法的原理、功能及其在表面分析中的应用有一基本的认识和了解。

12.1.2　表面的微结构分析

与块状材料的微结构分析相比较，表面层微结构分析的特殊性主要在于它们有较薄的厚度及其依附于基体存在的特点。对于一些较厚的表面层，如堆焊层、较厚的热喷涂层等，它们的微结构分析基本上可按块体材料的分析方法进行。而对于厚度仅为微米量级甚至更薄的表面层如薄膜和离子注入层的微结构分析，就需要采用一些特殊的手段和方法。这里主要以薄膜为例介绍常用的表面微结构和成分的分析方法。

1. 光学金相分析

光学金相分析是最常用的材料微结构分析方法。尽管光学显微镜的最高分辨率仅为0.1～0.2μm，景深也较短，并且对于大多数试样还需专门进行抛光和浸蚀等制样操作，但由于其简便直观的优点，仍在表面层的微结构分析和产品质量控制中成为最常用的分析手段。

用于表面层金相分析的试样多采用从截面切割制备，以便观察沿表面层深度方向的组织变化。图 12-2 为 $W_6Mo_5Cr_4V_2$ 高速钢经盐溶渗氮处理后的显微组织。图中显示了高速钢渗氮后深度方向的组织变化：表面形成了氮化物白亮层，厚度约为 8μm；其下部分由含氮马氏体和白色网状化合物组成的扩散层。在扩散层中，随氮含量的减少，网状化合物逐步减少；试样的心部组织为含碳化物的马氏体。

图 12-3 为电子线路板及电镀 Sn-Pb 层的截面金相照片。图中铜基片下部为铜导线，铜基片上部为电镀 Sn-Pb 共晶组织。分散的黑色颗粒为 Pb，Sn 为连续相，镀层的厚度为 12μm。在镀层中可观察到沿 Pb/Sn 界面产生的开裂，形成穿过 Sn 相并基本平行于表面的裂纹。在进行金相分析时，截面金相分析的试样制备非常重要。由于表面层的厚度很薄，必须保证抛光时截面试样边缘不产生倒角，否则将导致表面层在光学显微镜下失焦，造成无法观察。因此，试样抛光时除了必须进行镶嵌外，还应采用硬质抛光布。

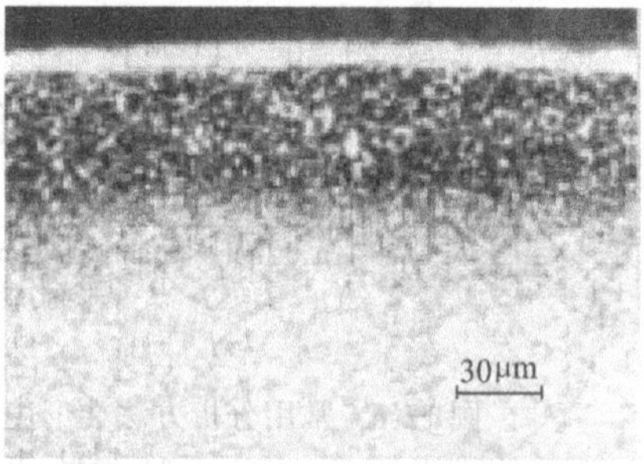

图 12-2　高速钢盐溶渗氮的截面金相组织

2. 扫描电镜分析

扫描电子显微镜（简称扫描电镜，SEM）是利用细聚焦的电子束在试样表面逐步扫描，通过收集从试样表面激发出的各种电子信号调制成像的一种微结构分析方法。扫描电镜的二次电子像的分辨率可达几个纳米，放大倍率从几倍到 20 万倍右左，并具有很大的景深。由于具有分辨率较高和景深大以及试样制备简单的优点，扫描电镜在材料表面形貌，尤其是对较为粗糙的表面形貌观察，如断口分析上

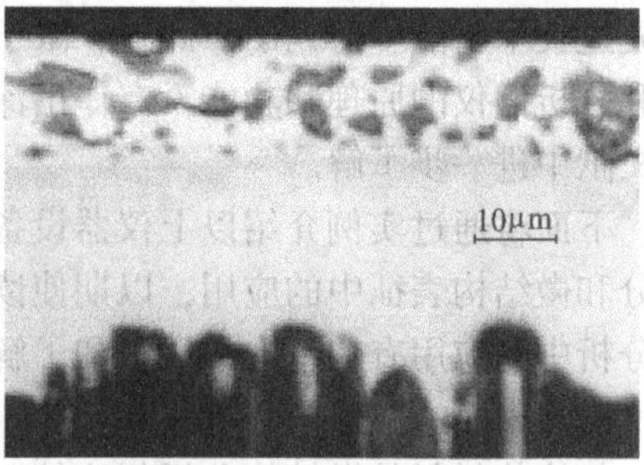

图 12-3　电子线路板镀层 Sn-Pb 的金相组织

得到广泛应用。图 12-4 是一张物理气相沉积（Ti，Al）N 薄膜截面断口的 SEM 照片。图中显示薄膜的厚度为 4μm，薄膜断口为沿晶断裂，显示了薄膜垂直于膜面生长的柱状晶组织。

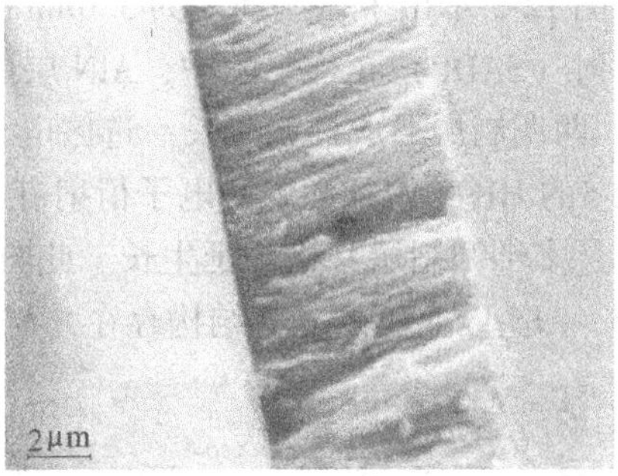

图 12-4　PVD（Ti，Al）N 截面断口的 SEM 像

在气相沉积薄膜的生长过程中，薄膜初期生长时在基片表面形成各种不同位向的细晶粒，由于晶体在低位向指数面上生长较快，从而薄膜逐步形成以低位向指数面择优生长的柱状晶。图 12-4 的组织在气相沉积薄膜中具有代表性。

3. 透射电镜分析

透射电子显微镜（简称透射电镜，TEM）是用一种高聚焦的单色电子束轰击样品，利用一系列电磁透射将穿过试样的电子信号放大成像的材料微结构分析手段。TEM 的明、暗场像可以直观地得到材料表面层厚度、晶粒尺寸、界面结构等大量微结构信息。高分辨透射电子显微镜（简称高分辨电镜，HRTEM）的分辨率可小于 0.1nm，因而可以直接观察到材料的晶格排列、位错以及界面和晶界的原子排列情况。若辅以选区电子衍射图像（SADP）和电子探针 X 射线显微分析（EPMA）、电子能量损失谱（EELS），还可以对微区内的晶粒位向关系以及晶粒和界面的成分进行定量分析。透射电子显微镜是材料研究中最为重要的手段之一。但是，由于透射电镜需利用穿透试样的电子束成像，这就要求试样对入射电子束是“透明”的，即试样的厚度要很薄。制备透射电镜的试样十分困难，尤其对于如薄膜类的表面层试样。为了得到更多的信息，需要从垂直于表面层的“截面”进行观察和分析，更增加了制样的难度。

由两种材料以纳米量级交替沉积形成的纳米多层膜，在物理性能和力学性能方面常呈现异常效应。这些性能异常效应与其微结构有密切关系，例如 AlN/VN 纳米多层膜，在其双层厚度（亦称调制周期）为几纳米时会产生硬度和弹性模量异常升高的超硬效应。采用透射电子显微镜对 AlN/VN 纳米多层膜的分析发现，多层膜的超硬效应与其微结构有重要关系。AlN 的稳定结构为六方晶体（h-AlN），室温下需 22GPa 以上的高压才能由六方结构转变为亚稳的立方结构（c-AlN）；即使在 1 800K 的高温下，这一转变也需要 14 ~ 16.5GPa 的高压。但是由于立方结构 VN 的晶格常数与 c-AlN 相近，因此在气相沉积形成的纳米多层膜中 VN 对在其上沉积的 AlN 有一种晶体生长的“模板”效应，可以使 AlN 在层厚小于约 2nm 时以立方结构存在，并与 VN 形成共格外延生长。而在大调制周期的纳米多层膜中，AlN 又将形成稳定的六方结构。

图 12-5 示出了调制周期为 3.6nm 的 AlN/VN 纳米多层膜的 TEM 像和选区电子衍射（SADP）花样。图中，AlN 层（浅色）和 VN 层（深色）的厚度比约为 1:2，两调制层形成柱状生长。选区电子衍射花样表明薄膜为 fcc 结构的多晶体。图12-5的 HRTEM 像和单晶电子衍射花样，示出了纳米多层膜（001）晶面的晶格穿过多个调制层共格外延生长。此图表明，在小调制周期的 AlN/VN 纳米多层膜中，AlN 以亚稳的立方结构存在并与 VN 形成共格外延生长的多晶超晶格。

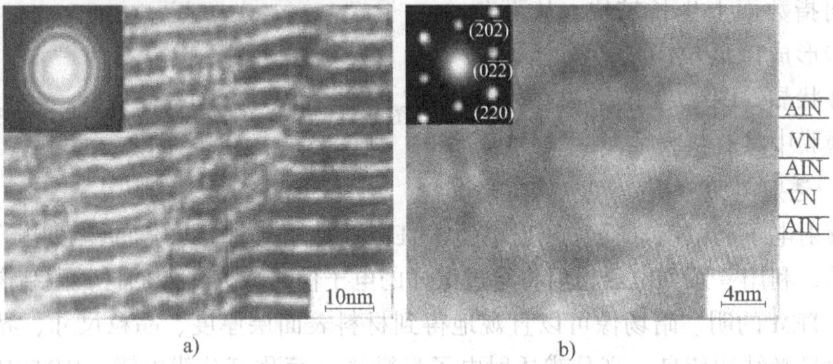

图 12-5　小调制周期 AlN/VN 纳米多层膜的 TEM 像

a）TEM 像和 SADP 花样　b）HRTEM 像和单晶电子衍射花样

图 12-6 示出了调制周期为 13.8nm 的 AlN/VN 纳米多层膜的截面高分辨电子显微镜 HRTEM 像和电子衍射花样。由图 12-6a 可见，大调制周期的 AlN/VN 纳米多层膜呈现一种“砖墙”型结构。由于受到浅色 AlN 层的阻碍，图中深色的 VN 层的生长受到限制，其晶粒受限于调制层的宽度，每一次新沉积的 VN 层均需重新在 AlN 表面形核，且晶粒不能穿过 AlN 层生长。图 12-6b 的多晶电子衍射表明 AlN/VN 纳米多层膜中存在 fcc 和 hcp 两种晶体，纳米多层膜的“砖墙”型结构显然是 h-AlN 的出现阻碍了 VN 晶体与 c-AlN 晶体的共格外延生长所致。

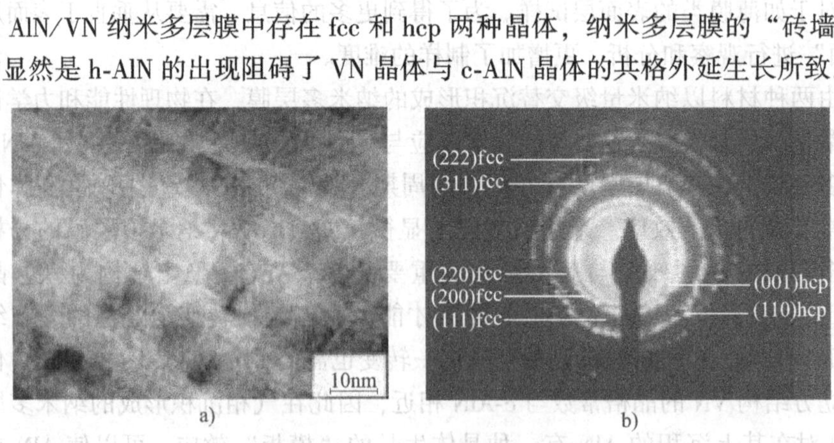

图 12-6　大调制周期 AlN/VN 纳米多层膜的 TEM 像

a）HRTEM 像　b）SADP 花样

4. X 射线衍射分析

X 射线衍射（XRD）分析是研究材料晶体结构的基本手段，常用于材料的物相分析、晶体生长结构分析和应力测定等。XRD 分析的设备和分析技术成熟，试样准备简单，对试样不损伤，分析结果可靠，是最常用和最方便的材料微结构分析方法之一。以下通过不同 SiC 层厚的 TiN/SiC 纳米多层膜的 XRD 分析，介绍 X 射线衍射分析在薄膜微结构分析中的应用。

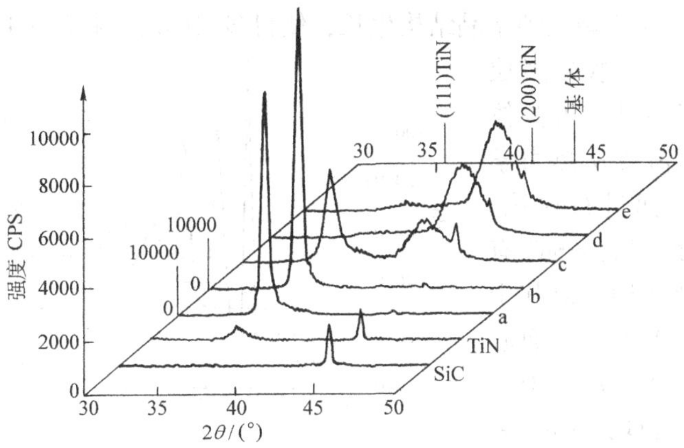

图12-7　不同 SiC 层厚的 TiN/SiC 多层膜（TiN 层厚 4. 3nm）和 SiC，TiN 单层膜 XRD 谱
a—SiC 0. 4nm　b—SiC 0. 6nm　c—SiC 0. 8nm　d—SiC 1. 6nm　e—SiC 2. 4nm

图 12-7 示出了不同 SiC 层厚的 TiN/SiC 纳米多层膜以及 SiC 和 TiN 单层薄膜的高角度 XRD 谱。图中，SiC 单层膜为非晶态，而 TiN 单层膜的（111）衍射峰漫散宽化，表明 TiN 单层膜以纳米晶形式存在。由它们组成多层膜后，当 SiC 层厚为 0. 4nm 和 0. 6nm 时，SiC/TiN 纳米多层膜呈现强烈的（111）织构外延生长。需要特别注意的是，图 12-7 中对于 SiC 层厚为 0. 4nm 和 0. 6nm 的多层膜 XRD 谱所用的强度计数坐标已被压缩了 5 倍之多，由图可计算得到此时多层膜（111）衍射峰的计数强度约为 TiN 单层膜（111）衍射峰的 500 倍。由此可见，不仅立方结构 TiN 的模板效应可以使原来以非晶态生长的 SiC 层晶化成立方结构，而且新的 TiN 层亦可在立方 SiC 层上共格外延生长，使得多层膜形成强烈（111）织构的柱状晶。由图还可见到，略微增加 SiC 层的厚度到 0. 8nm 以后，多层膜的（111）衍射峰迅速降低而逐步呈现（200）织构。这一结果表明，多层膜中的 SiC 层在大于 0. 6nm 后逐步从以 TiN 层外延生长的立方结构转变为非晶态形式，从而阻止了多层膜的共格外延生长。而新一层的 TiN 则以（200）织构在非晶 SiC 的表面重新形核生长，并且，由此生长的 TiN 层的晶体又被下一 SiC 调制层阻断，多层膜呈现 SiC 非晶和 TiN 纳米晶组成的调制结构。

图 12-8 进一步示出了 SiC 层保持为 0. 6nm 而 TiN 层为不同厚度时多层膜的大角度 XRD 谱。由图可见，当 TiN 层厚度小于 4. 3nm 时，多层膜呈现强烈的（111）衍射峰；当 TiN 层厚提高到 9. 5nm 时，多层膜的（111）衍射峰开始减弱，并且随 TiN 层厚度的进一步提高，多层膜的（111）衍射峰继续减弱。这一实验结果表明，SiC 层形成立方结构的晶体相后，亦可以促进 TiN 晶体生长的完整性，使 TiN 层的厚度在小于 4. 3nm 时生长完好，从而使多层膜形成强烈的（111）择优取向的柱状晶。随 TiN 层厚度的增加，SiC 层对其晶体生长的促进作用消失，TiN 层又重新以纳米晶结构生长，使得多层膜的柱状晶生长受到抑制。

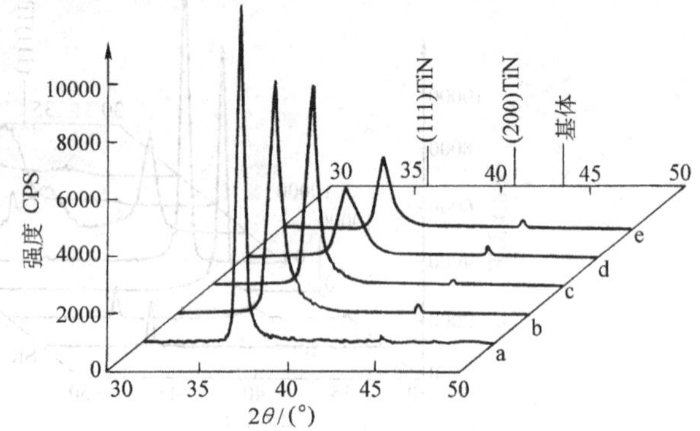

图 12-8　不同 TiN 层厚的 TiN/SiC 多层膜（SiC 层厚 0. 6nm）的 XRD 谱
a—TiN 2. 5nm　b—TiN 4. 3nm　c—TiN 9. 5nm
d—TiN 19. 8nm　e—TiN 30. 1nm

对于 TiN/SiC 纳米多层膜中这种相互促进对方晶体生长的现象，需要从热力学和动力学两方面进行讨论。在热力学方面，虽然 SiC 有多种晶体类型结构，但其中的立方 SiC 与 TiN 同为面心立方结构，且晶格常数十分接近（$a_{\mathrm{TiN}}=0.424\mathrm{nm}$，$a_{\mathrm{SiC}}=0.436\mathrm{nm}$），晶格错配仅为 2. 8%，满足共格外延生长的热力学条件。已沉积层的晶体结构参数（晶体类型和晶格常数）对后沉积层的晶体生长的“模板效应”，可以使后沉积层以相同的晶体结构或以不同的晶体结构，但形成某种共格界面使后沉积层在一临界厚度以下以亚稳态存在，多层膜实现外延生长，例如前面所提到的 AlN/VN 纳米多层膜。在这种情况下，由于组成多层膜的两调制层都是晶体生长完整性较好的晶体相，故仅需考虑它们生长中的界面能和体积能随薄膜厚度的变化的热力学因素。但是，在 TiN/SiC 纳米多层膜中，TiN 单层膜呈现纳米晶结构，而 SiC 单层膜呈现非晶态，均为气相沉积的非平衡结构，故仅从热力学方面用于上述由两种晶体组成的纳米多层膜中亚稳相生成的模板效应进行讨论是不够的。因此，还需进一步考虑薄膜生长的动力学因素：气相沉积的粒子（原子、分子及其团簇）沉积到正在生长的膜面上时，将迅速失去大部分能量，沉积粒子所剩余的能量以及生长面的性质和温度等因素将决定沉积粒子在生长面上的移动性。移动性高时，沉积粒子就可以由次低势场的亚稳位置克服能垒移动到最低势场的稳定位置，薄膜生长的晶体完整性就较好。因而，在较高的基片温度下，气相沉积薄膜的晶体完整性较好，晶粒较粗大，呈现择优取向生长。同样地，生长膜面的性质也对沉积粒子的移动性有类似的影响。对于 TiN 和 SiC 单层膜，TiN 或 SiC 粒子沉积到与其本身相同材料的生长面上时，由于移动性较差而分别形成纳米晶和非晶。但是，多层膜的情况就不一样，TiN 和 SiC 是交替生长的。由于两者性质的差异，TiN 粒子沉积到与 SiC 生长面和 SiC 粒子沉积到 TiN 生长面上后的移动性都较好，因而使多层膜生长的晶体完整性得到显著提高，形成以（111）面生长的强烈择优取向柱状晶。

5. 原子力显微镜分析

原子力显微镜（AFM）是根据极细的悬臂下的针尖接近试样表面时检测试样与针尖之间作用力（原子力），以观察试样表面形貌的装置。扫描器将试样在三维方向上高精度扫描，悬臂跟踪试样，表面细微的表面形态，利用计算机控制处理，就可以得到试样表面纳米以下的分辨率、百万倍以上放大倍率的表面凹凸像。与透射电镜相比，AFM 的优点在于可在大气中高倍率地观察试样表面的形貌，且试样不需进行复杂的制样过程。近年来，原子力显微镜在各种表面层的形貌研究中得到了广泛应用。

图 12-9 是在高速钢 3. 0μm 厚 TiN 薄膜上采用维氏压头，在 15mN 载荷下进行硬度测量后压痕的 AFM 像。由图 12-9a 可见薄膜表面呈胞状结构生长，并显示出约 ±15nm的深度起伏。为准确测量压痕尺寸，选取了压痕对角线所在纵截面观测了压痕的深度变化，如图 12-9b 所示。图中的基准线代表了薄膜表面的平均位置。由此可以确定压痕弹性恢复后的残余深度及对角线长度分别为 84nm 和 1 100nm。据图中的压痕宽度计算得到 3. 0μm 厚 TiN 薄膜的卸载硬度值为 HV =24. 3GPa。

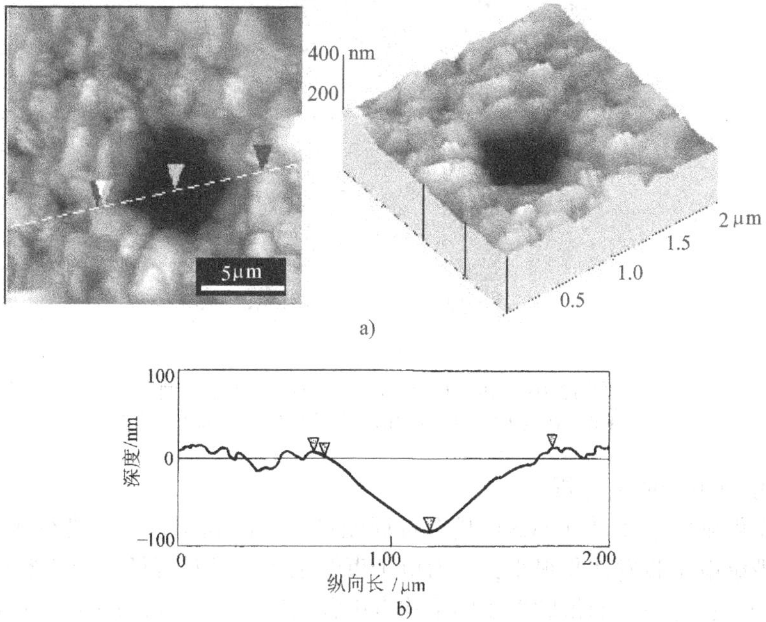

图 12-9　TiN 薄膜压痕形貌的 AFM 像

a）AFM 像　b）压痕纵截面深度测量

6. 电子探针 X 射线显微分析

电子探针 X 射线显微分析（EPMA）是利用细聚焦的高能电子束（数十 keV）照射到试样上，通过试样小区域内激发的物质特征 X 射线进行微区成分分析的方法。如果试样中含有多种元素将会激发出含有不同波长的特征 X 射线。为了测量它们的波长，需要进行展谱（色散）。若将 X 射线按波长色散，形成波谱，称为波长色散法，仪器称为波谱仪；若将 X 射线按能量展开形成能谱，则称能谱法，仪器称为能谱仪。波谱仪和能谱仪多配备于扫描电子显微镜和透射电子显微镜使用。

例如，为了改善 Al 液在 Al_2O_3 陶瓷表面上的润湿性，在 Al 液中加入 0.1% 的稀土元素 La 就可以使 Al 液对 Al_2O_3 的润湿角从 90.5°降低到 82°，明显改善了其润湿状态。采用扫描电子显微镜（SEM）结合装备于其上的电子探针 X 射线波谱分析仪（EPMA），对 Al 与 Al_2O_3 界面的线扫描和面扫描观察和分析（图 12-10）发现，在 Al 与 Al_2O_3 的界面上存在 La 元素的富集。热力学分析表明，La_2O_3 的标准生成自由能远低于 Al_2O_3，从而有条件在 Al-0.1% La 合金与 Al_2O_3 的界面发生氧化还原反应：

$$2La（铝液中）+Al_2O_3（固）=La_2O_3（界面）+2Al（液）$$

从而在界面上形成固态的 La_2O_3。在此条件下原来的 Al/Al_2O_3 润湿体系改变为 Al/La_2O_3 润湿体系，形成了所谓“反应润湿”。

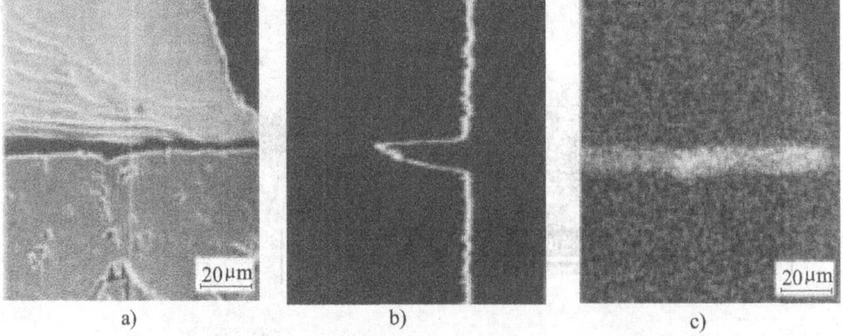

图 12-10 Al-0.1% La 合金与 Al_2O_3 润湿界面
a）SEM 二次电子像 b）EPMA 线扫描分析 c）面扫描分析

7. 俄歇电子能谱分析

由于俄歇电子能谱（AES）具有特征能量，因此利用它可以进行成分分析。一方面俄歇电子激发体积很小，入射电子束经聚焦后可对直径几十纳米的微区进行成分分析；另一方面俄歇电子的平均自由程很短（0.1～0.2nm），只有表面几个原子层深度的俄歇电子才能逸出试样表面而被接收，故它的最大特点是进行表面化学成分分析。若对薄膜采用离子枪逐层剥蚀，则可以获得薄膜深度方向的成分分布，精度为摩尔分数（原子）0.1%。AES 能对除 H 和 He 以外的元素进行分析。

图 12-11 为 TiN 薄膜表面的 AES 成分分析谱线，可由此确定薄膜表面的化学成分。图 12-12 为 TiN/NbN 纳米多层薄膜的 AES 深度成分分布图。图中显示了 TiN 和 NbN 在多层膜中呈周期性变化。

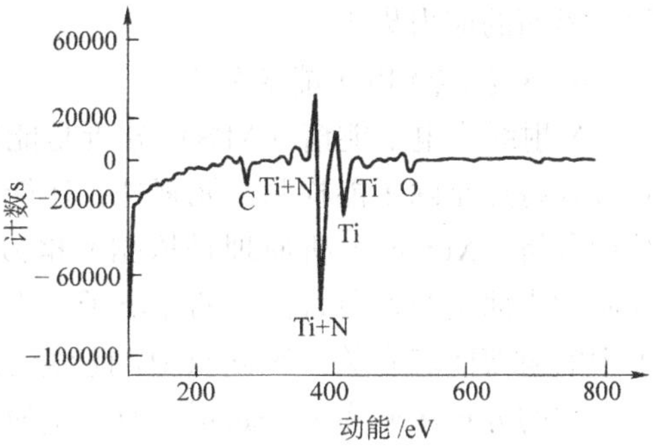

图 12-11　TiN 薄膜的 AES 表面成分分析

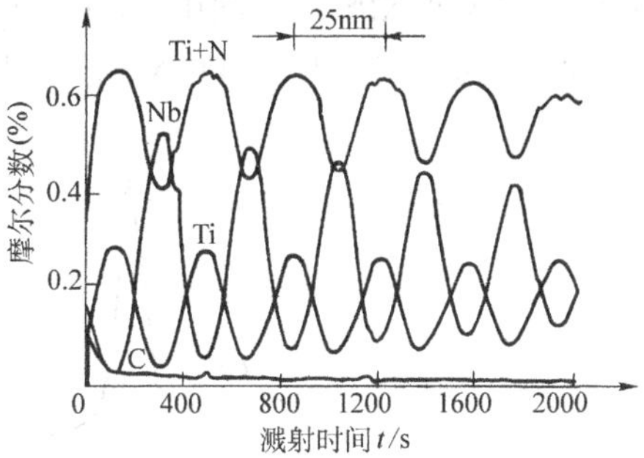

图 12-12　TiN/NbN 纳米多层膜 AES 深度成分分析

AES 的深度分析还广泛地用于薄膜与基体的界面研究中。例如，在 Al 基底上沉积 TiC 薄膜时，由于两者热膨胀系数相差很大及 TiC 薄膜中存在的应力，使 TiC 薄膜在沉积后产生开裂。为此在 TiC 薄膜与 Al 基底之间设计一个成分渐变的梯度界面，从而可消除 TiC 薄膜开裂的现象。采用 AES 对梯度界面进行的深度分析示于图 12-13。由图可见，梯度界面呈现 Ti、C、Al 成分的平缓过渡，随成分梯度界面厚度的增加，AES 深度分析时所需的 Ar 离子轰击时间延长。在梯度界面厚度超过 630nm 时，TiC 薄膜不再开裂，其原因在于平缓过渡的梯度界面吸收了薄膜和基体热膨胀系数差异所造成的应变，消

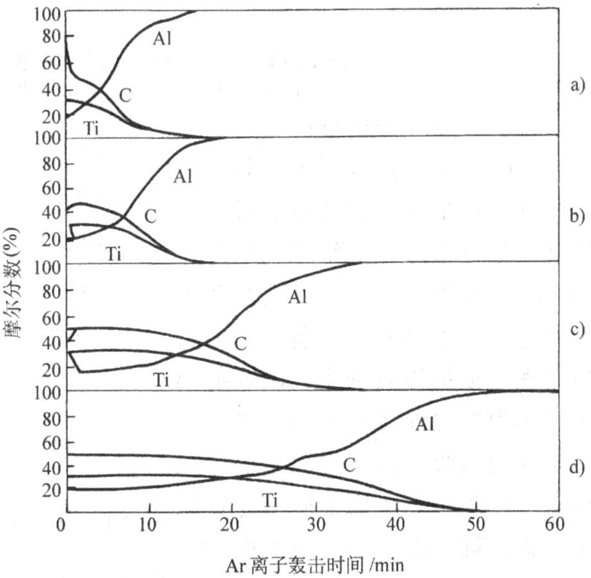

图 12-13　TiC/Al 梯度界面的 AES 分析

梯度界面的厚度为：

a）240nm　b）350nm　c）630nm　d）1 200nm

除了界面的应力集中。

8. X 射线光电子能谱分析

X 射线光电子能谱（XPS）分析是能够得到薄膜试样表面的化学状态信息。其最大特点是除了能检测氢元素外，还能对薄膜表面几个原子层进行价态和化学结构分析。XPS 的分析原理是依据光电效应，用单色软 X 射线作为激发源，从物质的表面上激发所含元素的光电子。由于光电子的能量与处于原来的原子或分子中的束缚能态有关，因此只要测量光电子的能量就可以推出发射光电子的元素，它的分析区域为 1 ~ $3mm^2$，对于金属试样的深度分辨率为 0.5nm，非常适合于对薄膜表层的成分及元素所处的价态进行分析。图 12-14 为（Ti，Al）N 薄膜氧化后的表面 XPS 图，图中 Al（2p）的结合能属于 Al_2O_3，Ti（2p）的结合能是 TiO_2，这表明（Ti，Al）N 氧化处理后近表面为 TiO_2 和 Al_2O_3 的混合物。

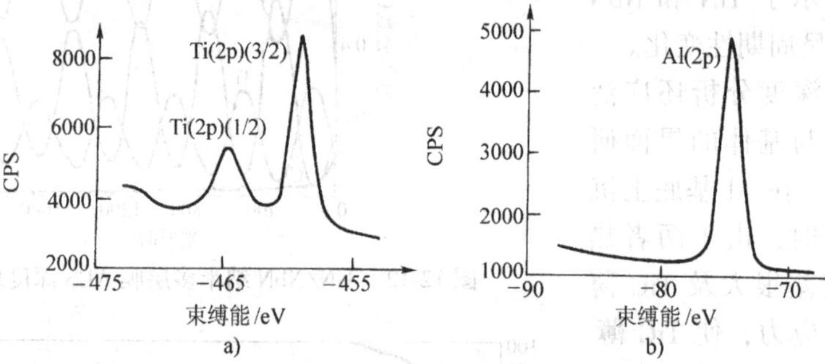

图 12-14 （Ti，Al）N 薄膜光电子能谱分析
a）Ti 的束缚能/cV b）Al 的束缚能/eV

9. 二次离子质谱分析

从固体表面获得原子和分子进行质谱鉴别是检测试样表面成分的最有效方法。二次离子质谱（SIMS）仪就是一种能对试样及表面进行全元素分析的设备。它的分析原理是依据溅射现象，以入射离子束作为激发源（称为初级离子），从试样表面激发出所含元素的二次离子，只要对二次离子质谱进行质量分析，就可以确定物质表面所含元素或同位素。二次离子质谱分析的探测极限很高，分析深度为 0.5 ~ 1.0nm，对表面非常灵敏，平面分析区域约为 1μm，可进行点、线、面和深度的分析。因此二次离子质谱对于表面及深度分析已发展为广泛应用的技术。

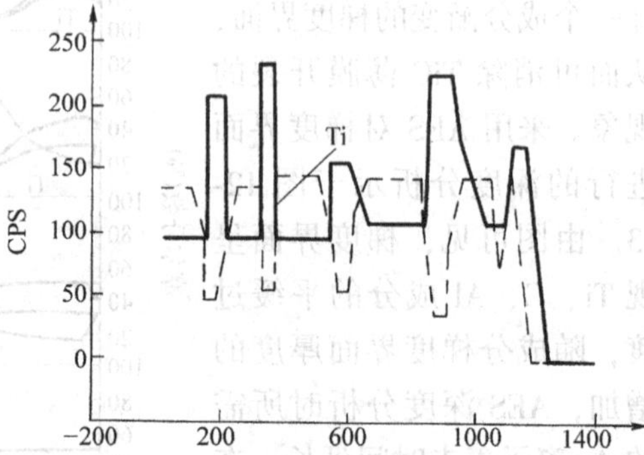

图 12-15 TiN/Ti 多层膜深度成分二次离子质谱分析

图12-15为TiN/Ti多层膜的二次离子质谱深度成分分布，显示出多层膜中成分的周期变化。

12.2 表面检测

为了评价表面层的质量，除了需对其微结构和成分进行表征外，还必须对表面层进行表面质量、表面层厚度、表面层与基体结合状态，以及表面层力学性能、物理性能和化学性能等使用性能的测试和检查。但是，表面技术种类繁多，所得到的表面层千差百异，其目的和使用条件也各不相同。所以不可能也不需要对一特定方法制备的表面层进行全面的检查，而仅是对一些有关表面层制备和使用的基本指标如表面质量、表面层厚度、表面层与基体的结合强度，以及表面的使用性能，如力学性能、物理性能、化学性能中的某一项或几项进行必要的质量检测，以评定表面层的制备质量，并对其使用功能作出预测。限于篇幅，本书以下仅简要介绍几项表面检测的最基本内容和方法。

12.2.1 外观检查

用肉眼或低倍放大镜对表面进行检查是最基本的表面检测项目。特别是对于一些表面制备技术获得的大厚度表面层，如堆焊层、表面涂敷层、热喷涂层、电镀层、化学镀层、热浸镀层等表面层，采用肉眼就可以观察表面层所产生的不平整、气孔、起皮氧化、飞溅、表面裂纹，甚至剥落等表面缺陷。就是对于一些厚度很薄的表面层，如气相沉积薄膜，也可以通过肉眼或放大镜观察到表面层上的氧化、剥落、表面裂纹，甚至气孔和疏松等表面缺陷。

12.2.2 表面层的厚度测定

通过表面技术改变材料或零件的表面状态，必然在其表面产生一定厚度的与基体成分、结构或性能上有明显差异的表面层。由于表面层厚度对产品的使用性能和使用寿命影响极大，因而，表面层厚度的检测对所有经表面技术制备的产品都是必须的。由于表面技术所产生的表面层厚度范围很大，覆盖了纳米尺度的气相沉积薄膜、离子注入层至毫米量级的热喷涂层、堆焊层，故对其厚度的测量也包含了许多不同的方法。这些方法均是利用不同的原理测量出不同尺度范围的表面层厚度。

1. 断面测量法

将表面层切开，从断面对其厚度进行测量是一种最基本和最可靠的表面层厚度测量方法，常用于对其他厚度测量方法进行标定和校正。在断面测量中，可以采用光学显微镜、扫描电子显微镜或透射电子显微镜进行。由于分辨率的限制，光学显微镜主要用于测量0.5μm以上厚度的表面层；扫描电子显微镜可以测量0.05μm以上的厚度层；而透射电子显微镜可测量0.5nm～几个微米的极薄表面层的厚度。除了测量表面层的厚度以外，各种显微镜的断面观察还可以给出表面层、基材以及它们界面的大量微结构信息。本章第一节中的图12-2、图12-3、图12-4和图12-5分别示出了采用光学显微镜、扫描电子显微镜、透射电子显微镜对氮化层、电镀层和气相沉积单层薄膜及纳米多层薄膜的断面观察照片，并给出了各种表面层的厚度。另外需要指出的是，对于表面层厚度测量断面试样的制备要十分注意，以免由于试样制备造成厚度测量的误差。金相法制样时必须防止抛光时造成断面试样的“倒角”，而对于采用透射电子显微镜对极薄表面层进行测量时，则应采用离子束刻蚀法对经研磨的试样进行小心仔细的刻蚀处理。

2. 预制台阶法

对于气相沉积薄膜或由溶胶-凝胶法、电镀、化学镀制成的微米、亚微米量级的表面镀、涂层，可以通过掩模、遮盖等方法使试样表面的局部产生一个台阶，从而采用触针、干涉显微镜等对表面涂层或薄膜的厚度进行测量。

涂层或薄膜厚度测量的触针法是采用细针触及表面并移动，通过测量无涂层处和有涂层处的高低差进行厚度测量的方法，也称为表面粗糙度方法。触针法可以测量10nm以下的涂层厚度，精度很高。但是，由于触针在表面扫描时的压力会造成软金属的变形和划伤，从而易产生测量误差。

采用干涉显微镜，利用薄膜或涂层的台阶产生的光干涉也可以对其进行厚度测量，最高可以测量10nm以下的涂层厚度。由于该法是非接触方式，因此不会因软金属膜的变形和划伤而造成测量误差。

3. 成分法

成分法是利用表面层与基材之间的成分差异进行厚度测量的一种方法。材料的成分测量方法如X射线荧光分析、微区X射线显微分析和俄歇电子能谱深度分析和二次离子质谱深度分析，都可以通过表面层和基材激发区的成分变化来测量表面层的厚度。其中采用X射线激发表面层（如薄膜）和基材的二次X射线荧光，从而可由其相对含量来确定表面层的厚度。由于入射X射线可穿透约10μm的表面层，这种方法可以测量几个微米表面层的厚度。微区X射线显微分析采用电子束作为入射粒子。由于电子束对材料的穿透能力仅为1~2μm，因而其厚度测量范围也为1~2μm。俄歇电子能谱和二次离子质谱仅能测量几个原子层的成分，但可以在测量的同时采用离子对测量表面进行不断轰击剥离，达到对表面进行深度分析，通过离子轰击时间确定表面层的厚度。图12-2、图12-3和图12-5就是采用AES或SIMS成分分析测量薄膜界面厚度和纳米多层膜调制层厚度的实例。这一方法对于极薄的薄膜和仅为100~200nm厚的离子注入层的厚度测量十分有效。需指出的是，成分法厚度测量是一类间接测定方法，需对其获得的相对成分，以及离子轰击时的溅射速率进行标定才能得出表面层的准确厚度。

4. 称重法

称重法是利用表面涂层和镀覆薄膜后的增重来计算出表面层厚度的方法。这种方法古老，但简单实用，经严格控制测试条件后可以达到很高的精度。例如采用真空中的微量天平进行称重，可以测量薄膜0.1nm的平均厚度变化。

表面层的厚度测量方法还有许多，如用于电镀层的磁性法、涡流法、β射线反射法、溶解法、液流法、点滴法、库仑法，以及用于气相沉积薄膜的多光速干涉、椭圆仪等光学方法，以及石英晶体震荡仪，直流电阻测定仪，涡流电流测定仪器等电学法等。这些方法可以通过表面层和基材的特点灵活运用，并相互印证以得到表面层厚度可靠的结果。

12.2.3　表面镀、涂层的结合强度测定

各种表面处理层都是依附于基材而存在的，因而表面处理层与基材具有足够的结合强度才是它们发挥功能的前提条件。这里所说的结合强度，是指单位面积的表面层从基材上分离开来所需的力，也称结合力。一般地说，结合力测定主要针对那些与基材有明显界面的表面层如镀层、涂层、薄膜等，而对于各种渗层和扩散层如渗碳层、渗氮层和离子注入层，由于表面层与基材无明显界面，且结合非常牢固，因而不需要进行结合力测定。

镀层、涂层与基材的结合力测定是比较困难的，虽然有一些定量和半定量的方法，但多数还是定性测量。对于各种电镀层的结合力测量采用的方法有摩擦法、切割法、形变法、剥离法、拉力法等。例如形变法，可通过镀层从基片上剥离时试片弯曲的角度对其结合强度进行定性比较。图12-16为拉力法测量镀、涂层结合力的试样示意图：通过高强度的胶粘剂将待测试样的镀、涂层和基片分别粘接在夹持棒上，从而可通过拉伸试验得到镀、涂层的结合强度。拉力法是一种最为直接可靠的结合力测定方法。对于一般的镀、涂层，可以找到高于其结合强度的胶粘剂。但是，对于气相沉积得到的涂层和薄膜，由于其结合力强度更高，由于难以找到更高强度的胶粘剂，所以在许多情况下不能采用拉力法测定它们的结合力。

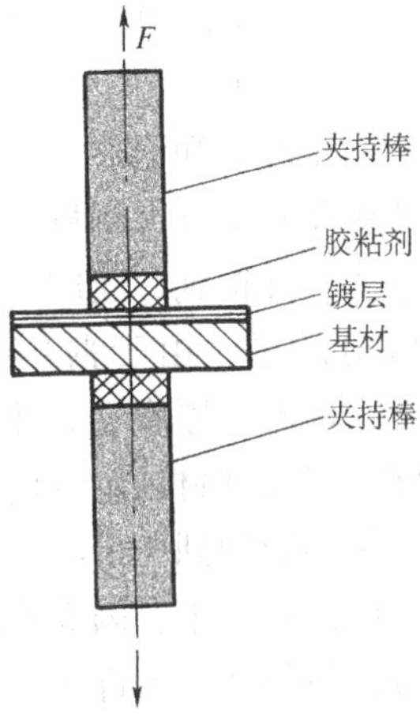

图12-16　镀层拉力法结合力测量的试样示意图

目前对于各种气相沉积方法得到的硬质薄膜，通常采用压痕法和划痕法进行结合力测定。压痕法是对带有薄膜的试样在不同的载荷下进行表面压入试验(即硬度试验)，通过压痕周围薄膜的开裂情况确定其结合力。图12-17为压痕法结合力测试的示意图。当压入载荷不大时，硬质薄膜与基材一起变形；但在载荷足够大的情况下，薄膜与基体界面上产生横向裂纹，裂纹扩展到一定阶段后就会使薄膜脱落。能够测得薄膜破坏的最小载荷称为临界载荷，用来表征硬质薄膜与基体的结合力。

划痕法是在压痕法的基础上发展起来的。在划痕法中，压头在硬质薄膜表面以一定的速度划过，同时逐步增大压头的垂直压力。硬质薄膜开裂的最小压力称为临界载荷，用来表征薄膜的结合力。划痕法临界载荷的确定，可以根据硬质薄膜开裂的声发射，也可以根据薄膜开裂后压头划过基材时摩擦力的突然改变确定。图 12-18 为气相沉积硬质薄膜划痕法测试的示意图。图 12-19 示出了高速钢基材上 TiN 薄膜的划痕。

压痕法和划痕法是目前硬质薄膜结合力测量的主要方法，并得到广泛应用。要指出的是，由于薄膜的种类、硬度、厚度、表面粗糙度，以及基材硬度等诸多因素都会影响到压痕法和划痕法的测量结果，因而这两种方法只能在以上许多参数固定下才能给出有比较价值的半定量结果。另外，近年来还提出了物理意义更为明确的拉伸法和激光剥离法用于硬质薄膜结合力的测量，但尚未得到广泛应用。

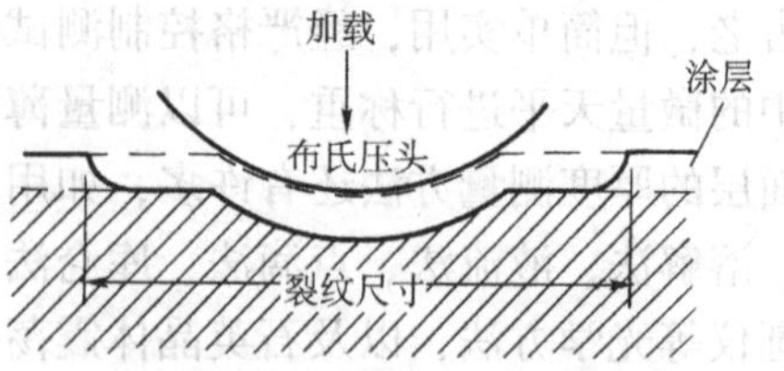

图 12-17　硬质薄膜涂层结合力测量压痕法的示意图

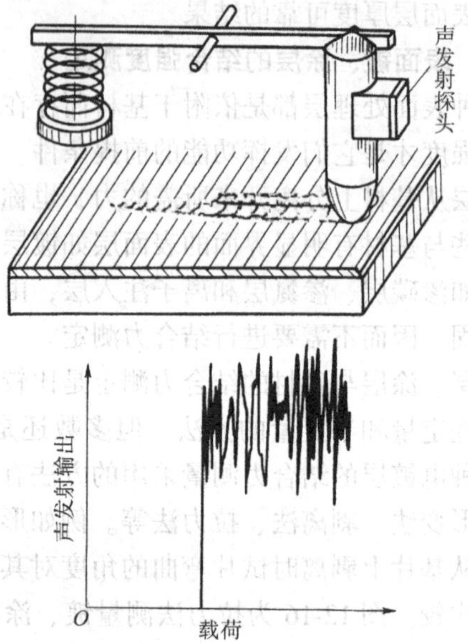

图 12-18　硬质薄膜结合力划痕法测量示意图和声发射测量结果示意

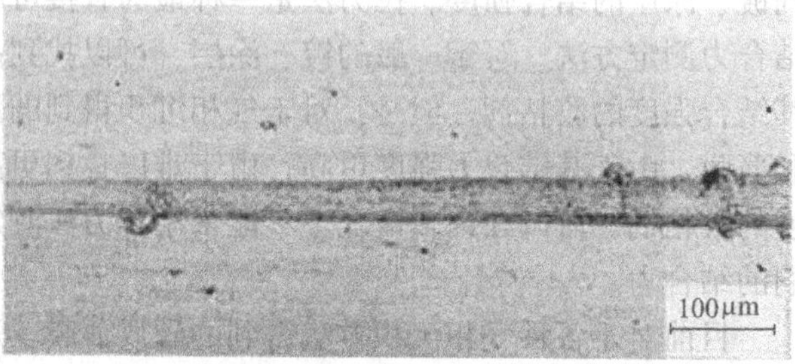

图 12-19　高速钢基材上 TiN 薄膜的划痕（右端可见薄膜出现开裂）

12.2.4　表面的力学性能测量

力学性能是表面的基本性能之一，由于基材的影响，难以对表面层进行全面的力学性能测试，所以通常用硬度来表征表面的力学性能。对于较厚的表面层，如堆焊层、热喷涂层、渗碳层、渗氮层和电镀层等，由于其厚度大于 10μm，采用通常的表面硬度仪和显微硬度仪进行力学性能测量并不存在技术上的困难。而对于各种气相沉积薄膜和离子注入表面处理得到的表面层，由于其低厚度和高硬度的特点，就不能简单地采用一般的显微硬度仪测量其力学性能。例如气相沉积硬质薄膜 TiN、TiC 等，它们的硬度达到 20GPa 以上，而厚度仅为 2 ~4μm。在硬度测量时，较小的压入载荷所得到的压痕难以在光学显微镜下分辨和测量，而过大的压入载荷则会造成基体变形而无法得到准确可靠的测量结果。

近十余年来，随传感技术的发展，推出了一种可以使压头对材料表面进行小至纳牛顿力步进加载和卸载，并同步测量加、卸载过程中压头压入被测材料表面微小深度变化的先进显微硬度仪，称为微力学探针。采用微力学探针技术可以准确可靠地获得硬质薄膜的硬度、弹性模量等力学性能。

图 12-20 示出了采用较大载荷压入时，高速钢由于是均质材料，其硬度基本不随压载荷的增大而变化，而 TiN/高速钢膜/基复合体的硬度随压入载荷增加而产生变化。图中示出了在一定的压入载荷范围内，膜/基复合体存在一个高硬度的平台区。对于不同厚度的 TiN 薄膜，其高硬度的平台区宽度不同，表明压头前端的形变区处于 TiN 薄膜之中，随压入载荷的增加，这个形变区扩展到硬度较低的高速钢基材中，膜/基复合体的硬度逐步下降。由此可见，对于不同膜厚和材料组合的膜/基体系，所能选用的最大压入载荷是不同的。图 12-21 示出了最大压入载荷为 15mN 时 TiN 薄膜的加卸载曲线。由此曲线可计算得到不同厚度 TiN 的力学性能存在差异，1.5μm TiN 的卸载硬度为 HV21.0GPa，弹性模量为 336.3GPa，而 3.0μm TiN 的卸载硬度为 HV24.3GPa，弹性模量为 375.3GPa。

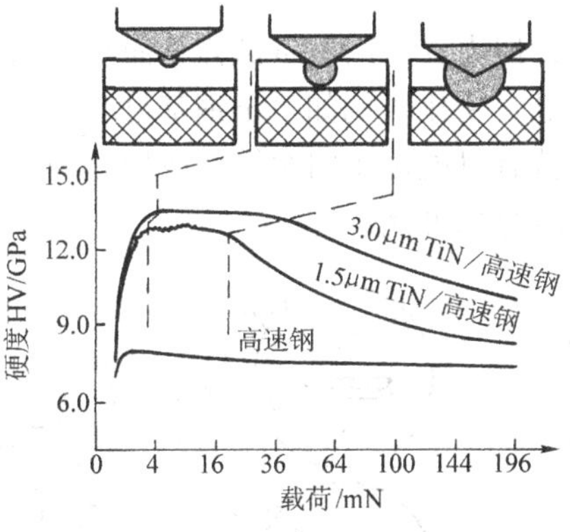

图 12-20　不同厚度 TiN/高速钢复合体和高速钢基材硬度随压入载荷的变化

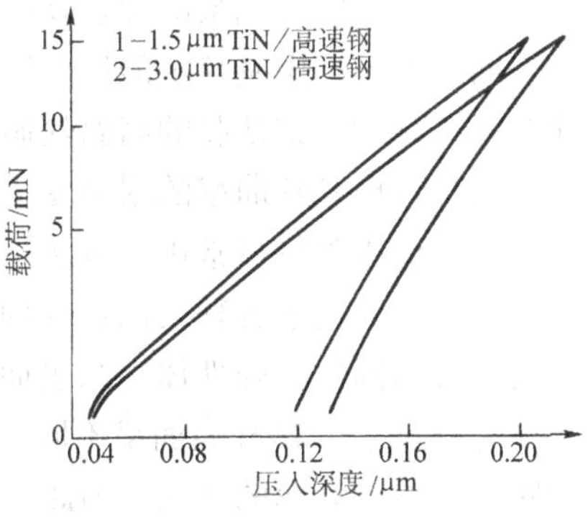

图 12-21　最大压入载荷为 15mN 时不同厚度 TiN 薄膜的加卸载曲线

12.2.5　表面层的内应力测量

在基材表面形成的镀、涂层和薄膜中常存在内应力。表面层的内应力不但会影响到其各种物理、化学和力学性能，而且较高的内应力还会导致表面层如镀、涂层和薄膜的开裂甚至剥落，因而测量和了解各表面层的内应力状态是表面检测的重要内容之一。表面层的内应力是在其内部任意断面上，由断面一侧作用于另一侧的单位面积上的力。这种内应力可分为随表面层生长和结构变化而产生的内应力，称为本征应力；由表面层和基片因热膨胀系数不同导致的双金属效应而产生的内应，称为热应力。

表面层的内应力有拉应力和压应力两种。在表面层和基材组成的复合体中，表面层的拉应力有使复合体弯曲，形成以表面层为内侧的趋势，而压应力则有使复合体弯曲形成以表面层为外侧的趋势。基于这一现象，形成了最经典的表面层内应力测量方法——薄片弯曲法。

薄片弯曲法应力测量是基于表面层在形成前后表面层/基片复合体曲率的变化，从宏观上，表面层受应力影响而弯曲产生的复合体曲率变化来推出其宏观应力的大小。其基本理论是1903年Stoney针对薄膜内应力测量提出的。当试样为长度远大于宽度的窄薄片时，薄膜的内应力表现形式，即Stoney公式为：

$$\sigma = \frac{E}{\sigma\ (1-\nu)} \frac{h_s^2}{h_f} \left(\frac{1}{R_2} - \frac{1}{R_1} \right)$$

式中，σ 为薄膜的内应力；E 和 ν 为基片的弹性模量和泊松比；h_s 和 h_f 分别为基片和薄膜的厚度；R_1 和 R_2 分别是镀膜前和镀膜后基片弯曲的曲率半径。

在已知其他参数的情况下，通过测量镀膜前后基片的曲率半径就可以计算出薄膜的内应力。测量基片曲率变化的方法很多，如光学干涉法、激光扫描法、触针法、全息摄影法和电微量天平法等。

薄片弯曲法应力测量的优点是准确可靠，但需要专门制备试样，而且要求在形成表面层的过程中基片不能发生性质上的显著变化。例如对于钢基材，在经热喷涂和化学气相沉积薄膜的高温热循环后，就有可能由于组织转变或加热和冷却中的不均匀造成基片曲率的附加变化，影响测量的准确性。

材料内应力测量最常用的方法是X射线衍射法，也广泛用于各种表面层的内应力测量。对一各向同性的弹性体，当表面承受一定的应力 σ 时，与试样表面呈不同位向的晶面间距将发生有规律的变化。因此，用X射线从不同的方位上测量衍射峰位 2θ 角的位移就可以求出材料约10μm厚表面层的应力值。图12-22为X射线衍射法测量材料表面宏观内应力的原理图。X射线法测量材料表面应力有许多具体的测量方法和计算公式，

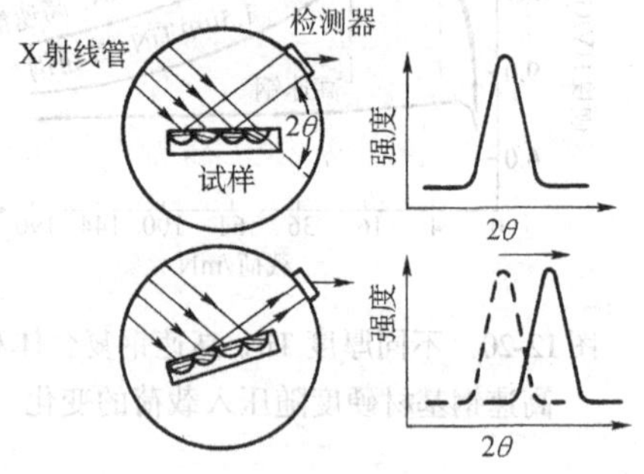

图12-22 X射线衍射测定材料表面宏观应力示意图

可参考相应的教材和专著。

X 射线法测量材料表面层宏观内应力快捷方便，且最具信息量，可以对表面层内产生的应力的各分量进行测量，原则上可以探测出表面层内点与点或晶粒与晶粒之间随应力产生的空间变化。但是，由于 X 射线法的原理是测量晶体材料中晶面间距受到应力后的变化，因而这种方法仅限于晶化程度较高的各种表面层。对于一些非晶态或纳米晶薄膜以及一些高度择优取向的薄膜，则由于其晶面的 X 射线衍射峰漫散或仅有强烈织构的低指数面衍射峰而无法采用此方法。

12.2.6 薄膜电阻的测量

对于在绝缘体上镀覆的导电薄膜，对其电阻测量最简单方法是二点法，如图 12-23a 所示。在试样上的两点覆上电极，然后测量流过两点间的电流和在两电极间产生的电压降，从而计算出薄膜的电阻。但是，用这种方法不能把金属电极与试样间的接触电阻与试样本身固有的电阻区分开，所以经常采用一对电流端和一对电压端的共四个电极的四点法，如图 12-23b 所示。这种四点法只要在电压测量中采用高输入阻抗的测量仪就不会受到接触电阻的影响。当外侧两端间流过电流 I 和内侧两端间产生了电位差 V 时，薄膜的表面电阻率 ρ_s 就可用下式求出：

$$\rho_s = \frac{\pi}{\ln 2}\frac{V}{I}$$

式中，$\pi/\ln 2$ 因子是因为考虑了电流扩展的缘故。

如果薄膜的电性能在薄厚方向是均匀的，则膜厚为 d 时，薄膜的电阻率可表示为：

$$\rho = \rho_s d = \frac{\pi}{\ln 2}\frac{V}{I}d$$

如果薄膜电学性能在膜厚方向不是均匀的，则上式表示的就是平均电阻率了。

表面性能检测的项目还有许多，如力学性质中的强度、韧性、各种断裂性能、耐磨性等，物理性质中的各种电学、磁学、光学、热学和功能转换性能等，以及化学性质中的耐蚀性能、催化性能等。本书不能一一进行介绍，读者可根据需要查阅相应的标准、教材和专著。

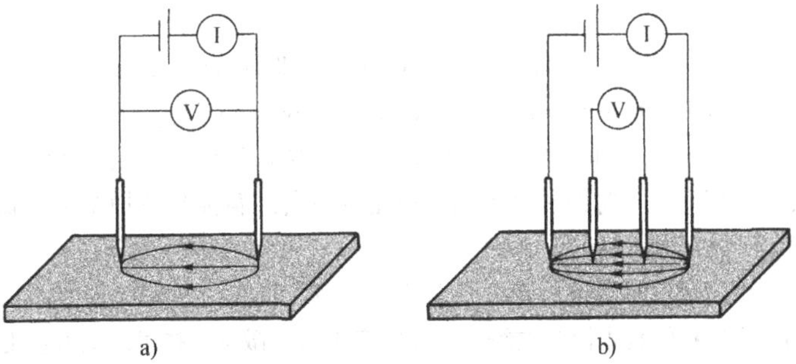

图 12-23　薄膜电阻测量示意图

a）两点法　b）四点法

参 考 文 献

1 钱苗根，姚寿山，张少宗主编．现代表面技术，北京：机械工业出版社，1999
2 钱苗根主编．材料表面技术及其应用手册．北京：机械工业出版社，1998
3 师昌绪主编．材料大辞典．北京：化学工业出版社，1994
4 冯 端，师昌绪，刘治国．材料科学导论-融贯的论述，北京：化学工业出版社，2002
5 赵文珍．材料表面工程导论．西安：西安交通大学出版社，1998
6 熊欣，宋常立，仲玉林．表面物理．沈阳：辽宁科学技术出版社，1985
7 恽正中主编．表面与界面物理．成都：电子科技大学出版社，1993
8 赵文珍．金属材料表面新技术．西安：西安交通大学出版社，1992
9 徐滨士主编．表面工程与维修．北京：机械工业出版社，1996
10 戈默．R 著．金属表面上的相互作用．张维诚等译．北京：科学出版社，1985
11 董允，张廷森，林晓娉．现代表面工程技术，北京：机械工业出版社，2000
12 华中一，罗维昂．表面分析．上海：复旦大学出版社，1992
13 朱履冰主编．表面与界面物理．天津：天津大学出版社，1992
14 顾惕人等．表面化学．北京：科学出版社，1994
15 丘思畴．半导体表面与界面物理．武汉：华中理工大学出版社，1995
16 《功能材料及其应用手册》编写组．功能材料及其应用手册．北京：机械工业出版社，1991
17 闻立时．固体材料界面研究的物理基础．北京：科学出版社，1987
18 钱苗根．材料科学及其新技术．北京：机械工业出版社，1986
19 李建明．磨损金属学．北京：冶金工业出版社，1990
20 徐亚伯．表面物理导论．杭州：浙江大学出版社，1992
21 吕世骥，范印哲．固体物理教程．北京：北京大学出版社，1990
22 杨宗绵．固体导论．上海：上海交通大学出版社，1993
23 SuhN. P. 著．固体材料的摩擦与磨损．陈贵庚等译．北京：国防工业出版社，1992
24 《表面处理工艺手册》编审委员会编．表面处理工艺手册．上海：上海科学技术出版社，1991
25 American Society for Metals. Metals Handbook Desk Edition，1985
26 Roudell DR and Neagle W. Surface Analysis and Applications. Great Britain，1990
27 程传煊．表面物理化学．北京：科学技术文献出版社，1995
28 中国腐蚀与防护学会组编，曹楚南编著．腐蚀与防护全书—腐蚀电化学．北京：化学工业出版社，1994
29 史锦珊，郑绳植．光电子学及其应用．北京：机械工业出版社，1991
30 中国科学技术协会主编，王守觉等编著．微电子技术．上海：上海科学技术出版社，1994
31 卢春生．光电探测技术及应用．北京：机械工业出版社，1992
32 薛增泉，吴全德，李浩．薄膜物理．北京：电子工业出版社，1991
33 袁正光，刘学谦，张锡玲主编．现代科学技术知识辞典．北京：科学出版社，1994
34 陈鸿海．金属腐蚀学．北京：北京理工大学出版社，1995

35 阎洪．金属表面处理新技术．北京：冶金工业出版社，1996
36 徐滨士，刘世参．表面工程新技术．北京：国防工业出版社，2002.1
37 Burwell JT, Survey of possible wear mechanisms, Wear 1 (1957), 119-141
38 Hailing J, Principle of tribology, 1975
39 马鸣图，沙维．材料科学和工程研究进展．北京：机械工业出版社，2000
40 刘秀晨，安成强主编．金属腐蚀学．北京：国防工业出版社，2002
41 梁成浩主编．金属腐蚀学导论．北京：机械工业出版社，1999
42 李启中主编．金属电化学保护．北京：中国电力出版社，1997
43 孙秋霞主编．材料腐蚀与防护．北京：冶金工业出版社，2001
44 中国腐蚀与防护学会主编，肖纪美编著．腐蚀总论—材料的腐蚀及其控制方法．北京：化学工业出版社，1994
45 (美) H. H. 尤里克、R. W. 瑞维亚著．腐蚀与腐蚀控制—腐蚀科学和腐蚀工程导论．翁永基译．北京：石油工业出版社，1994
46 肖纪美，曹楚南编著．材料腐蚀学原理．北京：化学工业出版社，2002
47 陈海鸿主编．金属腐蚀学．北京：北京理工大学出版社，1996
48 Robert Boboian. Corrosion tests and standards: application and interpretation. American Society for Testing and Materials. Philadephia, PA. 1995
49 Moniz BJ, Pollock WI. Process industries corrosion. National Association of Corrosion Engineers. Houston, Texas. 1986
50 (美) Sudarshan TS. 表面改性技术工程师指南．范玉殿等译．北京：清华大学出版社，1992
51 E. 马特松著．腐蚀基础．钟积礼，王正樵译．北京：冶金工业出版社，1990
52 Seymour K. Coburn. Corrosion Source Book. American Society for Metals. 1994
53 刘永辉，张佩芬编．金属腐蚀学原理．北京：航空工业出版社，1993
54 赵麦群，雷阿丽编著．金属的腐蚀与防护．北京：国防工业出版社，2002
55 叶康民编．金属腐蚀与防护概论．北京：高等教育出版社，1993
56 田永奎编．金属腐蚀与防护．北京：机械工业出版社，1995
57 中国腐蚀与防护学会组编，王光雍编著．自然环境的腐蚀与防护．北京：化学工业出版社，1997
58 侯保荣等著．海洋腐蚀环境理论及其应用．北京：科学出版社，1999
59 胡传炘主编．表面处理技术手册．北京：北京工业大学出版社，2001
60 李金桂主编．现代表面工程设计手册．北京：国防工业出版社，2000
61 柳玉波主编．表面处理工艺大全．北京：中国计量出版社，1996
62 林春华，葛祥荣编著．电刷镀技术便览．北京：机械工业出版社，1991
63 方景礼，惠文华编．刷镀技术．北京：国防工业出版社，1987
64 李鸿年，张绍恭等编著．实用电镀工艺．北京：国防工业出版社，1990
65 伍学高，李铭华等编著．化学镀技术．成都：四川科学技术出版社，1985
66 郭鹤桐，陈建勋等编著．电镀工艺学．天津：天津科学技术出版社，1985

67 J. K. 丹尼斯，T. E. 萨奇著．镀镍和镀铬新技术．孙大梁，张玉华等译．北京：科学技术文献出版社，1990
68 曾华梁．吴仲达等编著．电镀工艺手册．北京：机械工业出版社，1990
69 吴纯素．化学转化膜．北京：化学工业出版社，1988
70 李国英．表面工程手册．北京：机械工业出版社，1997
71 刘江南．金属表面工程学．北京：兵器工业出版社，1995
72 沈宁一．表面处理工艺手册．上海：上海科学技术出版社，1991
73 雷作鋮．金属的磷化处理．北京：机械工业出版社，1992
74 覃奇贤．电镀原理与工艺．天津：天津科学技术出版社，1993
75 陈士杰．涂料工艺（增订本）：第一分册．北京：化学工业出版社，1989
76 刘国杰．耿耀宗．北京：中国轻工业出版社，1994
77 黄子勋．涂料结构学．北京：北京航空航天大学出版社，1992
78 王泳厚．实用涂料防蚀技术手册．北京：北京，冶金工业出版社，1994
79 洪啸吟．冯汉保．北京：科学出版社，1997
80 李春渠．涂装工艺学．北京：北京理工大学出版社，1993
81 中国腐蚀与防护学会，高荣发．热喷涂．北京：化学工业出版社，1992
82 徐滨士．神奇的表面工程．北京：清华大学出版社，2000
83 韦福水，蒋伯平，汪行愷等．热喷涂技术．北京：机械工业出版社，1985
84 林春华，葛祥荣，王大智等．简明表面处理工手册．北京：机械工业出版社，1995
85 王振民，吴葵芬．电火花表面强化技术，沈阳工业大学学报，1999，21（6）：495～497
86 潘国顺，曲敬信．电火花表面强化工艺对涂层组织性能的影响．机械工程材料，2000，24（3）：24～26
87 胡传炘．表面处理技术手册．北京：北京工业大学出版社，2001
88 胡信国．电沉积 Cr-SiC 高耐磨复合镀层的研究．电镀与环保，1987，7：30～34
89 朱维翰等．金属材料表面强化技术的新进展．北京：兵器工业出版社，1992
90 朱荆璞主编．金属表面强化技术—金属表面工程学．北京：机械工业出版社，1989
91 （美）波特等主编．表面改性与合金化．胡壮麒等译．北京：科学出版社，1988
92 雷作铖，胡梦珍编译．金属的磷化处理．北京：机械工业出版社，1992
93 陈钟燮．电火花表面强化工艺．北京：机械工业出版社，1987
94 李志忠．激光表面强化．北京：机械工业出版社，1992
95 张继世，刘江．金属表面工艺．北京：机械工业出版社，1995
96 许强龄等．现代表面处理新技术．上海：上海科学技术文献出版社，1994
97 赵家萍等．高能率热处理．北京：兵器工业出版社，1992
98 张通和，吴瑜光．离子注入表面优化技术．北京：冶金工业出版社，1993
99 熊剑．国外热处理新技术．北京：冶金工业出版社，1990
100 刘江龙，邹至荣，苏宝嫆．高能束热处理．北京：机械工业出版社，1997
101 王力衡，黄运添，郑海涛．薄膜技术．北京：清华大学出版社，1991
102 田民波，刘德令．薄膜科学与技术手册：上、下册．北京：机械工业出版社，1991

103 王玉魁，朱英臣，陈宝清，王斐杰．真空应用，1986（3）：26

104 李恒德，肖纪美．材料表面与界面．北京：清华大学出版社，1990

105 李鹏兴，林行方．表面工程．上海：上海交通大学出版社，1989

106 王福贞，闻立时．真空沉积技术．北京：机械工业出版社，1989

107 李学丹，万英超，姜祥祺，杜元成．真空沉积技术．杭州：浙江大学出版社，1994

108 王季陶，刘明登．半导体材料．北京：高等教育出版社．1990

109 M. Menz，J. Mohr，O. Paul．微系统技术．王春海，于杰 等译．北京：化学工业出版社，2003

110 李德胜，王东红，孙金玮 等．MEMS 技术及其应用．哈尔滨：哈尔滨工业大学出版社，2002

111 李兴．超大规模集成电路技术基础．北京：电子工业出版社，1999

112 荒井英辅 编著．集成电路 A．邵春林，蔡凤鸣 译．北京：科学出版社，2002

113 陈文威．金属表面涂层技术及应用．北京：机械工业出版社，1991

114 姚素薇．非晶态电镀研究现状与将来．电镀与精饰，1991，1：23～26

115 吴玉成．复合材料镀层的制备和性能．机械工程材料，1990，1：57～59

116 王殿龙．常温电沉积 Fe-P-$A1_2O_3$．电镀与精饰，1992，3：7～10

117 刘国欣．镍-金刚石复合电镀研究．表面技术，1991，3：15～18

118 T. S. SUDARSHAN 著．表面改性技术．范玉殿等译．北京：清华大学出版社，1992

119 刘树兰译．电沉积金属复合镀层．国外电镀与精饰，1995，3：34～36

120 叶裕中．Ni-ZrO_2 复合镀层的形成．电镀与精饰，1993，1：19～21

121 Addison C. A and Kedward E. C. Trans，Tnst. Met. Finish，1997，55，41

122 田民波，刘德令．薄膜科学与技术手册．北京：机械工业出版社，1991

123 郭鹤桐．复合电镀不锈钢镀层的研究．电镀与精饰，1991，7：3～6

124 钱维平，赵崇恭．表面镀覆新技术工艺指南．青岛：青岛出版社，1993

125 许强龄等．现代表面处理新技术．上海：上海科学技术文献出版社，1994

126 杨烈宇等著，离子轰击扩渗技术．北京：人民交通出版社，1990. 8

127 劳技军等．AlN 在 AlN/VN 纳米多层膜中的相转变及其对薄膜力学性能的影响．物理学报，2003，52（9）：2259

128 劳技军，孔明，张惠娟．TiN/SiC 纳米多层膜的生长结构及力学性能．物理学报，2004，53（6）

129 李戈扬等．铝液在 Al_2O_3 上润湿性的改善．材料工程，2003，4：11

130 许俊华等．薄膜成分、微结构及力学性能表征．理化检验—物理分册，1998，34（12）：28

131 李戈扬，王岱峰，王公耀等．梯度过渡涂层的制备．功能材料．1996，27（2）：183

132 田家万等．两步压入法—薄膜力学性能的可靠测量方法．机械工程学报，2003，39（6）：71

133 陆家和，陈长彦等．表面分析技术．北京：电子工业出版社，1987

134 熊欣，宋常立，仲玉林等．表面物理．沈阳：辽宁科学技术出版社，1985